Karl Müller

Das Buch der Pflanzenwelt.
Botanische Reise um die Welt

Versuch einer kosmischen Botanik. Erster Band:

Vorbereitung zur Reise

Karl Müller

Das Buch der Pflanzenwelt. Botanische Reise um die Welt

Versuch einer kosmischen Botanik. Erster Band: Vorbereitung zur Reise

ISBN/EAN: 9783955620684

Auflage: 1

Erscheinungsjahr: 2013

Erscheinungsort: Bremen, Deutschland

@ Bremen-university-press in Access Verlag GmbH, Fahrenheitstr. 1, 28359 Bremen. Alle Rechte beim Verlag und bei den jeweiligen Lizenzgebern.

Das

Buch der Pflanzenwelt.

Botanische

Reise um die Welt.

Versuch einer kosmischen Botanik.

Den Gebildeten aller Stände und allen Freunden der Natur gewidmet

von

Dr. **Karl Müller**.

Mitherausgeber der „Natur."

Erster Band.

Vorbereitung zur Reise.

Mit 200 in den Text eingedruckten Abbildungen, 5 Tonbildern nach Zeichnungen von H. Leutemann und C. Hofmann, nebst einer Karte der Isothermen.

Leipzig.

Verlag von Otto Spamer.

1857.

Das

Buch der Pflanzenwelt.

Erster Band.

Vorbereitung zur Reise.

Brasilianische Landschaft (Sierra dos Orgaos). Mit Araucaria brasiliensis. (Nach Martius.)

Buch der Pflanzenwelt. I. S. 113.   Leipzig: Verlag von Otto Spamer.

Wie noch nie, schreitet jetzt ein Geist gemeinsamen Handelns durch die Welt, der die entferntesten Punkte der Erde und ihrer Völker mit einander verbindet, aus der ganzen Erde eine gemeinschaftliche Heimat, aus der Zerrissenheit der Nationen eine allgemeine Landsmannschaft allmälig gestaltet und einem Welt bürgerthum entgegenführt. Daß dies keine Täuschungen sind, beweisen uns die Eisenbahnen und die Dampfschifffahrtsverbindungen der halben Welt: das beweisen uns die elektrischen Telegraphen, die selbst durch Meere getrennte Völker bereits verbinden und in Zukunft, ihre Fäden nach allen Theilen der Welt ausstreckend, den ganzen Erdball verknüpfen werden. Kurz, Alles ist darauf angelegt, den Blick von der engen Scholle hinweg über die ganze Erde zu lenken.

Wo sich die Erde so zauberhaft verengt und den Blick des Menschen erweitert, scheint es uns Pflicht zu werden, nicht hinter dem gewaltigen Drängen der Menschheit, nicht hinter der allgemeinen Kunde des Tages zurückzubleiben. So drängt es uns hinaus zu einer Reise um die Welt, zu einer botanischen Wanderung!

Wenn man jedoch eine Reise gleich der unserigen in ein fernes Gebiet unternimmt, so sucht man vorher gern eine allgemeine Uebersicht über dasselbe zu gewinnen, um es mit größerem Nutzen und größerer Leichtigkeit zu durchwandern. Das muß auch uns bestimmen, vor dem Antritt unserer idealen botanischen Reise um die Welt bereits die Hauptpunkte festzustellen, um die sich die Erscheinungen dieser Wanderung drehen werden. Dadurch zerfällt unser Buch von selbst in zwei Theile: in eine Vorbereitung zur Reise und in die Reise selbst. Jener ist gewissermaßen der theoretische Theil, welcher die Erscheinungen der Pflanzenwelt wissenschaftlich erläutert, dieser wird ein mehr schildernder sein und durch jene Vorbereitung erst den ganzen Genuß bringen, welchen solche Naturstudien so umfassend zu gewähren vermögen.

Diese ganze Anlage des Buches erheischt eine eigenthümliche Auffassung der Pflanzenwelt. Ich kann sie nur eine kosmische, eine welteinheitliche nennen.

Sie vernachlässigt so ziemlich Alles, was sich auf die Pflanze allein bezieht; sie will nicht die Pflanze als Pflanze, als ein vom Weltganzen, vom Kosmos getrenntes Wesen, sondern als ein Glied des Weltganzen betrachten. Diese Anschauung fällt in ihrem Grundcharakter mit einer geographischen Behandlung der Pflanzenwelt zusammen, so weit sie die Gesetze der Pflanzenverbreitung und ihre Ursachen aufsucht. Sie geht aber über dieselbe hinaus, indem sie die Geschichte der Pflanzenwelt mit der Geschichte der Erde, der Thierwelt und der Menschheit verbindet und so gewissermaßen die Pflanzenwelt als einen Mikrokosmos, als eine Welt im Kleinen betrachtet, in welchem sich der Makrokosmos oder das Weltganze wiederspiegelt. Sie will überall den tiefen Zusammenhang zwischen Sternwelt, Erde, Pflanze, Thier und Menschheit schildern und damit zu einer Naturanschauung im Großen von dem engeren Gebiete des Pflanzenreichs aus hindrängen. **Sie will eine kosmische Botanik sein.** Ich hoffe damit zugleich eine wissenschaftliche Aufgabe zu lösen und einem Bedürfnisse abzuhelfen, das vielleicht schon von Vielen empfunden wurde; denn eine kosmische Botanik allein kann es nur sein, welche die menschliche Seite der Naturbetrachtung berührt, indem sie sich überall zu dem Allgemeinen erhebt, dessen Licht stets auf den Menschen hier in seinen Geist, dort in sein Herz zurückstrahlt.

Ich übergebe mein Buch meinen Zeitgenossen um so vertrauensvoller, als die Art und Weise dieser Anschauung, der ich seit fünf Jahren ununterbrochen folgte, schon an einem andern Orte, in der Zeitschrift „Natur", einen großen Leserkreis beschäftigte und mit Wohlwollen ausgezeichnet wurde. Ein Blick auf das Inhaltsverzeichniß wird dem Leser zeigen, was er zu erwarten hat und wie die oben bezeichnete Aufgabe zu lösen versucht worden ist. Möge der Inhalt das bewirken, was ich mir zu befördern vorschrieb: eine geist- und seelenvolle Auffassung der Natur und gegenüber der geistigen Zerrissenheit und Versumpfung unserer Zeit eine gesunde, natürliche Weltanschauung!

Halle a. d. Saale, im September 1856.

Der Verfasser.

Inhalt des ersten Bandes.

Erstes Buch.
Der Pflanzenstaat.

                                                                                             Seite

1. Capitel. **Die Pflanzenverwandtschaften** 3

    Verschiedenheit des Naturgenusses. — Das Pflanzenindividuum. — Die Pflanzenart. — Die Pflanzengattung. — Die Pflanzenfamilie. — Wirkung dieser Gruppen auf das Landschaftsbild. — Anzahl der Arten, Gattungen und Familien. — Ihre Vertheilung über die Erde.

2. Capitel. **Die Pflanzengemeinden** 9

    §. 1. Die Wälder. — Als geschlossene Gemeinde. — Quellenbildung. — Die Waldung als Kühlfaß im Naturlaboratorium. — Die Wälder als natürliche Faschinen gegen Erdstürze, Treibeis, Gletscher, Flugsand. — Die Wälder als Regulatoren der Luft und Feuchtigkeit. — Die Formen der Wälder. — §. 2. Die Grasdecke. — Ursache der Wiesenbildung. — Wirkung der Grasdecke. — §. 3. Die Haide. — Ihre Zusammensetzung und Verbreitung. — Ihre Wirkung im Naturhaushalte. — Ihre Bedeutung im Völkerhaushalte. — §. 4. Die Moosdecke. — Ihr Einfluß auf die Befestigung der Erde, die Vertheilung des Wassers und die Quellenbildung. — Ihre Verbreitung. — §. 5. Die Meer- und Seeschaft. — Die Algengewächse. — Die Urpflanzen (Protococcaceen, Desmidiaceen, Diatomeen). — Ihr Einfluß auf die Erdbildung. — Wirkung der Wasserpflanzen im Völker- und Naturhaushalte. — Die Tange. — Die Krautsee oder das Sargassum-Meer. — Die Kalkalgen. — §. 6. Die Krautflur. — Distelfluren. — Culturfluren.

3. Capitel. **Die Gesellschaftsverhältnisse der Pflanzen** 11

    Verschiedenheit der Geselligkeit. — Urwaldleben. — Menschliche Beziehungen zum geselligen Leben der Pflanzen. — Verschiedenheit der Geselligkeit nach Zonen. — Ursachen der Geselligkeit.

4. Capitel. **Die Bodenverhältnisse der Pflanzen** 18

    Inniger Zusammenhang zwischen Boden und Pflanze. — Seine Bedeutung im praktischen Leben. — Bodenstete, bodenholde und bodenvage Pflanzen. — Ursache des Zusammenhangs. — Pflanzenparasiten. — Die Mistel und ihr Leben. — Die Loranthaceen. — Bedeutung der Pflanzenparasiten für die Landschaft.

5. Capitel. **Die Formenverhältnisse der Pflanzen.** 56

Die Pflanze ist das Product von Stoff und Kraft. — Nachweis dieser Behauptung im Reiche des Starren. — Dimorphismus und Trimorphie. — Cavalle's Beobachtung über Krystallbildung. — Isomorphe Körper. — Isomere Stoffe. — Nachweis der Behauptung bei Pflanzen. — Die Stoffe der Pflanzenfamilien. — Ernährung der Pflanzen. — Wildwachsende Pflanzen und ihr Zusammenhang mit dem Boden. — Zellenwucherungen. — Chemische Erklärung von Individuum, Art, Gattung und Familie. — Wichtigkeit dieser Anschauung.

6. Capitel. **Die klimatischen Verhältnisse der Pflanzen** 66

Bedeutung der verschiedenen Klimate. — Ihre Ursachen. — Astronomische Gründe. — Die Jahreszeiten. — Ihre Verschiedenheit. — Längster und kürzester Tag. — Das wirkliche Jahr. — Insel- und Festlandsklima. — Der Golfstrom. — Die Bodenerhebung. — Verschiedene Beleuchtung und Erwärmung der Erde. — Verschiedenheit der Sonnenstrahlen: chemische, wärmende, leuchtende. — Der Luftdruck und seine Wirkung. — Zuckerbildung in trockner, warmer Luft. — Der Pflanzenschatten. — Zusammenhang zwischen den Jahreszeiten und Zonen.

7. Capitel. **Die Pflanzencolonisation** 74

Wie entstand der Pflanzenstaat? — Erste Anfänge der Erdbildung. — Reihenfolge in der Zahlenschöpfung. — Zahlenverhältnisse der ersten Pflanzen. — Pflanzencentra. — Pflanzenwanderung. — Durch sich selbst. — Bedeutung der Pflanzencolonisation für die Geologie. — Die meisten Inseln sind selbständige Schöpfungscentra. — Pflanzenwanderung durch Meeresströmungen. — Durch erratische Geschiebe. — Colonisation der norddeutschen Ebene. — Pflanzenwanderung durch Winde. — Durch Bäche und Flüsse. — Durch Thiere. — Durch den Menschen. — Verpflanzung der Culturgewächse. — Verpflanzung der Ziergewächse. — Natürlicher Pflanzenwechsel. — Seine Ursachen. — Seine Wirkung.

Zweites Buch.
Geschichte der Pflanzenwelt.

1. Capitel. **Der Schöpfungswechsel.** 95

Allgemeines Wechselleben der Natur. — Belege für eine frühere Pflanzenwelt. — Methode, sie zu erkennen. — Ihre allmälige Entwickelung. — Ihr Untergang und die Art und Weise desselben. — Sein innerer Grund. — Schöpfungsperioden. — Die Pflanzenwelt der Gegenwart ist das Product aller Schöpfungsperioden zusammengenommen. — Belege dafür. — Allmäliges Ineinandergreifen der Perioden. — Art der Kohlenbildung.

2. Capitel. **Die Uebergangsperiode** 107

Bedeutung der ersten Pflanzen für die nachkommenden Thiere. — Die Typen der ersten Pflanzen. — Ursprung des Namens „Uebergangsgebirge". — Pflanzengemälde dieser Periode. — Typen der Thiere. — Höhere Ausbildung des Landes. — Amphibische Welt.

Inhalt des ersten Bandes.   IX
                                                              Seite
  3. Capitel **Die Steinkohlenperiode** 110
   Verbreitung dieser Periode. — Ehemaliger Umfang der Steinkohlenwälder. —
Ihre Zeitdauer. — Pflanzengemälde dieser Zeit. — Gleichzeitiges Thierleben. —
Vergleich von damals und jetzt. — Wahrscheinliches Erhaltensein damaliger
Gewächse.

  4. Capitel **Die permische Periode** 116
   Bildung des Rothliegenden. — Seine Entstehungspunkte. — Ursprung des
Periodennamens. — Pflanzengemälde dieser Zeitscheibe. — Nochmalige Erläuterungen
über den Untergang der vormaligen Schöpfungen. — Art der Fossilisirung der
Gewächse. — Zersetzung der Pflanzen und ihre Verwandlung in Humus, Torf,
Braunkohle und Steinkohle. — Auf chemischem Wege. — Davy'sche Sicherheits-
lampe. — Durch Hilfe unterirdischer Feuer. — Bedeutung der Kohlenlager für die
Gegenwart.

  5. Capitel **Die Triasperiode** 124
   Aufgabe derselben für die Erdbildung. — Bildung des Bogesensandsteins,
Muschelkalkes und Keupers. — Ursprung des Periodennamens. — Pflanzengemälde
der Triaszeit. — Ihre Thiertypen.

  6. Capitel **Die Juraperiode** 130
   Ihre Aufgabe für die Landbildung. — Aufeinanderfolge ihrer Gebirgsschichten. —
Ursprung des Periodennamens. — Fortgesetzte Pflanzenschöpfung. — Pflanzengemälde dieser Zeitscheibe. — Charakter derselben, verglichen mit der früheren Pflanzenschöpfung. — Die Zapfenpalmen in der Gegenwart.

  7. Capitel **Die Kreideperiode** 135
   Ihre geologische Aufgabe. — Ihre Gebirgsschichten. — Die Art ihrer Bildung. — Ihre Pflanzendecke. — Ihre Thierwelt.

  8. Capitel **Die tertiäre Periode** 140
   Ihre Aufgabe. — Ihre Bedeutung für die Gegenwart. — Ihr Beginn. —
Vergleich zwischen ihren Pflanzentypen und den früheren. — Die Umwandlung des
Klimas. — Unterschied zwischen den Pflanzentypen dieser Periode und denen der
Gegenwart. — Die Pflanzentypen der Braunkohlenlager. — Der Bernstein. — Die
Bernsteinwälder. — Pflanzengemälde der Melassezeit. — Seine Aehnlichkeit mit
der Pflanzendecke Japans. — Verschiedene Epochen dieser Zeit: eocäne, miocäne,
pliocäne. — Ursprung und Bedeutung des Periodennamens. — Die Thierwelt.

  9. Capitel **Die Diluvialperiode** 153
   Bedeutung dieser Zeit. — Zahl der Braunkohlenlager in Deutschland. — Die
Eiszeit. — Aehnlichkeit der Schöpfung der Diluvialperiode mit der der Jetztwelt.

  10. Capitel **Die Periode der Jetztwelt** 157
   Rückblick auf die Entwickelungsgeschichte der Erde und ihrer Geschöpfe. —
Bedeutung des endlich erreichten Reichthums der Pflanzentypen und des Landschafts-
wechsels für die Mannigfaltigkeit des Menschengeschlechts. — Die Schöpfung des
Menschen.

Drittes Buch.
Die Physiognomik der Gewächse.

1. Capitel. Verschiedenheit der Auffassung 163
Begriff der Pflanzenphysiognomik. — Systematische, typische und künstlerische Anschauung. — Die Sprache der Natur. — Gegenstände der typischen Auffassung.

2. Capitel. Die Palmenform 167
Verschiedenheit der Form. — Ihre Verbreitung. — Die Kokos. — Uebertriebene Schönheit der Palmen. — Alter und Größe. — Zapfenpalmen und Pandangs.

3. Capitel. Die Bananenform 170
Die Banane. — Die Uranie. — Die Scitamineen. — Die Marantaceen.

4. Capitel. Die Orchideenform 174
Die Architektonik der Orchideenblume. — Bedeutung der Orchideen in der Ornamentik des Urwaldes. — Arten der Orchideenform. — Ihre Verbreitung. — Ihre Gesellschaft. — Ihre Bedeutung für die Menschheit.

5. Capitel. Die Lilienform 179
Die Liliaceen. — Die Asphodilgewächse. — Der Drachenbaum. — Die Bromeliaceen. — Die Agave. — Die Commelinaceen. — Die Amaryllideen. — Die Irideen. — Ihre Bedeutung und ihr Leben auf den Steppen. — Entferntere Lilienformen.

6. Capitel. Die Aroideenform 185
Die Calla. — Die Pothos-Arten. — Das Philodendron. — Das Caladium. — Blumenbau.

7. Capitel. Die Grasform 189
Die Restiaceen. — Die Junceaceen. — Die Cyperaceen. — Die Gräser. — Ihre Bedeutung im Landschaftsbilde. — Graswiesen und Grasfluren. — Riesengräser. — Die Curata. — Der Bambus. — Niedrigere Grasformen. — Verschiedenheit ihrer Wirkung.

8. Capitel. Die Farrenform 194
Ihr ästhetischer Ausdruck. — Charakteristik derselben. — Mystik der Farren. — Die Baumfarren. — Die parasitische Verzierungsform.

9. Capitel. Die Moosform 200
Die Bärlappe. — Die Lebermoose. — Die Laubmoose. — Ihre Charakteristik und Verbreitung. — Baumartige Form. — Wirkung der Moosform im Landschaftsbilde.

10. Capitel. Die Flechtenform 206
Verschiedenheit der Formen. — Ihre Charakteristiken. — Säulchenform, niederliegende, hängende und Schriftform. — Verwandtschaft von Algen und Flechten.

11. Capitel. Die Pilzform 209
Niederliegende Form. — Stockform. — Die Balanophoren und Rhizantheen. — Die Rafflesia.

12. Capitel. Die Nadelholzform ... 212

Die Casuarinen. — Landschaftlicher Charakter der Nadelhölzer. — Ihre Bedeutung in der Baukunst. — Die Nadelform. — Die Laubform. — Ursachen der verschiedenen Tracht der Nadelform. — Kieferform. — Fichtenform. — Cypressenform. — Charakter der Cypresse.

13. Capitel. Die Weidenform ... 219

Der Oelbaum. — Der Liguster und seine Verwandten. — Die Oelweiden. — Der Oleander. — Die eigentlichen Weiden. — Ihre Formen. — Ihre verschiedene Wirkung. — Polarweiden. — Glanzblättrige Pflanzen. — Ihre physiognomische Wirkung. — Schwierigkeiten, die Pflanzentypen physiognomisch scharf zu gliedern. — Gesetz der physiognomischen Wirkung der Blattform.

14. Capitel. Die Form des getheilten Blattes ... 223

Die Distelform. — Der Acanthus in der Ornamentik der Alten. — Modelle der Kunst in der Natur. — Die fragliche Form in verschiedenen Pflanzenfamilien. — Buchtige Blattformen. — Die Form des zusammengesetzten Blattes. — Die Hülsengewächse. — Die Mimosen. — Die Sinnpflanze. — Ihre Reizbarkeit. — Ursache derselben. — Pflanzenschlaf und Pflanzenwachen. — Das gefingerte Blatt.

15. Capitel. Die Haideform ... 230

Die Haidekräuter. — Ihre Verbreitung.

16. Capitel. Die Cactusform ... 231

Charakter der Cacteen. — Ihre Verbreitung. — Die cactusartigen Wolfsmilchgewächse. — Aehnliche Asclepiadeen. — Aehnliche Meldengewächse. — Die Fettpflanzen.

17. Capitel. Die Form der Lippenblüthler ... 234

Die Form in verschiedenen Pflanzenfamilien. — Die Utricularien. — Das Fettkraut. — Aesthetik der Lippenblüthler.

18. Capitel. Die Form der Lianen ... 235

Verschiedenheit dieser Form in verschiedenen Pflanzenfamilien. — Eigentliche Lianen. — Sonderbare Stammbildung. — Seltsame Mosaikbildung auf ihren Querschnitten. — Verschiedenheit der physiognomischen Wirkung. — Der Erben. — Der Hopfen. — Die Reben. — Charakter und Unterschied von windenden, schlingenden und kletternden Pflanzen.

19. Capitel. Die Form des Riesigen ... 238

Ehrwürdigkeit alter und riesiger Formen. — Die größte Linde Deutschlands. — Die größte Eiche Europas. — Die Kastanie des Aetna. — Riesige Nußbäume. — Riesige Platanen. — Riesige Nadelhölzer. — Die Wollbäume. — Der Baobab. — Riesige Banyanen-Feigenbäume. — Relative Auffassung der Riesenform. — Die Riesenform als Ausdruck höchster Vollendung. — Unmöglichkeit, die Pflanzenphysiognomik zu erschöpfen. — Schluß.

Viertes Buch.
Die Pflanzenverbreitung.

1. Capitel. Die Pflanzenregionen .... Seite 247

Die Pflanze am Pol und Aequator. — Die Pflanzenregionen. — Ihre Verschiedenheit je nach den Ländern. — Eine Wanderung aus der warmen gemäßigten Zone nach dem Gipfel des Monte St.-Angelo in Italien. — Vergleich derselben mit den Pflanzenterrassen Madeiras. — Javanische Pflanzenregionen. — Die Erpedition. — Verschiedene Eintheilung der Pflanzenregionen nach verschiedenen Ländern und Pflanzen. — Ihre Höhen- und Temperaturverhältnisse. — Die Verschiedenheit der Schneegrenze. — Ursachen der verschiedenen Pflanzenerhebung. — Bestimmte Wärmemengen sind zum Gedeihen der Culturpflanzen erforderlich. — Isothermen, Isochimenen, Isotheren. — Die Bodenwärme. — Die feuchten Niederschlage. — Die Wüste Atacama. — Pflanzenarmuth der Westküsten Südamerikas. — Ihre Ursachen. — Der Luftdruck. — Eigenthümlichkeiten der Alpenfloren. — Die Flor der Ebene, der montanen, subalpinen und alpinen Region.

2. Capitel. Die Pflanzenzonen 264

Die beiden Erdhälften zwei Bergen gleich. — Die Pflanzenzonen nach Meyen. — Dreifache Vergleichung der Pflanzenzonen. — Vergleichung derselben mit den Pflanzenregionen. — Ihre Vergleichung auf beiden Erdhälften. — Dreifacher Unterschied der Florengebiete. — Die Florengebiete. — Die Pflanzenreiche. — Die Pflanzenreiche Europas, Asiens, Afrikas, Australiens, Amerikas und ihre Charakteristik.

3. Capitel. Die Vegetationslinien 279

Ihre Bedeutung. — Ihr Vorkommen und ihre Ursachen im nordwestlichen Deutschland. — Ihr Dasein und ihre Ursachen in Südbaiern. — Vegetationslinien der Culturpflanzen. — Mangelhaftigkeit der Beobachtungen.

4. Capitel. Pflanzen- und Thierwelt 281

Die Verbreitung der Thierwelt folgt der des Pflanzenreichs. — Wanderung der Thiere durch Pflanzen. — Schutz und Nahrung knüpfen beide Welten zusammen. — Die Tangfluren. — Inniger Zusammenhang zwischen der Verwandlung von Insekten und Pflanzen. — Die Pflanzengallen. — Nützlichkeit dieses Zusammenhangs für die Pflanzen. — Seine Schädlichkeit. — Der Bau der Thiere richtet sich genau nach ihrem Zusammenhange mit den Pflanzen. — Auffallende Aehnlichkeiten zwischen Pflanzen- und Thierformen. — Pflanzenwelt und Menschheit.

Zu diesem Bande gehören folgende Tondrucktafeln:

Meerschaft aus der Nordsee. Wird eingebunden zu S. 38.
Typus der Guirlanden-Wälder. (Aus dem brasilianischen Urwalde.) Zu S. 42.
Austritt aus dem Urwalde. Wird eingebunden zu S. 288.
Brasilianische Landschaft. Mit Auracaria brasiliensis (Titelbild). Zu S. 148.
Die Karte der Isothermen, zu Buch IV, Cap. 1, gehört an den Schluß des ersten Bandes.

Das

Buch der Pflanzenwelt. I.

Erstes Buch.
Der Pflanzenstaat.

Erstes Buch.

Das Hügelland oder die Loma de la Girara auf Cuba.

1. Capitel.

Die Pflanzenverwandtschaften.

Unter allen Erscheinungen der Natur wirkt keine so wohlthuend und mächtig auf Geist und Gemüth des Menschen, als die Fülle der Pflanzengestalten. Sie ist, wie sie der dichterische Geist der Völker schon längst nannte, das Kleid der Erde, das, um in der dichterischen Anschauung zu bleiben, wie ein bunter Teppich ihren Felsenleib umgürtet, die Starrheit ihrer Formen mildert, die Landschaft belebt, Seele in die Natur bringt. Je bunter und wechselvoller dieses Kleid, um so höher und belebter die Stimmung, welche das Gemüth von ihm empfängt. Wer es gewohnt ist, die Natur nur durch die von der Landschaft erhaltene Stimmung zu genießen, begnügt sich gern mit diesem leichten Genusse, den er mit dem Dichter theilt; einem Genusse aber, der ihn ebenso leicht, den Meisten nur zu unbewußt, zur Verschwommenheit der Gefühle und Gedanken führt. Wer indeß, eingedenk seiner geistigen Vollkommenheit, die Mühe nicht scheut, seine Freuden und Genüsse zu zergliedern; wem es, wie es Allen sein sollte, Bedürfniß ist, in der Mannigfaltigkeit der Erscheinungen die Einheit, in der Einheit die Vielheit, in Allem die harmonische Gliederung zu suchen; wer es weiß, daß das zerlegende Prüfen auch ein genußreiches Schauen und Empfinden ist: den drängt es auch im Gebiete der Pflanzenwelt, die große Composition der Natur, ihre Consonanzen und Dissonanzen aufzulösen.

Die Natur erleichtert dieses Bemühen schon beim ersten Beginnen. Wohin auch der Blick in der eignen Heimat schweift, überall begegnet er einzelnen Pflanzen, von denen oft eine ungeheure Zahl bei flüchtiger und tieferer Betrachtung dieselben Merkmale an sich trägt. Sie bilden gleichsam den einfachsten Faden des Pflanzenteppichs. Es sind die Pflanzenindividuen. Was ist ein Pflanzenindividuum? Ein Aehrenfeld, ein Kleefeld, ein Rübenfeld u. s. w. kann uns Aufschluß geben. So verschieden auch immer im Aehrenfelde die einzelnen Halme durch Größe und Farbe ihrer Theile sein mögen, ein Blick auf das Ganze sagt uns, daß alle Halme dieses Feldes zusammengehören. Die Bildung der Wurzel, des Halmes, der Blätter, Aehren, Blüthen und Früchte trägt überall dieselben Merkmale an sich. Sie gehören mithin sämmtlich zu einer natürlichen Gruppe, und diese ist die Art. Die Art ist mithin der erste und einfachste Stamm, welcher eine Menge gleicher Glieder zu einer Einheit in sich vereinigt; das Pflanzenindividuum ist das einfachste Glied der Pflanzenwelt. — Der Blick auf unsere Fluren zeigt uns jedoch noch mehr als gleiche Glieder Eines Stammes; er zeigt uns auch ähnliche. Betrachten wir nur einmal Alles, was uns als Klee erscheint! Da finden wir Individuen, welche sich Wiesenklee, Rothklee, Ackerklee, Erdbeerklee, Bergklee, Bastardklee u. s. w. nennen. Bei ihnen findet das vorige Verhältniß nicht Statt, daß sie in allen ihren Merkmalen gleich wären. Zwar stimmen sie durch das dreitheilige Blatt, die Blüthen- und Fruchtform mit einander überein; allein der Bau dieser Theile, sowie des Stengels und ihre Farbe hält sie wieder so bedeutend auseinander, daß sie sofort als verschiedene Glieder Eines Stammes erscheinen. So ist es auch; denn wir haben es hier nicht mehr mit Pflanzenindividuen, sondern mit Pflanzenarten zu thun. Sie alle zusammen vereinigt bilden eine neue Einheit, die Gattung. Sie besteht mithin nicht aus gleichen, sondern aus ähnlichen Gliedern Eines Stammes, aus Arten. — Setzen wir unsere Nachforschungen bei den kleeartigen Gewächsen fort, so tritt uns noch ein anderer neuer Unterschied entgegen. Da finden wir z. B. ein Feld mit Esparsette, ein anderes mit Luzerne, mit Steinklee oder Melilote, mit Lupine u. s. w. Lenken wir unsere Schritte noch weiter, so drängt sich uns auch in andern Gewächsen eine Verwandtschaft mit diesen auf: hier durch die Hauhechel (Ononis), dort durch den Ginster (Genista), hier durch die Erbse, die Wicke, die Bohne, die Linse, dort sogar durch die prächtige Acacie, den herrlichen Goldregen, den Blasenstrauch u. s. w. Eine aufmerksame Vergleichung sagt uns, daß diese Verwandtschaft in der Mehrtheiligkeit der Blätter, dem Baue der Blüthe und der Form der Frucht, welche in Gestalt einer Hülse erscheint, begründet ist und sie alle folglich wieder in einen neuen Stamm vereinigt. Dieser Stamm ist die Pflanzenfamilie. Sie ist mithin die Einheit ungleicher Glieder verschiedener Stämme oder Gattungen. Fassen wir das Gefundene nochmals zusammen, so finden wir drei Einheiten der Verwandtschaft unter den Pflanzen: Individuen und Arten, Gattungen und Familien. Individuen sind gleiche Glieder Eines Stammes, und dieser Stamm ist die Art; verschiedene Arten bilden die Gattung, sie ist also die Einheit ähnlicher Glieder Eines Stammes; verschiedene Gattungen bilden die Familie, sie ist folglich die Einheit ungleicher Glieder verschiedener Stämme. Wir werden im fünften Capitel dieses Buches darauf zurückkommen und die Begriffe dieser Pflanzengruppen auch vom chemischen Standpunkte aus erläutern.

Diese mehrfache Gliederung der Pflanzenverwandtschaft ist der Grund der außerordentlichen Mannigfaltigkeit, der bunten Vielheit der Pflanzendecke. Ohne ihre Erkenntniß würde dieser bunte Teppich völlig unverständlich bleiben; er würde zwar, wie z. B. ein schönes Musikstück, immer dieselbe künstlerische, malerische Wirkung auf unser Gemüth ausüben, aber dem Geiste ebenso chaotisch erscheinen, wie das Musikstück ohne Kenntniß der innern Gliederung, des innern Getriebes. Die Natur würde uns mit Einem Worte wie eine Maschine erscheinen, deren Wirkungen wir sehen und bewundern, die uns aber trotz alledem unverständlich bleibt, so lange unsere Kenntniß des innern Getriebes fehlt. In der That wird dies landschaftliche Bild, so weit es durch die Pflanzendecke bedingt ist, durch jene drei Elemente der Verwandtschaft und ihre gegenseitigen Combinationen hervorgerufen. Gäbe es nur Pflanzenindividuen, so würde es auch nur eine Art geben, und die ganze Pflanzendecke würde einförmig wie ein Roggenfeld sein. Gäbe es nur Pflanzenarten, so müßte dieselbe Pflanze ihre Art und ihr Individuum zugleich sein, der Pflanzenteppich der Erde würde, statt aus einigen Hunderttausend Arten, aus Myriaden von Arten zusammengesetzt werden, er würde das unheimliche Bild grenzenloser Zersplitterung, entsetzlicher Buntheit ohne den wohlthätigen Frieden der Einheit sein. Dann würde zugleich jede Art ihr eigenes Individuum, ihre Art, ihre Gattung und Familie sein müssen. Diese einfache Betrachtung rückt uns mit Einem Schlage die ungemeine Wohlthat der mehrfach gegliederten Pflanzenverwandtschaft vor die Seele und zeigt uns ebenso, daß jede tiefere Betrachtung scheinbar fern liegender Fragen uns die Natur nur noch seelenvoller macht, als sie bereits ist. Jetzt erst verstehen wir, wie wesentlich auch die Mengenverhältnisse der Pflanzenwelt das Landschaftsbild bestimmen. Wo die Pflanzenindividuen vorherrschen, wird es, wie das Aehrenfeld bezeugt, das einförmigste sein; nur wo Individuen, Arten, Gattungen und Familien in schöner

Abwechslung den Pflanzenteppich der Erde zusammensetzen, da wird jene Harmonie erscheinen, die so wesentlich friedlich auf Geist und Gemüth des Menschen wirkt. Mit Einem Worte, das ungeheure Gebiet, in welches unsere Wanderung uns führen soll, beruht auf Individuum, Art, Gattung und Familie.

Es muß uns darum von besonderem Interesse sein, zu erfahren, wie viel Arten, Gattungen und Familien die Pflanzendecke zusammensetzen? Denn daß wir nicht nach der Anzahl der Individuen fragen dürfen, ist selbstverständlich: wer mag und wer würde wohl z. B. die Anzahl aller Roggenhalme der Erde bestimmen! Aber auch die Schätzung der Arten, Gattungen und Familien hat ihre großen Schwierigkeiten: einestheils, weil noch nicht sämmtliche Pflanzen der Erde entdeckt sind, anderntheils, weil die Urtheile der einzelnen Forscher über Art, Gattung und Familie häufig schwanken. Dennoch schweift der Mensch gern über die Grenzen des Beobachteten hinaus, um sich auf den gesichertsten Stützen der Erfahrung wenigstens ein annäherndes Bild von dem Vorhandenen zu verschaffen. Eine solche annähernde Schätzung kann es nur sein, die uns die Zahl sämmtlicher Pflanzenarten der Erde auf 400,000 veranschlagt und von dieser Summe 4500 Arten auf die Urpflanzen, die einfachsten Gewächse der Erde, 9000 auf die Algen, 24,000 auf die Pilze, 9000 auf Flechten und Lebermoose, 9000 auf die Laubmoose und 11,000 auf die Farren bezieht. Von diesen sämmtlichen Pflanzen der Erde waren bis zum Jahre 1855 über 135,000 bekannt. Zwei volle Jahrtausende waren seit ihrer Entdeckung vorübergegangen; denn um das Jahr 340 vor Chr. zählte der griechische Naturforscher Theophrastos von Eresos erst 450 bekannte Pflanzen. Natürlich steht die Zahl der Gattungen der der Arten bedeutend nach, da ja die meisten Gattungen aus vielen Arten bestehen. Gegenwärtig darf man sie auf 5000 veranschlagen, und es kommen mithin 27 Arten auf je eine Gattung. In der Wirklichkeit indeß wird dieses Verhältniß ein wesentlich anderes. Es gibt eine Menge Gattungen, welche nur durch eine oder wenige Arten vertreten werden. So gibt es nur 1 Pfirsich, 2 Mispelarten, 3 Quitten, 1 Theestrauch, 4 Roggenarten, 3 Camelien u. s. w. Dagegen umschließen andere Gattungen wieder Hunderte von Arten. So hat man bis jetzt 240 Eichen, 1000 Kartoffelarten u. s. w. entdeckt. Noch kleiner, und auch dies ist selbstverständlich, muß die Zahl der Pflanzenfamilien sein; denn sie sind ja die Einheit vieler Arten und Gattungen. Man darf sie auf reichlich 200 veranschlagen; eine Zahl, welche sich selbst durch alle kommenden Entdeckungen und veränderten Anschauungen schwerlich weder sehr vermindern, noch sehr vermehren wird. Dem Wesen dieser Gruppen nach besitzt die Familie den größten, die Gattung einen kleineren, die Art den kleinsten Verbreitungskreis. Jedoch mit Vorbehalt. Es gibt einige Pflanzenarten, welche als sogenannte kosmopolitische über die ganze

Erde gehen. Andere ziehen sich durch mehre Zonen. Dagegen gibt es Gattungen und Familien, welche nicht den ganzen Erdball bewohnen, sondern nicht selten nur einen sehr kleinen Kreis der Erdoberfläche charakterisiren.

Will man wissen, von welcher Bedeutung diese Zahlenverhältnisse im Landschaftsbilde sind, so darf man nur an den bunten Teppich mit seinen verschiedenen Fäden und Farben denken. Jede Farbe und jeder Faden entspricht hier einer Pflanzengestalt, welche der Pflanzenforscher gern mit dem Namen Typus bezeichnet. Die Anzahl der verschiedenen Fäden und Farben, sowie ihre verschiedenen Verstellungen (Combinationen) unter einander liefern das bestimmte Gewebe, welches den Teppich entweder zu einem harmonisch Gegliederten oder zu einem geschmacklosen Vielerlei stempelt. Das Letzte ist von der Natur nie zu sagen. Immer ordnen sich die Pflanzengestalten in wohlthuender Abwechslung unter einander. Aber auch hier weder zufällig noch willkürlich. Jede Zone der Erde besitzt ihre festbestimmten Zahlengesetze, nach denen die Pflanzentypen den bunten Teppich zusammensetzen. In der gemäßigten Zone der nördlichen Erdhälfte bilden z. B. nach Humboldt's Berechnungen die Gräser $1/12$, die Vereinsblüthler (wohin Löwenzahn, Gänseblümchen, Maßlieb, Huflattig, Kreuzkraut u. s. w. gehören) $1/8$, die Hülsengewächse $1/18$, die Lippenblüthler (Münzkräuter, Salbei, Melisse, Psop, Taubnessel, Andorn u. s. w.) $1/24$, die Doldengewächse (Dill, Kümmel, Fenchel, Mohrrübe, Pastinake, Bärenklau u. s. w.) $1/40$, die Kätzchenblüthler (Birken, Pappeln, Weiden und Näpfchenfrüchtler, wie Eichen, Haselnüsse u. s. w.) $1/45$, die Kreuzblüthler (Senf, Hederich, Raps, Rübsen u. s. w.) $1/19$ des gesammten Gewächsreichs. Dagegen nehmen einige von diesen Familien in andern Zonen wieder zu. Die Hülsengewächse bilden z. B. nach dem Erdgleicher (Aequator) hin $1/10$ des Gewächsreichs zwischen $0^\circ - 10^\circ$, $1/15$ aber zwischen $45^\circ - 52^\circ$, $1/35$ endlich zwischen $67^\circ - 70^\circ$; sie erlangen mithin ihr Uebergewicht am Gleicher. Dagegen nehmen die blüthenlosen Gewächse (Kryptogamen), wie Moose, Lebermoose und Flechten, nach dem Gleicher hin ab, während andere Familien dieser großen und ersten Pflanzenabtheilung, wie die Algen des Meeres, Pilze und Farren, wieder zunehmen. Die zweite große Pflanzenabtheilung, die parallelrippigen oder einsamenlappigen Gewächse (Monokotylen), wie Palmen, Gräser, Liliengewächse, Knabenkräuter (Orchideen) u. s. w., nimmt nach dem Gleicher hin ebenso zu, wie die Farrenkräuter. Auch die dritte große Abtheilung des Gewächsreichs, die der netzrippigen oder zweisamenlappigen Pflanzen (wozu alle Holzgewächse gehören), erreicht am Gleicher ihre größte Steigerung. Dort bilden die Holzgewächse, welche in der kalten Zone nur $1/1000$, in der gemäßigten $1/30$ des Pflanzenteppichs ausmachen, $1/3$ aller Blüthenpflanzen. Der tiefer gehende Forscher erblickt hierin eine so große Gesetzmäßigkeit, daß er aus diesen Zahlenverhältnissen sofort auf die gegenseitige Abhängigkeit der einzelnen Pflanzenformen von einander schließt. „Wenn man", sagt

Humboldt sehr richtig, „auf irgend einem Punkte der Erde die Anzahl der Arten von einer der großen Familien der grasartigen Gewächse, der Hülsenpflanzen oder der Vereinsblüthler kennt, so kann man mit einer gewissen Wahrscheinlichkeit annähernd sowohl auf die Zahl aller Blüthenpflanzen, als auf die Zahl der ebendaselbst wachsenden Arten der übrigen Pflanzenfamilien schließen. Die Zahl der Riedgräser bestimmt die der Vereinsblüthler, die Zahl der Vereinsblüthler die der Hülsengewächse. Ja, diese Schätzungen setzen uns in den Stand, zu erkennen, in welchen Klassen und Ordnungen die Floren eines Landes noch unvollständig sind. Sie lehren, wenn man sich hütet, sehr verschiedene Vegetationssysteme mit einander zu verwechseln, welche Ernte in einzelnen Familien noch zu erwarten ist." So herrscht auch in dem scheinbar so chaotischen Pflanzenteppiche der Erde ein mathematisches Gesetz; so blickt auch aus der sonst so frostigen Zahl die wunderbarste Gesetzmäßigkeit, Harmonie und Einheit, überhaupt die größte Stetigkeit bei allem Wechsel der Erscheinungen hervor.

Wir vertiefen uns darum gern auch in die Gliederung der bekannteren und wesentlicheren Pflanzenfamilien in Gattungen; denn eine solche Uebersicht gibt uns mit Einem Schlage die Anzahl der Typen in die Hand, welche den Pflanzenteppich der Erde im Allgemeinen zeugen. In absteigender Reihe bilden die Pilze $1/10$ sämmtlicher Gattungen, die Vereinsblüthler $1/11$, die Hülsengewächse $1/14$, die Gräser $1/17$, die Orchideen $1/20$, die Rubiaceen oder Krappgewächse (Labkräuter, Färberröthe, Kaffeebaum, Chinabaum u. s. w.) $1/34$, die Kreuzblüthler $1/40$, die Wolfsmilchgewächse $1/40$, die Farren $1/40$, die Laubmoose $1/40$, die Algen $1/40$, die Doldengewächse $1/40$, die Malvenpflanzen $1/47$, die Lippenblüthler $1/50$, die Rosengewächse (unsere Rosen, Obstbäume, Brombeeren, Himbeeren, Erdbeeren u. s. w.) $1/60$, die Flechten $1/80$, die Heidegewächse $1/85$, die Myrtenpflanzen $1/87$, die Proteaceen $1/100$, die Kartoffelgewächse $1/111$, die Riedgräser $1/118$, die Nellengewächse $1/132$. Je größer also der Antheil ist, welchen die Pflanzenfamilien an der Bildung der Pflanzengattungen besitzen, um so größer ist ihre innere Mannigfaltigkeit an Typen. Wenn z. B. die Gräser ungefähr den 17. Theil sämmtlicher (5000) Gattungen ausmachen, so besitzen sie über 280 Gattungen, während die Riedgräser, welche nur den 118. Theil bilden, gegen 40 Gattungen enthalten. Es versteht sich auch hier von selbst, daß diese Schätzung immer nur eine annähernde sein kann. Die typenreichsten Familien sind demnach folgende. Ueber 500 Gattungen beherbergen die Vereinsblüthler als die reichste Familie der Pflanzen, deren Artenzahl man gegenwärtig bereits auf 10—12,000 veranschlagt. Von denen, welche über 200 Gattungen besitzen, folgen in absteigender Reihe: Hülsengewächse, Pilze, Gräser und Orchideen. Ueber 100 Gattungen umschließen: Rubiaceen, Algen, Wolfsmilchgewächse, Moose, Kreuzblüthler und Doldenpflanzen. In 50 Gattungen und darüber gliedern sich: Lippenblüthler, Scrophularineen (Läusekraut, Augentrost, Kleffer, Ehrenpreis, Löwenmaul, Fingerhut, Königskerze u. s. w.), Rosenblüthler, Melastomaceen der heißen Zone, Asclepiadeen, Terpentingewächse, Apocyneen (Immergrün), Heidegewächse, Myrtenpflanzen, Palmen und Proteaceen der heißeren Zone. Den geringsten Formenreichthum zeigen unter den bekannteren Familien: Wasserrosen (Nymphäaceen), Rosenthaupflanzen, Leingewächse, Camelienpflanzen, Aborngewächse, Roßkastanien, Balsaminen, Sauerkleepflanzen (Oralideen), Tropäoleen (spanische Kressen), Tamarisken, wilde Jasmine (Philadelpheen), Cactusgewächse, Stachelbeerpflanzen, Mistelgewächse, Baldriane, Kardengewächse, Heliotrope, Zapfenpalmen (Cycadeen), Bananengewächse, Rohrkolben (Typhaceen), Tannenwedel u. s. w. Sie umschließen meist kaum 5, häufiger aber 1—3 Gattungen.

Alle diese Zahlenverhältnisse geben uns Einsicht in die physiognomische Zusammensetzung der Pflanzendecke und können nie entbehrt werden, wenn man sich den Pflanzenteppich in seine einzelnen Elemente zerlegen will, um ihn zu verstehen.

II. Capitel.
Die Pflanzengemeinden.

§. 1. Die Wälder.

Der Pflanzenteppich ist jedoch mehr als ein mechanisches Gewebe, dessen Fäden man nur zu zählen braucht, um die Zusammensetzung seines „Aufzugs" und „Einschlags" zu begreifen. Man nennt die Pflanzendecke nicht mit Unrecht Pflanzenwelt oder Pflanzenreich. Sie ist in Wahrheit ein Staat im Reiche der Natur, wie der Staat der Menschheit ebenso wunderbar in Gemeinden von großer Verschiedenheit und Mannigfaltigkeit gegliedert. Unter diesen Gemeinden nehmen die Wälder den ersten Rang ein. Sie sind an Ausdehnung und Masse die größte Gruppe und wirken als solche am meisten bestimmend auf das Landschaftsbild der Erde, wie auf den Haushalt der Natur ein. Man könnte sie darum bezeichnend die Oekonomen oder die Regenten des Pflanzenstaates nennen. In der That ist diese Thätigkeit so hervorragend, daß wir sie unmöglich nur kurz erwähnen dürfen. Gerade die Wälder zeigen uns am deutlichsten, daß die Erde völlig unbewohnbar sein würde, wenn den Pflanzen nicht die herrliche Eigenthümlichkeit gegeben wäre, sich zu Gemeinden zu gruppiren. Ohne diese natürliche Association würde das Leben der einzelnen Pflanzen aufs

Höchste gefährdet sein. Aber vereint, schützen sie sich gegenseitig gegen Sturm und Ungewitter, wie gegen den austrocknenden Sonnenstrahl. Wunderbar anziehend ist diese Gegenseitigkeit, wie jede junge Schonung unserer Forsten bezeugt. Krautartige Pflanzen und grasartige Gewächse sind es, welche den Boden der Schonung zuerst bedecken. Sie lassen dem Sonnenstrahl Zutritt zu den jungen Pflänzlingen, aber verhindern ihn auch wieder durch ihre Beschattung des Bodens, diesen völlig auszutrocknen und das Leben der jungen Pflänzlinge oder Sämlinge zu gefährden. So wachsen diese unter dem Schutze der kleinsten des Pflanzenreichs hervor, um, wenn sie zu den Riesen unserer Wälder emporgereift, wiederum eine gleiche Bestimmung für andere zu übernehmen. Unter ihren Wipfeln erhält der beschattete Boden seine Feuchtigkeit, um dürftigere Pflanzenkinder zu speisen, deren zartere Wurzeln nicht wie die der Bäume ihre Feuchtigkeit tief aus dem Erdinnern hervorzuholen vermögen. Hier ist es auch, wo sie den Boden befähigen, sich, wenigstens in den gemäßigteren und kühleren Zonen, mit einem Moosteppich zu bekleiden, der die Feuchtigkeit noch länger an sich hält oder sie langsam durch sich hindurchsickern läßt, um sie an tiefer gelegene Becken der Anhöhen abzugeben. Blatt für Blatt der Bäume nehmen, wenn Regengüsse über die Wälder einherstürmen, ihre Tropfen auf; langsamer, als sie dem Luftmeer entfielen, lassen sie dieselben wieder zur Erde fallen; endlich nimmt sie die Moosdecke auf, um den Boden ewig getränkt zu halten, da die Wipfel der Bäume die raschere Verdunstung verhüten.

Zweierlei folgt daraus. Einmal wird der Waldboden befähigt, Quellen zu erzeugen; das andere Mal wird durch das beständige Dasein von Feuchtigkeit in den Wäldern eine fortdauernde Verdunstung herbeigeführt und dadurch eine kühlere Temperatur erzeugt. Beide Wirkungen sind gleich bedeutsam. Aus den Quellen strömen die großen Pulsadern der Länder, Bäche, Flüsse und Ströme, die ersten und natürlichsten Verbindungswege der Völker, die natürlichsten Bewässerungsanstalten für die Ebenen, die einfachsten und natürlichsten Triebkräfte kunstreicher Maschinen, Mühlen, Hämmer u. s. w., die ersten und bedeutsamen natürlichen Werkstätten fleischlicher Nahrung, der Fischerei. Man braucht nur an diese bedeutsamen Wirkungen der Quellen zu erinnern, um sich selbst zu sagen, welche Wichtigkeit sie im Haushalte der Natur und des Menschen besitzen müssen. Und wenn wir es nicht vermöchten, die Geschichte der Völker würde uns laut bezeugen. Im Caplande wird eine Quelle alsbald die Stätte für einen Ansiedler. Die Colonisten europäischer Abkunft, welche in diesem Lande die Pflege der Quellen versäumten, sanken allmälig zu Nomaden herab. Durch eine treue Pflege der Quellen gewöhnten dagegen die Herrnhuter Missionäre die wilden Völkerstämme dieses Landes an feste Wohnsitze, durch diese an ein geregeltes Leben, und legten somit den Grund zu der Civilisation des Menschen, welche nur in festen Wohnsitzen ermöglicht wird. Was hier von den ehemals so wilden Stämmen der Griquas und Beschuanen gesagt wird, gilt überhaupt von aller ersten Völkercultur. Ja, selbst die höchste Civilisation ist so eng an sie geknüpft, daß der Reichthum an Quellen in geeigneter Landschaft sofort auch den natürlichen Reichthum ihrer Bewohner bedingt und ·umgekehrt. Das wußten die Alten mehr wie wir. Kein Wunder, wenn sie Quellen und Flüsse anbeteten, wenn Nymphen und Dryaden um die Quellen und die sie umsäumenden Waldkronen spielten. Nur die späteren Nachkommen, freilich oft durch furchtbare Nothwendigkeit gezwungen, haben das Thun ihrer Ahnen unbeachtet gelassen. Die Wälder sind zum großen Theil verschwunden, mit ihnen aber auch die Quellen, und die Flüsse sind versiegt. So in Spanien im furchtbarsten Maßstabe, so in Griechenland, Judäa u. s. w. Wohlthuend ist es, einmal das Gegentheil zu hören. So befindet sich noch heute in der Nähe von Constantinopel, zwei Stunden von Bojukderch, ein herrlicher Wald der schönsten Buchen und Eichen unter den ewigen Schutz des Gesetzes gestellt, welches befiehlt, daß nie eine Axt ihn berühren darf. Warum? Weil er die Quellen speist und erhält, welche Constantinopel durch Aquaducte mit Wasser versorgen. Möchten doch recht viele Völker diesen verrufenen Türken gleichen, welche mit richtigem Blicke in dem Walde ihren eigenen Lebenspuls erkannten!

Es ist zwar wahr, daß eine zu große Ausdehnung der Wälder weder dem Haushalte der Natur, noch des Menschen segensreich ist, allein auch hier hat das Gegentheil seine gesetzlichen Grenzen. Dies ist folgendermaßen zu verstehen. Je umfangreicher die Wälder, um so feuchter wird die Atmosphäre sein. Die Wälder verdichten die Wolken zu Regen, indem die beständige Verdunstung in ihnen eine kühlere Temperatur unterhält. Auf diesem Standpunkte wirken die Wälder wie ein großes Kühlfaß. Das Meer ist die Wasserblase, aus welcher durch den Einfluß der Sonnenstrahlen, namentlich unter wärmeren Zonen, fortdauernd Wasserdampf in die Atmosphäre überdestillirt. Das Leitungsrohr stellen die Winde dar. Sie führen den Wasserdampf mit sich fort, zerstreuen ihn mit sich in verschiedenen Richtungen und lassen ihn erst dort zu Regen verdichten, wo eine kühlere Temperatur dazu befähigt ist. Da sich aber in und über den Wäldern eine solche durch die fortwährende Verdunstung befindet, so müssen dieselben, wie eben erwähnt, als Kühlfaß wirken. Die Wälder ziehen mithin die Regenwasser an, zerstreuen sie wohlthätig über die Länder und tränken auf diese Weise gleichmäßig die Fluren. Es folgt aber daraus, daß das Klima der Länder um so kühler sein muß, je größer die Ausdehnung der Wälder ist. Unter heißerer Sonne kann dies ein Segen sein; in gemäßigteren Zonen wird das Klima dagegen um so eisiger werden. Daher erklärt es sich, daß einst das alte Germanien zur Zeit, wo Cäsar's hercynischer Wald sich 60 Tagereisen ununterbrochen bis zur Schweiz fortzog, das Klima des heutigen Schweden besaß, daß der Auerhahn, das Elen, das Ren, der Bär, der Wolf u. a. Thiere hier ebenso ihre eigentliche Heimat besaßen, wie sie dieselbe gegenwärtig noch in Skandinavien, Ostpreußen und Finnland finden. Daher erklärt es sich, daß Griechenland, welches zu Homer's Zeiten ungefähr das Klima des jetzigen Deutschlands hatte, gegenwärtig die gewürzigen Früchte der Hesperiden, herrliche Orangen, Teutschland aber ebenso herrliche Weine baut, an welche noch zu Cäsar's Zeiten am Rheine nicht zu denken war. Nach Füster waren zur Zeit dieses römischen Feldherrn Weinstock, Feige und Oelbaum südlich von den Sevennen, breiteten sich aber nur bis zum 47. Breitengrade aus und waren am Ende des 3. Jahrhunderts bis an die Loire vorgerückt. Im 4. Jahrhunderte n. Chr. konnten sie schon im Westen bis Paris und im Osten bis in die Nähe von Trier cultivirt werden. Im 6. Jahrhundert dauerte die Rebe in der Bretagne, Normandie und Picardie, im Mittelalter im Elsaß, in der Lorraine u. s. w. aus. Das Alles beweist uns, daß die Entwaldung der Länder unfehlbar ein wärmeres, trockneres Klima nach sich zieht, und daß es mithin unter Umständen die vormals gesegneten Länder in Wüsten verwandeln kann. Die Nutzanwendung für Teutschland liegt nahe. Längst sind auch wir an der Grenze der Entwaldung angelangt, an welcher das Naturgesetz der Axt Halt gebietet. Die unaufhaltsam vorwärts dringende Cultur hat ihr Recht nur bis zu dieser Grenze. Darüber hinaus zu gehen ist Verbrechen an dem Haushalte der Natur und des Menschen. Nur Länder mit einem Inselklima dürfen ungestraft die Grenze überschreiten, welche für Länder mit einem Continentalklima geboten ist. Englands Industrie hat weit mehr in seinen Wäldern gelichtet als Teutschland, und dennoch sind seine Wiesen die üppigsten, saftigsten Europas. Dafür besitzt es aber auch ein feuchtes Klima, dessen Dasein auf dem das Land unmittelbar umgürtenden Meere beruht. Die Länder der Nord- und Ostsee zeigen uns Aehnliches. Wo hier, die Nachbarschaft des Meeres unaufhörlich neue gemäßigte Zone unaufhörlich neue Feuchtigkeit senden, da hat der Wald in dieser Hinsicht weniger Bedeutung, er kann sogar unter Umständen, wenn er zu ausgedehnt die Länder besäumt, ein zu feuchtes, kaltes Klima hervorrufen und die Cultur unterdrücken. Finnland bestätigt uns das noch in der Gegenwart; denn seit der Lichtung seiner Waldungen und dem Austrocknen der Sümpfe ist auch die Cultur nördlicher gedrungen, das Klima ist milder geworden. Wo aber die Nachbarschaft des Meeres fehlt, im Binnenlande, da wird der Mensch stets auf seiner Hut sein müssen, die von der Natur gesteckten Grenzen der Entwaldung nicht zu überschreiten. Diese Grenzen sind die Gebirge.

Ich kann nicht umhin, auch sie einer ausführlicheren Betrachtung zu unterwerfen; denn niemals wird man die Bedeutung eines Landschaftsbildes zu würdigen verstehen, wenn man nicht in seine Bestimmung zurückblickt. Es liegt auf der Hand, daß der Wald durch die Wurzeln seiner Bäume,

Urwald in Sibirien als Ausdruck des raubenden.

wie durch die dichte Moosdecke oder seinen Rasen die Ackerkrume seines
Bodens auf den steilsten Gebirgen auf die natürlichste und einfachste Weise
befestigt. Man nehme den Wald hinweg, und die Quellen werden versiegen,
die Moosdecke wird sammt dem Rasen verschwinden, besonders wenn der
Mensch diese Anhöhen zu lockerem Acker umgestaltet hat. Die Kraft der
Regengüsse, die vorher über das Land zogen, wird jetzt nicht durch Millionen
Blätter, durch Rasen und Moosdecke gemildert werden, sie werden ihre
ganze Heftigkeit ansüben und jetzt als Platzregen erscheinen. Er wird allmälig die lockere Ackerkrume, das Product der Verwesung pflanzlicher
Stoffe und der Verwitterung des Felsenbodens, mit sich hinab in die Thäler
reißen, wird sie hier als Schlamm absetzen, mit ihm Bäche und Flüsse anfüllen, ihre Gewässer trüben, dieselben über die Ufer treiben und die Weiden
überschwemmen. Der Schlamm wird sich auf die Grasdecke lagern, das
Heu für die Heerden unbrauchbar machen und allmälig nach Jahren mit
Sand überstreuen. Wo vorher üppige Wiesen, werden jetzt kümmerliche
Weiden eine kümmerliche Nahrung den Heerden bieten; der Landwirth ist
nach Jahren verarmt, Reichthum und Wohlstand sind vernichtet, das vormals üppige Thal ist unbewohnbar geworden. Daher kann es kommen,
daß der Bergrücken noch mit den herrlichsten Waldungen bestanden ist,
während an den tiefer gelegenen Theilen des Berges der nackte Fels, der
furchtbarste Gegensatz zu dem Berggipfel, den Wanderer anstarrt. Oft
spricht eine furchtbare Geschichte hinter solchen Bildern. So wurde das
Dorf Meyringen in der Schweiz nach A. Marchand mehre Male durch
Riesmassen, die der Alpbach mit sich führte, beinahe verschüttet. „Um die
Wiederkehr solcher unglücklichen Ereignisse zu verhindern", bemerkt unser
Gewährsmann, „hat man mit großen Kosten einen Kanal gebaut, welcher
den Kies in die Aar leitet. Durch diese Arbeit hat man zwar das Uebel
vom Torfe entfernt, ihm aber keinen Einhalt gethan. Die Kiesmassen
kommen sehr gut in die Aar, sie werden durch die Strömung fortgerissen,
so lange der Fall bedeutend genug ist, um diesen Transport zu begünstigen;
aber sie halten weit oberhalb Brienz an, verstopfen und erhöhen das Aar-
bett immer mehr und vergrößern dadurch den Umfang der Sümpfe zwischen
Brienz und Meyringen." Noch schrecklicher klingen die Berichte, welche der
Franzose Blanqui über die Folgen der Entwaldung in den Alpen der
Provence gibt. „Man kann sich", erzählt er, „in unsern gemäßigten Breiten keinen richtigen Begriff von diesen brennenden Bergschluchten machen, wo
es nicht einmal mehr einen Busch gibt, um einen Vogel zu schützen, wo der
Reisende da und dort im Sommer einige ausgetrocknete Lavendelstöcke antrifft,
wo alle Quellen versiegt sind, und ein düsteres, kaum von dem Gesumme
der Insekten unterbrochenes Schweigen herrscht. Auf einmal, wenn ein
Gewitter losbricht, wälzen sich in diese geborstenen Bassins von den Höhen
der Berge Wassermassen herab, welche verwüsten, ohne zu begießen, über-

schwemmen, ohne zu erfrischen, und den Boden durch ihre vorübergehende Erscheinung noch öder machen, als er durch ihr Ausbleiben war. Endlich zieht sich der Mensch zuletzt aus diesen schauerlichen Einöden zurück, und ich habe in diesem Jahre (1845) nicht ein einziges lebendiges Wesen mehr in Ortschaften getroffen, wo ich vor dreißig Jahren Gastfreundschaft genossen zu haben mich recht gut erinnere." „In einer Menge von Gegenden ist nicht blos der Hochwald zu Grunde gegangen, sondern auch die Gebüsche, der Buchsbaum, der Ginster und das Haidekraut, Gewächse, welche die Bewohner doch wenigstens als Brennmaterial, als Streu und folglich auch als Dünger zu benutzen pflegten. Das Uebel hat dermaßen überhand genommen, daß die Eigenthümer (der noch bewohnten Gegenden) ihren Viehstand um die Hälfte, oft sogar um $^3/_5$ verringern mußten, weil es an dem nothwendigsten Elemente zur Unterhaltung der Thiere mangelte. Zur gleichen Zeit, wo ihre Armuth mit der Entwaldung zunahm, haben sich die Einwohner, da sie in die Unmöglichkeit versetzt waren, ihre Schafe ein ganzes Jahr hindurch zu ernähren, genöthigt gesehen, ihre Weiden an Heerdenbesitzer aus der Rhonegegend und selbst aus Piemont zu verleihen." Man könnte diese Schilderung für Uebertreibung halten. Leider wird sie nur zu sehr durch die neuesten Ueberschwemmungen der Rhone und der Jsère im Juni 1856 bestätigt, durch Wasserfluthen, welche Lyon und Umgegend in einem Ocean begruben.

Auch Teutschland ist von diesen schrecklichen Folgen der Entwaldung nicht verschont geblieben. Jede Wanderung in unsere Gebirge gibt der Belege unzählige dafür, vor allem im Rhöngebirge, Thüringer Walde, Erzgebirge und der Eifel. Die letztere hat nur noch das nackte Leben ihrer Bewohner gerettet. Ein Beispiel aus dieser Gegend beweist uns die Bedeutung der Wälder in glänzendem Lichte. Als der durch den mehr als hundertjährigen Betrieb der Bleibergwerke bei Commern herausgeschaffte Sand die nahegelegenen Aecker und Wiesen überflutete, wäre das Elend nicht zu übersehen gewesen, welches im Gefolge dieser Ueberfluthung des Sandmeeres nothwendig hätte folgen müssen. Durch die glückliche Einsicht der Forstverwaltung wurde dem drohenden Elende nur Halt durch die Anpflanzung von Nadelhölzern geboten. Nicht anders war es einst im Golf von Gascogne. Auch hier überfluthete der Meeressand die nahegelegenen Aecker und drohte sie völlig zu entwerthen und unbewohnbar zu machen. Da faßte der Franzose Bremontier den geistreichen Gedanken, auch hier einen Wald als Schutzwehr aufzustellen. Er pflanzte den sandliebenden Besenginster (Sarothamnus scoparius) an, erzog in seinem Schatten junge Kiefern und zwang somit den Meeressand zum Stillstand. Auch Teutschland hat Aehnliches an seinen Meeresküsten gesehen. So z. B. in der Frischen Nehrung, jenem langen, schmalen Sanddamme, der sich fast von Danzig bis Pillau erstreckt und das Frische Haff vom Meere trennt. „Bis ins Mittelalter", erzählt uns W. Alexis, „erstreckte sich die Nehrung noch weiter, und der enge Durchstich bei Lockstadt versandete. Ein langer Kiefernwald knetete und festete mit seinen Wurzeln den Dünensand und die Haide in ununterbrochener Reihe von Danzig bis Pillau. König Friedrich Wilhelm I. brauchte einmal Geld. Ein Herr von Korff, der sich beliebt machen wollte, versprach es ihm ohne Anleihe und Steuern zu verschaffen, wenn man ihm erlaube, Unnützes fortzuschaffen. Er lichtete in den preußischen Forsten, die damals freilich geringen Werth besaßen; er ließ aber auch den ganzen Wald der Frischen Nehrung, so weit er preußisch war, fällen. Die Finanzoperation war vollkommen gelungen, der König hatte Geld. Aber in der Elementaroperation, die darauf folgte, erleidet der Staat noch heute einen unverwindlichen Schaden. Die Meereswinde wehen über die kahlgelegenen Hügel; das Frische Haff ist zur Hälfte versandet, das weithin über die Wasserfläche wuchernde Schilf droht einen ungeheuren Sumpf zu bilden, die Wasserstraße zwischen dem reichen Elbing, dem Meere und Königsberg ist gefährdet, der Fischfang auf dem Haff beeinträchtigt. Umsonst hat man alle möglichen Anstrengungen gemacht, durch Sandhafer, Weiden, Schlinggewächse die Hügel wenigstens zu verweben. Der Wind spottet aller Anstrengungen. Die Operation des Herrn von Korff brachte dem König gegen 200,000 Thaler; jetzt gäbe man Millionen, wenn man den Wald zurück hätte." Aehnliches erleben noch heute auch die baltischen Provinzen Rußlands. Wie hier die Wälder die geeignetsten Mächte, die natürlichsten Faschinen sind, den unaufhaltsam vordringenden Dünensand zu befestigen, ebenso sind sie die besten Schutzwehren gegen das Treibeis der Flüsse, gegen die Gletscher, Lawinen und Bergstürze der höheren Gebirge, und was sie hier dem Menschen zur Wohlthat vollführen, kommt auch der Pflanzenwelt selbst zu gut. Ohne die Wälder und ihre vereinte Macht würde ein großer Theil unserer zarteren Gewächse in ihrem Dasein nur zu sehr gefährdet sein.

Es gibt aber noch eine nicht minder bedeutende Bestimmung der Waldungen. Wie sie die natürlichen Regulatoren für Wind und Feuchtigkeit sind, ebenso haben sie die hohe Aufgabe zu lösen, die Luft zu reinigen. Sie erreichen es, indem sie, wie die Pflanze überhaupt, befähigt sind, verschiedene Gasarten in sich aufzunehmen und zu Pflanzensubstanz zu verarbeiten. Vor allem gilt dies von der Kohlensäure, also derjenigen Luftart, die sich bei allen Gährungsprozessen abscheidet, selbst von den thierischen Lungen und an vielen Orten der Erde aus deren Innerem ausgehaucht wird, endlich bei den verschiedensten Verbrennungsprozessen aus den Schornsteinen entweicht. Diese Kohlensäure athmen die Pflanzen, mithin die Wälder im Großen ein, um den Kohlenstoff daraus abzuscheiden. Sie thun es am Tage, hauchen aber dafür dieselbe Luftart des Nachts aus, um sie am nächsten Tage unter Einfluß des Sonnenlichtes wieder in sich aufzunehmen.

Mit dem Aufhören der Wälder stellt sich darum über der Pflanzengrenze auf den Alpen eine größere Menge von Kohlensäure, eine für das thierische Leben ungünstigere Luft ein, als in den unteren Schichten des Luftmeeres. Der des Tages ausgeschiedene Sauerstoff ist dagegen die eigentliche Lebensluft für Menschen und Thiere. Sie ist es, welche, je mehr von ihr eingeathmet wurde, den Stoffwechsel des Körpers um so mehr begünstigt, die Gesundheit erhöht, den Leib kräftigt. Darum sind im Freien Lebende schon aus diesem Grunde frischer und kräftiger als die in der Stube. Es ist indeß nicht allein die Kohlensäure, welche der Pflanzenwelt als Nahrung dient. Auch viele andere Luftarten, Ammoniak vor allen, gehören, dem thierischen Leben meist feindlich, hierher. Die Wälder sind die großen Regulatoren, die Verbesserer des Luftmeeres in jeder Beziehung. Freilich ahnen wir gemeinhin wenig von der Bedeutung dieses Wechselverhältnisses; allein die Thatsachen der Natur sprechen lauter als das Gesetz selbst. Keine Gegend der Erde bestätigt das sprechender als jene Italiens, welche, einst die reichbebaute Heimat der Volsker, jetzt jene berüchtigten Moräste bildet, die man als die pontinischen Sümpfe zu bezeichnen pflegt. Wo einst reiches Leben herrschte, droht unheimlich der Tod die frische Lebensfackel zu verlöschen. Sein Gehilfe ist jene berüchtigte Malaria, eine Krankheit, deren Wesen man vorzugsweise den Ausdünstungen jener Moräste, der ewigen Verwesung reichlich aufgehäufter thierischer Stoffe in den stehenden Sümpfen zuschreibt. Langsam und sicher schreitet sie über die wenigen Bewohner dahin, welche nur die eiserne Noth in diese Heimat führen konnte. Kalte Fieber, Leber- und Milzleiden sind ihr Gefolge. Bleiche, gelbe Gesichter mit eingefallenen Zügen, matten Augen, geschwollenem Unterleibe und schleppendem Gange, das sind die furchtbaren Geschenke, welche sie dem dürftigen Bewohner dieser Heimat zutheilt. Hinter ihr lauert ein bösartiges Fieber, welches die meisten vor der Zeit dahinrafft. Doch warum gab es einst selbst hier, in den Einöden des Todes, ein reiches, üppiges Leben? Weil es Wälder gab. Der Mensch hat das Gleichgewicht des Naturhaushaltes schrecklich gestört, und schrecklich sind die Folgen geworden. Nach den übereinstimmenden Zeugnissen der Reisenden gibt es kein trauigeres Land als das, welches sich längs der Apenninenkette von Genua nach dem Kirchenstaate hinzieht. Diese Apenninen sind gegenwärtig fast ganz von Wald entblößt, eine große, entsetzliche Ruine, eine Reihenfolge von Erdstürzen, wie A. Marchand sich ausdrückt. Die Berge sind unfruchtbar, die besten Thäler von den Strömen überfluthet oder bedroht. Aehnliche Verhältnisse zeigen auch nach Schouw (l. Stau), zum Schrecken der Bewohner, die Sümpfe bei Viareggio, Lentini am Aetna, die Lagunen von Venedig und Comacchio, die Gegenden am unteren Po, die Reisfelder des Po-Thales, die Moräste von Mantua, der nördliche Theil vom Comersee am Ausflusse der Adda u. s. w. Auch längs der versumpften Küsten der

Provence lehrt diese furchtbare Fieberluft wieder, und man weiß, daß dort eine ganze Stadt, Arles, welche für Tausende von Einwohnern mit prächtigen Palästen hergerichtet ist, einst sogar die Hauptstadt Galliens und später des burgundischen Reiches war, jetzt nur noch von wenigen fieberkranken Einwohnern bewohnt wird. Woher dies? Weil die Rhone, an der sie gelegen ist, immer mehr versandet und die Ufer überschwemmt. Und woher dies? Weil, wie wir schon oben sahen, die oberen Rhonegegenden völlig entwaldet sind, der Regen die Ackerkrume der Gebirge längst heruntergewaschen, die Flußbetten damit verschlemmt und erhöht hat, und somit die Rhone gezwungen ist, als reißender Strom über die nicht mit erhöhten Ufer zu treten, das Land allmälig zu versumpfen. Diese Sümpfe werden nicht allein die ganze Landschaft allmälig verändern, d. h. eine ganz neue Pflanzendecke erzeugen, sondern auch unter heißerer Sonne lebensfeindliche Gasarten, Sumpfgas u. dergl., wie in den pontinischen Sümpfen, entwickeln. So wirkt ein Frevel an den Wäldern auf weite Strecken und die fernsten Generationen unheilvoll und zerstörend ein. Unter ganz entgegengesetzten Verhältnissen finden wir jedoch dieselben Erscheinungen in den Tropenländern wieder. Auch die zu große Ausdehnung der Wälder erzeugt in den Niederungen dieser Länder eine Versumpfung, und das gelbe Fieber lauert hinter den Urwäldern als das tückische Gespenst, welches seine Opfer unbarmherzig fordert. Am berüchtigtsten ist die Landenge von Panama geworden, und bekanntlich fielen in der jüngsten Zeit bei der Anlegung der Eisenbahn über den Isthmus Tausende als Opfer jener Sumpffieber. Es zeigt also daraus, daß auch die Ausdehnung der Wälder so gut wie die Entwaldung ihre Grenzen hat. Es folgt aber ebenso daraus, daß die Wälder von der großartigsten Bedeutung für die Landschaft und das Leben der übrigen Gewächse sind, und daß selbst des Menschen Dasein wesentlich mit ihnen zusammenhängt. Wir haben somit ein Recht, die Wälder die eigentlichen Regenten des Naturhaushaltes zu nennen.

Vielfach sind die Elemente, welche die Wälder bilden. Wir dürfen sie um so weniger übergehen, als diese Elemente das Landschaftsbild wesentlich bestimmen helfen. Es geschieht durch die verschiedene Belaubung. Nach ihr sondern sich die Wälder in Laub-, Nadel-, Casuarinen- und Palmen-Wälder. — Der Begriff des Laubwaldes ist der umfassendste. Er umschließt nicht allein die Bäume mit horizontal, sondern auch mit vertikal (scheitelrecht) angehefteten Blättern. Zu den ersteren gehören alle Laubwälder unserer Heimat, die letzteren sind vorzugsweise auf Neuholland beschränkt. Unter ihnen befinden sich viele Bäume mit falschem Laube. In diesem Falle hat sich der Blattstiel oder ein Zweig allein zu einer Blattfläche erweitert, das eigentliche Blatt ist nicht vorhanden oder nur kümmerlich entwickelt. Diesen blattartig erweiterten Blattstiel oder Zweig nennt die Wissenschaft ein Phyllodium, von dem griechischen Worte phyllon, das

Der Wasserfall.

Blatt, abgeleitet. Man kann es das Zweigblatt nennen. Es erscheint
bereits im Süden Europas an einigen Gewächsen, deren Tracht an die
Myrte einigermaßen erinnert. Es ist die Gattung Ruscus oder Mause-
dorn. Er hat, wie der Spargel, die Eigenthümlichkeit, daß er seine Blüthen und Früchte auf diesen falschen Blättern hervorbringt; eine Eigenthümlichkeit, welche nicht zu erklären wäre, wenn jene Blätter nicht Zweige
wären; denn nirgends trägt ein wirkliches Blatt Blumen und Früchte. In
besonders auffallender Weise erscheinen diese Phyllodien an vielen Myrten-
gewächsen, Acacien und Mimosen Neuhollands, und da dieselben hier in
erstaunlicher Menge der Individuen und Arten vorhanden sind, so ist auch
Neuholland vorzugsweise das Land der Phyllodienwälder. Keineswegs
besitzt es aber damit etwas Schönes. Ein scheitelrecht angeheftetes Blatt,
das sich, so zu sagen, starr von seinem Zweige abwendet, trägt auch diesen
starren Charakter in seiner Tracht und Wirkung. Starr ist diese Tracht,
weil die Phyllodien durchgängig derbe, lederartige Gestalten zeigen. Schlecht
aber ist ihre Wirkung, weil sie dem Sonnenstrahle keine breite Fläche entgegenhalten, um ihn zu schwächen, er gleitet an der senkrechten Fläche herab.
Darum sind die Phyllodienbäume schattenlos. Daher auch die ewigen
Klagen der Reisenden; alle fanden diese Wälder ebenso einförmig todt und
häßlich, wie unter der heißen Sonne Australiens drückend. Ganz anders
die Bäume, deren Laub sich wagerecht an den Zweig heftet. Nicht allein,
daß sie hiermit der Sonne entgegenhalten und somit unter dem
Wipfel einen wohlthätigen Schatten verbreiten, gewinnt auch ein Baum
mit dieser Blattstellung den Charakter der Anmuth, die Linien werden durch
das Zuneigen zum Zweige sanfter, malerischer, man möchte sagen, weib-
licher. Durch diese Starrheit bilden jedoch die Phyllodienwälder den Uebergang
zu den Nadelwäldern (man vergl. Abbild. S. 19). — Auch diese sind nicht
überall von gleichem Ausdruck. Wir können sie dreifach gliedern: in Pinien-
wälder, Cypressenwälder und Podocarpuswälder. Die ersten bringen eigentliche Nadeln hervor, die entweder frei stehen, wie bei Edeltanne, Fichte,
Wachholder und Taxus, oder in Bündel vereinigt sind, wie bei Kiefer und
Ceder. Die Cypressenwälder zeichnen sich dadurch aus, daß ihre Nadeln schuppenartig werden und mehr dachziegelförmig über einander stehen.
Hierher gehören alle Cypressen, viele Wachholderarten und die Lebensbäume. Auf den Neuen Hebriden im australischen Inselmeere fanden
die beiden Forster einen cypressenartigen Baum, der diesen Charakter am
vollendetsten an sich trägt. Denkt man sich seine langen, schlanken Zweige
nur als langgezogene Tannenzapfen, deren Schuppen hier die Blätter vorstellen, so hat man sofort einen vollständigen Begriff dieser Cypresse, welche
Georg Forster sehr bezeichnend Säulencypresse (Cypressus columnaris)
nannte. Theilweise hierher gehören die Araucarien, theilweise zu den
Podocarpuswäldern. Diese wunderbare Nadelholzform zeichnet sich dadurch

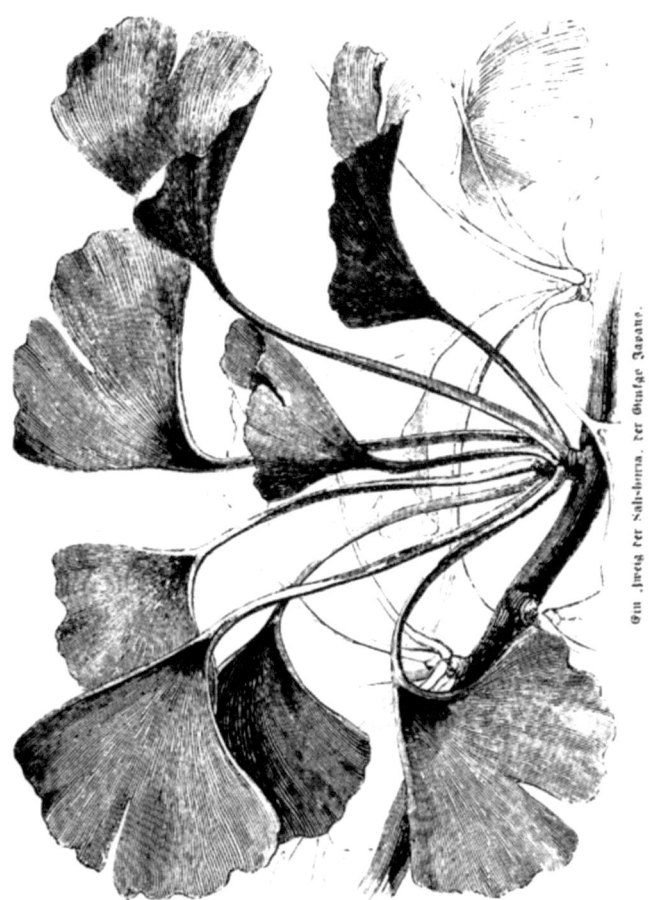

Ein Zweig der Salisburia, der Ginkgo Japans.

aus, daß das Laub nicht mehr nadelförmig ist, sondern eine breite lanzett
liche, keilförmige oder orangenblättrige Gestalt annimmt. Eine lanzettliche
bringt z. B. die neuseeländische Tammarfichte, eine keilförmige der S. 20
abgebildete Ginkgo in Japan, eine orangenblättrige die Gattung Podocarpus,
die herrlichste Gestalt der Zapfenfrüchtler in dem indischen Inselmeere, hervor.

Weit einförmiger erscheinen die Casuarinenwälder als dritte Waldklasse.
Wenn man einer Hängeweide ihre Aeste lassen und statt der Zweige
und Blätter Schachtelhalme anheften wollte, würde man ziemlich das Bild
der nebenstehenden Casuarinen (S. 25) haben, das dem Wanderer auf den
Südseeinseln, in Neuholland und dem indischen Inselmeere begegnet. Dort
bilden sie gleichsam, um mit
dem deutschen Naturforscher
Ferdinand Müller in
Neuholland zu reden, die Kie=
fern dieser Länder. — Die
Palmenwälder endlich, die
vierte Klasse, charakterisiren
sich im Ganzen durch die
hohen, unverzweigten Säu=
lenschafte und den gipfel=
ständigen Blätterschopf, dessen
Laub bald schilfartig zu=
gespitzt, bald fächerförmig er=
weitert ist. Nicht Palmen
allein, sondern auch Panda=
neen, Grasbäume u. s. w.
helfen diese Klasse bilden,
obschon von ihnen nur die
Palmen in Wäldern vereint
aufzutreten pflegen. Es ver=
steht sich übrigens von selbst,

Die Tammarsichte (Damamara australis).

daß alle diese Gruppirungen bald rein, bald gemischt angetroffen werden.
Im ersten Falle bilden sie die „Reinwälder", im zweiten die „Misch=
wälder". Jedenfalls sind alle diese Gruppirungen wohl zu beachten, wenn
man das Landschaftsbild verstehen und zerlegen will.

Die Wälder sind aber nicht die einzigen und letzten Pflanzengemeinden.
Von den kalten Gestaden Norwegens, die an die Grenzen des ewigen Winters
streifen, bis zu den Glutebenen der Tropen, von den Marschen der Tief=
ebene bis hinauf, wo die Felsenzacken der Alpen in den Himmel ragen, so
weit das organische Leben überhaupt noch in Pflanzen sich gestaltet, da tritt
eine andere große Gemeinschaft des Pflanzenstaates auf. Das sind die
Gemeinden der Gräser.

Die Grasdecke.

§. 2. Die Grasdecke.

Die zweite große Gemeinschaft des Pflanzenstaates, die Grasfluren, müssen wir in Wiesen und eigentliche Grasfluren gliedern.

Die Grundlage der ersteren bilden die Gräser der gemäßigten Zone, welche allein fähig sind, einen zusammenhängenden Rasen zu bilden. Durch die entgegengesetzte Eigenschaft zeichnen sich jene Gräser aus, welche die Prärien, Savannen und Steppen charakterisiren. Sie bilden keinen zusammenhängenden Rasen, wohl aber einzelne, in sich abgeschlossene Polster. Dies beruht darauf, daß ihre Wurzeln nicht, wie die der vorigen, kriechend, sondern faserig sind. Gräser dieser Art kennt auch Europa. So das Borstengras (Nardus stricta) unserer Haiden und der Esparte (Stipa tenacissima) Spaniens. Nur schilf- und baumartige Gräser, deren Höhe oft die vieler Bäume übertrifft, erinnern wieder an die Waldungen und müssen als Grasfluren oder Graswälder scharf von den Wiesen unterschieden werden. Insbesondere bilden die bambusartigen Gräser (s. Abbild. S. 24) eine so merkwürdige Pflanzengemeinde, daß sie höchstens mit den rohrartigen Palmen verglichen werden können und die größte Zierde der Tropenländer sind, wogegen die Wiesen das schöne Wahrzeichen der gemäßigten Zone bilden.

Was die Wälder im größten Maßstabe vollführten, vollbringen die Wiesen und Grasfluren im kleineren. Unter dem Schutze der Gräser wachsen unzählige andere Gewächse auf. Was in

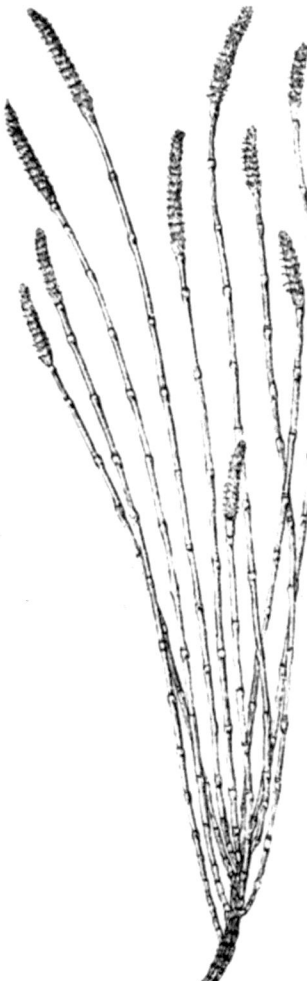

Die Casuarinenform.

den Wäldern aus Mangel an Besonnung zu Grunde gehen würde, hat in der Gemeinde der Gräser seine Zufluchtsstätte gefunden. Wenigstens ist das die wohlthätige Bedeutung unserer Wiesen. Sie wird dadurch außerordentlich erhöht, daß dieselben durch den dichten Zusammenhalt ihrer Gräser und die Beschattung, die sie hierdurch auf den Boden ausüben, auch ohne das Dasein der Wälder Quellen bilden und speisen, im Bunde aber mit ihnen diese Eigenschaft aufs Höchste steigern. Dadurch sind sie vor allen höheren Gewächsen befähigt, die Ufer der Gewässer von der Quelle bis zum Strome, von dem Sumpfe bis zur See zu beleben und die Landschaft als Schilffluren zu zieren.

Die Bambusform.

§. 5. Die Haide.

Eine dritte große Gemeinde des Pflanzenstaates sind die Haiden. Wie die Grasfluren vorherrschend von den Gräsern bestimmt werden, so diese von den Haidekräutern. Ihre höchste Entwickelung fällt auf die Südspitze Afrikas, auf das Capland. Hier ist es, wo sie in erstaunlicher Mannigfaltigkeit, in 2—500 Arten, die höchste Pracht und Ueppigkeit entfalten. In Deutschland gibt dagegen nur das gemeine Haidekraut (Calluna vulgaris) die Unterlage ab, und nur die selteneren Glockenhaiden (Erica Tetralix, cinerea und carnea) verbinden sich hier und da mit ihm. Doch schon in Südeuropa, im Gebiete des Mittelmeeres, tritt die stattliche Baumhaide (Erica arborea) auf, die ihren Namen durch ihre Größe vollkommen recht fertigt und im Bereiche dieser dritten Pflanzengemeinde dasselbe ist, was die Grasfluren den Wiesen gegenüber waren. Eine Menge der familienverwandten Heidelbeergewächse verbindet sich mit den Haiden: die Heidelbeere (Vaccinium Myrtillus), die Preißelbeere (V. Vitis Idaea), die Rauschbeere (Empetrum nigrum) u. s. w. Meist starre Gräser und Riedgräser gesellen sich in unserer Zone zu ihnen und strauchartige Gewächse, Weiden und Gagel (Myrica Gale) bilden ihr Gebüsch. So wenig einladend auch die Haide und so einförmig sie ist, so bildet sie dennoch ein wohlthätiges Element im Landschaftsbilde. Denn ohne ihre Fähigkeit, den magersten Sandboden zu bewohnen, würde dieser alle Schrecken einer trostlosen Sandwüste bieten. Das gesellig lebende Haidekraut mildert diese wie kein anderes Gewächs unserer Zone und gibt einer Menge von Pflanzen dadurch Gelegenheit, sich unter ihrem Schutze anzusiedeln und zu gedeihen. Mit ihnen verbunden, bringt sie nach langen Zeiträumen endlich auch ihre Humusdecke durch das Absterben von Pflanzen hervor. Die Haidegewächse haben sich mithin das große Verdienst in der Geschichte der Natur erworben, die ödesten und furchtbarsten Districte colonisirt und wenigstens doch einiger maßen bewohnbar gemacht zu haben.

Dies hat eine zweite große Wohlthat im Gefolge. Wo nämlich die Haide so vom Wasser überfluthet werden kann, daß es zwar keine Seen bildet, aber dennoch an einem Abfließen verhindert ist, da befördert es allmälig die Bildung der Moore, des Torfes. Dieser ist in der That nichts Anderes als die Verrottung von Pflanzentheilen unter Beihilfe der Feuchtigkeit. Diese Wirkung der Haide gehört zu den hervorragendsten des ganzen Pflanzenreichs. Denn das Dasein dieser Moore hat nicht allein die Krume der Erde erhöht, sondern auch den Bewohnern dieser Länder eine neue reiche Quelle des Wohlstandes eröffnet. Die Torfgräbereien Ostfrieslands haben diesem Lande in neuerer Zeit durch ihren geregelten Betrieb einen neuen, früher nicht geahnten Aufschwung gegeben. Ja, während sie bis jetzt nur ein wichtiges Brennmaterial lieferten, scheint die Zeit gekommen zu sein, wo man den Torf durch trockene Destillation oder Verschwelen in eisernen Oefen oder Retorten verkokst, um aus ihm brennbare ölige Stoffe, das alabasterweiße Paraffin zu herrlichen Kerzen, die Moats für Schmieden und Maschinen oder das Ammoniak nebst andern Salzen zu Dünger zu verarbeiten. Schon ist in Irland ein großartiger Anfang dazu gemacht, und Deutschland wird nicht lange zögern, die todten Schätze seiner ausgebreiteten Moore in gleicher Weise zu verwerthen, um darin eine neue Quelle der Volkswohlfahrt zu finden. Das ist ja das rechte Goldland, wo der Mensch aus schmutzigem Stoffe sein Gold zieht, durch zähe Ausdauer, Fleiß und sinnige Benutzung seine Thätigkeit stählt, seinen Geist bildet, seinem Gemüthe neue Nahrung zuführt, mit Einem Worte sein Leben behaglicher, heiterer, ruhiger, friedlicher, harmonischer, sittlicher, freier gestaltet. Schon haben die Moore nach einer andern Beziehung hin in dieser Weise wohlthätig gewirkt. Ich meine durch den Raseneisenstein. Er ist ein Product der Moore und hat bereits an verschiedenen Orten Gelegenheit gegeben, durch sein häufigeres Dasein bedeutsame Eisenwerke hervorzurufen, die dieses phosphorsaure Eisen, welches seiner Brüchigkeit wegen nicht zu Schmiedearbeiten taugt, zu den niedlichsten Sachen verarbeiten und dort eine künstlerische Thätigkeit erzeugen, wo vorher nur Schmutz und Elend war. In diesem Lichte angeschaut, wird uns das Haidekraut sofort zu einem Wohlthäter der Menschheit, und man kann nicht genug darauf hinweisen, bei aller Naturbetrachtung immer auch den Menschen auf die Dinge zurück zu beziehen, um sich auf diese Weise ganz in der Natur finden zu lernen. Bedenken wir überdies, daß das Haidekraut selbst den kalten Norden, Island, Skandinavien, Rußland, Sibirien u. s. w. auf ähnliche Weise colonisirt, dann gewinnt diese Pflanze bei den verschiedensten Völkern die höchste Aufmerksamkeit. Im unscheinbarsten Gewande wird sie ein Segen der Natur.

§. 4. Die Moosdecke.

Der hohe Norden erinnert uns zugleich an eine vierte große Gemeinde des Pflanzenstaates, an die Moosdecke. Sie ist, wie die Wiesen, das schöne Merkmal der gemäßigteren und kälteren Zonen. Daß sie in Bezug auf Quellenbildung dieselbe Bedeutung hat wie die Grasdecke, haben wir bereits bei den Wäldern gesehen. Sie übt aber ebenso wie der Wald und die Grasdecke die hohe Bestimmung aus, der schützende Heerd für eine Menge von Gewächsen zu sein, denen sie Obdach und Feuchtigkeit verleiht. Im Walde vollführen sie diese Wirkung im Vereine mit den beschattenden Bäumen; außerhalb der Wälder üben sie dieselbe selbständig im großartigsten Maßstabe. So auf feuchten Niederungen, Haiden und Mooren. Hier spielen die Torfmoose die größte Rolle, und in der That ist keine andere Moosfamilie wie sie befähigt, in diesen sumpfigen Gegenden das natürliche Bett von Tausenden höherer Pflanzen zu sein. Das geht so zu. Die Torfmoose (Sphagnum) besitzen unter allen Laubmoosen und in allen ihren Theilen die weitesten Zellenräume. Jeder von ihnen ist ein Behälter für sich und saßig, eine bestimmte Menge von Feuchtigkeit in sich aufzunehmen und zu beherbergen. Mit erstaunlicher Leichtigkeit geht dies vor sich; denn jede Zelle ist mit einem Loche (Pore) versehen, durch welches das Wasser sofort eindringt. Wenn demnach eine einzige Pflanze dieser Torfmoose aus Tausenden von durchlöcherten Zellen besteht, so kann man leicht begreifen, welche Massen von Wasser ein ganzes Polster von ihnen fassen kann. Sie sind als die natürlichsten Wasserbehälter zu betrachten und dadurch für das Fortbestehen von Sumpfpflanzen von höchster Wichtigkeit. Dieselben siedeln sich oft mitten in ihren Polstern an und finden hier die geeignetste Stätte zu ihrem Gedeihen. Von Jahr zu Jahr sterben die Torfmoose an ihren untersten Theilen ab und bilden damit eine torfartige Schicht, welche in den betreffenden Ländern, so in Norddeutschland, als Moostorf bekannt ist und ein vorzügliches Brennmaterial bildet, wo es sich nur um ein rasches Einheizen handelt. Wir werden später bei der Colonisation der Erde durch die Pflanzen sehen, welche Rolle die Torfmoose dabei spielten.

In unserer Zone erscheinen sie gern da, wo ein klareres Wasser vorhanden ist. Wo sich aber eine schlam

Torfmoose (Sphagnum). — 1. Sphagnum cymbifolium. 2. Sph. acutifolium. 3. Sph. molluscum.

nige Torfunterlage zeigt, treten gern die Widerthonmoose (Polytrichum) auf. Gleich den zwergigen Gestalten leimender Tannen stehen sie hier und senden aus den Gipfeln ihrer dunkelgrünen, oft rostbraun gefärbten Stengel auf goldigen Stielchen ihre urnenförmigen, mit goldfarbigen Mützen bedeckten Früchte empor. So z. B. der „zierliche Widerthon" (P. gracile). Er überzieht nicht selten meilenweite Strecken mit einer dichten Decke, ohne jedoch, wie die Torfmoose, der Heerd eines großen Formenreichthums zu sein. Ganz besonders bemerkenswerth finden sich diese Verhältnisse im hohen Norden, in Sibirien, ausgeprägt. In der großen Polarebene bilden Torfmoose und Widerthonmoose die sogenannten Tundren, und zwar da, wo durch das Schmelzen des Eises Flüssigkeit genug vorhanden ist, sie zu ernähren. Je trockner aber der Erdboden, um so mehr verschwindet die Moosdecke und der Charakter der Tundra, während jetzt die Renthierflechte auftritt. Ohne diese Moose würde die Polarebene eine weite Wüste sein; durch sie erhält sie jedoch stellenweise ihre Oasen, die mit Heidelbeersträuchern und andern Gewächsen eine zwar dürftige, aber keineswegs häßliche Ebene erzeugen.

§. 5. Die Meer- und Seeschaft.

Noch ausschließlicher als diese Moose flüchtet sich eine andere Pflanzenfamilie in das Wasser, um hier gesellschaftlich vereint eine ähnliche Bestimmung wie die vier vorigen Pflanzengemeinden zu übernehmen. Ich meine die Algen. Sie eröffnen die große Reihe der Pflanzenfamilien als die erste und am einfachsten gebildete. Bald in Gestalt gegliederter und aufs Mannigfaltigste verzweigter Röhrchen, durch deren Tracht sie der Flachsfaser ähneln, weshalb sie bezeichnend Wasserflachs genannt werden, bald in Gestalt laubartiger Gebilde von wunderbarem Formenwechsel und erstaunlicher Farbenpracht, colonisiren sie, wie die vorigen Pflanzengemeinden die Erde, die Gewässer. Diese Bestimmung ist so bedeutsam, daß sie uns durchaus zu einer tieferen Betrachtung auffordert.

Die Pflanzenwelt der Erde gleicht dem Baume. Mit seinem Gipfel strebt er zur Höhe, mit seinen Wurzeln zur Tiefe. So auch jene. So weit es Luftdruck und Wärme gestatten, bevölkern wenigstens noch die einfachsten Pflanzen, Flechten und Moose, die Gipfel der Berge, um die höchsten dem ewigen Eise allein zu überlassen. So weit es Luftdruck, Wärme und Licht gestatten, steigen noch einfacher gebildete Pflanzen, die zelligen Algen, zu einer Meerestiefe hinunter, die, wenn sie auch nicht die Höhenverbreitung auf der Erdoberfläche erreicht, dennoch aus andern Gründen eine bewundernswürdige ist. Zehn Fuß unter der Spitze der Jungfrau, in einer Höhe von 12,818 Fuß, erscheinen, wenn auch äußerst verkümmert, noch einige Flechten, am Montblanc sogar noch bei einer Höhe von 14,780 Fuß. Ja, nahe dem Gipfel des Chimborazo beobachtete Humboldt noch in einer Höhe von 18,096 Pariser Fuß den letzten Bürger des Gewächsreichs in der

Landkartenflechte (Lecidea geographica). Das sind die Gewächse, welche den höchsten Grad des verminderten Luftdrucks auszuhalten fähig sind. Die Tiefe der Binnengewässer und des Meeres zeigt die entgegengesetzte Erscheinung. Wie jene von der Ebene nach oben emporsteigen, so streben hier die einfachsten Gebilde des Pflanzenreichs von der Meeresebene bis auf 12,000 Fuß hinab, um daselbst einen Luftdruck von 375 Atmosphären auszuhalten. Ein fache Stäbchenpflanzen, nur aus einer einzigen Zelle gebildet, sogenannte Diatomeen oder Bacillarien, d. i. Stäbchenpflanzen, mit einer Kieselhaut, oder zarte Conferven, deren ganzer Bau nur aus einer Reihe von an einander geketteten Zellengliedern besteht, solche Pflanzen sind es, welche, oft filzartig, den Meeresboden mit einer zarten Decke überziehen. Doch einerlei, ob hier Algen, dort Flechten die letzten Bürger des Gewächsreichs sind, berühren sich die beiden Gegensätze doch darin, daß in beiden Familien der einfachste Zellenbau auftritt, um so mehr, als jene Flechten der höchsten Höhen, verkümmert, wie sie stets beobachtet wurden, fast wie die Algen in einzelne Zellen aufgelöst sind. Der Denkende gewahrt auf den ersten Blick, daß erst in diesen beiden Gegensätzen der Höhen und Tiefen die beiden senkrechten Pole der Pflanzenwelt auftreten, daß einer der natürliche Gegensatz des andern, folglich die Meerestiefe gleichsam die umgekehrte Welt der Erdoberfläche ist, und daß es darum kaum einer Rechtfertigung bedurfte, wie wir diese Tiefe mit ihren Bergen und Thälern, mit ihrer Pflanzen- und Thierwelt als „Seeschaft" im Binnenlande, als „Meerschaft" im Oceane bezeichnen und so von der „Landschaft" im Oceane unterscheiden wollten.

Der rothe Schnee als Vertreter der Urkügelchen.

Betrachten wir zuerst die Seeschaft. Sie ist in jedem Sumpfe, jedem Teiche, jedem Graben, See u. s. w. im Binnenlande vorhanden. Gerade da, wo die Gewässer sich stauen und im Sommer scheinbar mit Schmutz pfützenartig auf ihrer Oberfläche sowohl wie auf dem Boden bedecken, da sind jene einzelligen Gewächse, die wir als Urpflanzen von den Algen trennen wollen, und jene Algen in erstaunlichem Formenwechsel vertreten. Die ersteren erscheinen in drei größeren Sippen, als Urkügelchen oder Protococcaceen, als Desmidiaceen oder Weichstäbchen, als Diatomeen (Bacillarien) oder Kiesel stäbchen. Die ersteren sind weiche runde, die zweiten weiche prismatische (eckige), die dritten starre prismatische Zellen. Ihre Kleinheit ist so groß, daß sie nur durch das Mikroskop deutlich unterschieden werden können. Man gewinnt eine Vorstellung von ihnen, wenn man weiß, daß oft 10,000 solcher Pflanzen an einander gereiht werden müßten, wenn sie die Länge eines Zolles bilden sollen. Bald sind diese Urpflanzen einfache runde Kügelchen, bald Stäbchen, hier bilden sie vereint die niedlichsten Platten, Ordenskreuze, Bänder, dort Halbmonde, Kreise, Geigen u. s. w. Weder Stamm noch

Lebendes Diatomeen- und Infusorienlager unter Berlin.

Blatt, weder Blüthe noch Frucht ist an ihnen zu bemerken, eine einfache Zelle ist das Alles zusammen. Sie pflanzt sich durch Theilung in zwei Hälften oder durch winzige Körnchen in ihrem Inneren fort. Wie können diese winzigen Gebilde eine Bedeutung in der Natur besitzen? Nicht zu rasch mit deinem Urtheil! Gerade in dem Kleinsten zeigt sich die Natur am größten. So winzig auch die Urpflanzen an sich sind, so groß wird ihre Macht durch ihre Geselligkeit. Wie oft auch 10,000 auf einen Zoll, 140 Billionen auf 2 Kubikfuß, 1,111,500,000 auf 1 Gramm gehen, mithin ein einziges dieser

31

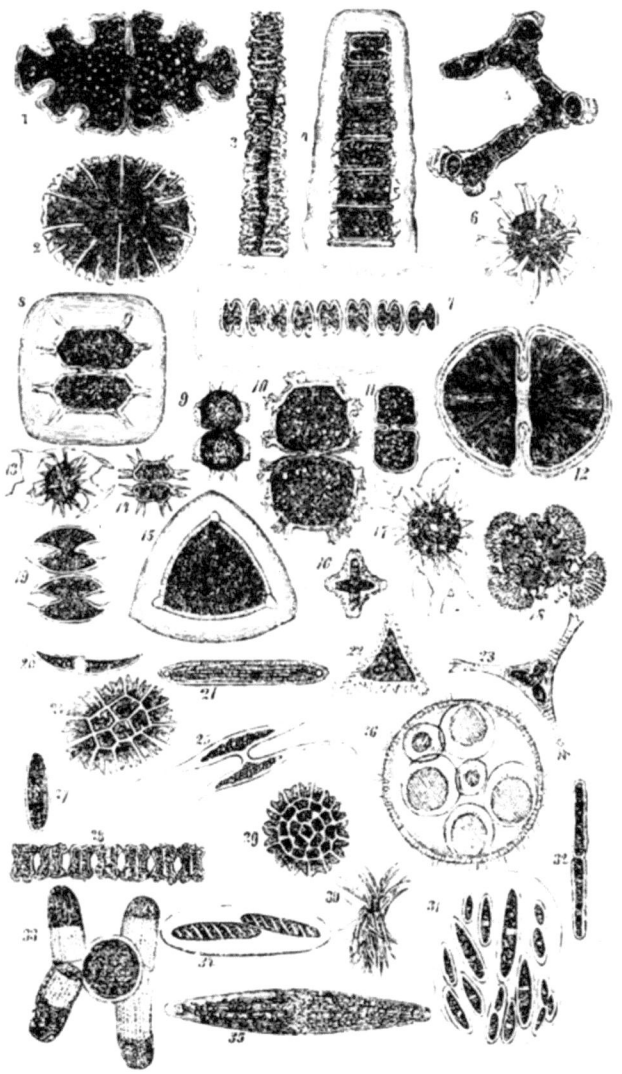

Pflänzchen den millionsten Theil eines Milligrammes oder des tausendsten Theiles eines Grammes (der 467,110ste Theil eines preußischen Pfundes) beträgt, so bilden sie dennoch nicht selten Lager in einer Mächtigkeit von 20 Fuß in Nordamerika, von 40 Fuß in der Lüneburger Haide. Ja dieses Lager wird von einem andern, auf welchem Berlin gebaut ist (s. Abbild. S. 50), dreifach übertroffen. Was dasselbe zu bedeuten habe, erfuhr man hier gelegentlich bei Anlegung einer neuen Häuserreihe; denn wo diese winzigen Gebilde lagerten, war aller Untergrund widerstandslos, und der Füllmund würde genau bis zur Grenze des Lagers haben reichen müssen, um für immer gesichert zu sein. Andere Gebäude hatten es bereits nur zu sehr durch ihr Sinken bestätigt. Mit diesem einen Beispiele gewinnen wir sofort eine ganz andere Vorstellung von der Macht des vereinten Kleinen. Werden wir hier nicht lebendig an die Riesenbauten erinnert, welche nicht minder winzige Geschöpfe, die Polypen, mitten aus dem Ocean hervor aufthürmen, um damit ganze Inselgruppen, neue Wohnungen für den Menschen zu bilden? In der That haben diese Urpflanzen stellenweise ebenso zu der Erhöhung der Erdoberfläche beigetragen, wie die Polypen durch ihre Bauten die Fläche des Oceans vermindert haben. Eine so massenhafte Anhäufung der winzigsten Pflanzen gestalten würde uns völlig unverständlich sein, wenn sie nicht aus der unglaublichen Schnelligkeit ihrer Fortpflanzung zu erklären wäre. Das Wunder verschwindet auch in der That sofort, wenn man weiß, daß sich diese einfachen Zellenpflanzen in steigenden Progressionen vermehren. Die erste Zelle theilt sich in zwei Zellen. Jede von ihnen wiederholt dasselbe, und wir haben schon 4. Diese theilen sich bald in 8, diese in 16, 32, 64, 128, 256, 512, 1024, 2048, 4096, 8192 u. s. w. Diese Vermehrung ist aber eine so reißend schnelle, daß sich innerhalb 24 Stunden eine einzige Zellenpflanze nach Ehrenberg's Berechnungen zu einer Million, in 4 Tagen zu 140 Billionen unter den günstigsten Umständen vervielfacht, mithin 2 Kubikfuß Masse gebildet haben kann. Diese bleibt wegen der kieselhaltigen Beschaffenheit der Zellen auch nach dem Absterben der Pflänzchen unverändert und erscheint nun als eine mehlartige Erde, die man z. B. bei Bilin in Böhmen schon seit langer Zeit als Polirerde in der Glasschleiferei benutzt. Dies gilt jedoch nur von den kieselschaligen Urpflanzen oder den Diatomeen. Dagegen theilen dieselben mit Urkügelchen und Weichstäbchen die Bestimmung, den einfachsten Thieren (die auf ihrer Stufe für das Thierreich dasselbe sind, was jene für die Pflanzenwelt) zur Nahrung zu dienen. Dadurch leiten sie eine ganze große Reihe der Colonisation der Gewässer ein; denn immer dient das Niedere einer höheren Geschöpfreihe als Nahrung, bis die vollendetsten Formen, scheinbar unabhängig von dem Einfachsten, an der Spitze des Ganzen erscheinen. So die Urpflanzen.

Auch die Algen üben eine ähnliche Wirkung in der Seeschaft aus oder übertreffen die der Urpflanzen noch um ein Bedeutendes. Sie bestehen fast

Die Meer- und Seeschaft.   33

insgesammt aus gegliederten und mannigfach verzweigten Röhren und er
scheinen, wie bereits angedeutet, in Gestalt des spinnbaren Flachses. So durch
ziehen Conferven, Zygnemen, Baucherien, Charen oder Armleuchter (s. Abbild.
S. 54) u. a. Typen der Süßwasseralgen oft in der Form des dichtesten
Filzes oder Froschlaichalgen in Form einer grünen Gallerte ihre Gewässer.
Als solche dienen sie wie Moose, Gräser und Haidegewächse durch ihre Ge
selligkeit zum Schutze anderer Wasserpflanzen und bilden auch zugleich den
Heerd für ein reiches Thierleben. Nach einer andern Seite hin tragen sie
aber auch, wie die Bacillarien, zur Erhöhung der Erdoberfläche bei. Indem

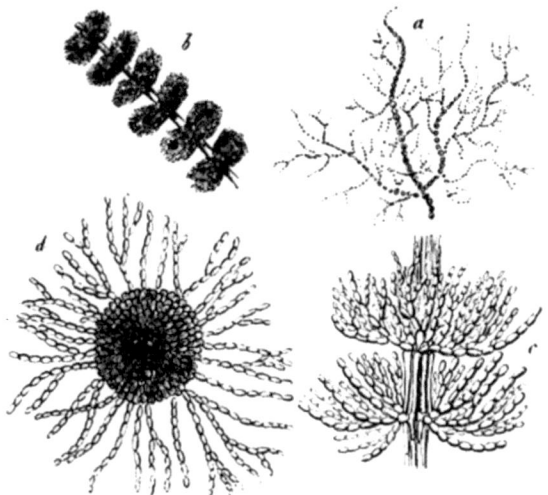

Die Froschlaichalge (Batrachospermum moniliforme); a. in natürlicher Gestalt
b schwach und c. stark vergrößert. d. Fruchtbäuschen.

sie nämlich, wie alle Pflanzen, befähigt sind, die im Wasser vorhandenen
organischen und anorganischen Bestandtheile für ihre Ernährung an sich zu
ziehen, zersetzen sie die Salze des Wassers. So zersetzen z. B. die Arm
leuchter die schwefelsauren Salze und scheiden daraus den Schwefel als
Schwefelwasserstoff ab. Dadurch bilden stehende Sümpfe nicht selten so
genannte Schwefelquellen. Räumt man die Sümpfe aus, so ist die schwefel
wasserstoffhaltige, jauchenartig duftende Flüssigkeit verschwunden und die
Quelle mithin vertilgt. Es hat Badeanstalten gegeben, die, auf das Dasein
solcher Gewässer gegründet, sofort ihre Quelle verloren, als Unkunde die

Armleuchter oder Chara (fragilis).

Die Pflanzengemeinden.

benachbarten Sümpfe gereinigt hatte. An andern Orten scheiden die Wassergewächse, namentlich die Algen, kohlensauren Kalk ab. So z. B. in auffallender Weise in den Soolgräben von Nauheim, wie wir durch R. Ludwig und G. Theobald belehrt werden. Die Pflanzen, welche in der Soole wachsen, entziehen dem doppeltkohlensauren Kalk ein Atom Kohlensäure, wodurch derselbe als in Wasser unlöslicher kohlensaurer Kalk, als Kreide niederfällt. Ebenso verwandeln sie das Chlormagnesium in kohlensaure Magnesia, welche sich an einzelnen Stellen mit dem Kalk als Dolomit niederschlägt. In der Nähe von Kloppenheim in der Wetterau fand Ludwig am Hausberge zwischen Münster und Espa ein Lager kohlensauren Kalkes von 10 Fuß Mächtigkeit auf diese Weise erzeugt. Das läßt uns sofort einen Blick in die Geschichte unserer Kalk-, Kreide- und Dolomitgebirge thun. Das läßt uns schließen, daß an ihrer Entstehung gebrechliche und leicht vergängliche Pflanzen wahrscheinlich ebenso Antheil hatten, wie jene Thiere, welche z. B. den Kalk aus dem Wasser zum Bau ihrer Hütten verwendeten. Es ist einer der schönsten Genüsse des Naturfreundes, zu beobachten, wie auch in der Natur der Schwache, der Zerbrechliche Unvergängliches zu schaffen vermag und hiermit selbst dem Menschen zum Vorbilde werden kann. Uebrigens dürfen wir nicht unerwähnt lassen, wie die Seeschaft wesentlich auch von andern Pflanzen, den schwimmenden Wassergewächsen, bestimmt wird, bis sie in den herrlichen Nymphäaceen, den Wasserlilien, ihre höchste Pracht erreicht.

Nicht selten treten Algen und andere Wassergewächse in so unglaublicher Menge

auf, daß sie einen sehr hemmenden Einfluß auf die Völkerwirthschaft aus-
zuüben im Stande sind. Nach Göppert's Mittheilungen erlebte die Stadt
Schweidnitz in Schlesien vor einigen Jahren eine solche Calamität durch
den milchfarbigen Wasserflachs (Leptomitus lacteus). Nach seiner Erzäh-
lung befindet sich in Polnisch-Weistritz, ½ Meile oberhalb Schweidnitz, eine
Fabrik, welche aus Rübenmelasse Spiritus brennt und die Schlempe in den
vorbeifließenden, in die Weistritz mündenden Mühlgraben laufen ließ. Seit
dieser Zeit, sagt der Beobachter, wurden im Wasser dieses Baches weiße
Flocken in solcher Menge bemerkt, daß sie die Röhren der Wasserkunst ver-
stopften. Das Wasser ging durch sie in kürzester Zeit unter höchst ekel-
haftem Geruch in Fäulniß über und wurde dadurch zum Kochen und Waschen
untauglich. Diese organische Masse gab die Veranlassung, das Wachsthum
jener Wasserpflanze in so unerhörter Weise zu begünstigen, daß sie den
6—8 Fuß breiten Mühlgraben am Boden vollständig mit einer weißen,
fluthenden, lappigen Masse gleichsam ausstapezirte, daß es aussah, als
ob Schaffelle am Boden befestigt seien. Das Pflänzchen, dessen ganze
Gestalt nur aus zarten, röhrigen, farblosen Fäden besteht, bedeckte nicht
weniger als einen Flächenraum von 10,000 Quadratfuß und wurde um so
störender, als selbst zur Winterszeit seine Entwickelung fortfuhr. Der aufmerksame Beobachter wird ähnliche Erscheinungen in beiden Sommern auf
stehenden Gewässern nicht selten bemerkt haben. Gewöhnlich bestehen diese
schwimmenden Pflanzenfluren aus Conferven (Wasserflachs), Samkräutern
(Potamogetonen), Tausendblatt-Arten (Myriophyllum), Wassersternen (Calli-
triche) und Igelled-Arten (Ceratophyllum). In England gesellte sich neuerdings die Anacharis Alsinastrum in einer so auffallenden Weise hinzu,
daß diese Pflanze außerordentlich hemmend auf die Schiffahrt einwirkte. Sie
verstopfte in dichten Ballen die Hälse der Schleußen und nöthigte die Schiffer,
mehr Vorspann zu nehmen. Diese Ballen füllten die Netze der Fischer an
und rissen, vom Strome oder dem Winde getrieben, die ausgehängten Angel-
haken und Leinen mit sich fort. Den Ruderer hemmten sie; selbst dem
Schwimmer wurden sie gefährlich, indem die mit Zähnchen versehenen
Blätter sich an seinen Körper hängten und so jede Bewegung erschwerten.
Wasserleitungen und Abzugsgräben wurden verstopft. So seltsam wie diese
Erscheinung, war auch ihr Ursprung derselben. Ein einziges Exemplar,
welches der botanische Garten zu Cambridge gezogen hatte, war es, das,
ursprünglich aus Nordamerika stammend, sich in dieser ungeheuren Weise
vermehrte und den Wasserstand des Flusses Cam bereits um etwa einen Fuß
verringerte. Diese unglückliche Vermehrung würde gar nicht zu verstehen sein,
wenn man nicht wüßte, daß jedes Bruchstück des Pflänzchens fähig ist, eine
neue Colonie zu bilden, deren Fortpflanzung dann an die oben erwähnte der
kieselschaligen Diatomeen erinnert. Das Gefährliche dieses amerikanischen
Eindringlings wird jetzt um so größer, als man noch kein Mittel ausfindig

gemacht hat, ihn zu vertilgen. Daß unter solchen Verhältnissen selbst das Leben der Fische außerordentlich leiden muß, liegt auf der Hand: wo solche massenhafte Anhäufungen von Wasserpflanzen die Oberfläche des Wassers bedecken, verhindern sie den Zutritt der atmosphärischen Luft zu der Tiefe der Gewässer. Damit ist den thierischen Wasserbewohnern der Sauerstoff der Luft abgeschnitten, sie vermögen nicht mehr zu athmen; erstickt schwimmen sie auf der Oberfläche der Gewässer und erfüllen die Luft durch ihre Fäulniß mit pestilenzialischen Gerüchen, die fiebererzeugend und selbst das Leben der Menschen zu gefährden vermögen. Das ist die Macht des unbeachteten vereinten Kleinen! Das ist das Gegenstück zu jenen Bauten winziger Polypen, an deren Klippen die Planken selbst der stolzesten Schiffe sich brechen!

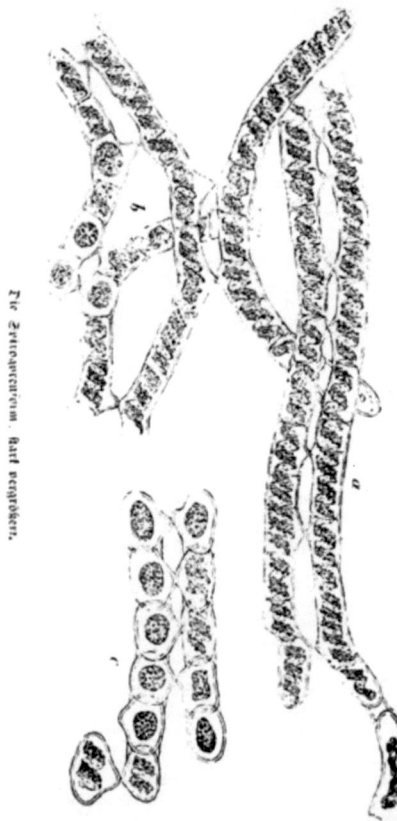

Die Zoosporaceen. Stark vergrößert.

Noch großartiger wird die Bedeutung der Meerschaft. Sie entsteht durch jene große Algenwelt der salzigen Gewässer, welche wir im Allgemeinen die Tange nennen wollen. Durch sie hat das Meer ebenso, wie die Landschaft, seine Urwälder, Dickichte und Wildnisse, wenn wir wollen — auch seine Weiden. Mindestens würde uns nichts daran hindern, jene ausgebreiteten Matten des wohlbekannten Seegrases (Zostera), einer der wenigen Geschlechtspflanzen, welche den Ocean bewohnen, als solche zu bezeichnen. Ohne die Tange würde das Meer einer leblosen Wüste gleichen; keines jener Thiere, welche gegenwärtig dem Seefahrer auf seinen langwierigen Wanderungen die Zeit wohlthuend verkürzen, würde in ihm sein Dasein fristen können, denn ohne die Pflanzenwelt würde ihm ja die große Mittlerin fehlen, welche aus dem anorganischen starren Reiche einen lebendigen Organismus, befähigt, das Thier zu ernähren, schafft. Hieraus erst ist uns verständlich, wenn uns Burmeister in seinen Fahrten durch den Ocean belehrt, daß die Tange, die Gebiete der Fucus= oder Varegh=Pflanzen, ein reiches Feld für zoologische Forschungen darbieten und zahllose Thiere von großer Mannigfaltigkeit in seinem Innern beherbergen. Auch hier wie im Sumpfe: das Niedere

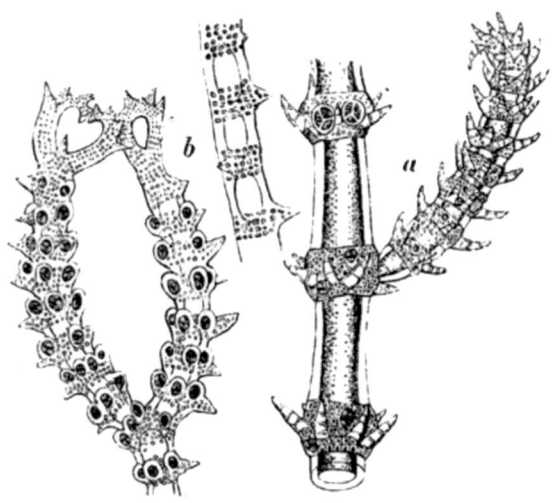

Die Ceramienform, stark vergrößert.

muß einem Höheren dienen, bis der Beherrscher des Meeres, der riesige Wal, seine Stätte bereitet findet. Vergebens wäre es, eine ausreichende Schilderung dieser Meerschaft zu geben; denn die Mannigfaltigkeit ihrer Formen ist kaum geringer als die der Landschaft. Die Sprache ist zu arm, diesen Reichthum nach allen Seiten hin plastisch auszudrücken. Hier noch an Pfahl und Fels das Gebiet unscheinbarer Conferven und Spirogyren, dort bereits das der wunderbarsten Tangarten. Da breitet der „Meersalat" (Ulva lactuca) sein breites, krauses, grünes oder violettes (Porphyra) Laub aus; da fluthen die Zweiggeflechte der Plocamien und Ceramien in prächtigen carminfarbigen Polstern; da strebt aus der Tiefe empor der tauartige Strunk der Laminarie, der sich mit schildartig ausgebreiteter Wurzel an den unterseeischen Felsen klammert, seinen fächerartigen, olivengrünen Laubschopf zum Lichte hebt; da siedelt sich an seinem Stamme, wie Flechten und Moose im Walde pflegen, das zungenförmige Laub der Delesserien in den herrlichsten Carmintinten an; da fluthen als lange Bänder in glühendem Purpur die gallertartig dicken Iridäen dazwischen; da strebt in der Gestalt eines schwertförmigen Bandes von bedeutender Breite und Länge der Zuckertang (Laminaria saccharina) aus großer Tiefe empor — kurz es wiederholt sich schon an den Küsten unserer Zone, z. B. Helgolands, das ganze Bild des Urwaldes. In südlicheren Meeren erscheinen die riesigen Gestalten der Lessonien und Macrocysten. Von letzteren erreicht z. B. Macrocystis pyrifera im antarctischen Meere die Länge von mehren Hundert Fuß und übertrifft hiermit die größten Riesenbäume der Erdoberfläche; denn man hat sie bis 358 Pariser Fuß lang gefunden. Wie ungeheuer würde diese Pflanze sein, wenn sie statt eines bandartigen Laubes den Umfang und die senkrechte Richtung unserer Bäume besäße! Eine der wunderbarsten Erscheinungen der Meerschaft sind die berühmten Tangfluren oder die Krautsee des atlantischen Oceans. Man kennt sie besser unter dem Namen der Fucus-Bänke. Es gibt ihrer drei: das sogenannte Sargassum-Meer (Mar de Sargasso) zwischen 19° und 34° n. Br., eine kleinere Bank zwischen den Bahamainseln und Bermuda und eine im stillen Ocean an der Küste von Californien. Sie besitzen eine Flächenausdehnung, welche die von Frankreich sieben Mal übertrifft, und sind über und über mit schwimmenden Tangen, dem Beerentang (Sargassum bacciferum) bedeckt. Die große Fucus-Bank, an welcher jeder Seefahrer, der von Europa aus nach Amerika segelt, vorüberzieht, liegt zwischen den Azoren, den canarischen und capverdischen Inseln. Sie war bereits den alten Seefahrern wohl bekannt, und schon die Phönizier sprechen von einer gallertartigen See jenseits der Säulen des Hercules (Meerenge von Gibraltar), in welcher die Schiffe stecken blieben. Auch Columbus bereitete diese Tangflur große Schwierigkeiten; denn da diese Gewächse den Lauf des Schiffes wesentlich hemmen können, und dies auch mit seinen Schiffen geschah, so glaubte die Mannschaft sich bei weiterem Vordringen verloren und verlangte die Rückfahrt. Dem Auge erscheint diese Bank in der That von Weitem fest genug, um darauf gehen zu können. Der geniale Begründer einer physischen Geographie des Meeres, der Amerikaner Maury, hat uns den Grund des beständigen Daseins dieser Tangflur überzeugend dargestellt. „Wenn man", sagt er sehr richtig, „Korkstückchen, Spreu oder irgend eine andere schwimmende Substanz in ein Wasserbecken wirft und das Wasser in eine rotirende Bewegung setzt, so werden diese leichten Körper sich in der Nähe des Mittelpunktes ansammeln, weil in der Mitte des Beckens das Wasser am ruhigsten sein wird." So ist es auch mit dem atlantischen Ocean. Er ist ein Becken

Meerschaft aus der Nordsee. (Originalzeichnung von L. Hafmann.)

im großartigsten Maßstabe. Seine Gewässer werden theils von dem colossalen Golfstrome, der sich von Westindien bis zum nördlichen Eismeere hinzieht, theils von dem Aequatorialstrome, welcher von Amerika quer durch den atlantischen Ocean bis nach Afrika hinüber geht, in Bewegung gesetzt, und der ruhige Mittelpunkt ist genau diejenige Stelle, wo sich die Fucus Bank befindet. Deshalb ist es also nicht nöthig, daß diese Tange dort wachsen, wo sie gefunden werden; vielmehr ist es wahrscheinlich, daß sie von den bewegten Küsten nach der ruhigen Achse des atlantischen Beckens hingetrieben werden.

Nicht minder interessant wie diese merkwürdige Erscheinung, welche seit den frühesten Zeiten einen großen Einfluß auf die Anschauungen und Wege der Schifffahrer ausübte, ist in der Meerschaft das Vorkommen sogenannter Kalkalgen. Es sind Algen, welche sich äußerlich mit einer Kalkkruste umgeben haben. Ihre Zahl ist nicht gering. Diese Erscheinung scheint mir mit der oben erwähnten Thatsache übereinzustimmen, daß die Süßwassergewächse fähig sind, Kalk und Magnesia aus dem Wasser abzuscheiden.

Die Kalkalge des Mittelmeeres Acetabularia mediterranea, eine Kalkalge.

Wahrscheinlich scheiden auch diese Gewächse aus dem sauren, kohlensauren Kalke, der in dem Salzwasser enthalten ist, ein Atom Kohlensäure aus, um sich ihren Kohlenstoff zur Ernährung anzueignen; dagegen wird der abgeschiedene unlösliche Kalk von der gallertartigen Oberfläche der Pflanze festgehalten und so zu einer derben Kruste. Hiermit würden die Pflanzen des Meerwassers genau das verrichten, was die der Seelwasser des Binnenlandes oben thaten. Auch sie würden zur Bildung von kreideartigen Ablagerungen auf dem Meeresboden beitragen und diesen, gleichviel wie wenig oder wie viel, allmälig erhöhen.

§. 6. Die Krautflur.

Eine fünfte Pflanzengemeinde können wir als sogenannte Krautflur unterscheiden. In diesem Falle überziehen gesellig lebende Staudengewächse oder andere krautartige Pflanzen die Fluren in ausgedehnterer Weise, als dies sonst geschieht. Unter andern ist das den Distelgewächsen eigen; denn da, wo nicht die sorgende Hand des Menschen ihrer Vermehrung steuert, breiten sie sich in erstaunlicher Ueppigkeit, Alles verdrängend, aus. Seitdem die Ufer des Jordans nicht mehr von der sorgsamen Cultur der ehemaligen jüdischen Bevölkerung berührt werden, die Dattelpalme nicht mehr ihr Haupt wie damals erhebt, hat sich eine ungeheure Schilf- und Distelwildniß daselbst erzeugt, welche das furchtbare Wahrzeichen eines verkommenen Landes ist, das man einst das gelobte nannte. In einem andern Erdtheile werden noch weit schrecklichere Wildnisse von der Kardendistel (Cynara cardunculus) gebildet, namentlich in dem südlichen Theile Amerikas, in den Pampas der Laplatastaaten. In Banda Oriental bedeckt sie nach Darwin mehre Hundert Quadratmeilen der Art, daß ihr stachliges Gebüsch eine Wildniß bildet, welche für Thiere und Menschen gleich unzugänglich ist. Auf den wellenförmigen Ebenen, wo sie in so großer Menge vorkommt, sagt unser Gewährsmann, kann nichts neben ihr leben. Ihr zur Seite geht die verwandte buntblättrige Riesendistel der Pampas. Sie erreicht nicht selten eine Höhe, welche das Pferd bis an den Rücken verdeckt. In ihrer schönsten Entfaltung erscheint sie in Gruppen von dem glänzendsten Grün und gleicht dann im Kleinen einem ununterbrochenen Walde. Einige labyrinthische Pfade ausgenommen, sind dann diese Fluren ebenso undurchdringlich wie die der Kardendistel, nur von räuberischem Gesindel bewohnt. Auf dem europäischen Festlande wiederholen sich diese Distelfluren im großen Maßstabe in Griechenland. Nach Landerer bedecken die Disteln, mit Nesseln vereint, vom März bis October alle Felder, und zwar in einer Häufigkeit, daß der Genannte Griechenland satyrisch das Land der Disteln und Brennnesseln nennt. Solche Pflanzengemeinden sind natürlich nicht mit den wohlthätig wirkenden der vorher betrachteten zu vergleichen. Während diese ihre Geselligkeit nur dazu benutzen, auch andern Gewächsen und einer reichen Thierwelt Obdach und Nahrung zu gewähren, schließen jene in furchtbarer Selbstsucht alles Andere aus; sie sind gleichsam die unduldsamen, welche eine Bedeutung allein in der Physiognomie der Landschaft besitzen. Nur der civilisirende Mensch würde sie durch seinen Pflug klug benutzen und selbst aus ihnen noch bedeutsame Mitarbeiter an der Colonisation der

Erdkrume machen. Er würde sie als düngfähige Macht betrachten; aber er würde auch zu gleicher Zeit in ihnen die Zähigkeit kennen lernen, welche derartiges Gestrüppe nur zu sehr besitzt. Denn wir werden durch die Disteln lebhaft an die Alles verdrängende Wucherblume (Chrysanthemum segetum) unserer eigenen Heimat erinnert, eine Pflanze, die in ihrem Namen sehr bezeichnend den ganzen Charakter dieser Unkräuter ausdrückt.

Auf einem andern Gebiete kann jedoch die Geselligkeit der krautartigen Gewächse die höchste Wohlthat für den Menschen werden. So durch unsere Culturgewächse. Auch sie bilden ja zusammenhängende Gemeinden, wie unsere Saat-, Klee-, Kartoffelfelder u. s. w. bestätigen. Da dieselben immerhin von größtem Einflusse auf das Landschaftsbild der Erde sind, muß auch sie eine wissenschaftliche Betrachtung der Pflanzendecke berücksichtigen, obwohl sie nur künstliche Gemeinden sind. Ihre Bedeutung liegt jedoch nicht im Gebiete der reinen Wissenschaft, sondern der Cultur.

III. Capitel.
Die Gesellschaftsverhältnisse der Pflanzen.

Das etwa sind die wichtigsten Gemeinden, in die sich der Staat der Pflanzenwelt gliedert. Die Fähigkeit, gesellig zu leben, hat sie hervorgerufen und mit ihr alle Wohlthaten, welche Associationen nur zu gewähren vermögen. Es ist überhaupt ein höchst bemerkenswerther Punkt in der Verbreitung und dem Leben der Gewächse, daß einige höchst zahlreich, andere höchst sparsam auftreten. Manche gleichen den Vagabunden, die überall zahlreich Weg und Flur belagern. So die Unkräuter. Andere sind so unfruchtbar, daß das Dasein ihres Geschlechts oft nur von einigen wenigen Individuen abhängig ist. So z. B. die kärnthensche Wulfenie, eine Art Löwenmaul. Sie wurde bis jetzt nur auf der im Gailthale bei der Kapelle Hermagor in Oberkärnthen gelegenen Küweger Alpe gefunden. Manche sind wahre Einsiedler, lieben die Einsamkeit, tiefste Stille und Schatten. Andere ziehen als echte Weltbürger eine fröhliche Geselligkeit vor, und die Verschiedenheit ihrer Wahl ist nicht geringer als in der Menschenwelt. Wo sich nur immer ein Roggenfeld findet, wird schwerlich die himmelblaue Kornblume (Centaurea cyanus), die rothblumige Rade (Agrostemma githago) und der Scharlachmohn oder die Klatschrose (Papaver rhoeas) fehlen, und es ist bezeichnend genug, daß sie auch im wilden Zustande auf den griechischen Gebirgen in dieser treuen Freundschaft beobachtet wurden. An sonnigen, rasigen Plätzen und Wegen halten wilde Pastinake, wilde Mohrrübe und wilde Cichorie, zu gleicher Zeit blühend und fruchtend, zu gleicher Zeit verschwindend, treu zusammen. An dem kräftigen Eichenstamme windet sich der Epheu empor, an der Weide des Bachufers die Winde. Zahlreiche Schlinggewächse des tropischen Urwaldes, Lianen, übertreffen an Seltsamkeit der Form und Blüthenpracht nicht selten die lebendige Stütze, die sie zum Lichte emporhebt. Es ist überhaupt hier vielleicht der beste Ort, einmal dieses Urwaldleben der Pflanzen genauer zu betrachten.

Wir wählen uns Guyana an der Hand unseres Führers und Landsmannes Sir Robert Schomburgk und Anderer. Hoch über alle Bäume thürmt sich die majestätische Mora, eine riesige Mimose (d. h. eine acacienartige Hülsenpflanze), mit ihren dunkelbelaubten Aesten empor. Ihr folgt ein riesiger Lorbeer, der Sieraballi der Indianer, dessen Holz man sogar zu Schiffsplanken gebraucht. Einem Korkzieher gleich umschließt der wilde Wein, das Buschtau der Colonisten, die Stämme der höchsten Bäume. Anderwärts hängt er von ihnen zum Boden herab, wie die Seile eines Kabeltaues in einander geschlungen. Auf der Erde angelangt, schlägt er von Neuem Wurzeln und legt so die hohen Bäume, seinen Namen aufs Beste rechtfertigend, gegen die Wuth der peitschenden Stürme, welche bekanntlich in Westindien eine furchtbare Macht entwickeln, gleichsam sicher vor Anker. Auf den äußersten Aesten der riesigen Mora schmarotzend, wurzelt der wilde Feigenbaum, welcher seine Nahrung aus dem Safte der Mora zieht. Aber auch er sieht sich wieder von den verschiedensten Arten des kletternden Weines überragt und überrankt. Scharlachrothe und blendendweiße Blüthen der Passionsblumen und Lianen umgürten endlich, Guirlanden ähnlich, das tiefgrüne Laubwerk. Wie in einem Garten wuchern Knabenkräuter (Orchideen) mit prachtvollen, oft seltsam gestalteten Blüthen auf den Stämmen der Bäume. Alles strebt empor zum Lichte der Sonnenmutter. Im dichten Urwalde reiht sich Stamm an Stamm, meist von riesiger Höhe. Zwergiges duldet diese große Natur an solchen Stellen der Majestät nicht. Darum kein Unterwald, kein Moos, keine Flechte im dunkeln Urwalde, dessen Boden ein nur höchst gedämpftes Licht bescheint, welches die Phantasie lebhafter beschäftigt als das unverschleierte Licht. 60 — 80 Fuß hoch schießt die „erhabene Bertholletia" (Bertholletia excelsa), ihren Namen mit Ehren tragend, schnurgerade bis zu den ersten Aesten empor, im Gipfel mit unzähligen, 18 Zoll dicken Nüssen versehen. Diese cocosartigen Früchte sind die Hüllen jener auch hier zu Lande wohlbekannten sogenannten „amerikanischen Nüsse" der Apfelsinenhändler, Schaaren von Affen mit den mandelartig süßen Kernen ernährend. Am Boden häufen sich durch fortdauernde Vermoderung gefallener Bäume tiefe Schichten fruchtbarster Dammerde auf einander, oft so tief von Wasser durchdrungen, daß der Wanderer fußtief in sie hineinsinkt. Eine unversiegbare Wärme befördert die Zersetzung. Alles strebt in die Höhe und Breite und in einander. Ein einziger Baum wäre hinreichend, den Naturforscher tagelang mit seinen Schmarotzerpflanzen und seiner kleinen Thierwelt zu beschäftigen. Nur unter den bedeutendsten Mühen, etwa mit Hilfe eines Schießgewehrs, ist es dem Forscher vergönnt, die seltsame Blume eines seltsamen Baumes oder Schlinggewächses zu erreichen. In diesem Gewirr von Guirlanden und Stricken schwindet dem Auge die Fähigkeit, das Dickicht zu enträthseln. Am seltsamsten, ja fast grauenhaft erscheinen aber jene Schlinggewächse, welche man in Brasilien sehr bezeichnend Cipo matador, Mörderschlinger, nennt. Es sind rankende Feigengewächse, welche jung an den Bäumen des Waldes emporklettern, mit ihnen gleichzeitig altern und mit ihnen nicht selten ihr Leben enden. „Es ist", erzählt uns Burmeister, „eine der überraschendsten Erscheinungen, die es geben kann. Man gewahrt zwei gleich kräftige, starke Baumstämme, mehre Fuß dick, von denen der eine stattlich in gleichmäßiger Rundung, auf starken, weit ausgebreiteten Mauerwurzeln ruhend, senkrecht aus dem Boden zur schwindelnden Höhe von 60 — 100 Fuß emporragt, während der andere, einseitig erweitert und muldenförmig nach dem Stamme geformt, an den er sich innig angedrückt hat, auf dünnen, sparrig-ästigen Wurzeln hoch über dem Boden schwebend, mühsam sich zu halten scheint und gleichsam, als ob er herabfallen müßte, mit mehren Klammern in verschiedener Höhe den Nachbar an sich zieht. Die Klammern sind wie ein Ring völlig geschlossen; sie greifen nicht mit ihren Enden neben einander vorbei, sondern verschmelzen in sich; sie wachsen einzeln in gleicher Höhe vom Stamme aus, legen sich an den andern Stamm innig an, bis sie zusammentreffen und durch fortschreitenden Druck ihrer Enden gegen einander, wobei die Rinde zerstört wird, vollkommen in einander wachsen. Lange erhalten sich so beide Bäume in üppiger Kraft neben einander, ihre verschieden gefärbten, abweichend belaubten Kronen durch einander flechtend, daß Niemand sie einzeln mehr unterscheiden kann. Endlich erliegt der umklammerte Stamm, durch den Druck der seiner Erweiterung mehr fähigen Arme aller Saftcirculation beraubt, dem furchtbaren, als gebrechlicher Freund an ihn herangeschlichenen Feinde; seine Krone welkt, ein Zweig stirbt nach dem andern ab und der Mörderschlinger setzt die seinigen an deren Stelle, bis der letzte Rest des Umhalsten herabgefallen ist. So stehen sie nun da, der Lebendige auf den Todten sich stützend und ihn noch immer in seine Arme schließend: ein rührendes Bild, so lange man nicht weiß, daß es eben die gleißnerische Freundschaft des Ueberlebenden war, welche den geliebten Todten in seinen Armen erdrückte, um seiner Kräfte sich desto ungestörter zu bedienen. Aber auch er soll dem verdienten Schicksal nicht entgehen; der überwundene Stamm des Caryocar, von rascher Fäulniß ergriffen, ist endlich hinweggefallen, und nun steht jenes abenteuerliche Gespenst, schief aufgerichtet, an benachbarte Kronen sich lehnend, im modrigen Dunkel der Waldung für sich allein da." Es ist, als ob wir auch in dem scheinbar so friedlichen Pflanzenstaate Manches wiederfänden, was auch den Menschenstaat so furchtbar charakterisirt.

Andere Gewächse ziehen die Gesellschaft des Menschen vor und siedeln sich in seiner Nähe, an seinen Mauern, auf seinem Dache an, wie Hauslaub, Flechten, Moose, Lack u. a. pflegen. Wollten wir die ganze Tiefe dieses gesellschaftlichen Zustandes des Pflanzenstaates erschöpfen, wir würden gleichsam auf alle Temperamente, Tugenden und Leidenschaften in der stillen Pflanzenwelt stoßen, die uns im höheren Reiche der Civilisation entgegentreten. Hier Gemüthliche, welche nur in bestimmter Gesellschaft gedeihen, als ob ihnen ein Leben ohne Freundschaft ein werthloses sei, buchstäblich verkümmernd in der Einsamkeit, wie z. B. der Lebensbaum der nordamerikanischen Sümpfe; dort Bissige, die sich mit Niemand vertragen! Hier Wucherer, dort Genügsame; hier Lichtscheue, dort Lichtfreundliche; hier Proletarier, die auch den Düngerhaufen nicht scheuen, um überall als Wegelagerer zu erscheinen, dort sorgsam Wählende; hier Duldsame, dort Intolerante, unter deren Schatten nur wenige Bevorzugte weilen dürfen; hier selbständig Erwerbende, dort Schmarotzende, welche sich in den Busen anderer einnisten und aus ihrem Safte bequem ihre Nahrung ziehen, wie die Mistelgewächse; hier reine Landbewohner, dort amphibische oder reine Wasserbewohner, denen selbst das Toben der Cataracte nicht zu stark wird! Diese gesellschaftlichen Verhältnisse des Pflanzenstaates verdienen in der That eine größere Aufmerksamkeit, als ihnen bisher gewidmet wurde. „Ich weiß nicht", sagt uns Desor in seinem lichtvollen „Ausflug in den nordamerikanischen Urwald", „ich weiß nicht, ob ich mich täusche, aber es ist mir immer so vorgekommen, als ob in der Vertheilung der Waldbäume (des nordamerikanischen Urwaldes) eine gewisse Zahl und Ordnung herrsche, die Dem, was wir im socialen Leben guten Ton nennen, nicht ganz fern steht. Jedes Individuum ist an seinem Platze, und keines scheint darauf aus zu sein, das Gebiet des Nachbars einzuengen. Man sollte meinen, daß die Bäume des Hochwaldes, Ulme, Ahorn, Sycomore, Vogelkirsche, canadische Fichte und mehre Tannenarten, für ein geselliges Leben gleichsam geschaffen seien. Wenigstens habe ich sie selten vereinzelt angetroffen, während Fichten und Cedern (Lebensbäume) ihrer Natur nach ausschließend sind und oft ganze Strecken für sich allein in Beschlag nehmen. Ich habe mich schon manchmal gefragt, ob die Bäume im Naturzustande nicht etwa mit gesellschaftlichen Instincten versehen sind, ob sie nicht, wie die Thiere, ihre Sympathien und Antipathien haben. Oft habe ich bemerkt, daß da, wo Ahorn und Ulme vorherrschen, der Boden meist von Dornen und Gestrüpp frei ist, als ob ihre Gegenwart allein hinreichte, um diese fern zu halten. Sie sind gewissermaßen die Aristokraten des Waldes. Andere, wie die canadischen Fichten und die Tannen, sind weniger ängstlich. Man trifft sie, wie Emporkömmlinge, öfters in schlechter Gesellschaft, am Saume der Savannen- und Cedernsümpfe. Kurz, manche scheinen sich an schlechten Orten zu gefallen, und man würde sie vergeblich im eigentlichen Urwalde suchen. Sie brauchen Unordnung und Regellosigkeit, die Ceder vor allen. Anfangs nahm ich an, dieser Baum sei seiner Natur nach auf feuchte Stellen beschränkt, und sein zerzaustes Aussehen rühre von seinem unvortheilhaften Standorte her. Aber da ich ihn seitdem an völlig trocknen und selbst dürren Stellen, z. B. auf kieseligen Ufern und schroffen Abhängen, gefunden und beobachtet habe, daß ihn auch dort dasselbe unordentliche Aussehen kenntlich macht, während ich mich niemals entsinne, ihn im Hochwalde angetroffen zu haben, so möchte ich fast schließen, daß der Instinct dieses Baumes von Natur aus ein verdorbener ist. Das erstreckt sich selbst auf den Wanderer im Walde, den die Ceder, sobald sie sich zeigt, auf alle möglichen Mühseligkeiten vorbereitet." Ich habe absichtlich diese Beobachtungen ungekürzt wiedergegeben, da sie uns die gesellschaftlichen Verhältnisse eines Urwaldes der gemäßigten Zone in einer Weise verführen, die unser durch die Hand des Menschen seit Jahrtausenden verstümmelter und in seinen gesellschaftlichen Verhältnissen völlig verdorbener Wald nicht mehr zeigt. In der That sagt man nicht zu viel, wenn man von einer Sympathie und Antipathie (Ab- und Zuneigung) der Pflanzen spricht. Zu Serampore z. B. wächst nach Seemann die Lalang pflanze (Andropogon caricosum), ein Gras, wie Quecke als Unkraut und zerstört oft die kostbarsten Pflanzungen. Aber auch sie wird wieder durch eine andere Pflanze, durch die Gambirpflanze (Uncaria Gambir), getödtet, deren Blätter zugleich auch die Felder für den schwarzen Pfeffer düngen. Aus diesen Gründen wird der Gambir stets unter den Pfefferpflanzungen cultivirt. Es kann nur darauf beruhen, daß der Gambir entweder dieselbe Nahrung wie der Lalang verlangt, dieselbe in größter Menge für sich allein in Anspruch nimmt, durch größere Lebensthätigkeit auch wirklich verarbeitet und dem Lalang, der somit verkümmern muß, nichts übrig läßt, oder daß der Gambir, wie die Pflanzen thun, aus seinen Wurzeln einen Stoff ausscheidet, welcher für den Lalang Gift ist. Jedenfalls aber beruht das ganze gesellschaftliche Verhältniß der Gewächse nur auf rein stofflichen Bedingungen, wie es auch nicht anders sein kann, wenn man das Leben mit chemisch-physikalischen Vorstellungen anschaut. Alle diese Eigenthümlichkeiten tragen aber wesentlich zu dem Ausdruck des Landschaftsbildes bei und erhöhen durch ihren Wechsel den Naturgenuß des Beobachters.

Die Gesellschaftsverhältnisse des Pflanzenstaates werden von den verschiedenen Zonen wesentlich bestimmt. Die gemäßigte besitzt entschieden mehr gesellig lebende Gewächse als die heiße Zone. Daher fehlt der letzteren eine zusammenhängende Moosdecke und ebenso die Wiese. Unter den wenigen gesellig lebenden Pflanzen der Tropen erscheinen z. B. in der neuen Welt als die charakteristischsten: die Bambusgräser, die brasilianische Winde (Convolvulus brasiliensis), die Karatas (Bromelia Karatas), ein Ananasgewächs, und der Mangle (Rhizophora Mangle). Er bildet den dichtesten Urwald und erscheint sonderbarer Weise stets an den wasserreichsten Stellen.

Dort heben sich seine Wurzeln in mancherlei Bogenkrümmungen wie eine Krone über den Wasserspiegel empor, und als ob er auf Pfählen ruhe, welche die Kunst in den Sumpf trieb, steigt erst aus der Mitte dieser Wurzelkrone, dieses natürlichen Postamentes, der Stamm mit seiner reichen Laubkrone in die Höhe.

Mangrovebäume.

Woher jedoch dieses gesellschaftliche Leben einzelner Pflanzenarten? Es hängt von verschiedenen Ursachen ab. Vielen Pflanzen der gemäßigten und kalten Zone ist eine kriechende Wurzel eigenthümlich. Eine solche ist befähigt, an verschiedenen Punkten neue Knospen, somit neue Stengel zu treiben, um sie mit andern ihres Gleichen zu verfilzen. Pflanzen mit wuchernden Wurzeln werden daher am meisten gesellig lebende sein. Diese

Die Gesellschaftsverhältnisse der Pflanzen.

Wurzelbildung kann sich aber auch auf oberirdische Theile beziehen. So treibt der Banyanenbaum (Ficus indica) Indiens, eine Feigenart, aus seinen Zweigen neue Wurzeln, wenn sich dieselben, wie sie pflegen, auf die Erde niederbeugen. Im Laufe der Zeit hat die neue Wurzel am Gipfel Knospen getrieben, wagerecht breiten sich die sich verjüngenden Aeste aus, und bald hat der Mutterstamm eine ganze Colonie junger Stämme um sich versammelt, die in steter Verbindung mit ihm einen ganzen Wald aus einem einzigen Individuum darzustellen fähig sind. Berühmt ist jener Banyanen-Feigenbaum am Nerbuddah in Indien, den schon Alexander der Große kannte, und welcher noch heute vorhanden ist. Seine riesigen Verhältnisse sind durch eine gegen Schluß des dritten Buches abgedruckte Abbildung dargestellt. Er besteht aus 350 großen und weit über 3000 kleineren Stämmen. Sie umfassen zusammen ein Areal von 2000 Fuß; ein Umfang, den man sich erst recht deutlich vorzustellen vermag, wenn man weiß, daß unter dem Schatten dieses Feigenbaumes schon eine Armee von 7000 Mann lagerte. Aehnlich verhält es sich auch mit dem Mangle, der deshalb auch den Namen des Wurzelbaumes empfing. Kaum einige Fuß hoch, sendet er bereits neue Wurzeln herab in den Morast, seine ausschließliche Wohnstätte, um hier festzuwurzeln und an ihrem Scheitel einen neuen sich bildenden Ast zu ernähren. Auf diese Weise erzeugt der Mangle den dichtesten Urwald. Aber auch seine drittehalb Schuh langen, schotenförmigen, herabhängenden Früchte berühren nicht selten den Morast. Sofort treiben aus ihnen neue Wurzeln hervor, welche das Dickicht noch unzugänglicher und zu einem Aufenthalte der Krokodile und Schlangen machen. Ueberhaupt tragen schwere Samen, welche vom Winde nur sehr schwierig zerstreut werden können, wesentlich zum gesellschaftlichen Leben einzelner Pflanzenarten bei. Aus diesen Ursachen erklären sich allein auch die großen Pflanzengemeinden, die wir oben als Wälder, Kraut- und Grasfluren, Haiden, Moosdecke und Tangfluren bezeichneten. Daß indeß die meisten Pflanzen der Tropenzone kein gesellschaftliches Leben führen, kann zum Theil nur von jener Eigenschaft des Urwaldes herrühren, Alles unter seinen Zweigen zu erdrücken, was des directen Sonnenlichtes nicht zu entbehren vermag. Die meisten Gewächse bedürfen desselben, um die aufgenommene Kohlensäure unter seinem Einflusse zu zersetzen. Pflanzen, welche dies selbst ohne directes Sonnenlicht vermögen, sind die Schattenpflanzen, deren der Urwald wie jeder andere besitzt. Wahrscheinlich zersetzen dieselben ihre Kohlensäure durch den Einfluß des grünen Lichtes, das sie von der Moosdecke empfangen, oder der Schatten gewährt ihnen diejenige Temperatur, bei welcher ihr Stoffwechsel beginnt.

IV. Capitel.
Die Bodenverhältnisse der Pflanzen.

Hatten wir bei unsern vorigen Beobachtungen unsern Blick tiefer eindringen lassen, so müssen wir auch gefunden haben, daß die Gewächse in ihrer Gruppirung, obgleich sie, so zu sagen, wie Kraut und Rüben unter einander gewürfelt zu sein scheinen, dennoch eine ganz bestimmte Anordnung verrathen. Mindestens hätte uns das auffallen müssen, wenn wir zugleich die Bodenverhältnisse ins Auge faßten. Wir wollen einmal annehmen, daß wir uns in einer Gegend befunden hätten, wo in der Ebene eine Saline die Salzquelle verarbeitete, nicht weit von ihr sich ein Kalkberg erhob, auf der andern Seite eine Hügelreihe von Porphyr erschien, während nicht weit davon eine andere Hügelkette von buntem Sandstein auftrat. Wenn wir aufmerksam gewesen waren, fanden wir, daß jedes einzelne dieser verschiedenen Erdgebiete seine besondere Pflanzendecke besaß, die sich dem Blicke schon unwillkürlich aufdrängte. So ist es auch in der That. Ebenso sicher, wie der Geolog aus den neben einander bestehenden Gebirgsarten auf ihren inneren Zusammenhang, ihre etwaigen Kohlenlager und metallischen Einschlüsse zu schließen vermag, erblickt der kundige Pflanzenforscher in den Pflanzen die Natur des Bodens. Ich führe unter Anderm nur ein charakteristisches Beispiel an. Schon lange war es den Pflanzenkundigen bekannt, daß die Galmeihügel des Rheinlandes und Belgiens eine eigenthümliche Flor besitzen, daß dieselben namentlich durch ein Veilchen ausgezeichnet sind, welches unserem wohlbekannten dreifarbigen Stiefmütterchen zwar sehr verwandt, jedoch dadurch fremder ist, daß es in zahlreichen goldenen Blüthen vom Frühling bis zum Spätherbst ununterbrochen seine Pracht entfaltet, und seine Stengel vielfach verzweigt am Grunde niederliegen. Durch diese Merkmale unterscheidet sich dieses Veilchen höchst auffallend von dem Stiefmütterchen und ebenso von dem Goldveilchen (Viola lutea) der Alpen. Daher ist es nicht zu verwundern, wenn es von Seiten der Pflanzenforscher als eigene Art, als Viola calaminaria unterschieden wurde. Dieser Name ist nur die treue Uebersetzung der Volksbenennung; denn im Rheinland, wo es in der Gegend von Aachen vorkommt, heißt es das Galmei-, in der Volkssprache das Kelmesveilchen oder Kelmesblume, die sich mit ganz bestimmten andern Pflanzenarten vergesellschaftet. Neuere Untersuchungen beweisen, daß das Galmeiveilchen nur eine Abart des Goldveilchens sei, und auch der Grund blieb nicht unbekannt. Die Abart konnte nur von dem Boden herrühren. In der That wies die chemische Untersuchung in dem Galmeiveilchen Thonerde, Eisen, Mangan und vor Allem Zink nach. Diese einzige Thatsache läßt uns sofort einen tiefen Blick in das Verhältniß zwischen Boden und Pflanzenwelt thun. Sie zeigt uns zunächſt, daß das Leben der Pflanzen, folglich auch ihre Geſtalt, abhängig iſt von dem Boden, den ſie bewohnt, und wir werden weiter unten ſehen, wie weit dieſer Zuſammenhang reicht. Mithin ſpricht ſich der Boden nicht allein in den beſonderen Pflanzenarten, ſondern auch in ihrer Tracht aus. Die Pflanzen ſind darum die beſten Wegweiſer in dem Labyrinthe der Bodenverhältniſſe, gewiſſermaßen jene Wünſchelruthen, welche ein altes Volksmährchen, oft geglaubt und oft verſpottet, ahnungsvoll, aber in eine myſtiſche Pflanzengeſtalt, in einen Haſelnußzweig verlegte. Schon ſeit Jahrtauſenden muthen die Pflanzen auf den Boden, und dennoch hat erſt die neuere Zeit begonnen, dieſe rechten Wünſchelruthen zu benutzen, wie ſie verwendet werden können. So iſt unſer Galmeiveilchen dem Bergmann in Wahrheit ein ſolcher Leitſtern geweſen. Wo es in Maſſen erſchien, hat man eingeſchlagen, in der Hoffnung, Zinkerze zu finden, und man hat ſich nicht getäuſcht: an der Hand des Galmeiveilchens hat man in Rheinlande die reichſten Zinkerze entdeckt. Dieſes eine Beiſpiel beweiſt ſchon genügend, daß das ſcheinbar nutzloſe, wenn auch angenehme Studium der Pflanzenwelt in der Hand des Denkenden ebenſo praktiſch bedeutſam wirken kann, wie das chemiſche Laboratorium, welches dem Bergmanne wie dem Landwirthe ſeine heutigen Erfolge verlieh. Man ſoll darum keine Stelle verſäumen, die Beſchäftigung mit Pflanzen ſchon von früher Kindheit an zu empfehlen. Nur auf dieſe Weiſe erlangt man allmälig die Fähigkeit, die Pflanzenarten zu erkennen und durch ſie ſeine Schlüſſe an den Boden zu machen, um ſich ſofort eine koſtſpielige und langwierige chemiſche Bodenunterſuchung zu erſparen. Namentlich würde dies da von größter Bedeutung ſein, wo gemiſchte Bodenarten auftreten. Das Daſein gewiſſer Pflanzenarten eröffnet dem Landwirthe auf den erſten Blick auch ohne umſtändliche chemiſche und geognoſtiſche Unterſuchung einen Blick in die Bodenverhältniſſe. Er wird z. B. ſofort wiſſen, ob er einen kalkhaltigen Boden für Esparſette, einen thalhaltigen für Weizen u. ſ. w. vor ſich habe, je nachdem dort kalkliebende Pflanzen, wie die Priemengräſer (Stipa), hier kaliliebende, wie Meldenpflanzen (Chenopodium) u. ſ. w., erſcheinen. Kein Buch kann zu dieſem Zwecke ſeine Recepte verſchreiben; denn der Fälle ſind, wie die Combinationen der Erdarten, unzählige, ſie müſſen durch eigenes Nachdenken erworben werden. Die Wiſſenſchaft kann nichts weiter thun, als die Pflanzengeſtalten und ihren Zuſammenhang mit dem Boden im Allgemeinen kennen zu lehren. Auch der Bergmann wird ſofort wiſſen, woran er iſt, wie obiges Beiſpiel zeigte. Er kann ſicher ſein, daß da eine kalte Quelle unter dem Boden rieſelt, wo die niedliche Bachmontie (Montia rivularis) erſcheint. Wir dürfen uns verſichert halten, daß da, wo das nicht minder zierliche MeerſtrandsMilchkraut (Glaux maritima) ſeine ſaftigen kleinen Blättchen treibt, ſelbſt wo die ſammtgrüne Heim'ſche Pottie (Pottia Heimii), ein Laubmoos, ſeine dichten Polſter zeugt, zweifelsohne eine Kochſalzquelle zu Grunde liege. Selbſt heißen, schwefelsäurehaltigen und andern Quellen hat die Natur schon von Haus aus ihre Etiquette in entsprechenden Gewächsen, so zu sagen, an ihre Stirn geschrieben. Die eigene Kenntniß der Pflanzenarten wird hierbei noch aus einem andern Grunde nothwendig. Da es nämlich auch Pflanzen gibt, welche auf verschiedenen Bodenarten gedeihen, so kann erst aus der ganzen Pflanzendecke eines bestimmten Bodens auf seine chemische Natur geschlossen werden.

Es folgt daraus, daß es Pflanzen gibt, welche einem bestimmten Boden treu bleiben, andere, welche verschiedene Erdarten bewohnen, und noch andere endlich, welche mit jedem Boden vorlieb nehmen. Man kann diese nach Unger's bequemer Bezeichnungsweise bodenstete, bodenholde und bodenvage nennen. Man spricht deshalb kurzweg von kalkstetten und kalkholden, schiefersteten und schieferholden, quarzsteten und quarzholden Pflanzen u. s. w. Es liegt auf der Hand, daß die Pflanzen, wenn sie auch auf einen bestimmten Boden angewiesen sind, denselben dennoch wechseln und auf einem gemischten gedeihen können, wenn dieser nur einige Antheile der durchaus erforderlichen Bodenart besitzt. Eine Kalkpflanze wird von einem Kalkboden auf einen kalkhaltigen wandern können. Daher kommt es, daß ein gemischter Boden keine vorherrschenden Charakterpflanzen zeigt, während reine Bodenarten sofort eine eigenthümliche Pflanzendecke erhalten. So der salzgetränkte Boden der Salinen, Steppen und Meeresküsten, der Kalkgebirge, je nachdem sie aus Kreide, Jurakalk, Alpenkalk, Zechstein, Muschelkalk u. s. w. bestehen, der Schiefergebirge, Torfmoore und Haiden, der Sandsteppen u. s. w.

Aus dieser ganzen Verbreitungsweise geht hervor, daß die Pflanzen der mineralischen Stoffe durchaus zu ihrer Ernährung bedürfen, um mit Hilfe der erdigen Bestandtheile organische Materie erzeugen zu können. Die Mehrzahl der Pflanzen folgt diesem Gesetze. Eine geringere Zahl vermag dies nicht, wenigstens nicht in der Jugend. Wie das Thier, sind sie bereits auf organische Substanz angewiesen. Wie werden sie dieselbe erlangen? Die Natur hat einen sehr einfachen Weg eingeschlagen, mit diesen Gewächsen bestimmte Mutterpflanzen zugewiesen, in welche sie schmarotzend ihre Wurzeln schlagen, um sich aus den organischen Substanzen der Mutterpflanze aufzubauen. Erst eine größere Selbstständigkeit befähigt sie, diese seltsame Mutterbrust aufzugeben und ihre Nahrung, wie alle übrigen Gewächse, dem Mineralreiche zu entlehnen. So z. B. der größte Theil unserer Knabenkräuter (Orchideen), alle Arten der seltsamen Gattung Sommerwurz (Orobanche), zu welcher der berüchtigte Hanfstädter (O. ramosa) gehört, die Bereinkräuter (Thesium), der Klesser (Alectorolophus) unserer Wiesen u. s. w. Daher der treue Verein, in welchem fortwährend diese Halbschmarotzer mit ihren Mutterpflanzen gefunden werden. Daher aber auch das Siechthum und der frühzeitige Tod derselben, wenn sie, der Erde ohne die Mutterpflanze enthoben, in Töpfen weiter gezogen werden sollen. Eine noch geringere Zahl bringt es auch nicht einmal bis zu dieser Selbstständigkeit. Ihr ganzes Leben wuchert

Die Bodenverhältnisse der Pflanzen.

in dem Leben einer andern Pflanze, von deren organischen Säften sie ihr Leben fristen und mit denen sie auch untergehen. Das sind die ächten Schmarotzerpflanzen. Ihre größere Zahl gehört der heißen Zone an. Die gemäßigte kennt nur wenige Arten. So die Flachsseide (Cuscuta), einige Arten der Sommerwurz, die Mistel (Viscum) und die Riemenblume (Loranthus) Südeuropas. So gespenstisch viele, so pilzartig auch manche dieser Schmarotzer bald auf Bäumen, bald auf Wurzeln erscheinen, so große Pracht entfalten wieder andere, zu denen wir die Riemenblumen der Tropen rechnen. Geheimnißvoll entkeimen sie, der Mistel gleich, den Zweigen der Bäume. Lange röhrenartige Blüthen von unvergleichlicher Farbenpracht entsenden sie in oft überraschendem Reichthume, in herrlichen Rispen ihren Gliedern, ein eigener Pflanzenstaat auf einem andern, und weithin leuchtet nicht selten die Loranthusform durch die Waldung, wenn sie, wie z. B. L. Lyndenianus auf Java pflegt, auf den dünnwipfligen Casuarinen wohnen und daselbst gleichsam die Form der Alpenrosen auf die Bäume verpflanzen.

Ich kann nicht umhin, den Ernst der Wissenschaft auf einige Augenblicke zur Abwechslung zu unterbrechen und diese seltsame Erscheinung um ihres gleichsam menschlichen Interesses halber ausführlicher, diesem Interesse angemessen, plastischer zu behandeln, wie ich es bereits an einem andern Orte ausführte. Es ist zwar, heißt es daselbst, ein Grundgesetz der Weltregierung, Alles durch Gegenseitigkeit zu erhalten; allein mitunter wird diese Gegenseitigkeit recht zudringlich. Das beweist das Reich der Schmarotzer, jener Weltbürger nämlich, welche es vorziehen, Andere die Kastanien aus dem Feuer holen zu lassen, sie aber gemächlich mit zu verzehren. Nenne man sie nach ihren Verwandten im Allgemeinen die Läuse, Flöhe, Wanzen, Zecken, Blutegel oder die Bandwürmer der Welt, sie rechtfertigen in jeder Beziehung ihren gemeinschaftlichen Charakter, auf Anderen und durch Andere zu leben. Ihre Verwandtschaft ist eine außerordentlich weitgreifende, und nicht selten haben einige von ihnen, wie weiland der Floh des Mephistopheles im Faust, erstaunliche Carrièren gemacht. Auch das Pflanzenreich kennt diese Weltbürger, ja in einer Weise, als ob das Goethe'sche Mährchen gerade hierauf gedichtet, den Wäldern entnommen sei. — Mindestens fällt es mir immer ein, so oft ich durch die heimischen Wälder streiche und die Mistel (Viscum album) hoch in den Wipfeln der Kiefer auf schwankendem Aste thronen sehe. Auch sie gehört zu jenen Schmarotzern, deren Leben mit dem Hinschwinden ihrer Ernährer ebenso in sein gänzliches Nichts zurücksinken würde. Deshalb muß man bewundern, wie ein solcher Schmarotzer so fein herausfühlt, wo er am besten zu Hause, am besten aufgehoben sei. Wie der Floh des Mephistopheles, hat unsere Mistel eine Vorliebe für große Herren. In den natürlichen Vorbildern der fürstlichen Kronen, in den Wipfeln der majestätischen Bäume, den Kronen der Kiefer, der Edeltanne, der Eiche, Linde und anderer Waldriesen hat sie sich einzuschmuggeln ver-

standen. Doch verachtet sie, wie ein ächter Parasit, auch die Kleinen nicht,
wenn die Großen nicht zu haben sind. Darum wandert sie aus den stolzen
Palästen der Wälder hinaus aufs Land und bittet sich beim reichen Bauer,
bei Aepfel- und Birnbäumen, zu Gaste. — Gelenkig und biegsam, aber auch
unscheinbar — so tritt sie heran zu ihren Gönnern und findet leichten Ein-
gang. Ein niederer Strauch, aus Hunderten von Gelenken, das ächte Abbild des Schmeichlers, gabelästig zusammengesetzt, zeichnet sie sich durch keine
besondere Schönheit aus, als ob es darauf abgesehen sei, recht schwächlich
und ungefährlich zu erscheinen. Ein Paar zungenförmige grüne Blätter
am Grunde der Aeste entkleiden sie dieses Charakters nicht. Doch das
Sprüchwort erkennt den Vogel nicht umsonst an seinen Federn. Besäßen die
hohen Gönner ein Bewußtsein, so könnten ihnen die Blättchen, trotz ihrer
Unscheinbarkeit, schon durch ihre dicke, wohlgenährte Fettigkeit sagen, was
für ein Freund sie sich in ihre Krone setzen ließen. Sie merken es indeß
nicht. Man muß es dem Günstling lassen, daß er seine Sache versteht. Er
theilt Freud und Leid. So lange er nur zu leben hat, erheitert er durch
ewiges Grünen das Aussehen des Wipfels. Wenn der laubbekränzte Riese
schon lange seine Blätter den Winden dahingeben mußte, schaut er noch
immer gemüthlich heiter herab, als ob es ewig Frühling sei. Wenn der
Sturm durch die Wipfel braust — er theilt die Stürme, krümmt sich wie
die Zweige der Krone und klagt mit ihnen. Doch hat sich noch nie ein
Sänger der Lüfte seinen Armen anvertraut, wenn er den Mai seines Lebens
im eigenen Neste zu feiern ging. Er wählte lieber den Wipfel des Herrn,
als dessen fratzenhaftes Abbild, den Schmarotzer. Doch diesem gilt die
Poesie gleichviel, wenn er nur zu leben hat. Dies zu erreichen, schlägt er
seine Wurzeln so tief in des Gönners Rinde und Holz, daß derselbe unvermerkt dahin gebracht ist, den Günstling unter allen Umständen behalten
und ernähren zu müssen. — Welches Geheimniß gab dem Schmarotzer diese
Macht? Zu jener Zeit, wo er selbst noch ein unentwickelter Keim war,
sendete ihn das elterliche Haus schon als neugeborene Frucht hinaus ins
Leben. Er war eine unscheinbare Beere, glatt und rund schon damals, aber
bleich, als ob ihn der Hunger hinausgetrieben habe. Der Gipfel seines Astes
hatte ihn ohne Weiteres herabgeschüttelt. Auf der Erde, wo er vergeblich
Wurzel zu schlagen versuchen würde, wäre er ohne Zweifel verloren gewesen, wenn er nicht die löbliche Eigenschaft besessen hätte, mittelst des
klebrigen Leimes seines eben schon verwesenden Beerenfleisches überall hängen
zu bleiben; eine Eigenschaft, die schon den Vogelsteller auf ihn aufmerksam
machte und ihn diesen Leim als den bekannten Vogelleim für sich in Anspruch nehmen ließ. Vielleicht, sogar wahrscheinlich, war es ihm ähnlich,
wie dem Däumling des Mährchens, der seine Reise in einer Wurst machen
mußte, ergangen. Vielleicht hatte irgend ein Sänger der Lüfte, denn so ist
es von der Misteldrossel bekannt, die Beere für einen guten Leckerbissen ge-

53

Ein Mistelzweig.

halten und ohne Weiteres verzehrt. So hatte der Schmarotzer seine Reise ins Leben nicht allein wie der Däumling, sondern auch wie Hamlet's Wurm gemacht, der bekanntlich seine Wanderung durch den Darm eines Bettlers machte. Doch der Schmarotzer weiß sich in jede Lage des Lebens zu finden, und so ist ihm selbst dieser wunderbare Ausflug ins Leben eher günstig als nachtheilig gewesen. Er hat sich von den Stoffen des Düngers zu eigen gemacht, was er brauchen konnte. Hat er auch das Fleisch seiner Beere im Stich lassen müssen, so hat er doch neue Nahrung ins Leben dafür gewonnen, und vielleicht um so besser für ihn. Denn nun hat ihn der Sänger der Luft über die weiten Räume des niederen Erdenlebens dahin getragen und wieder in dem stolzen Palaste irgend eines Waldriesen mitten unter flüsternden immergrünen Nadelbäumen und ihren belaubten Freunden abgesetzt. — So ist er der ewig vom Glück Begünstigte gewesen, während Andere bei ähnlichen Erfahrungen wahrscheinlich zu Grunde gegangen wären. Noch mehr; die Natur scheint es darauf abgesehen zu haben, ihm, dem Unselbstständigen, Unbehilflichen, ganz besonders zu Hilfe zu kommen. Wenn die meisten übrigen Pflanzensamen froh sein müssen, einen Keim zu besitzen, so hat die Mistel nicht selten 2—5 erhalten, obschon sie in den meisten Fällen auch mit einem vorlieb zu nehmen hat. Doch auch dieser weiß sich zu helfen. Bald durchbricht er, von seiner eigenen oder der Feuchtigkeit der Luft begünstigt, seinen Samen mit großer Vorsicht. Ehe der aufkeimende Schmarotzer seine Wurzel entfaltet und einschlägt, sucht er sich vielmehr erst eine gewisse Selbstständigkeit zu geben. Darum entwickelt er zuerst den aufsteigenden, zarten, grünen Stengel, nach ihm das Würzelchen, beide schon dick und fett, wie sie sich später in den Blättern darstellen. Freilich hat das Würzelchen einen wunderbaren Boden, Rinde und Holz, zu besiegen. Die Natur kommt dem angehenden Weltbürger auch hier zu Hilfe und lockert die Rinde durch Nebel und Regen. So ist ihm endlich die Stätte seiner späteren Wirksamkeit sicher bereitet. Vorsichtig und langsam streckt er seine Würzelchen wie Fühlfäden in die Rinde hinein, zwischen ihr hinab, wie der bekannte Sandfloh der Tropen, der sich bekanntlich, zudringlich und gefährlich genug für seinen Ernährer, zwischen Haut und Fleisch, zwischen Nägel und andere Theile geräuschlos eindrängt und diesen Charakter mit allen Schmarotzern theilt, bis sie nicht selten ihr Schicksal erreicht. Lange freilich, Jahre dauert es, bevor es dem jungen Emporkömmling gelingt, sich in jener Weise im Busen seines Gönners festzusetzen, daß ihm selbst der wüthendste Sturm nichts schade. Allein er ist wie Tamerlan's Ameise, die 99 Mal ansetzte und zum hundertsten ihre Last besiegte. Endlich hat er Rinde und selbst das Holz durchdrungen, und nicht selten zieht er sich durch dasselbe wieder zur Rinde empor, neue Knospen bildend. Dann lugt er als grünes Köpfchen hervor, so frisch und keck, als ob er wüßte, wie sicher ihm die Gnade seines Gönners und Ernährers geworden sei.

Die Bodenverhältnisse der Pflanzen.

Bald hat er sein Knöspchen zum zarten grünen Stielchen emporgetrieben und an dessen Gipfel die ersten beiden Blättchen entfaltet. Ueppig wuchert auch der neue Sprößling seinem Gedeihen entgegen, ein kerniges, festes Holz entwickelnd, wie kaum sein gelenkiges Ansehen verrathen ließ. Er wird es manchmal zu brauchen haben, wenn der Sturm durch die Wipfel sanst und sein Leben bedroht. — Das ist das Geheimniß, das den Mistelstrauch vom hilfsbedürftigen Keimling zum kräftigen Weltbürger beförderte. Vieles verdankte er sich, seiner zähen Ausdauer, Vieles fremder Hilfe. So lebt er dahin in grünen Wäldern und ländlichen Obsthainen, fast durch das ganze deutsche Land und Europa, nur den Norden fürchtend. Im Süden wechselt er mit ebenso wunderlichen Vettern, in Spanien, Frankreich und Norditalien mit der Wachholdermistel (Viscum Oxycedri). Trägt jene eine weiße Beere, so zeugt diese eine blaue; eine rothe entfaltet die Kreuzmistel (V. cruciatum) auf den Oelbäumen Palästinas, eine safrangelbe die Safranmistel (V. verticillatum) auf Jamaika, eine purpurrothe die Purpurmistel (V. purpureum) Carolinas u. s. w. in bunter Abwechslung. Ist es doch gerade so, als ob sie zeigen wollten, wie leicht es sei, auf Anderer Unkosten die schönsten Früchte zu treiben. Weniger gilt das von ihren Blüthen. Sie sind unscheinbar und dick, wie ihre Blätter. Sie zeichnen sich nur durch ihre Vornehmheit aus, dem Geschlechte nach getrennt auf verschiedenen Stämmen ihr Leben zu führen, obschon sie ihre Hochzeit in den allgemeinen Frühling verlegen, wo selbst die niederste Creatur sich ihres Lebens freut. Dem großen Heere der Mistel schließen sich, wie bereits erwähnt, im Süden und besonders der heißen Zone die Riemenblumen mit den prachtvollsten Blumen an, immer aber geheimnißvoll den Stämmen anderer Bäume entsteigend. Kein Wunder, wenn die kindliche Phantasie noch uncivilisirter Völker sie mit mystischer Ehrfurcht betrachtete und einen Mistelcult zur Zeit der Druiden in Europa hervorrief, der die Mistel nur mit goldener Sichel herabschnitt und dem Wodan heiligte. In Brasilien würde das schwerlich geschehen sein. Denn hier vernichtet eine Riemenblume (Loranthus uniflorus?), die Erva de passarinho der Brasilianer, nach Theodor Peckolt nicht selten die kostbarsten Kaffeepflanzungen, auf deren Bäume sie auch hier durch eine Drossel gelangte. So weit geht diese Art der Verpflanzung, daß der Pflanzer sich oft genöthigt sieht, seine 2—500,000 Kaffee- oder Pomeranzenbäume Stück für Stück von den Beeren zu befreien, welche jene Drosseln daselbst hängen ließen, als sie das klebrige Fleisch der Mistelbeere auf diesen Bäumen abzuwetzen suchten, dafür aber den bald keimenden Kern absetzen! Schon bei Teplitz beginnt die Gattung Loranthus ihr Gebiet, um es nach Süden hin immer weiter auszudehnen.

Für uns hat sich aus der Geschichte der Mistel das Geheimniß völlig enthüllt, warum einige Gewächse nur dem mineralischen Boden, andere nur dem organischen entkeimen. Wäre das Letztere nicht, wir würden eine große

Naturschönheit weniger besitzen. Flechten und Moose, so häufig nur auf die Rinde und Blätter anderer Gewächse beschränkt, würden nicht in herrlichen Geflechten und Polstern die Stämme der Bäume bekleiden. Keine Pilze mit ihrem Formenwechsel und ihrer gespenstischen Erscheinung würden den For= scher beschäftigen. In den Tropen würden Hunderte herrlicher Orchideen, Aroideen und Farrenkräuter, deren Leben gleichfalls häufig auf die Rinde der Bäume angewiesen ist, nicht erscheinen; die Natur würde nicht die formen= und lebensvolle sein, welche sie unter und über der Erde ist.

V. Capitel.
Die Formenverhältnisse der Pflanzen.

Es gibt also, wie die vorstehenden Beobachtungen zeigen, ein untrenn= bares Wechselverhältniß zwischen Boden und Pflanzendecke, ein Verhältniß, welches nur von der Ernährung der Pflanze durch die Stoffe erzeugt wird. Erinnern wir uns aber noch einmal der seltsamen Erscheinung, daß das Galmeiveilchen auf zinkhaltigem Boden so bedeutend ausartete, daß man es sogar als eigene Art unterscheiden zu müssen glaubte, so liegt der Schluß nahe, daß es ebenso ein ewiges Bündniß zwischen Stoff und Pflanzenform, wie zwischen Stoff und Pflanzenleben geben könne. Wäre dies der Fall, so würden wir sofort das Gesetz der Gestaltenbildung daraus erkennen, wir würden ein Recht haben zu sagen, daß die Pflanzengestalt das Product von Stoff und Kraft sei, wir würden hieraus mit Einem Schlage die geheimniß= volle Ursache der großen Mannigfaltigkeit und der nicht minder reich ge= gliederten Verbreitung der Pflanzengestalten begreifen. Dieser wichtige Punkt fordert uns zu einer näheren Betrachtung auf.

Wir würden das formenbildende Gesetz schwerlich in seiner ganzen Tiefe erfassen, wollten wir es aus der Pflanzenwelt allein erklären. Wirklich zeigt es sich uns faßbarer in der Welt des Starren, im anorganischen Reiche, bei der Krystallbildung. Die rasche Entwickelung und das Wesen des Kry= stalles geben uns den Vortheil, in das innere Getriebe des gestaltenbilden= den Urgesetzes leichter blicken zu können, als bei der langwierigen Entwicke= lung einer Pflanze und eines Thieres. Darum treten bei der Krystall= bildung oft Bedingungen zu Tage, welche bei der Entwickelung organischer Gestalten nicht bemerkt werden würden. Mit Einem Worte, man hat bei der Krystallbildung den chemischen und physikalischen Prozeß in seiner ein= fachsten, unmittelbarsten Weise vor sich, während er bei der Pflanzenbildung erst aus vielen Erscheinungen mühsam erschlossen werden muß.

Die Formenverhältnisse der Pflanzen.

Es ist eine alte Erfahrung, daß jeder Stoff, wenn er krystallisirt, stets seine bestimmte Form annimmt. Aus der Verbindung der Chlorwasserstoffsäure mit Natron geht z. B. das Kochsalz in Würfeln hervor. Das läßt uns bereits ahnen, daß der Zusammenhang zwischen Stoff und Form ein untrennbarer sei. Es ist jedoch nicht minder wahr und auf allen Gebieten der Naturforschung sattsam bestätigt, daß die regelmäßigen, die normalen Erscheinungen weniger deutlich das Urgesetz verrathen, als die ausnahmsweisen oder die anomalen. Wie z. B. eine Verkrüppelung im Pflanzen- und Thierreiche uns leichter auf die Bedeutung der einzelnen Organe leitet, ebenso im Reiche der Krystalle. Die Erscheinungen der Doppelgestaltung (Dimorphie, Dimorphismus) gehören zunächst hierher; Erscheinungen, welche uns lehren, daß ein und derselbe Stoff unter verschiedenen Bedingungen zweierlei Gestalten annehmen, zweierlei Krystalle bilden könne. So krystallisirt kohlensaure Kalkerde (Kreide) aus heißen Auflösungen in rhombischen Säulen als sogenannter Arragonit, bei gewöhnlicher Temperatur in Kalkspathrhomboëdern. Ebenso gibt es eine Dreigestaltung (Trimorphie) eines und desselben Stoffes unter verschiedenen Bedingungen. So tritt das schwefelsaure Nickeloxydul in rhombischen, tetragonalen und monoklinoëdrischen Krystallen auf. In andern Fällen nimmt ein und derselbe Stoff sofort andere Krystallgestalten an, wenn ein anderer Stoff in der Lösung zugegen ist. Der Salmiak krystallisirt aus reinem Wasser in Octaëdern, bei Gegenwart vielen Harnstoffs in Würfeln, in einer Verbindung des Würfels mit dem Octaëder aber, wenn weniger Harnstoff oder Boraxsäure in der Lösung vorhanden sind. Ganz ähnlich das Kochsalz. Wie oben erwähnt, krystallisirt dasselbe stets in Würfeln. Das geschieht jedoch nur, wenn es in reinem Wasser geschah; bei Gegenwart von Harnstoff erscheint es in Octaëdern, beim Vorhandensein von Boraxsäure in Verbindung des Würfels mit dem Octaëder, wie wir es bereits beim Salmiak fanden. Die wunderbarsten Erscheinungen dieser Art liefert der Alaun. Wie z. B. beim kohlensauren Kalke schon die Wärme, beim Salmiak und Kochsalz schon die Gegenwart anderer Stoffe eine verschiedene Krystallbildung hervorriefen, so bewirkt beim Alaun sogar die Zeit, während welcher er krystallisirt, eine verschiedenartige Gestaltung. Alaun, mit unlöslichen kohlensauren Stoffen gekocht und langsam krystallisirt, liefert zuerst Octaëder, dann Würfel. Wird jede dieser Krystallformen wieder für sich aufgelöst und langsam verdampft, so erscheint ihre anfängliche Gestalt wieder. Löst man gleiche Theile von Würfel- und Octaëder-Krystallen zusammen, und dampft man den ersten Theil der Lösung rasch, den zweiten langsam ab, so bilden sich in dem ersten anfangs einige Octaëder, dann große Mengen der Verbindungen von Würfel und Octaëder (Cubooctaëder), endlich einige Würfel. Werden die Cubooctaëder wiederum gelöst und der langsamen, freiwilligen Verdunstung überlassen, so entstehen Octaëder und Würfel getrennt von einander in derselben Flüssigkeit. Dahingegen liefert der obige zweite Theil gleichfalls Würfel und Octaëder getrennt, wenn er der langsamen Verdunstung überlassen war.

Aus Allem geht schlagend hervor, daß nicht allein chemische, sondern auch physikalische Bedingungen (Raum, Zeit, Wärme) von wesentlichem Einflusse auf die Gestalt des Krystalles sind. Aber selbst die Lage bildet in diesem geheimnißvollen Prozesse eine bedeutsame Rolle, wie wir durch Cavalle's Forschungen belehrt werden. Er sagt uns hierüber Folgendes. Je schneller sich ein Krystall ausbildet, um so weniger scheint die Lage desselben Einfluß auf seine Gestalt zu haben. Bildet er sich aber langsam aus, so entwickeln sich die Flächen ganz anders, als seine Grundgestalt verlangt. Liegt der Krystall auf dem Boden des Gefäßes in der Lauge, so wächst die untere Fläche mehr als die übrigen. Hat der Krystall eine dieser unteren krystallographisch gleichartige und parallele Fläche, so entwickelt sich auch diese in demselben Maße wie die untere, in solchen Fällen nämlich, wo es, ohne die Symmetrie der Krystalle zu stören, nicht anders sein kann. Wo hingegen die parallele Fläche, ohne daß jene Bedingung aufgehoben wird, kleiner bleiben kann, da entwickelt sich die obere Fläche nicht zu derselben Größe wie die untere. Wenn irgend ein Krystall, auf dem Boden des Gefäßes aufliegend, sich ausbildet, ohne daß er am Gefäße anhaftet, so erhebt er sich an seinen Rändern; es bildet sich auf der unteren Fläche ein einspringender Winkel, der nicht aus einer Vereinigung mehrer Krystalle erklärt werden kann. Legt man einem Alaunkrystalle künstlich eine Würfelfläche an und stellt man ihn auf diese in die Lauge, so bildet sich dieser künstlichen gegenüber eine zweite Würfelfläche. Die übrigen vier Ecken bleiben spitz. Löst man einen Krystall so weit auf, daß seine Ecken und Kanten verschwinden, und läßt man ihn nun von Neuem in der Lauge wachsen, so bilden sich Ecken und Kanten genau so wieder aus, wie sie ursprünglich waren. (Geht eine solche Wiederherstellung bei rascher Krystallisation vor sich, so bilden sich auf den Krystallflächen eine Menge kleiner Krystalle aus, die in ihrer Lage oder Stellung dem Hauptkrystalle sich anschließen. Bricht man von einem Krystalle, der auf dem Wege seiner Ausbildung begriffen ist, ein Stück ab, so erneuert sich dieses schnell wieder. Bricht man einen Krystall in viele Stücke, so bildet sich an jedem Stücke der fehlende Theil wieder; aus jedem wird eine Pyramide. Wenn man, während der Krystall sich bildet, ihn in eine anders beschaffene Flüssigkeit legt, so strebt er danach, die Form anzunehmen, die ihm durch diese zweite Flüssigkeit zukommt. Auf diesem Wege der Entwickelung geht der Krystall durch alle Formen, welche zwischen seiner eigenen und der anzunehmenden liegen. Man kann jede Uebergangsform gewinnen, indem man zu der entsprechenden Zeit den Krystall aus der Lauge nimmt. Im Mittelpunkte findet man die ursprüngliche Krystallgestalt unverändert.

Nicht minder wunderbare Erscheinungen liefern die isomorphen Stoffe,

Die Formenverhältnisse der Pflanzen.

d. h. diejenigen, welche bei ähnlicher Zusammensetzung gleiche Krystalle liefern. Dies ereignet sich erstens bei Grundstoffen (Elementen), welche in ihren Wirkungen auf andere Stoffe eine gewisse Verwandtschaft unter sich haben, also ähnliche Wirkungen hervorbringen, wie Eisen, Mangan und Chrom; zweitens, wenn dieselben sich mit gleichen Mengen von Sauerstoff oder Schwefel verbinden; drittens, wenn sie mit einer und derselben Säure oder mit solchen Stoffen verbunden werden, welche unter sich eine gewisse Verwandtschaft in ihren Wirkungen auf andere Stoffe besitzen, wie Eisen, Mangan und Chrom. Aus diesem Grunde sind die Krystallgestalten der auf diese Weise unter sich verwandten Verbindungen dieselben oder isomorph, wie Eisenalaun, Manganalaun, Chromalaun. Mithin können sich dieselben gegenseitig in der Krystallgestalt vertreten. Ja, die ursprüngliche Krystallform ändert sich nicht einmal, wenn das Kali dieser Alaune durch Ammoniak ersetzt ist, da auch dieses ähnliche Wirkungen wie Kali hervorzurufen im Stande ist.

Ebenso bedeutsame Belege liefern uns die isomeren Körper, d. h. jene, welche einen gleichen

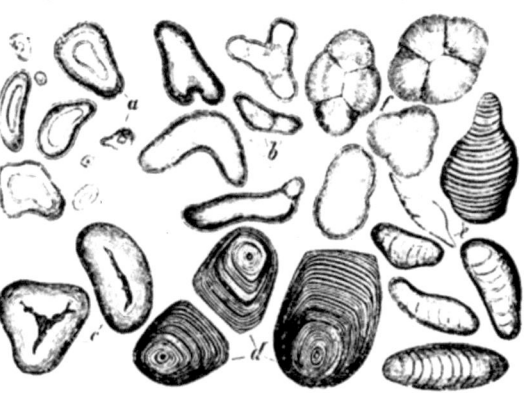

Stärkemehlkörner aus verschiedenen Gewächsen.

Grundstoff in gleichem Mengenverhältniß besitzen und nur durch den Hinzutritt anderer Stoffe verschiedene Gestalten und Eigenschaften annehmen. Das schlagendste Beispiel liefert die große Reihe jener Kohlenwasserstoffverbindungen, welche die Grundlage der Pflanzentheile bilden, und die man als Stärkemehl (Amylum), Gummi (Dextrin), Zucker, Cellulose (Zellenstoff), Inulin (Alantstoff) u. s. w. unterscheidet. Sie bestehen sämmtlich aus zwölf Antheilen Kohlenstoff und veränderlichen Mengen von Wasser. Diese unbedeutende Veränderlichkeit der Wasserantheile bringt aber sofort neue Körper in neuen Gestalten, mögen sie nun flüssig oder fest, amorph (ohne bestimmte, massige Gestalt) oder wie Inulin und Stärke in Gestalt von Zellen auftreten. Wie weit weichen aber Stärke und Zucker in ihrer Gestaltung von einander ab! Während jene in Zellengestalt erscheint, krystallisirt der Zucker wie ein Salz, und doch unterscheidet er sich von der Stärke nur dadurch, daß er ein Paar Antheile Wasser mehr enthält.

Was sich hier beim Krystalle so mathematisch gewiß aufdrängt, bestätigen auch Pflanzen und Thiere. Sie hängen, wie wir sogleich sehen werden, ebenso in ihrer Gestaltung von chemischen und physikalischen Bedingungen ab, wie die Krystalle. Auch sie folgen wie der Krystall den Winkeln, die Pflanzen in der Stellung ihrer Aeste, Blätter, Blüthen und Früchte zu einander, die Thiere in der Symmetrie ihrer Organe von den größten wesentlichsten bis zu den kleinsten nebenwerthigen Theilen. Was wir also beim Krystalle fanden, muß sich auch im organischen Reiche, nur höher, freier wiederholen. Die Schöpfung von Pflanzen und Thieren ist nichts Anderes als eine Krystallbildung in immer verklärterer Weise, je höher das Naturwesen in der Reihe des Geschaffenen steht. Das beweisen uns recht unverschleiert gerade die einfachsten Pflanzen, die Urpflanzen, die wir bereits als prismatische Zellen kennen lernten. Der Uebergang der Natur vom anorganischen zum organischen Reiche ist dadurch auf das Sanfteste vermittelt. Sie behält bei den Urpflanzen den Krystall bei, aber derselbe ist nicht mehr wie im Reiche des Starren eine starre, durch und durch gleiche, raumerfüllende, sondern eine unterschiedene, ungleiche, hohle, also raumumschließende Masse. Sind mithin die einfachsten Zellenpflanzen nur höhere Krystallbildungen, so müssen es auch die höheren Pflanzen sein, da sie nur aus Zellen bestehen. Bei ihnen lagert sich gleichsam Krystall an Krystall, um einen wohlgeordneten Staat von organischen Krystallen zu bilden. Was bei den anorganischen Krystallen die Atome, d. h. diejenigen winzigsten Theile sind, welche, nur in kugelförmiger Gestalt denkbar, die Krystallformen durch ihre ganz bestimmten und verschiedenen Gruppirungen unter sich hervorrufen, das sind im Gebiete des organischen Reiches die Zellen. Diese Nebenbetrachtung sollte uns nur dazu dienen, unsern Schluß von dem Zusammenhange von Stoff und Form aus dem Reiche des Starren in das Gebiet der Pflanze vermittelnd überzuführen. In der That, ist die Pflanze nur eine verklärtere Krystallisation, ist sie ein organischer Krystall, so ist der Schluß von selbst gegeben, daß auch die Pflanzengestalt das Product von Stoff und Kraft sei. Wir begnügen uns jedoch nicht hiermit und suchen die Beweise in Thatsachen.

Schon die auf chemischem Wege aus den Pflanzen gewinnbaren Stoffe bestätigen unsere Anschauung. So besitzt jede Pflanzenfamilie gewisse Stoffe, welche sich mehr oder weniger in den einzelnen Arten wiederfinden. In den Samen der Hülsengewächse herrscht der Erbsenstoff (Legumin), in verschiedenen Theilen der Kartoffelgewächse der Kartoffelstoff (Solanin), in den Pfefferpflanzen der Pfefferstoff (Piperin), in den Krappgewächsen (Rubiaceen) der rothfärbende Krappstoff (Alizarin, Rubiacin und Xanthin), in andern Arten Gerbstoff u. s. w. Dies würde nicht möglich sein, wenn nicht ein genauer Zusammenhang zwischen den Typen der Pflanzenwelt und den

Stoffen bestände. Gleiche Zusammensetzung erzeugt gleiche Gestalten, ähnliche Zusammensetzung ähnliche Formen, wie uns bereits der Krystall bewies. Gleiche Zusammensetzung und gleiche Form erzeugen aber gleiche Thätigkeiten, ebenso ähnliche Zusammensetzung und ähnliche Form ähnliche Thätigkeiten. Folglich kann es nicht wunderbar sein, wenn jede natürliche Pflanzenfamilie dieselben oder ähnliche Stoffe in ihren verschiedenen Typen und Arten hervorruft und in den Zellen abscheidet.

Auch die Ernährung der Pflanzen bestätigt unsere Gedanken. Jede Pflanze bedarf ganz bestimmter Stoffe, um sich regelmäßig auszubilden. Betrachten wir das z. B. mit dem Fürsten Salm-Horstmar an einer Haferpflanze. Ohne Kieselerde bleibt dieselbe ein niederliegender, glatter, bleicher Zwerg. Ohne Kalkerde stirbt sie schon beim zweiten Blatte. Ohne Kali oder Natron wird sie nur 5 Zoll lang. Ohne Talkerde bleibt sie schwach und niederliegend. Ohne Phosphor bleibt sie schwach, aber aufrecht und regelmäßig gebildet, doch ohne Frucht. Ohne Eisen bleibt sie sehr bleich, schwach und unregelmäßig, mit Eisen erscheint sie höchst überraschend in dunkelgrüner Färbung, üppiger Kraft, gesetzmäßiger Steifheit und Rauhheit. Ohne Mangan erreicht sie nicht ihre volle Kraft und bringt wenige Blüthen. — Diese einzige Thatsache erschließt uns sofort den ganzen Zusammenhang der einzelnen Stoffe mit den Formen der einzelnen Pflanzentheile und gibt uns zugleich eine Einsicht in die Art der Pflanzenernährung durch die Stoffe. Ueberhaupt bilden die Culturpflanzen die wichtigsten Belege für unsere Ansicht. So ist es unter vielem Andern bekannt, daß der Blumenkohl, dieses herrliche Gemüse wohlbesetzter Tafel, seine bekannte Gestalt und Beschaffenheit nur dem Dünger — man sagt, mit reinem Menschenkoth! — verdankt. Dagegen sind unsere übrigen Kohlarten aus verschiedenartigen Düngern, also aus einer andern Ernährung hervorgegangen; die ursprüngliche Mutterpflanze, der Gartenkohl, ist auf diese Weise zu Winter-, Rosen-, Welsch- und Kopfkohl und Kohlrabi umgewandelt. Die verschiedenen Rübenarten, unser Sommer- und Wintergetreide, die ursprünglich derselben Art angehören, bezeugen dasselbe.

Wie innig Stoff und Form zusammenhängen, beweisen selbst die Pflanzen der freien Natur. Die Gewächse der Wüste sind durchgängig starr und steif, wo die Wüste aus reinem Flugsande besteht; denn die Kieselsäure des Bodens hat sich in das Pflanzenskelett eingedrängt. Dahingegen zeigen alle Pflanzen der Meeresküsten, der Salinen und Salzsteppen fast durchweg dicke, fettige Gewächse. Man sieht hieraus, wie wesentlich der Boden die Physiognomie der Pflanzendecke bedingt und wie man dieselbe nur durch chemisch-physikalische Anschauungen verstehen kann.

Ganz eigenthümliche und besonders überraschende Belege bietet der Uebergang einzelner Pflanzenzellen in die verschiedensten Gestaltungen unter verschiedenen stofflichen Bedingungen. Legt man z. B. mit dem Pflanzen-

Fünftes Capitel.

forscher Karsten den Staubbeutel einer Tigerlilie an einen feuchten Ort, z. B. auf feuchtes Torfmoos oder in die Stengelhöhle einer Georgine, so dehnt sich die Blüthenstaubzelle (Pollenzelle, Fig. 1, *a*) zunächst zu einem Schlauche aus (*b*). Derselbe verästelt sich sofort, indem er sich in dem untersten Theile, welcher zunächst aus der Pollenzelle trat, mit einer durchsichtigen, von Bläschen reichlich erfüllten Flüssigkeit versieht. Hierauf wächst er in ein langes cylindrisches Rohr aus, welches einige Aestchen treibt (*c*). Sie schwellen an ihren Spitzen kugelförmig an (*d*). Endlich zerreißen diese Kugeln, welche mit einer Menge von samenartigen Körnchen erfüllt sind, und entleeren diese Körnchen (*e*). In dieser ganzen Gestalt gleichen sie jenen Schimmelbildungen, welche sich beim Zersetzen von Syrupen auf diesen sowohl, wie auf allen faulenden Früchten und auf eingemachten Speisen bilden, auf das Täuschendste. Es ist eine neue Pflanzengestalt fertig, hervorgegangen aus der Einwirkung der Stoffe des feuchten Torfmooses oder der Georgine auf die Stoffe der Pollenzelle. Könnte man diese Gestalt nicht in ihrer vollständigen Entwickelung aus einem bestimmten Pflanzentheile als dessen einfache Umbildung verfolgen, so würde man geneigt sein, sie für eine eigene Pflanze zu halten, welche in den Kugeln ihre Früchte bildete, und welche dann zu derjenigen Reihe von Pflanzen gehören würde, welche keine Blüthen bilden und uns schon hinreichend als die sogenannten Kryptogamen (Verborgenzeugende) bekannt sind. Jene genannten Schimmelbildungen gehören ebenfalls hierher. Verfolgen wir den Zusammenhang zwischen Gestalt und Ernährung bei der Pollenzelle der Tigerlilie weiter, so erscheinen unter andern chemischen Bedingungen aus der Pollenzelle ganz andere Gestalten, wie sie Fig. 2 darstellt. Daraus wird noch mehr bewiesen, daß diese Schimmelbildungen nur umgebildete Theile der Pollenzelle, nicht aber eigene Pflanzen sind. Das beweisen auch die samenartigen Körnchen in Fig. 1, *e*. Dieselben keimen zwar, bringen aber wieder ganz andere Gestalten hervor, als die Mutterpflanze war (Fig. 3, *f — i*).

So weit wir aber auch das Gebiet der Gestaltung verfolgen mögen, immer werden wir auf den innigsten Zusammenhang zwischen Stoff und Form zurückgeführt, und das Reich der Thiere schließt sich den schon berührten Thatsachen mit gleich wichtigen und gleich schlagenden an. Wir verschmähen es hier, uns auch in dieses Gebiet zu begeben, das ich an einem andern Orte (Natur, 1855, No. 29) ausführlicher behandelte. Uns kam es hier nur darauf an, das Gesetz zu kennen, auf welchem die Gestaltbildung der Pflanze beruht. Was wir fanden, hat nicht dieses allein glänzend bestätigt, es hat uns auch eine Einsicht in die Art und Weise der Ernährung, folglich des nothwendigen Zusammenhanges der Pflanze mit dem Boden gegeben. Es kann endlich auch dazu dienen, uns einen Anhalt über die erste Pflanzenschöpfung zu verleihen. Natürlich werden wir niemals den geheimnißvollen Schleier lösen, welcher das Entstehen der ersten Pflanzen

Die Formenverhältnisse der Pflanzen.

63

verhüllt, wir müssen aber dennoch als wissenschaftliche Jünger darnach streben, ihn zu lüften. So weit dies gegenwärtig erlaubt ist, müssen wir uns nach dem Vorigen sagen, daß die ersten Pflanzen nicht aus schon vorgebildeten Samen, sondern nur aus organischer Materie hervorgingen. Man hat diese Zeugung zum Unterschiede von der durch Fortpflanzung hervorgebrachten die freiwillige (generatio aequivoca) genannt und behauptet, daß dieselbe, wenn nicht für höhere, doch für einfachere Gewächse noch heute bestehe. Dieser Streit ist noch nicht geschlichtet, obschon die meisten Thatsachen gegen die

Eine schimmelartige Umbildung der Blüthenstaubzelle der Tigerlilie unter verschiedener chemischer Ernährung.

Anhänger dieser Meinung sprechen. Wie die ersten Pflanzen aus jener organischen Materie hervorgingen, lassen wir dahingestellt sein. Was der sinnlichen Wahrnehmung und folglich auch dem combinirenden Denken unerfaßbar, ist nicht mehr Gegenstand der Naturforschung. Aber so viel muß uns klar sein, daß die einzelnen Pflanzentypen aus dieser organischen Materie ähnlich gleichsam krystallisirten, wie wir das im Reiche des Starren in so erstaunlicher Klarheit und Mannigfaltigkeit fanden, daß die chemischen Verhältnisse des Bodens und der Luft, sowie die physikalischen Bedingungen von Wärme, Licht und Luftdruck bei der Pflanzenschöpfung die Hauptursachen waren.

Aus dieser ganzen Anschauung folgt aber noch eine andere wichtige Folgerung für uns, die wir nur an dieser Stelle verstehen können. Wir erinnern uns unserer Untersuchungen am Eingange unserer gemeinschaftlichen Betrachtungen und Studien über Pflanzenart, Gattung und Familie. Dort nannten wir die Art die Einheit gleicher Glieder Eines Stammes, die Gattung die Einheit ähnlicher Glieder Eines Stammes, die Familie die Einheit ungleicher Glieder verschiedener Stämme. Wir versuchen das jetzt auf chemische Weise auszudrücken, wozu wir nun erst berechtigt sind, da wir die Pflanze als das Product von Stoff und Kraft, folglich als ein chemisch-physikalisches Wesen kennen gelernt haben. Wie uns dort die Pflanzenindividuen die gleichen Glieder Eines Stammes (der Art) waren, so werden sie uns hier zu den einfachsten Verbindungen ihrer Elemente. Dies erfordert eine etwas nähere Betrachtung. Die ganze Grundlage der mit unsern chemischen Hilfsmitteln faßbaren Schöpfung bilden einige 60 Elemente: Sauerstoff, Wasserstoff, Kohlenstoff, Stickstoff, Schwefel, Phosphor, Chlor, Brom, Jod, Eisen, Kupfer, Zink u. s. w. Aus den gegenseitigen Verbindungen dieser wenigen Elemente ist die ganze ungeheure chemische Mannigfaltigkeit des Bodens, des Pflanzen- und Thierkörpers zusammengesetzt. Jedes Element durchläuft eine ganze Reihe von Verbindungen mit den verschiedensten Stoffen und gliedert sich demnach in der Reihe der Elemente als eigene Gruppe wiederum ab und zerfällt, wie der Organismus einer Armee, gleichsam in Regimenter, Bataillone, Compagnien, Corporalschaften u. s. w., je nachdem ihre Verbindungen zusammengesetzter oder einfacher sind. Eine ähnliche Bewandtniß hat es auch mit den Pflanzen. Auch sie besitzen ihre Elemente. Es sind die Pflanzenfamilien, deren Charakter in ihrer Fruchtgestalt liegt und deren Zahl, wie wir bereits wissen, reichlich 200 beträgt. Ich nenne nur die Urpflanzen, Algen, Flechten, Pilze, Lebermoose, Laubmoose, Farren, Bärlappe, Gräser, Palmen, Zapfenbäume, Hülsengewächse u. s. w. Die einfachste Verbindung eines solchen Elementes ist das Pflanzenindividuum, welches aus gleichen Gliedern gruppirt ist. Man könnte diese Verbindung nach Weise der Chemiker ein Radical nennen. Mit dieser Bestimmung sind auch bereits die übrigen Gruppen des Elementes oder des Pflanzenurtypus charakterisirt. Die Gattung ist eine Gruppe von mehren ungleichartigen einfachen Verbindungen, von Radicalen, also im Sinne der Chemie ein zusammengesetztes Radical. Die Familie ist die Einheit von mehren ungleichartigen zusammengesetzten Radicalen. Es könnte scheinen, daß diese Auffassung, da sie im Wesentlichen mit der in ersten Paragraphen gegebenen dem Begriffe nach völlig übereinstimmt, überflüssig sei. Das ist sie jedoch nicht. Denn sie gibt uns Aufschluß über die Frage, warum von einer Gattung nur so wenige, von andern so viele Arten geschaffen sind? Professor Ernst Meyer in Königsberg hat diese Frage ganz ähnlich gelöst, wie wir eben chemisch die Begriffe von Art, Gattung und Familie feststellten. Er sagt mit Recht, daß, wenn man fragt, warum es z. B. nur 1 Pfirsich, 2 Mispel-, 3 Quittenarten auf der Erde und von der Kartoffel, setzen wir hinzu, 900 Arten gebe, man in dieser Frage zwar nicht das Warum beantworten, wohl aber auf das Gebiet der Chemie hinweisen müsse. Auch dort sei es eben so; auch dort gliedern sich die Verbindungen der Elemente nach Zahlen. So gibt es z. B. zwei Verbindungen des Eisens mit Sauerstoff, die sich einmal wie 1 : 1, das andere Mal wie 1 : 1½ verhalten; von dem Mangan gibt es bereits fünf Verbindungen, und in der oben berührten Reihe der Kohlenwasserstoffverbindungen, welche 12 Antheile Kohlenstoff als Grundstoff besitzen, ist das Heer der verschiedenen Verbindungen, welche mit veränderlichen Mengen von Sauerstoff und Wasserstoff eingegangen werden, kaum zu übersehen. Der Unterschied zwischen dem Reiche des Chemismus und der organischen Gestaltung ist nur der, daß dort Stoffe, hier Organe mit einander combinirt werden. Da das aber stets nach chemisch-physikalischen Gesetzen geschehen muß, so läuft Beides auf dasselbe hinaus, und auch hier ist nur wieder unsere Anschauung aufs Neue bestätigt, daß die Pflanzengestaltung im innigsten Zusammenhange mit chemisch-physikalischen Bedingungen stehe.

Man kann das nicht fest genug halten, wenn man die Pflanze überhaupt, in ihrem Wesen, als Naturproduct, in ihrer Ernährung, ihrer Verbreitung über die Erde, d. h. in ihrer Abhängigkeit von Boden und Klima verstehen will. Mit dieser Anschauung aber lösen sich die verwickeltsten Erscheinungen des Pflanzenlebens wie von selbst. Man begreift, daß die geringste Kleinigkeit tief in die Ernährung der Pflanzen eingreifen kann, daß z. B. schon die äußere Beschaffenheit des Bodens, seine Dichtigkeit, Schwere, Farbe u. s. w. von größtem Einflusse sein müssen, weil von der Farbe die lichtbrechende Kraft des Bodens, folglich seine Wärme, von seiner Dichtigkeit der erschwerte oder erleichterte Austausch der Pflanzenwurzeln mit der Luft abhängt. Man erklärt sich leicht, wie unter verschiedenen Himmelsstrichen bei derselben Bodenbeschaffenheit oder auch bei verschiedener Düngung ein und dieselbe Pflanze doch ganz verschiedene Producte liefert, und gedenkt dabei der Rebe, des Tabaks u. s. w. Denn, sagen wir, wenn schon der anorganische Krystall in seiner Entwickelung von tausend Kleinigkeiten abhängig ist, um wie viel mehr muß es die reizbare Pflanze sein. Verfolgen wir z. B. die rothe Burgunderrebe von ihrer südlichen Heimat bis an die nördlichen Saalufer, so nimmt sie unter verschiedenen klimatischen Bedingungen, aber sonst gleichen Bodenverhältnissen immer mehr an Zuckergehalt, folglich an Geist und an Aroma ihres Weines ab. Eine Gegend baut schmackhafte, andere fade oder bitter schmeckende Gemüse. Derselbe Tabak, der auf Cuba die besten Cabannas-Cigarren liefert, sinkt in Deutschland auf die Stufe eines gewöhnlichen Kanasters herab. Alle diese Verschiedenheiten erklären sich einfach aus dem innigen Zusammenhange des Pflanzenlebens mit chemischen und physikalischen Bedingungen. Wir werden sogleich sehen, welche Bedeutung das Klima im Pflanzenleben besitzt.

VI. Capitel.
Die klimatischen Verhältnisse der Pflanzen.

In der That, die Pflanze wurzelt nicht allein im Boden, sondern auch im Himmel. Alle Verschiedenheit des Bodens würde eine vergebliche sein, wenn nicht gleichzeitig eine Verschiedenheit der klimatischen Verhältnisse dazuträte. Beiden vereint verdankt die Erde die staunenswerthe Mannigfaltigkeit ihrer Pflanzendecke und somit auch ihrer Thierwelt. Ohne die Verschiedenheit klimatischer Bedingungen würden beide Reiche der Natur, wenn sie dann überhaupt möglich wären, die geisttödtendste Einförmigkeit an sich tragen. Dies leitet uns von selbst auf die Ursachen der klimatischen Wechselverhältnisse, ohne deren Kenntniß uns die Erde mit ihrem reichen Leben völlig unverständlich bleiben müßte. Welche Ursachen können es sein?

Man weiß, daß der ganze reiche Wechsel der Zonenverhältnisse und Jahreszeiten unserer Erde von der schiefen Lage der Erdachse gegen die Sonne herrührt. Um dies ganz zu begreifen, betrachten wir zuerst die Folgen, welche eine gerade Lage der Erdachse mit sich geführt haben würde. Wenn die Erde sich so um die Sonne bewegte, daß der Erdgleicher fortwährend mit der Erdbahn zusammenfiele, so würde die Sonne jeden Punkt der Erde fortdauernd gleichartig bescheinen, ihm folglich Jahr aus Jahr ein dasselbe Licht, dieselbe Wärme zusenden. Ein ewiger Frühling würde die Folge dieser Stellung beider Weltkörper zu einander sein. Aber welcher Frühling! Tage und Nächte würden überall gleich lang sein, die Länder an den Polen einen ewigen Tag haben; denn da die Sonne stets eine Erdhälfte erleuchtet, müßte ihr Erleuchtungskreis genau bis zu beiden Polen reichen. Die Sonne würde fortwährend senkrecht über dem Erdgleicher stehen und den Ländern zwischen den beiden Wendekreisen eine solche Fülle von Wärme zusenden, daß Vögel bald ihre Flügel daran versengen, weder

Die klimatischen Verhältnisse der Pflanzen.

eine Pflanze, noch ein Thier daselbst mehr leben würde. Und am Pol? Er würde zwar immer erleuchtet sein; aber es fragte sich, ob die ihm fortwährend so schief zugesendeten Sonnenstrahlen auch nur ein einziges Moos zu erzeugen vermöchten? Ein großer Theil der Gegenden, welche wir jetzt die gemäßigte Zone nennen, würde, wie Humboldt bemerkt, in das fast immer gleiche, aber nichts weniger als erfreuliche Frühlingsklima versetzt sein, welches bei einer beständigen Temperatur von $4\frac{1}{2}°$ — $9°$ Réaumur die Bergebenen der Andeskette unter dem Gleicher auf einer Höhe von $10,000$ — $12,000$ Fuß besitzen. Die mittlere Jahreswärme würde, wie Märter bemerkt, an allen Punkten der Erdoberfläche auch die eines jeden einzelnen Tages sein. Mit Einem Worte, dieser ewige Frühling wäre so entsetzlich ewig dauernd, daß auf der ganzen Erde ein vollständiger Stillstand alles Lebens und Seins eintreten müßte. Wo kein Wechsel der Temperatur, da ist keine Ausgleichung, keine Bewegung, kein Leben denkbar. Wie die unbewegte Luft todte Kraft ist und nur durch Luftschichten von anderer Temperatur sich auszugleichen strebt, also bewegt wird und die Winde zeugt, ebenso ist alles Leben nur durch Verschiedenheit, durch Gegensätze denkbar.

Sollte die Erde wirklich bewohnbar werden, so mußte ihre Achse von ihrer Sonnenbahn abgewendet und fortdauernd, stets parallel mit sich selbst, in schiefer Richtung ihre Bahn (Elliptik) um die Sonne vollenden. Man hat diese schiefe Lage der Erdachse gegen die Sonne die Schiefe der Elliptik genannt. Der hierdurch gebildete Winkel zwischen Erdachse und Erdbahn beträgt $66\frac{1}{2}°$, der zwischen Erdbahn und Erdgleicher $23\frac{1}{2}°$. Doch hat es sich gezeigt, daß dieser Winkel je nach der Stellung aller Planeten zu einander und durch ihre Einwirkung auf die Erdbahn ein veränderlicher ist. Indeß hat dieses Schwanken keinen andern Einfluß auf das Klima der Jahreszeiten, als daß durch die Verminderung des Winkels die Sommertage um einige Minuten kürzer, die Wärmegrade der Sonne um ein Unbedeutendes vermindert werden. Es liegt nun auf der Hand, daß durch die schiefe Stellung der Erdachse zur Elliptik, d. h. der Erdbahn, die Sonne nicht stets eine Erdhälfte von einem Pol zum andern beleuchten, sondern eine ungleiche Beleuchtung herbeiführen wird. Bald muß sie, da die Erde in ihrem kreisförmigen Laufe um die Sonne ihre Stellung zu derselben, d. h. ihre Länderflächen fortwährend verändert, den Nordpol ganz beleuchten, während der Südpol in Nacht befangen bleibt, und umgekehrt. Durch diese ungleiche Beleuchtung und Erwärmung sind jetzt mit Einem Male die Bedingungen gegeben, welche das Leben der Erde schlechterdings erfordert, ein Wechsel von Beleuchtung und Erwärmung. Das sind die Jahreszeiten, die ungeheure Wirkung einer winzigen Ursache, die reiche Quelle alles organischen Lebens, der Schwer- und Mittelpunkt auch des Völkerlebens. In keiner andern Erscheinung prägt sich die Größe der Natur so sehr aus, wie in dieser. Auf einem Winkel der Erdachse beruht die ganze reiche Verschiedenheit der Pflanzendecke und des an sie gebundenen Thierreichs, die reiche Poesie von Frühling, Sommer, Herbst und Winter, alles Nahen der Blüthenpracht und alles Verschwinden, der Willkommen der Vögel und ihr Abschied, ja die ganze reiche Gliederung unserer staatlichen Einrichtungen, der wohlthätige reiche Wechsel unserer Gefühle, alles Völkerleben.

Wir sahen bereits, welch unheilvolles Gefolge ein ewiger Frühling auf allen Punkten der Erde mit sich geführt haben würde. Nicht minder unheilvoll würde es aber auch sein, wenn überall Frühling, Sommer, Herbst und Winter dieselben wären. Die eben gedachte Wohlthat reicher Verschiedenheit würde bald auf eine sehr geringe Stufe herabgedrückt sein. Glücklicherweise ist auch dem nicht so. Selbstverständlich müssen die Jahreszeiten der beiden nördlichen und südlichen Erdhälften einander entgegengesetzt sein, da die Sonne stets nur eine Halbkugel erleuchtet und beide ihr bei der schiefen Richtung der Erdachse nicht zu gleicher Zeit zugekehrt sein können. In der That, um die Zeit unseres längsten Tages (Sommersonnenwende, Sommersolstitium, am 21. Juni) hat die südliche Erdhälfte Winter, um die Zeit unserer längsten Nacht (Wintersonnenwende, Wintersolstitium, am 21. December) dagegen Sommer. Nur zweimal jährlich erreicht die Erde einen Standpunkt zwischen diesen beiden äußersten Enden der Erde, wo die Sonne senkrecht auf den Aequator scheint. Das ist die Zeit der Aequinoctien oder der Tag- und Nachtgleichen, am 21. März und 23. September. Nur in diesem einen Falle sind alle Tage der Erde gleich lang, überall ist Frühling (am 21. März) oder Herbst (am 23. September). Diese vier Hauptrichtungen in der Stellung des Erdgleichers zur Sonne bilden die vier Jahreszeiten.

Woher jedoch der längste und der kürzeste Tag? Weil die Bahn der Erde um die Sonne, wie das erste Kepler'sche Gesetz lehrt, kein Kreis, sondern eine Ellipse mit einem größeren und einem kleineren Bogen ist und die Erde in einem ihrer beiden Brennpunkte steht. Passirt die Erde den Punkt des größten Bogens, dann steht sie am entferntesten und längsten für uns am Himmel, ihre Strahlen nähern sich der senkrechten Richtung am meisten und erwärmen folglich die Erde am kräftigsten. Es ist Sommer. So am 21. Juni. Erreicht jedoch die Erde den Punkt des kürzesten Bogens, dann ist die Sonne ihrem Brennpunkte zwar näher, sie ist ihm um 694,000 Meilen näher als im Sommer gebracht, allein ihre Strahlen bescheinen uns in schiefer Richtung und sie selbst geht rascher für uns unter, weil sie einen kürzeren Bogen zu durchlaufen hat. Sie erwärmt die Erde folglich weniger, obgleich sie uns zu dieser Zeit größer zu sein scheint. Es ist Winter. So am 21. December. Frühling und Herbst sind die mittleren Punkte zwischen diesen beiden Gegensätzen und besitzen darum auch nur eine diesem Verhältniß entsprechende mittlere Temperatur. Am 21. März beginnt der Frühling, am 23. September der Herbst.

So die astronomischen Jahreszeiten. Die wirklichen verzögern und verändern sich indeß durch verschiedene Ursachen: der Frühling durch die Kälte

Die klimatischen Verhältnisse der Pflanzen.

des Winters, der Winter durch die Wärme des Sommers. Darum fällt die größte Wärme nicht auf den längsten Tag, sondern in den Juli, die größte Kälte nicht auf den kürzesten Tag, sondern in den Januar. Selbstverständlich üben die uns fortwährend zugesendeten warmen oder kalten Luftschichten einen nicht minder bedeutenden Einfluß auf die Jahreszeiten und ihre Regelmäßigkeit aus. Ebenso wirkt die Lage eines Ortes außerordentlich auf sein Klima ein. Da sich auf dem Festlande größere Schneemassen anhäufen und die Luft abkühlen, so verzögert sich im Festlandsklima der Frühling, wie daselbst überhaupt der Winter schroffer sein muß. Umgekehrt auf Inseln. Hier verhindert das Meer entweder die Anhäufung von Schneemassen oder mildert durch seine Verdunstung, bei welcher Wärme entbunden wird, die Härte des Winters. Das Festland, der Continent, wird mithin im Allgemeinen einen härteren Winter haben. Dagegen besitzt er wieder eine größere Sommerwärme aus gleichen Gründen; denn seine Oberfläche wird sich leichter erwärmen, als das tiefe Meer. Umgekehrt wird deshalb auch das Inselklima einen kühleren Sommer haben. In jedem Falle aber ist es ein durchschnittlich milderes, weil es keine schroffen Gegensätze hat. Darum nähert sich eine tropische Pflanzenwelt weit mehr der Schneegrenze nach dem wasserumgürteten Südpol hin, während nach dem Nordpol zu nur nordische Gewächstypen angetroffen werden. Im Allgemeinen tragen die Verdunstungen des Meeres und deren Einwirkungen auf die Luftströmungen, sowie die Strömungen des Meeres selbst nicht wenig zur Veränderung der Klimate und Jahreszeiten bei. Ich führe nur ein charakteristisches Beispiel, den Golfstrom, an, welcher aus dem Meerbusen von Mexiko an den nördlichen Gestaden Nordamerikas vorbei in reißender Geschwindigkeit, 4 Meilen in der Stunde durchlaufend, den atlantischen Ocean durcheilt, die Küste Irlands und Schottlands berührt, von da ab nach den Scheerenufern Norwegens fließt, das Nordkap erreicht, den Hafen von Tromsöe auch im Winter offen erhält und ins Eismeer geht. Diese wunderbare Meeresströmung verbindet sich mit dem großen Aequatorialstrome, welcher von dem Caraibischen Meere quer durch den atlantischen Ocean nach den Küsten Nordafrikas hinüber fließt, um sich an den Küsten Nordspaniens und Irlands mit dem Golfstrom zu vereinigen und demselben eine noch größere Wärme zuzuführen, als jener bereits besitzt. Diese beiden Strömungen umfließen nun das ganze Inselreich Großbritanniens und mildern dessen Klima derart, daß hier an einigen Punkten Camelien, Lorbeer, Myrten und andere südlichere Pflanzen im Freien ausdauern. Wäre dagegen dieser Golfstrom nicht an den englischen Küsten vorhanden, so würde das ganze Inselreich bei seiner nördlichen Lage ein rein nordisches sein, welches wahrscheinlich dem von Island nicht allzufern stehen könnte. Gegenwärtig aber verdankt ihm besonders Irland jenes feuchtneblige Klima, welches ihm seine herrlichen Wiesen und durch diese den Namen der „grünen Insel" verschafft hat. Aehnlich selbst an den Scheerenufern Norwegens. Unter

$63\frac{1}{2}°$ n. Br. zieht man an der Westseite noch Aepfel und Pflaumen bei Inderöe in der Nähe von Drontheim, Kirschen bei Ertvagöe unter $65°$ n. Br., Birnen noch bei $62°$ n. Br. Ebenso gelangen, wie Maury bemerkt, durch die Ostwinde die warmen Dünste dieser Strömung an die atlantischen Gestade der Vereinigten Staaten und bringen dort selbst im Winter bis zu den Bänken Neufundlands eine fast sommerliche Temperatur hervor, die natürlich höchst bemerkenswerth auf die Vegetation wirken muß.

Endlich wirkt die Bodenerhebung gleich mächtig auf Klima, Jahreszeiten und Pflanzenwelt ein. Zwei Ursachen liegen hier zu Grunde, der verminderte Luftdruck und die Bildung des ewigen Eises. Der verminderte Luftdruck bewirkt eine größere und raschere Verdunstung des Wassers aus den Pflanzentheilen und macht sie dadurch für Licht und Wärme in directer Besonnung empfänglicher. Hierdurch ist es den kleinen Alpenkräutern gegeben, ihre Entwickelung in einem so kurzen Sommer zu durchlaufen und eine ungeahnte Blumenpracht zu entfalten. Die Bildung des ewigen Eises ruft ein nordisches Klima hervor, setzt, wie an den Polen, der Pflanzendecke ihre Grenze, verzögert die Blüthezeit und Fruchtreife der Gewächse und läßt dem Winter den Sommer unvermittelt folgen, wodurch den Alpen Frühling und Herbst abgehen. Wir werden an einer andern Stelle, bei Betrachtung der Pflanzenregion, die ganze hierdurch hervorgebrachte Mannigfaltigkeit des Gewächslebens kennen lernen.

Die verschiedene Beleuchtung und Erwärmung der Erde durch die Sonne erzeugt nicht allein die Jahreszeiten, sondern auch die klimatischen Zonen, im Allgemeinen eine polare, eine kalte, eine gemäßigte und eine heiße. Die heiße Zone zwischen den beiden Wendekreisen besitzt eigentlich nur zwei Jahreszeiten, wie der hohe Süden, der hohe Norden und die Alpen der gemäßigten Zone; sie hat einen heißen Sommer und statt des Schneefalls die Regenzeit. Beide treten ebenso plötzlich ein wie Tag und Nacht, welche keine Dämmerung zulassen und unter dem Aequator gleich lang, aber nach den Wendekreisen, dem äußersten Saume hin, wo die Sonnenstrahlen noch ziemlich senkrecht fallen, fast gleich lang sind. Die Alpen dieser Zone kennen dagegen fast nur eine Jahreszeit, einen ewigen Frühling, in welchem täglich eine mildere Glut der Sonne mit Schneestürmen wechselt. In einigen Theilen dieser Zone treten zwei Regenzeiten auf, die man als große und kleine unterscheidet, in einigen herrscht nur eine, die trockene Jahreszeit. So dort z. B. in Bogotá, hier an der Küste von Peru. Dies hängt von den Winden ab, je nachdem sie durch ihr fortwährendes Dasein die Wolken beständig vertreiben oder durch ihren Wechsel verdichten. Dadurch wird noch eine andere Einwirkung auf das Pflanzenleben hervorgebracht: ein bewölkter Himmel wird ganz anders als ein ewig heiterer wirken. Fühlen wir es doch schon an unserem eigenen verschiedenen Wohlbehagen, sehen wir es doch schon an unsern Ernten! In der That übt der bewölkte Himmel einen ähnlichen Einfluß aus, wie der Schatten, und sofort zeigt sich die Wirkung im Pflanzenreiche. So zeigen selbst noch in unsern Treibhäusern die Gewächse Westindiens eine auffallende Reizbarkeit gegen directe Sonnenstrahlen. Dies erklärt sich leicht durch das Klima Westindiens, wo täglich leichte Federwolken vor der Sonne vorüberziehen und den Gewächsen des antillischen Inselmeeres einen Schutz gegen die Sonnenglut bringen. Darum sieht sich der Gärtner genöthigt, seinen Treibhauspflanzen durch Bedeckung einen ähnlichen Schutz gegen die Mittagssonne zu verleihen. Der Grund für diese Erscheinung liegt darin, daß die Ernährung der Gewächse, also die Zersetzung der Kohlensäure und ihre Verwandlung in Kohlenstoff, nur bei bestimmten Temperaturen vor sich geht und folglich ebenso bei erhöhter Wärme (die ja durch directe Besonnung nicht ausbleiben kann) wie bei verminderten Temperaturen regelwidrig werden muß. Dies ist zugleich die Hauptursache für alle Pflanzenverbreitung. Je nachdem die Wärmegrade sind, deren eine Pflanze zu ihrer Ernährung bedarf, darnach sind auch ihre geographischen Punkte beschaffen. Natürlich gilt dies ebenso von den verschiedenen Pflanzen des Winters, Frühlings, Sommers und Herbstes, sie erscheinen nach einander, weil sie durch verschiedene Temperaturen aus ihrem Schlafe geweckt werden.

Aber nicht die Wärme allein spielt im Klima diese bedeutsame Rolle, auch das Licht gesellt sich ihr zu, denn die neuere Wissenschaft unterscheidet im Sonnenlichte dreierlei Strahlen: wärmende, leuchtende und chemisch zersetzende (aktinische). Diese drei wesentlichen Eigenschaften des Sonnenlichtes machen uns erst die Wirkung der Sonne auf die Pflanzenwelt deutlich. Sie bedarf der wärmenden Strahlen bei allen ihren Lebensvorgängen, da Wärme und Wasser die verflüchtigenden Naturmächte sind, durch deren Thätigkeit die chemische Verwandtschaft, der Stoffwechsel erst erregt wird, und wir haben eben gesehen, daß dies bei ganz bestimmten Temperaturen vor sich geht. Die Pflanze bedarf der aktinischen Strahlen, weil dieselben das Keimen begünstigen. Sie bedarf der leuchtenden; denn diese zerlegen die Kohlensäure in den Pflanzen in Sauerstoff und Kohlenstoff und begünstigen somit das Wachsthum, indem die Pflanze sich des Kohlenstoffes zur Vermehrung ihrer Zellenschichten, des Sauerstoffes zur Oxydirung, also zur leichteren Zerlegbarkeit und Verspeisung ihrer übrigen Stoffe bemächtigt. Sie bedarf der aktinischen und leuchtenden Strahlen in Gemeinschaft; denn beide vereinigt rufen die Farbenpracht der Pflanzenwelt hervor, hindern aber das Blühen und Fruchten. Dieses begünstigen dagegen wieder diejenigen wärmenden Strahlen, welche den rothen leuchtenden im Farbenbilde zur Seite liegen. Diese verschiedenen Wirkungen des Sonnenlichtes, deren genauere Erforschung wir dem Engländer Hunt verdanken, stehen in genauem Zusammenhange mit dem Jahres- und Pflanzenwechsel. Können wir den Frühling die Jahreszeit des Keimens nennen, so werden die aktinischen Strahlen ganz besonders an ihrer Stelle sein, da sie das Keimen befördern. Sie müßten dann bei weiterem Vorrücken der Jahreszeit ihre Stelle jenen den rothen leuchtenden Strahlen im Farbenbilde zunächst liegenden wärmenden Strahlen überlassen, welche das Blühen und Fruchten begünstigen. In der That fand das Hunt bestätigt. Im Frühjahre herrschen die aktinischen Strahlen vor; später vermehren sich die leuchtenden und wärmenden, welche im Sommer den aktinischen das Gleichgewicht halten. Gegen den Herbst hin vermindern sich die leuchtenden und aktinischen Strahlen; dagegen sind die wärmenden vermehrt. Suchen wir nach der Ursache dieser Lichtverschiedenheit, so kann sie nur in den verschiedenen Abständen der Sonne von der Erde liegen; denn richtet sich die verschiedene Wirkung des Sonnenlichtes nach den Jahreszeiten, und sind diese selbst nichts als die Producte verschiedener Abstände der Sonne von der Erde, so müssen auch die verschiedenen Eigenschaften der Sonnenstrahlen in verschiedenen Jahreszeiten daher rühren. So ruft ein veränderlicher Bogen der Erde auf ihrem Laufe um die Sonne die erstaunlichsten Wunder hervor. Wo große, fremdartige, noch ungeahnte Kräfte zu wirken scheinen, ist die Ursache so winzig, so einfach!

Licht, Wärme, Feuchtigkeit und Luftdruck sind mithin die Hauptregenten im Klima und folglich in der Pflanzenwelt. Wärme und Feuchtigkeit lösen die Stoffe und leiten den Umbildungsprozeß ein, das Licht vollendet ihn. Der Luftdruck erhöht oder vermindert die Verdunstung in den Pflanzen, dort, wenn er, wie auf den Alpen, geringer, hier, wenn er, wie in den Ebenen, größer ist. Er wirkt im letzten Falle wie eine feuchte, im ersten wie eine trockene Luft. Darum ähneln sich auch die Gewächse der Alpen und der trockenen Länder darin, daß sie in beiden Gebieten eine trocknere, lederartige Beschaffenheit in Stengel und Laub annehmen, daß ihnen das Saftige im Allgemeinen fehlt. Dagegen tritt bei ihnen wieder das Gewürzige oder das Süße hervor. Bekannt ist das Aromatische der Alpenkräuter und der Myrtenpflanzen, welche in dem trockensten Theile Neuhollands die besonderen Wahrzeichen der Pflanzendecke sind. Bekannt ist auch das Ausschwitzen vielerlei süßer Stoffe in der trocknen heißen Zone. Die Manna Südeuropas zeigt sich nur in trocknen heißen Sommern, die Manna Aegyptens, Nubiens, Arabiens und Neuhollands bestätigt dasselbe in weiten Länderstrecken. Selbst hier zu Lande tritt diese Zuckerbildung auf, und zwar als Mannit auf Lindenblättern zur Zeit der Hundstage, auf dem spanischen Flieder (Syringa) u. s. w. Besonders leicht werden die Kornähren von dieser Zuckerbildung ergriffen. Man kennt sie unter dem Namen des Honigthaus, weil dieser Zucker hier in Gestalt von Thautropfen erscheint. Es folgt für uns der wichtige Schluß daraus, daß gleiche oder ähnliche klimatische Bedingungen überall auf der Erde gleiche oder ähnliche Wirkungen hervorrufen, daß die Naturgesetze überall gelten und daß nur eine geringe Kleinigkeit der Bedingungen dazu gehört, sofort andere Wirkungen einzuleiten. Gesellt sich zum verminderten Luftdrucke eine große Trockenheit der Atmosphäre, so werden die ungemein aromatischen Gewächse, welche überdies kleine Blätter und kleine Blumen tragen, klebrig, stark ver-

Buch der Pflanzenwelt I. I. Buch. VI. Cap.

äſtelt und ſehr haarig. So zeigt es ſich wenigſtens nach R. A. Philippi's Beobachtungen in der Wüſte Atacama in Chile, welche auf einer Hochebene von einigen Tauſend Fuß gelegen iſt. Das erinnert uns vollſtändig an die Geſetze der Kryſtallbildung (Cap. V.), die von den unbedeutendſten Verhältniſſen regiert wurde.

Ehe wir jedoch vom Klima ſcheiden, ſei es uns erlaubt, noch einen andern Punkt, das Schattenwerfen der Pflanzen, zu berühren. Es kann in der That erſt nach ſolchen phyſikaliſchen Vorbetrachtungen verſtanden werden. Bekanntlich unterſcheidet man längſt die Bewohner der Erde in verſchiedenſchattige. In der heißen Zone wirft der Menſch zur Zeit der Tag- und Nachtgleichen, wo die Sonne zweimal im Jahre Mittags ſenkrecht über jedem Orte weggeht, keinen Schatten, ſie heißen dann Ascii, Schattenloſe. Da ihnen indeß die Sonne an den übrigen Tagen des Jahres Mittags im Norden oder Süden ſteht, müſſen ſie natürlich den Schatten nach der entgegengeſetzten Seite, im erſten Falle nach Süden, im zweiten nach Norden werfen. Daher nennt man ſie zugleich auch Amphiscii, Zweiſchattige. In der kalten Zone dagegen wechſelt die Sonne auf ganz andere Weiſe. Sie geht am 21. März für den Nordpol auf, für den Südpol unter und ſteht dann im Gleicher, um von da an bis zu den Polarkreiſen die Erde mehre Monate lang zu beſcheinen. Am Pol gibt es darum jährlich nur einen Tag und eine gleichlange Nacht. Nach den Polarkreiſen hin kürzt ſich dieſer Tag immer mehr, ſodaß er unter 67° 18' nur einen Monat währt und am nördlichen Polarkreiſe ſelbſt die Sonne jährlich einmal (am 21. Juni) nicht unter- und einmal (21. December) nicht aufgeht. Dieſelben Verhältniſſe kehren in umgekehrter Weiſe am Südpol wieder. Hier beginnt die lange Nacht am 21. März, der lange Tag, wo die Sonne als Mitternachtsſonne fortwährend ganz oder ziemlich am Horizonte kreiſt, am 21. December, doch ſtets durch eine lange Dämmerung gemildert. Natürlich umkreiſt die Sonne in dieſer Zone den Horizont ununterbrochen; deshalb muß der Menſch binnen 24 Stunden ſeinen Schatten allmälig nach allen Seiten hin werfen. Man nennt ſie darum Periscii, Ringsumſchattige. Das ſchöne Mittel zwiſchen beiden entgegengeſetzten Zonen bildet die gemäßigte Zone der beiden Erdhälften. In der nördlichen ſteht die Sonne zu Mittag immer im Süden, in der ſüdlichen ſtets im Norden. Darum müſſen die Menſchen hier wie die Tropenbewohner außer der Zeit der Tag- und Nachtgleichen ihren Schatten entweder im erſten Falle nach Norden, im zweiten nach Süden werfen. Sie ſind mithin Einſchattige, Heteroscii. Was von den Menſchen gilt, bezieht ſich natürlich auch auf die Gewächſe.

Ueberblicken wir die Klimate im Großen und erinnern wir uns, daß Zonen und Jahreszeiten aus derſelben Urſache, der ſchiefen Neigung der Erdachſe zur Sonne, hervorgingen, ſo machen wir in der gemäßigten Zone mit dem Vorrücken der Jahreszeiten gleichſam eine Reiſe durch alle Zonen, eine Reiſe um die Welt. Der Winter führt uns in die kalte Zone, der

Sommer in die heiße, und die Aufeinanderfolge der Gewächse entspricht genau diesen Verhältnissen. Je näher dem Winter, um so nordischer sind die Gewächsformen, welche der Erde entkeimen; je näher dem Sommer, um so südlicher werden sie. Da jedoch diese Verwandtschaft nur eine entsprechende, so können die Gewächse natürlich nie dieselben, sondern höchstens entsprechende sein; die herrlichen Wasserlilien der gemäßigten Zone z. B. sind die Vertreter der überaus prächtigen Wasserlilien (Nymphäaceen) der heißen Zone und erscheinen darum auch nur in einer Jahreszeit, welche der heißen Zone entspricht, im heißen Sommer. Ebenso kehrt ein ähnliches Verhältniß wieder, wenn man von der Ebene zum Gebirge hinaufsteigt. Je höher, um so nordischer müssen die Gewächsformen werden, da wir uns einem nordischen Klima nähern; umgekehrt müssen die Ebenen südlichere Formen zeugen. Es besteht mithin ein inniger Zusammenhang zwischen den Jahreszeiten, den Zonen oder den Verbreitungspunkten der Pflanzen in wagerechter Richtung und den Regionen oder den Verbreitungspunkten der Gewächse in senkrechter Richtung. Wir werden ihn an einem andern Orte kennen lernen.

VII. Capitel.
Die Pflanzencolonisation.

Wer, wie wir, von den verwandtschaftlichen und gesellschaftlichen Verhältnissen der Pflanzen ausging, um die innere Gliederung des Pflanzenstaates und die geheimen Ursachen seines Bestehens kennen zu lernen, der wird sich jetzt, nachdem wir das Alles nach unsern Kräften durchforschten, die Frage vorlegen, wie denn überhaupt dieser Pflanzenstaat entstand. Diese Frage faßt die Geschichte der Colonisation der Erde durch die Pflanzen in sich. Sie will wissen, ob die Pflanzendecke mit Einem Male oder nach und nach geschaffen wurde und, wenn Letzteres richtig, welche Gewächse vorausgingen, welche nachfolgten; sie will zugleich erfahren, ob dieselben einzeln oder in Massen, an Einem oder an vielen Punkten zugleich entstanden und, wenn dies nicht der Fall, welche Mächte dazu beitrugen, die geschaffenen Gewächse zu verbreiten. Wir sehen, wie bedeutsam die Frage ist, welche wichtigen Aufschlüsse sie verlangt und welche festen Anhaltpunkte wir zu gewinnen suchen müssen, um sie befriedigend zu lösen.

Wir gehen deshalb auf die ersten Anfänge der Erdbildung zurück. Alle Nachforschungen stimmen darin überein, daß die Erdoberfläche, anfangs vom Meere gänzlich bedeckt gehalten, nur allmälig durch vulkanische Thätigkeit in ihrem Innern über den Meeresspiegel in Gestalt von Inseln emporgehoben wurde. Das nackte Urgestein war hiermit über das Wasser getreten oder doch dem Lichte näher gerückt, wenn die Felsen auch noch unter dem Wasser blieben. In beiden Fällen begannen sich Pflanzen zu bilden, an den unterseeischen Gestaden Algen (Tange), an den überseeischen andere Formen. Wie sie aber auch sein mochten, unter allen Umständen fanden sie einen völlig wüsten Boden zu bewohnen, keine Dammerde (Humus) hatte ihnen den Boden verbereitet. Darum mußten die ersten Pflanzen solche sein, welche sich zu Land und Wasser ihren Humus selbst bereiteten. Zu den ersteren gehören Laub- und Lebermoose und Flechten, zu den letzteren Sumpfmoose und Algen. Sie bedürfen zum großen Theile des Humus nicht, bereiteten ihn aber für die nachfolgenden Geschlechter vor, wie sie noch heute auf Felsen und Mooren pflegen. Ihnen erst konnten Gewächse folgen, deren zusammengesetztere Organisation durchaus der Dammerde bedurfte, aber im Stande war, sich selbständig aus den mineralischen Bestandtheilen der Erdoberfläche und den gasförmigen des Luftmeeres zu erhalten. Daher konnten z. B. Torfpflanzen erst erscheinen, nachdem bereits von Moosen und Algen oder Haidepflanzen eine Torfunterlage geschaffen war. Schattenpflanzen vermochten nur den Sonnenpflanzen nachzufolgen, um unter deren Schutze aufzuwachsen. Endlich durften diejenigen erscheinen, deren Leben an eine besondere Mutterpflanze gebunden ist und die wir bereits als Schmarotzerpflanzen, z. B. Mistelgewächse, kennen lernten. Steppen- und Wüstenpflanzen mußten nach der Bildung von Steppen und Wüsten, Süßwasserpflanzen nach der Bildung von Süßwasserbehältern hervortreten. Die Alpenpflanzen wurden später gezeugt als die Pflanzen der Thäler; denn man kann nicht annehmen, daß beide Theile vermischt vor der Erhebung der Erdoberfläche zusammen wuchsen, die Alpenpflanzen würden nun und nimmer in der Ebene haben gedeihen können, und eine Wanderung aus fernen kalten Zonen zu den Alpen ist aus hundert Gründen ebenso unstatthaft. Dazu kommt, daß, obwohl viele Alpengewächse auch der kalten Zone angehören, doch unter den eigenthümlichen Bedingungen eines verminderten Luftdruckes Formen entstanden, die bei vermehrtem Luftdrucke nie in der Ebene geschaffen werden konnten. Im entgegengesetzten Falle müßten die Polarländer sämmtliche Alpengewächse besitzen, was bekanntlich die Erfahrung nicht bestätigt. Es gibt also triftige Gründe für die Behauptung, daß die Pflanzendecke nur sehr allmälig entstand und eine Pflanze unter dem Schutze einer andern aufwuchs. Wie hätte das auch anders sein können! Wenn, wie wir sahen, die Pflanze das Product von Boden und Klima sein muß, so war die nothwendige Folge, daß überhaupt jede Pflanze nur unter den gehörigen Bedingungen gebildet werden konnte. Eine Schattenpflanze vor der Bildung der Sonnenpflanzen würde eine Unmöglichkeit sein, weil ihr die Bedingung zum Leben dadurch abgeschnitten gewesen wäre, daß sie nicht im Stande war, bei directer Einwirkung des Sonnenlichtes und der hierdurch hervorgebrachten Temperatur den Stoffwechsel, ihre Ernährung, zu vollenden. Vermag also eine Schattenpflanze nicht in der Sonne zu leben, so konnte sie auch nicht unter directer Einwirkung des Sonnenlichtes erzeugt sein. Ja man muß deshalb geradezu sagen, daß eine Schattenpflanze nur deshalb dem Boden entkeimte, weil ihre organische Materie, aus der sie krystallisirte, unter dem Einflusse des Schattens stand und daß sie unter andern Bedingungen vielleicht eine ganz andere Pflanzenform geworden wäre. Dieses Nacheinander der Pflanzentypen findet sich im großartigsten Maßstabe in den einzelnen Schöpfungsperioden wieder. Wie dort, so ist der organische Prozeß der Pflanzenschöpfung auch hier einfache Entwickelung gegebener Verhältnisse, deren innere Vorgänge uns bisher völlig unerschlossen blieben und, weil der sinnlichen Wahrnehmung entrückt, vielleicht nie erforscht werden. Wir werden dieses großartige Bild der Aufeinanderfolge der Gewächstypen später kennen lernen.

Haben wir in dem Vorigen die Frage gelöst, ob die Pflanzendecke plötzlich oder allmälig geschaffen sei, so fragen wir jetzt, ob die der Erde entstiegenen Gewächse nur in einem einzelnen Individuum oder in Menge ursprünglich vorhanden waren. Man kann Beides bejahen. Der aufmerksame Forscher beobachtet, daß sämmtliche Pflanzenarten einen oder mehre über die Erde gesetzlich zerstreute Heimatspunkte besitzen. Ein solcher ist derjenige Ort, wo die Art am häufigsten erscheint. Er ist gewissermaßen das Centrum, der häusliche Heerd einer Pflanzenart. Von ihm aus verbreitet sich dieselbe nach allen Richtungen; je weiter sie sich aber von ihrem Mittelpunkte entfernt, um so vereinzelter werden ihre Individuen, bis sie endlich ganz verschwinden und andern Formen Platz machen. Das häufige Vorkommen vieler solcher Mittelpunkte einer und derselben Art an sehr entfernten Punkten der Erde berechtigt uns zu dem Schlusse, daß der Schöpfungsact einer Art gleichzeitig an sehr verschiedenen Punkten der Erdoberfläche stattgefunden habe, daß also mehr als ein Individuum geschaffen worden sei, welchem die Fortpflanzung der Art durch Samen oder Sprossung oblag. Dieser Schluß berechtigt uns aber auch zu dem andern, daß an einem und demselben Centrum mehre Individuen entstanden sein konnten. Denn da der Schöpfungsact einer Art an vielen zerstreuten Punkten vor sich zu gehen vermochte, so würde es mindestens sehr komisch sein, wenn an jedem Mittelpunkte nur ein Individuum hätte geschaffen werden können. Gegen diese Annahme protestiren ganz besonders die einfach organisirten Zellenpflanzen, die Kryptogamen, d. h. Urpflanzen, Algen, Flechten und Moose. Dieselben wachsen nicht selten gesetzlich in großer Gesellschaft, zu Polstern, Geflechten oder Rasen vereint, beisammen, um sich hierdurch gegenseitig zu schützen und zu erhalten. Es müssen demnach von ihnen mehre Individuen zugleich an einem und demselben Punkte entstanden sein; um so mehr, als die Natur immer die vorsichtigste Mutter ist und lieber in Fülle schafft, als in Armuth spendet. Es ist eines ihrer bedeutsamsten Grundgesetze, daß sie die Fortdauer ihrer Geschöpfe nicht leicht von einem einzigen abhängig macht. Damit soll indeß nicht geleugnet werden, daß das bei sehr selten vorkommenden Pflanzen nicht stattgefunden habe. Für diese konnte ein Individuum

Die Pflanzencolonisation.

sehr wohl das Centrum der Art bilden, wenn, wie z. B. bei Orchideen, der Fortpflanzung durch Samen auch noch die durch Sprossung der Wurzel zugesellt war. Erinnern wir uns überdies noch einmal der kärnthenschen Wulfenie, die bisher nur auf der Kühweger Alpe in Oberkärnthen gefunden wurde, bedenken wir, daß hier die Fortpflanzung der Art nur wenigen Individuen anvertraut ist, so muß uns auch das in unserer Annahme wesentlich bestärken. Blicken wir auf das Ganze zurück, so ist die Ansicht nicht abzuweisen, daß die Erdoberfläche anfangs nur durch vereinzelte Pflanzencentra colonisirt wurde. Als indeß die Gewächse begannen, sich durch Samen und Sprossung fortzupflanzen, als die neu entstandenen Individuen sich von ihrem Mittelpunkte wie die Strahlen eines Kreises von dem Centrum desselben entfernten, dann mußten diese einzelnen Centra verschiedener Gewächse allmälig ihre Strahlen in einander schieben. Daraus gingen die ersten Pflanzengemeinden, Wälder, Wiesen, Haiden, Moosstrecke u. s. w. hervor. So kann man z. B. Mexiko als das Centrum der Cactuspflanzen betrachten, da hier bei größter Menge die größte Mannigfaltigkeit der Cacteen erscheint und von da aus die Strahlen dieses Centrums nach allen Richtungen der Windrose auslaufen und immer dünner werden, bis sie zuletzt wieder von den Strahlen anderer Pflanzenarten ersetzt werden. Wie sich darum in der Vorwelt einzelne Inseln als erstes Land aus dem Ocean emporhoben, ebenso tauchten jetzt aus dem jungfräulichen Boden die ersten Pflanzencentra als einzelne Inseln, als Oasen auf, bis sie sich allmälig zu einer geschlossenen Pflanzendecke vereinigten.

Wie dies zuging, ist eine neue Frage. Verschiedene Ursachen bedingten, wie noch heute, diese Verbindung. Zunächst verbreiten sich, wie wir oben sahen, die Pflanzen durch sich selbst, durch neue Aussaat oder Sprossung, wodurch die Art jedesmal um ein Kleines von ihrem alten Standorte entfernt wird. Freilich ist diese Wanderung oft sehr unbedeutend. Viele Orchideen z. B. setzen alljährlich eine neue Knolle an ihre Wurzel, während die älteste abstirbt und die neue um ein Geringes den alten Standpunkt verläßt. Andere Gewächse, z. B. Quecken und alle mit weithin kriechenden Wurzeln, wandern rascher. Leichte Samen werden auf den Fittigen des Windes fortgeführt, andere reisen zu Wasser, mit Bächen und Strömen, ja selbst mit Meeresströmungen. Noch andere flüchten sich unter den Schutz der Thierwelt und wandern mit dieser nach allen Richtungen.

Diese Colonisation der Erde durch Pflanzenwanderung ist eine der bemerkenswerthesten Erscheinungen der Pflanzenwelt und der Erde überhaupt. Sie kann uns Aufschlüsse über Dinge geben, welche zu dem geheimnißvollen Schöpfungsacte der Erdoberfläche in innigster Beziehung stehen. Es darf als ausgemacht betrachtet werden, daß jedes Land ohne eigenthümliche (endemische) Pflanzenarten jünger als alle übrigen Punkte der Erde sei, folglich in einer Zeit gebildet sein müsse, wo die Schöpfungsacte der Erdoberfläche bereits vorüber waren. Ein solches Land ist z. B. nach Lyell

Sicilien, nach allgemeiner Annahme Island. Dieses besitzt nach zahlreichen Untersuchungen keine einzige ihm eigenthümliche Pflanzenart, obwohl es, und in der geschichtlichen Vorzeit noch weit mehr, von einer oft dichten Vegetation bekleidet ist. Die schönen Untersuchungen des französischen Naturforschers Charles Martin lassen über Island, die Faröer und Shetlandsinseln nicht den mindesten Zweifel übrig. Das erstere ist von Grönland, mehr aber noch von Europa aus colonisirt worden. Die arctisch-amerikanischen Gewächse erreichen dort ihre südlichste, die europäischen Gewächse der nordisch-gemäßigten Zone ihre nördlichste Grenze und sind vorzugsweise durch die Unmasse der jährlich zwischen diesen Ländern hin und her wandernden Vögel verbreitet worden.

Im Ganzen darf man die meisten Inselpuncte aller Meere als eigenthümliche Schöpfungscentra ansehen. Besitzen sie die meisten ihrer Gewächse mit andern benachbarten Ländern gemeinsam, zeigen sie uns nur sehr wenige eigenthümliche Arten: dann müssen wir schließen, daß diese Inseln in die letzte Zeit des Schöpfungsactes fielen, folglich jüngeren Ursprungs sind. Dennoch muß man hierbei sehr vorsichtig verfahren. Es ist ohne Zweifel richtig, daß an vielen Puncten der Erde dieselben Pflanzenarten ursprünglich entstanden sein könnten: nicht minder gewiß ist es aber auch, daß selbst Pflanzengebiete, welche nie eine Umänderung ihres Landschaftsbildes durch den Menschen erfuhren, dennoch eine fremde Vegetation in großem Maßstabe beherbergen können. In dieser Beziehung sind uns die Gallapagos-Inseln von der höchsten Bedeutung. Ueber 120 geogr. Meilen von der Westküste Amerikas und 600 geogr. Meilen von den Inseln der Südsee unter dem Gleicher gelegen, fand doch der jüngere Hooker, welcher die englische Expedition des Erebus und Terror in die Südsee von 1839 bis 1843 begleitete, auf 4 Inseln des aus 10 Inseln bestehenden unbewohnten Inselmeeres 265 Pflanzenarten, von denen sie 144 mit dem Tieflande des westlichen und östlichen tropischen Amerika, d. h. mit der Landenge von Panama und Westindien, theilen. Weder die Passatwinde, Vögel noch Thiere könnten aus triftigen Gründen diese Pflanzen nach dem Gallapagos-Archipel verbreitet haben, da der herrschende Südostpassat keine Gewächse von dem benachbarten Peru herübergeführt hat, welche nicht auch an der Westküste von Panama wachsen. Ebenso wenig haben die Vögel hier colonisirend gewirkt, weil auf den Gallapagos-Inseln kein Landvogel anzutreffen ist, welcher auch dem Festlande von Amerika angehörte. Endlich hat ebenso wenig die herrschende Südpolarströmung des stillen Oceans, welche von Peru herüberkommt, Gewächse von da mitgebracht. Welche Ursachen der Pflanzenwanderung mögen vorhanden sein, wenn wir keine unter den bisher gekannten zu finden vermochten? Hier bewährt sich recht schlagend die große Bedeutung der Pflanzengeographie für die physikalische. Indem Hooker diese 144 Pflanzen an der Landenge von Panama wiederfand und durchaus eine Einwanderung derselben auf die Gallapagos-Inseln annehmen mußte, richtete er sein Augenmerk auf andere Meeresströmungen und entdeckte eine bis dahin unbekannte Localströmung, welche von der Panama-Bay nach dem nördlichen Archipel fließt und dessen Wasser oft um mehre Grade wärmer macht, als es sonst an der dem Südstrome ausgesetzten Südküste zu sein pflegt. Eine solche großartige und für die Colonisation einer fernen Landschaft erfolgreiche Freizügigkeit der Pflanzen, welche überdies später von unserem schwedischen Freunde Anderssen völlig bestätigt und nur in Einzelnheiten modificirt wurde, würde uns völlig unbegreiflich sein, wenn nicht eine genaue Untersuchung gelehrt hätte, daß diese wandernden Pflanzen zu Familien gehören, deren Samen leicht keimen und meist durch feste Schalen der Einwirkung des Meerwassers längere Zeit hindurch widerstehen. So wandern von Panama nach den Gallapagos-Inseln meist Hülsengewächse und Kartoffelpflanzen. Jede Meeresströmung begünstigt diese Pflanzenwanderung. Im indischen Meere schwimmen die gegen 20 Pfund schweren kopfgroßen Palmenfrüchte der Lodoicea Sechellarum von den Sechellen an der Ostküste Afrikas über den Gleicher nach den Küsten Ostindiens, z. B. nach Malabar und den maledivischen Inseln. Umgekehrt hat dagegen die Westküste Afrikas bei Congo durch die bekannte Aequatorialströmung (welche sich von den Ostküsten Südamerikas durch den atlantischen Ocean nach Afrika hinüberzieht) gegen 15 Pflanzenarten aus Brasilien und Guiana erhalten. Selbst Europa ist von der Freizügigkeit der Gewächse berührt worden. Unter andern führt der große Golfstrom aus dem Meerbusen von Mexiko die Samen der Mimosa scandens, Guilandinia Bonduc und Dolichos urens an die nördlichen Küsten Schottlands, ja selbst bis an das Nordkap, die Küsten des Weißen Meeres und Islands, wo der Golfstrom bekanntlich auf seiner Rückkehr vorbeifließt. Es ist derselbe Strom, welcher schon Columbus durch die mitgeführten Samen und Treibhölzer auf das Dasein eines noch unbekannten Welttheils aufmerksam machte, derselbe Strom, welcher das angeschwemmte Land von Jütland, Schleswig, Holstein, die Bildung von Holland, die Deltabildungen Ostfrieslands u. s. w. dadurch hervorrief, daß er den Schlamm der in die Nordsee fallenden Ströme zwang, sich dort abzusetzen, woraus seine größte Schöpfung, die Bildung des Ostseebeckens, welches früher mit der Nordsee Ein Meer bildete, hervorging. Es ist derselbe Strom, der bereits existirt haben mußte, ehe Irland gehoben war, und welcher die Entstehung einiger merkwürdigen Gewächse dieses Landes, deren Verwandte nur in weit wärmeren Ländern wieder angetroffen werden, begünstigte. Diese Pflanzenwanderungen durch das Meer sind eine Sache von der höchsten Bedeutung für die Geographie der Pflanzen. Sie erklären uns höchst einfach, warum die Pflanzen der Küstenfloren gemeiniglich eine so große Verbreitung besitzen. So beherbergt z. B. die Nordseeküste manche Gewächse, welche ihre Verbreitung vom Adriatischen Meere an rings um die Küsten Italiens, Frankreichs, Spaniens, Portugals und Englands bewertstelligten und überall Boden fanden. Ebenso wandern andere von den Küsten des afrikanischen Mittelmeeres bis nach dem Kap der guten Hoffnung, andere aus der heißen Zone Westindiens über den Gleicher hinaus in die warme Zone Brasiliens u. s. w.

Es gibt noch eine andere bemerkenswerthe Ursache, welche die Pflanzenwanderung und somit die Colonisation der Erde außerordentlich begünstigte. Ich meine die Fortführung. vieler Gewächse durch die sogenannten Wanderblöcke (erratischen Geschiebe). Ich habe diese Thatsache zuerst, und zwar für die norddeutsche Ebene, über allen Zweifel zu stellen gesucht. Bekanntlich beherbergt diese große Niederung von den finnischen Küsten bis zur Normandie hinab und weit nach Mitteldeutschland hinein, bis in die Gegenden von Halle und Leipzig, oder von Pommern bis nach den brandenburgischen Marken, in die Oderniederungen, eine Menge von Granitgeschieben, welche ursprünglich Skandinavien angehörten. Das zeigen ihre Einschlüsse von Granaten, Topasen und andere Kennzeichen auf das Bestimmteste. Die herrschende geologische Ansicht läßt sie auf Gletschereise gewandert sein, welches von den skandinavischen Gebirgen herabkam, sich auf das Meer legte, hier abschmolz, in vereinzelten Stücken auf der Wasserfläche fortschwamm, nach und nach zerschmolz und mit dieser Auflösung ebenso die aufgeladenen Steine in das Meer fallen ließ. Dadurch und durch das Absetzen von Schlamm, welchen die süßen Gewässer des bereits gebildeten Festlandes an ihrem Ausflusse in das Nordmeer hier, wie wir oben gesehen, durch den Golfstrom noch mehr veranlaßt, fallen ließen, wurde die große Marschbildung dieser Ebene auf dem Meeressande vollendet. Daher die große Abwechslung von Geest (sandigen Haiden) und Marschen in der norddeutschen Niederung. Denkt man sich nun diese Gletscherwanderung, wie sie noch heute in den Alpen, im hohen Norden und hohen Süden beobachtet wird, bis an den Zeitpunkt heranreichend, wo das Meer durch die fortwährende Bodenerhöhung oder Bodenerhebung durch Ablaufen bereits sehr zurückgetreten und seicht geworden war, so mußten die letzten Granitgeschiebe besonders an den Küsten der heutigen Nord- und Ostsee niederfallen, während vielleicht noch einige bis in die preußischen Marken herabkamen. Jedoch berührt uns hier das Specielle nicht. Wohl aber führen uns diese Wanderblöcke auf eine andere Erscheinung. Die norddeutsche Ebene beherbergt nämlich eine Menge von Pflanzen, welche den Ebenen, ja selbst Deutschland völlig fremd sind. Es sind besonders Moose. In der Gegend von Bremen fand der Pflanzenforscher Roth zu Begesack zwischen Hagen und Meyenburg im Anfange dieses Jahrhunderts das nach ihm benannte „Roth'sche Mohrenmoos" (Andreaea Rothii) auf Granitblöcken; auf den Torfmooren dieser großen Niederung wächst gleichzeitig das wunderbar niedliche „flaschenfrüchtige Schirmmoos" (Splachnum ampullaceum), auf den Blöcken der holsteinischen Küste die „küstenbewohnende Zwergmütze" (Grimmia maritima). Mein Freund Itzigsohn in Neudamm in der Neumark beobachtete neben

Die Pflanzencolonisation.

diesen genannten Arten noch einige andere Moose, welche in einem unbedingten Zusammenhange mit den erratischen Blöcken stehen, während das Schirmmoos nebst einigen andern diesen Zusammenhang wahrscheinlich deshalb nicht mehr zeigt, weil die Blöcke, auf denen sie einwanderten, längst verwittert sind. Alle diese Moose, zu denen sich noch viele Flechten gesellen, gehören den Ebenen nicht an und können nur eingewandert sein. Da sie aber meist noch heute mit den Blöcken im innigsten Zusammenhange stehen, so müssen wir schließen, daß sie auch mit diesen und zwar, wenn diese aus Skandinavien stammen, aus dem Norden zu uns gewandert sind; um so mehr, als sich noch Niemand die Mühe nahm, ein Moos und eine Flechte zu cultiviren und andern Gegenden zuzuführen. Dürfen wir mithin von Moosen und Flechten darauf schließen, daß die norddeutsche Niederung von Skandinavien aus mit diesen Pflanzen versehen wurde, so ist kein Grund vorhanden, von dieser Wanderung andere, höhere Pflanzen auszuschließen. In der That wird das Dasein einiger Gewächse in der norddeutschen Ebene hierdurch leicht erklärlich. Ich nenne nur als charakteristisches Beispiel die „schwedische Cornelkirsche" (Cornus suecica). Sie, eine zwergige Verwandte unserer bekannten Herlitze (Cornus mascula), findet sich als ein zierliches spannenlanges Pflänzchen

Die schwedische Cornelkirsche (Cornus suecica).

an einigen wenigen Punkten im Oldenburgischen und Holsteinischen, sonst nirgends in Teutschland, während sie in Schweden nicht selten ist. Ich habe sie selbst in der Haide von Upjever bei Jever an der Nordsee vielfach gesammelt und bin immer über die große Beschränktheit ihres dortigen Standortes erstaunt gewesen. Nimmt man jedoch an, daß auch sie von Schweden aus ähnlich wie jene Moose und Flechten eingewandert sei, so verliert sich alles Dunkle: man muß annehmen, daß die norddeutsche Ebene nicht allein von dem Harze aus, sondern auch von Skandinavien herüber oder von Finnland herab colonisirt worden sei. Jedenfalls gehört aber diese Pflanzenwanderung zu den merkwürdigsten Irrfahrten, welche die Gewächse in der

Vorzeit machten, und ich habe ihre Spur selbst in der Goldenen Aue Niederthüringens zwischen Allstädt und dem Kyffhäuser wiedergefunden, ich habe auch hier Moose, Flechten und einige andere Gewächse im Zusammenhange mit Wanderblöcken gefunden, welche ebenso wenig wie das Wandergestein in der dortigen Umgegend zu Hause sind und nur aus ferneren Gebieten hierher gelangt sein konnten.

Dieser großartigen Pflanzenwanderung entspricht eine andere durch Winde, Binnengewässer, Thiere und Menschen. Es ist bekannt genug, daß nicht selten Blumenstaub durch Winde nach sehr entfernten Punkten geführt wird. Der sogenannte Schwefelregen, eine Anhäufung des Blüthenstaubes verschiedener Pflanzen, namentlich der Kiefern, verdankt diesem Umstande seine Entstehung. Ebenso bekannt ist es, daß vulkanische Asche, allerlei organische Reste und mineralischer Staub mitunter Hunderte von Meilen von ihrem ursprünglichen Orte durch Stürme entführt werden. Diese Thatsachen sind für die Verbreitung mancher Pflanzen von höchster Wichtigkeit. Sie beweisen uns, daß ebenso auch leichte Pflanzensamen und leichte Pflanzen verbreitet werden können. Unter den ersteren zeichnen sich diejenigen aus, welche, wie die Samen der Vereinsblüthler (z. B. Löwenzahn und Disteln), mit einem natürlichen Fallschirme in ihrem Federkelche versehen sind, der sie lange schwebend erhält. Die Samen der Ulmen, Ahorne, Birken u. s. w. bewerkstelligen diese Wanderung durch flügelartige Ansätze. Die Samen der Moose, Farren und anderer Kryptogamen sind ebenso leicht wie der Blüthenstaub der Gewächse, mit welchem sie einen ähnlichen Bau theilen. Sie werden darum ganz besonders befähigt sein, mit dem mineralischen Staube zugleich, der später bei ihrem Keimen ihre Ackerkrume bildet, zu wandern. Nur hierdurch erklärt sich das Vorkommen der Moose und Flechten auf Dächern, der Mauerraute, des Venushaares und anderer Farren an unzugänglichen Felsenklippen, hohen und niederen Mauern. Ja nicht selten können selbst ganze Pflanzen auf den Fittigen des Windes zu diesen Höhen steigen. So mikroskopische Urpflanzen und Algen, deren Leben sonst nur dem Wasser angehört. Daraus erklärt sich, wie in Dachrinnen und an Fensterscheiben kieselschalige Diatomeen zur höchsten Ueberraschung des Forschers erscheinen. Selbst das merkwürdige Kugelthier (Volvox globator), von mikroskopischer Kleinheit, kann nur auf diese Weise sein Erscheinen in Dachrinnen erklären. Wem diese sonderbare Wanderung nicht einleuchten sollte, den erinnere ich nur an das sogenannte Meteorpapier, welches aus Süßwasser-Algen, leichten fadenförmigen Conferven (Wasserflachs) besteht, zu Zeiten von überschwemmt gewesenen Orten in getrockneten Häutchen vom Winde, zugleich mit vielen darin haftenden Stäbchenpflanzen (Diatomeen) und Infusionsthierchen, entführt und nach sehr entfernt gelegenen Punkten getragen wird. Hierdurch erledigt sich von selbst die oft wiederholte Annahme einer noch jetzt fortdauernden Urschöpfung (generatio aequivoca) jener Gewächse an Orten, wo der kurzsichtige Verstand so leicht die

Die Pflanzencolonisation.

einfachen Hilfsmittel übersieht, durch welche die Natur auch den ödesten Punkten der Erde Leben einzuhauchen weiß.

Die Pflanzenwanderung durch Bäche und Flüsse ist dagegen selbst dem

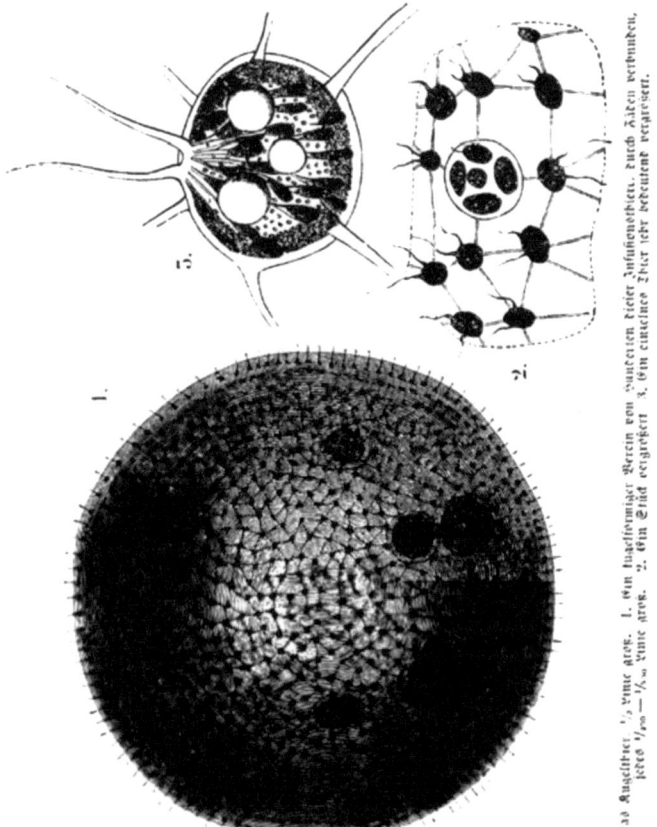

Das Augelthier ¹/₁₀₀ − ¹/₅₀ seine Größe. 1. Ein kugelförmiger Verein von Hunderten dieser Infusionsthiere, durch Fäden verbunden, jedes ¹/₁₀₀ − ¹/₅₀ seine Größe. 2. Ein Stück vergrößert 3. Ein einzelnes Thier sehr bedeutend vergrößert.

Laien seit lange verständlich gewesen. Es dürfte kaum irgend eine von Gebirgsgewässern durchfurchte Landschaft geben, auf deren Wiesen nicht einige Gebirgspflanzen angesiedelt wären. In besonders ausgezeichneter Weise bewährt sich diese Thatsache in der Umgegend von München. Sie besitzt viele Pflanzen, deren Heimat die Alpen sind und die ihr von der Isar zugeführt worden sind. Die in den Alpen entspringende Iller hat Alpengewächse nach Oberschwaben gebracht. Selbst Moose sind auf diese Weise gewandert. So ist z. B. das „alpenbewohnende Knotenmoos" (Bryum alpinum) wahrscheinlich vom Fichtelgebirge oder dem Thüringer Walde bis an die Porphyrfelsen von Kröllwitz bei Halle gekommen. Noch großartiger ist die Verbreitung, welche einige Pflanzen der Anden bis zu den Inseln der Orinocomündung, andere von dem Rücken des Himalaya bis zu dem Delta des Ganges u. s. w. gefunden haben. Die Inseln an der Mündung des Parana, der die La Plata-Staaten durchströmt, haben sich, wie Darwin berichtet, mit dichten Pfirsich- und Orangenwäldern bedeckt, welche aus Samen entsprangen, die der Fluß dahin geführt hatte. Man hat diese Erscheinung in der neueren Zeit sinnig zur Colonisation versandeter Wiesen in der Nähe der Gebirge benutzt und gefunden, daß eine durch Zertheilung der Gebirgsbäche herbeigeführte Ueberrieselung schon nach kurzen Zeiträumen eine zusammenhängende Pflanzendecke jenen Wiesen wieder zuführt. Namentlich zeichnen sich alle mit Buschwerk bestandenen Flußufer durch eingewanderte Pflanzen aus, welche nicht selten schon nach kurzem Bestehen wieder verschwinden und andern Platz machen, wenn sie keine geeignete Stätte zu fernerem Gedeihen fanden.

In vielen Stücken noch interessanter ist die Pflanzencolonisation durch Thiere. So verpflanzen Singvögel, welche die schönen Scharlachfrüchte des Vogelbeerbaumes (Sorbus aucuparia) oder die Quitschbeere der Gebirgsbewohner lieben, denselben häufig auf die Ruinen alter Burgen und Klöster. Aus gleichem Grunde finden wir daselbst auch gern den Hollunder (Sambucus) angesiedelt. Krammetsvögel verbreiten den Wachholderstrauch, Misteldrosseln die Mistel auf verschiedene Gewächse. Ueberhaupt gebührt den Vögeln, wie wir schon bei Island fanden, ein großer Antheil an der heutigen Colonisation der Erde durch die Pflanzen. Auf Ceylon verbreiteten Elstern (Turdus zeilanicus) den Zimmtbaum; eine Thatsache, welche ihnen den besonderen Schutz der Menschen sicherte. Auf ähnliche Weise ist der Muskatnußbaum weiter verbreitet worden. Das Colisenm zu Rom verdankt dieser Pflanzenwanderung nach den Untersuchungen des Italieners Sebastiani eine Flor von 261 Pflanzenarten. Sehr seltsam ist die Verbreitung des Kaffeebaumes auf Java und Manila. Sie geschieht durch ein wieselartiges Thier, die Viverra musanga, den Lawack der Javanesen. Diese Zibethkatze ist die größte Kaffeefreundin, jedoch nur des grünen, und verschlingt die Kaffeefrüchte um ihres kirschenähnlichen Fleisches willen. Unverdaut gehen die Bohnen durch ihren Darm und haben ihre Keimfähigkeit so wenig wie die Mistelsamen verloren. Nebenbei bemerkt, berichtet uns Junghuhn, daß gerade dieser Kaffee von den Javanesen als der beste Javas gerühmt und sorgfältig aus den Excrementen jenes Thieres heraus-

Die Pflanzencolonisation.

gelesen werde. Die Kermesbeere (Phytolacca decandra), welche zum Färben des Weines in die Gegend von Bordeaux aus Nordamerika eingeführt wurde, ist durch Vögel über ganz Südfrankreich bis in die Thäler der Pyrenäen verbreitet worden. Ueber den „Vogeldinkel" berichtet N. W. Volz in Stuttgart etwas Aehnliches. „Seit einigen Jahren", schreibt derselbe, „wird in Würtemberg eine Dinkelart (Weizen) angebaut, welche man Vogeldinkel nennt, weil der Landmann in Eßlingen, welcher den ersten Halm in seinem Weinberge fand, der Meinung war, daß das Korn durch Vögel dahin verschleppt worden sei. Im Jahre 1847 waren 265 Bestellungen aus allen Ländern Europas in Eßlingen eingelaufen, und nach einem Schreiben aus Altona hatte der Dinkel 64fältig getragen."

So weit über die Pflanzenwanderung durch Ursachen, welche schon lange vor der Schöpfung des Menschen thätig sein konnten und thätig waren. Den größten Antheil an der Colonisation der Erde besitzt er selbst, theils unfreiwillig, theils durch Neigung für die Pflanzenwelt, theils aus Interesse, das ihm seine Cultur gebot. Es würde von höchster Bedeutung sein, die Veränderungen genau zu wissen, welche die Länder der Erde durch die Hände des Menschen im Laufe der Jahrtausende erlitten, um hieraus einen Schluß auf das ursprüngliche Landschaftsbild der cultivirten Länder und die Abstammung der Culturgewächse ziehen zu können. Eine allseitig erschöpfende Geschichte dieser Colonisation gehört jedoch zu den schwierigsten Aufgaben der Pflanzenkunde und ist bisher, wenn auch oft versucht, nur sehr lückenhaft gelöst worden. Eine unfreiwillige Verbreitung der Gewächse durch Menschenhand ist besonders an vielen Häfen aller Welttheile beobachtet. Es ist die am wenigsten auffallende, da Schiffe unfreiwillig nicht selten selbst Thiere von einem Erdtheile zum andern verbreiten. Namentlich zeichnen sich in Europa die Hafenorte Frankreichs und Spaniens aus; sie beherbergen eine Menge von Pflanzen, welche hier, von einem milden Klima begünstigt, sehr leicht ihr überseeisches heißes Vaterland mit einem südeuropäischen vertauschen. Wichtiger als diese in dem Auslande anzutreffenden Pflanzenvagabunden sind die eingeführten und verschleppten Gewächse des eigenen Vaterlandes. Unter andern erhielt Deutschland aus Südeuropa die Petersilie, mit dem Getreide aus Asien die kupferblumige Ackerrade (Agrostemma Githago), die Klatschrose (Papaver Rhoeas) und die blaue Kornblume. Der Stechapfel soll durch Zigeuner, die ehemaligen Parias Indiens, verbreitet sein. Der Kalmus gelangte nach Dierbach im 16. Jahrhunderte aus Asien in die deutschen Gärten und verwilderte von da in in unsern Sümpfen und Gräben. Einer der größten Wucherer unserer Aecker, der Hederich (Raphanus Raphanistrum), ist gleichfalls ein Asiate, der sich mit dem Getreide einschlich. Unsere Getreidearten selbst verdanken höchstwahrscheinlich ihren Ursprung ebenfalls Asien. Dasselbe hat überhaupt die meisten Gewächse zur Colonisation Europas geliefert. Von dort kam der Hanf, der Flachs, aus der Tatarei der Buchweizen und die Gartennelke, der

Siebentes Capitel.

Spinat, aus Medien die Luzerne, aus China der Zuckermerk (Sium Sisarum), ein Küchenkraut, die Gartenkresse (Lepidium sativum), die Schotenerbse (Pisum sativum), wahrscheinlich aus Arabien die Linse, die Schminkbohne (Phaseolus vulgaris), die Kichererbse (Cicer arietinum), die Lupine (Lupinus albus), die Platterbse (Lathyrus sativus), aus den Ländern des Euphrat und Tigris Kürbisse, Gurken und Melonen, jedenfalls über den Kaukasus aus Indien Hirse, Hafer, Gerste, Weizen, Spelt und Roggen, wahrscheinlich auch der Kohlraps, welcher noch heute wild an den griechischen Küsten wächst und durch die Cultur der Stammvater aller Kohlarten geworden ist, die Pflaume aus dem Ostkaukasus und Taurien, die Mandel aus Ostgeorgien, der Weinstock aus den Gebirgen Westasiens, der Oelbaum und Wallnußbaum ebendaher, die Citrone aus Medien, die Apfelsine aus China, die Quitte aus dem Kaukasus. Die Sauerkirsche brachte Lucullus aus den pontischen Ländern zuerst nach Italien. Ebenso kam die Pfirsiche zuerst aus Persien nach Rom, die Aprikose aus Armenien, der Maulbeerbaum ebendaher und aus China. Die völlig eingebürgerte Roßkastanie erhielt der belgisch-niederländische Pflanzenforscher Clusius (de Lecluse) über Wien aus dem Orient. Den Flieder oder Lilak (Syringa) brachte Auger de Busbeck im Jahre 1562 ebenfalls aus dem Oriente nach Europa. Dort hieß er bereits Lillach oder Ben. Busbeck, welcher als Gesandter Ferdinand's I. an dem Hofe des Sultans verweilte, brachte von Konstantinopel neben der Tulpe, welche von den Arabern Syriens Tulipan genannt wird, auch ein Exemplar des Lilaks mit. Dieses ist der Stammvater aller belgischen, deutschen und französischen Lilaks. Der persische Flieder wurde erst im Jahre 1640 nach Europa verpflanzt. Dieser Fall, wo ein einziger Ahne der Stammvater einer zahlreichen Nachkommenschaft wurde, welche tief in das Landschaftsbild eines Landes eingriff, findet sich, nebenbei bemerkt, überhaupt bei den Pflanzen nicht selten. So stammen der Sage nach sämmtliche Trauerweiden (Salix babylonica) Europas von einem Zweige her, welchen der englische Dichter Alexander Pope noch lebend aus einem Weidentriebe rettete, den er aus Smyrna erhalten hatte. Die Mutterpflanze aller Apfelsinen Europas soll sich noch vor drei Jahrzehnten in dem Garten des Grafen St. Laurent bei Lissabon befunden haben. Ebenso verehrt man im Klostergarten der heiligen Sabina auf dem Aventino in Rom einen 50 Fuß hohen Baum als den Stammvater aller Pomeranzen Europas. Er soll der Schößling eines Baumes sein, welchen der heilige Dominicus im Jahre 1200 dort gepflanzt hatte. So stand auch nach Pausanias an einem Arme des Kephisos in Griechenland ein Feigenbaum als der heilig verehrte Stammvater aller Feigenbäume Griechenlands, der dem Phytalos von Demeter selbst verehrt worden sein sollte. Nachweisbar stand im Dorfe Allan Montelimart noch im Jahre 1802 der 1500 gepflanzte Stammvater aller französischen Maulbeerbäume. Die Blumengärtnerei würde im Stande sein, uns solche Beispiele zu Hunderten zu liefern. Auch Amerika hat einen guten Theil zu der gegenwärtigen Colonisation Europas beigetragen. Am bekanntesten sind hierdurch geworden der Mais, der Tabak, die Kartoffel aus Mittelamerika oder Südamerika, die Acacie, die Sonnenblume (Helianthus annuus), die Weimuthskiefer (Pinus strobus), der abendländische Lebensbaum (Thuja occidentalis), während der morgenländische (Th. orientalis) aus Japan stammt, die Rapontika (Oenothera biennis), der steife Sauerklee (Oxalis stricta) unserer Gärten, die canadische Dürrwurz (Erigeron canadensis), die Rosenkranzpappel (Populus monilifera) mit abstehenden Aesten und die sogenannte italienische Pappel unserer Chausseen und Anlagen. Diese soll ursprünglich aus Nordamerika nach Italien gekommen sein, während italienische Naturforscher sie für eine gute Italienerin erklärten. Gewiß ist, daß der Anhalt-Dessauische Oberbaudirector Hesekiel, der Gründer des berühmten Wörlitzer Parkes bei Dessau, diese Pappel am Ende des vorigen Jahrhunderts in einem männlichen Exemplare in jenen Park einführte. Dieses Exemplar ist der Ahnherr aller italienischen Pappeln in Deutschland geworden, weshalb sie auch fast sämmtlich dem männlichen Geschlechte angehören. Es sollen sich nur ein Paar weibliche Bäume in Deutschland befinden. Wie aus dem Morgenlande die orientalische Platane, so stammt aus Nordamerika die abendländische. Ihr reiht sich der virginische Wachholder, der Tulpenbaum u. s. w. an.

Ich kann an dieser schicklichen Stelle nicht umhin, auch mancher anderer Zierblumen und Ziersträucher zu gedenken; um so mehr, als einige von ihnen schon längst tief in das Bild unserer künstlichen Landschaften eingriffen, und ohne die Kenntniß ihrer Abstammung das deutsche Pflanzenbild dunkel bleibt. Vom Alterthume überliefert, erhielten wir den Hahnenkamm (Celosia cristata) aus Asien, den Goldlack, welcher am Ende des 17. Jahrhunderts in Augsburg gefüllt gezogen wurde, die Winterlevkoje, die weiße Lilie, von der jedoch noch sehr zweifelhaft ist, ob sie die Lilie des Neuen Testamentes sei. Aus den Ländern des Mittelmeeres kamen Sommerlevkoje, Reseda (aus Aegypten), Nachtviole (Hesperis matronalis), Rosmarin, Oleander, Goldregen, Päonie (Paeonia officinalis), Lavendel, Crocus, Hyacinthen, Narcissen, Meerzwiebel, Buchsbaum, mehr aus dem Oriente die Stockmalven (Alcea rosea), die Kaiserkrone, die Schachblume (Fritillaria meleagris), welche bei uns geradezu verwilderte. Indien lieferte das alteingebürgerte Basilikum, die bengalische Rose, die Mutter unserer Monatsrosen, im Jahre 1780 aus Canton, und die Balsamine (Impatiens balsamina). Die Hortensie kam im Jahre 1788 aus Japan und empfing ihren Namen von dem berühmten französischen Reisenden Commerson zu Ehren der astronomischen Gelehrten Hortense Lepaute. Ebendaher empfingen wir die Camelie, welche von dem Jesuitenpater Cameli um die Mitte des 18. Jahrhunderts nach Europa gebracht wurde und deshalb Camelia, nicht Camellia heißen muß. Auch die goldblumige japanische Rose (Keria japonica oder Corchorus japonica), die Volkamerie (Volkameria japonica) u. a. stammen aus Japan.

China spendete besonders die Aster (Aster chinensis), welche im Jahre 1728 in den Pflanzengarten von Paris kam, die indische Wucherblume (Chrysanthemum oder Pyrethrum indicum und sinense), die chinesische Primel (Primula sinensis) u. a. Die Aurikel stammt bekanntlich aus den Alpen. Afrika gab vorzüglich vom Kap aus viele beliebt gewordene Zierblumen. So fast sämmtliche Haidekräuter (Eriken), Pelargonien, prächtige Amaryllen und andere Liliengewächse, die vielen Eiskräuter (Mesembryanthema), Aloëarten u. s. w. Das erst spät erschlossene Neuholland ertheilte uns fast nur Myrtengewächse, z. B. die herrlichen Meterosideresgarten, Melaleuken, Banksien und unter den Hülsengewächsen manche Mimosen. Nordamerika entstammen einige Spiräen, Azaleen, von denen übrigens die schönsten aus den Ländern des Pontus zu uns kamen, kleinblumige Astern, Goldruthen (Solidago), der Calycanthus floridus, einige Cornelkirschen (Cornus) unserer Anlagen, Rudbeckien u. s. w. Mexiko gab vorzüglich Cactusgewächse, Zinnien, Tagetes und besonders die prächtige Georgine. Sie wurde im Jahre 1789 durch Vincente Cervantes, Professor der Botanik in Mexiko, in den botanischen Garten zu Madrid eingeführt und zu Ehren des schwedischen Pflanzenkundigen Andreas Dahl von dem Abbé Cavanilles in Madrid Dahlia genannt; später, als sie Humboldt in Samen aus Mexiko wiederum nach Europa brachte, nannte sie Professor Willdenow in Berlin zu Ehren des Naturforschers Georgi in Petersburg Georgine. Passionsblumen, Begonien, Amaryllen, Agaven u. a. entstammen ebenfalls meist Südamerika. Peru und Chili sendeten Fuchsien, Calceolarien, Heliotrope, Lupinen, Tropäolen (spanische Kressen). Das tropische Südamerika erfreute uns neuerdings mit seiner herrlichen Victoria, Californien gab prachtvolle Berberen und andere höchst merkwürdige Gewächse. In der neuesten Zeit spielen die Alpenrosen (Rhododendra) des Himalaya eine Rolle in unseren Gärten; von vielen andern Zierpflanzen ist das Vaterland, welches Geheimnißkrämerei der Handelsgärtner gern verhüllt, noch unbekannt.

Auch in andern Welttheilen, wo der weiße Mensch seine Colonien gründete, hat er eine gleiche Umwälzung des ursprünglichen Landschaftsbildes bewirkt. Sie begann vorzüglich nach der Entdeckung Amerikas, und zwar mit der Uebersiedelung des Kaffees aus Arabien und vieler indischen Pflanzen nach der Neuen Welt. Hierdurch erhielt dieselbe unsere Getreidearten, das Zuckerrohr, den Reis, Orangen, Melonen, Feigen, Granaten, Oliven, Pisang, Cocos, unsere Obstbäume und Küchengewächse, Wein, den spanischen Pfeffer (Capsicum annuum), den man wegen seines ursprünglichen Vaterlandes wohl auch Guinea-Pfeffer, wegen seiner neuen Heimat Cayenne-Pfeffer nennt, den Ingwer, Pfeffer u. s. w. Die indischen Inseln, besonders Java, Sumatra und Borneo erlitten durch Kaffee, Thee, Baumwolle, Indigo, Cochenillecultur, Zuckerrohr u. s. w. eine ähnliche Umwälzung und die meisten heißeren Länder theilten dieses Schicksal. Wohl beklagt der einseitige Pflanzenforscher dieses unaufhaltsame Vorwärtsschreiten der Cultur, das ihm seine liebsten Pflanzenkinder vermindert oder vertreibt und die ursprüngliche Landschaft gänzlich umgestaltet; allein der höhere Blick auf die Entwickelungsgeschichte der Menschheit und ihre Versittlichung durch diese großartige Revolution versöhnen ihn wieder und er trägt jetzt gern dazu bei, durch seine Erforschung des Pflanzenlebens die Adoptivkinder in ihrem neuen Vaterlande zu befestigen, mit ihrer Ausbreitung zugleich neue sittliche Keime in die Herzen der Völker zu legen.

Er versenkt sich aber gern in die Vorzeit seiner einheimischen Pflanzenwelt und weidet seinen inneren Blick an der Ursprünglichkeit dieser Pflanzendecke. Doch nicht lange, so gewahrt er auch hier einen wunderbaren Wechsel. In der That, nicht immer war das Landschaftsbild cultivirter Länder wie heute. Wenn wir der Geschichte Teutschlands nachgehen, so erzählt sie uns von riesigen Eichenstämmen, deren knorrige Aeste sich kühn in einander verzweigten und auf meilenweite Strecken ununterbrochene Waldungen bildeten, die sich bis zu den Gipfeln unserer Gebirge erstreckten. Das war jene Zeit, wo die Eiche noch mit Recht der Baum des Teutschen hieß. Wo jetzt auf sandigem Untergrunde, dem ehemaligen Meeresboden, harzduftende Kiefernwälder emporsprossen, deren harzstrotzende Nadeln, jeder Fäulniß widerstehend, den Boden allmälig zu dem unfruchtbarsten der Welt gemacht haben, da sproßte einst in üppiger Grüne und Fülle die Eiche empor. So nach W. Alexis in der Mark Brandenburg. Aber auch im höheren Gebirge hatte die Eiche entschieden den Vorrang. So im nördlichen Teutschland nach den schönen Untersuchungen des hannoverschen Oberförsters Edmund v. Berg. Er belehrt uns, daß sich das Landschaftsbild einer Gegend oft schon in zwei Jahrzehnden gänzlich verändern könne. Wo gegenwärtig der Wanderer unter den Pyramidenwipfeln der Fichte wandelt, da breiteten einst herrliche Eichenwaldungen ihren Schatten über eine feuchte Bodenkrume. In der „Göhrde" im Lüneburgischen dauerte der Kampf zwischen Nadel- und Laubwald um die Herrschaft gegen 100 Jahre. Im Solling ist er noch heute nicht beendet, und es ist nur im Interesse des Landschaftsbildes sowohl wie des Naturhaushaltes dringend zu wünschen, daß überall, wo es noch möglich ist, der herrliche Laubwald dem Vaterlande durch die Geschicklichkeit der Forstverwaltung erhalten werden möge. Auch der Harz kannte einst die Eichenwälder in ganz anderer Weise, wie heute. Herr v. Berg erzählt uns, daß man an dem Forstorte Schall, unweit Zellerfeld, in einer Seehöhe von etwa 1800 Pariser Fuß beim Abtriebe eines schlagbaren Fichtenbestandes und bei der Rodung der Stöcke im Jahre 1824 eine große Menge zum Theil noch gesunder eichener Stöcke vorfand, während gegenwärtig in stundenweiter Umgegend auch nicht eine Spur, wenigstens nicht so starker Eichen, bemerkt wird. Derselbe Fall wurde im Jahre 1845 am „Schindelkopfe" in einer Höhe von 2000 Fuß beobachtet, wo man noch theilweis brauchbare eichene Stöcke von mehr als 4 Fuß Durchmesser in einem 40jährigen Fichtenbestande rodete, deren Stämme vor etwa

50 Jahren gefällt sein mochten. Während sich dieser Fichtenbestand noch mit Buchen um den Vorrang streitet, hatten die Eichen bereits alles Vorrecht verloren. Auch am Brocken zeigten alte Torfmoore oft Einschlüsse von Birken, Ahornen, Buchen und Eichen in einer Mächtigkeit von 10 Fuß, während darüber nur die Ueberreste von Nadelhölzern angetroffen wurden. Dasselbe wurde von Baupell in Dänemark beobachtet. Dieser Art sind noch heute die Belege, daß einst Buche und Eiche in herrlichen Laubwaldungen die ganze weite Ebene vom Harze bis zur Nord- und Ostsee und rückwärts bis zu den Alpen bedeckten. Dieses stimmt auch mit der Beschreibung des Hercynischen Waldes, welche Cäsar von demselben gibt. Auch in Livland, Esthland, Dänemark, Schlesien, Baiern u. s. w. war einst Laubwald, wo jetzt nur dichtgeschlossene Nadelwaldungen gefunden werden. In Schweden hat sich dasselbe bestätigt. Dort ebenfalls herrschte zuerst die Eiche, von welcher noch hier und da außerordentlich umfangreiche Stöcke unter dichten Mooslagern angetroffen werden. Professor Fries in Upsala hat es zur Gewißheit erhoben, daß in Schwedens Laubwaldungen zuerst die Zitterpappel vorherrschte, daß dann ein Gemisch von Kiefer, Eiche und Grau-Erle (Alnus incana) auftrat und gegenwärtig die Buche die Oberhand zu gewinnen scheint. Für Nordamerika wies ein Herr Dwight im Jahre 1822 nach, daß auf Waldplätzen nach Eichen Weißtannen erscheinen. Auch dem scharfsichtigen Geologen Lyell ist diese Erscheinung auf seiner zweiten Reise in Nordamerika nicht entgangen. Er fand nahe bei Hopetonhous beim Dorfe Darien am Alatamaha im Süden von Nordamerika eine gelichtete Stelle im Walde, welche vorher von ausgewachsenen Fichten (Pinus australis) bestanden war. Diesen folgten plötzlich Eichen. Woher kamen diese? Lyell setzt dieser selbstaufgeworfenen Frage hinzu, daß es die Gewohnheit des blauen Hehers (Garrulus cristatus) sei, Eicheln und andere Samen tief in den Boden zu vergraben. Dasselbe thäten auch die Krähe (Corvus americanus), Eichhörnchen und andere Nager; sie versteckten diese Samen so tief, daß sie, von Licht und Wärme abgeschlossen, nicht eher aufgingen, als bis der Schatten der Fichte weggeschafft werde. Die Thiere hätten ihre verborgenen Schätze vergessen oder wären getödtet worden. Ganz ähnliche Beobachtungen machte Professor Unger in Wien. Er fand, daß gegenwärtig in Steiermark der junge Nachwuchs in Fichten- und Kiefernbeständen wiederum aus Eichen besteht. In Kärnthen beobachteten wir das Aufsprossen der Grünerle nach dem Abtriebe der Fichten. Nach Ferdinand Hochstetter wechselt nach übereinstimmender Ansicht vieler erfahrener Forstleute im Böhmerwald in langen Zeiträumen von 4—500 Jahren der Nadelholzbestand mit Buchenbestand. In Irland stirbt nach Mackay die Kiefer allmälig aus. Auf Island ist die Birke im Absterben begriffen, die früher in außerordentlicher Pracht und Dicke daselbst vegetirt hatte. Auf den jetzt völlig baumlosen Shetlandsinseln war sie früher nicht unbekannt gewesen. Selbst in den Lappmarken, wo sie früher in üppiger Fülle

grünte, ist sie verschwunden und W. Alexis fand in der Ajelen-Lappmark große ausgestorbene Birkenwälder, welche, wie er sich poetisch ausdrückt, ihre weißen Stämme wie trauernde Geister zum grauen Himmel emporstreckten.

Fragt man nach den Ursachen, so spielt auf jeden Fall die natürliche Lebensdauer in Gemeinschaft mit dem ungleichen Wachsthume der Gewächse die Hauptrolle in dieser natürlichen Wechselwirthschaft. Ganze Wälder verhalten sich wie die Individuen: sie sterben dahin, wenn ihre Zeit um, ihr Lebensfunke erloschen ist, und andere treten, von größerer Jugend begünstigt, an ihre Stelle. Man muß, um sich dies zu erklären, zuerst einen Zustand annehmen, wo die Samen der Laub- und Nadelwälder gleichzeitig vorhanden waren. Beide keimten; allein das schnellere Wachsthum der einen mußte die langsamer wachsenden bald überholen und unterdrücken. Waren z. B. zuerst Buchen, Eichen und andere Laubbäume und Nadelhölzer vorhanden, so werden die schnellwüchsigen Nadelhölzer die ersteren bald überholen und unterdrücken, sodaß sie nur ein dürftiges Unterholz bilden. Gehen dagegen die Nadelhölzer ihrem Lebensende entgegen, so werden in gleichem Grade die Laubwälder an Wachsthum zunehmen und wiederum jene überragen, bis ihnen aufs Neue die Stunde schlägt und der alte Wechsel die Nadelhölzer wieder ans Ruder bringt. Daß der Mensch durch gewaltsamen Eingriff in die Waldungen diesen Wechsel sehr begünstigen könne, liegt auf der Hand. Je mehr er die Wälder lichtet, um so mehr wird er das Wachsthum des Unterholzes erstarken lassen. Jedenfalls ist auf diese Weise die wunderbare Erscheinung einfacher erklärt, als Lyell oben annehmen wollte. So macht in der Natur ein Individuum dem andern, eine Art der andern, ein Geschlecht dem andern Platz. So sinken Familien und Völker, während sich andere aus ihrer Verborgenheit erheben. Ueberall Tod und ewiges Leben.

Wie es sich mit ganzen Wäldern verhielt, ebenso wechseln einfachere Gewächse. Auf dem Abtriebe eines Waldes sproßt in unserer Zone im Gebirge bald der Fingerhut, bald das Weidenröschen (Epilobium angustifolium) hervor. Letzteres ist in Schweden meist nach Waldbränden beobachtet worden. Auch die Tollkirsche (Atropa Belladonna), die Erdbeere und andere Pflanzen gesellen sich ihnen zu, während in sandigeren Gegenden schon der Besenginster (Sarothamnus scoparius) hervorsproßte. Wo sich nur immer ein Kohlenmeiler im Walde findet, da siedelt sich bald genug das niedliche Drehmoos (Funaria hygrometrica) an, welches in seinem lateinischen Namen an seinen Wohnort erinnert. Den Urbarmachungen in Nordamerika durch Feuer folgte nach Pursh immer in Menge ein Kreuzkraut (Senecio hieraciifolius), Kriechklee (Trifolium repens) und Königskerze (Verbascum Thapsus). Nach Capitain Franklin sproßten an der Hudsonsbai Pappeln empor, wo Fichten niedergebrannt worden waren. Auf Java siedelt sich nach Zollinger die Allang-allang-Pflanze, ein riesiges Schilfgras, an, wo der Urwald ausgerodet wird, und bildet eine Haide mit spärlichem Gebüsch; auf moorigem Grunde erscheint dagegen die kräftige Klaga-Pflanze, eine Art Zuckerrohr. Berühmt ist ein Fall, welchen Morison berichtet. Nach demselben erschien acht Monate nach dem großen Brande zu London im Jahre 1666 in einem Umkreise von 200 Morgen auf der Brandstätte der langblättrige Rankensenf (Sisymbrium Irio) in solcher Menge, daß der ganze europäische Continent kaum eine solche Menge dagegen hätte aufweisen können. Nach dem Bombardement von Kopenhagen im Jahre 1807 trat das klebrige Kreuzkraut (Senecio viscosus), sonst hier eine seltene Pflanze, in ähnlicher Menge auf den Trümmern auf. Nicht minder charakteristisch sind die Pflanzenansiedelungen nach dem Answerfen von Flüssen oder Fischteichen. Es gibt einige sehr gut beobachtete Fälle, über welche ein dänischer Gutsbesitzer, Hofmann zu Hofmannsgave auf Fühnen, ein aufmerksamer Naturfreund, berichtete. Nach dessen Mittheilungen erschien auf eingedeichtem Meeresgrunde im Jahre 1820 die Meerstrands-Schuppenmiere (Spergula marina), ein kleines fettblättriges Pflänzchen, nur in der Nähe des Strandes. Im folgenden Jahre bedeckte sie über 500 Acker Landes ausschließlich. In der Nähe einer Süßwasserquelle, welche ungefähr 50 Ellen vom alten Meeresufer entfernt lag, wuchsen dagegen wunderbarer Weise statt Salzpflanzen Gewächse des Binnenlandes, die nie vorher auf dem Meeresgrunde gewachsen sein konnten, da sie niemals Salzboden bewohnen. So die Knollenbinse (Juncus bulbosus), der Gift-Hahnenfuß (Ranunculus sceleratus), das haarige Weidenröschen (Epilobium hirsutum), das Sumpfkreuzkraut (Senecio palustris) u. a. Derselbe Beobachter ließ im Jahre 1819 eine tiefe Mergelgrube auf einem seiner höchstgelegenen Aecker graben. Im folgenden Jahre zeigte sich in dem angesammelten Wasser nur eine Art des Wasserflachses (Zygnema quininum). Dagegen erschienen bereits im Jahre 1821 der gemeine Armleuchter (Chara vulgaris) und die Sumpf-Zannichellie (Zannichellia palustris), die vorher nirgends beobachtet worden war. Aehnliches bemerkt man bei vielen solchen Gelegenheiten, und es ist kein Wunder, wenn man, wie der angeführte Beobachter, in diesem plötzlichen Erscheinen den Beweis für eine fortwährende Urzeugung (generatio aequivoca), also für ein selbständiges Erstehen der Pflanzen ohne Samen im Schooße der Erde hat finden wollen.

Eine solche Annahme ist jedoch nur ein kümmerliches Auskunftsmittel für jene plötzliche Pflanzenerscheinung. Nachdem wir die Wanderung der Gewächse durch Winde, Gewässer, Thiere und Menschen als eine allgemein verbreitete Erscheinung kennen gelernt, erklärt uns diese Thatsache zum großen Theil die angegebenen Beobachtungen. Wenn sich z. B. irgendwo ein Sumpf durch Stauung der Gewässer zu bilden beginnt und bald auch die entsprechenden Sumpfpflanzen erscheinen, so leitet sich das einfacher daher, daß Sumpfvögel die betreffenden Samen dahin verpflanzten, als wenn man eine ursprüngliche Entstehung dieser Gewächse hier annehmen wollte. Der Grund ist um so einleuchtender, als Sumpfvögel schwerlich ausbleiben werden, wo ein Sumpf im Entstehen begriffen ist. Es liegt aber auch noch ein zweiter Erklärungsgrund nicht fern, den man von der andern Seite her geltend machte. Recht wohl können manche Pflanzensamen, abgeschlossen von Luft und Licht, auf lange Jahre keimfähig bleiben und bei den ersten günstigen Bedingungen zu ihrer Entwickelung gelangen. Man stützt sich bei dieser Annahme vorzüglich auf die oft bezweifelte und ebenso oft wiederholte Beobachtung, daß Weizenkörner, welche man den Särgen ägyptischer Mumien entnahm, nach einem Zeitraume von mehr als 2000 Jahren keimten, blühten und fruchteten. Jedenfalls erklärt diese Thatsache sehr einfach einen Theil jener Erscheinungen der Pflanzencolonisation, wo die Lebensfähigkeit der Pflanzensamen im Verhältnisse zu dem Zeitraume steht, der ihre Entwickelung verhinderte. Auch der unterirdische Stock mancher Pflanzen kann diese Lebensfähigkeit besitzen. So erklärt sich z. B. sehr leicht jener berühmte Fall, daß man bei Jena im Jahre 1778 plötzlich die Korallenwurz (Corallorrhiza innata), ein Knabenkraut, entdeckte, die man bis dahin nicht gefunden hatte und erst wieder im Jahre 1811 beobachtete. Wie weit diese Unterdrückung selbst bei Unterholz reicht, haben wir bereits oben gesehen. Wir erklären uns hieraus höchst einfach das Vorkommen zwergiger Sprößlinge von Zitterpappeln, wilden Birnbäumen, Elsbeeren (Sorbus torminalis) und andern Bäumen in dichten Laubwaldungen. Wenn solche Sprößlinge dann unter günstigeren Bedingungen plötzlich die Oberhand gewinnen und im directen Sonnenlichte üppig gedeihen, dann verschwindet alles Wunderbare ihrer plötzlichen Erscheinung. Kommen diesem Pflanzenwechsel überdies geeignete klimatische Veränderungen, namentlich ein Wechsel der Feuchtigkeit zu Hilfe, dann begreift sich eine natürliche Wechselwirthschaft noch leichter. „Ich bin gewiß", sagt der scharfsichtige Naturforscher Desor über das Verhältniß zwischen Lebensbaum und Fichte in den nordamerikanischen Urwäldern, „daß, wenn man den sandigen Boden (der Cedernsümpfe) entwässern könnte, die Lebensbäume eingehen und nach einem gewissen Zeitraume durch Fichten ersetzt werden würden, und umgekehrt, wenn man das Niveau des Wassers erhöhte." Auf diese Weise haben sich unsere eigenen Gebirge zum großen Theil ihr Landschaftsbild verändert. Ich bezweifle nicht im Geringsten, daß die Entwaldung hierbei die Hauptsache war. So hat selbst der herrliche, noch immer wolkenumhüllte Brocken eine nicht unbedeutende Veränderung erfahren. Ein Laubmoos, welches noch Ehrhart, ein Schüler Linné's, auf seinem Gipfel fruchtend fand, das Flaschenmoos (Splachnum vasculosum), welches in Skandinavien häufig erscheint, ist fast verschwunden und tritt mindestens mit Frucht nicht mehr auf; eine Erscheinung, die nur durch das trockner und milder gewordene Klima des Harzes erklärt wird. Ebenso ist die zweifarbige Weide (Salix bicolor) Ehrhart's, die derselbe nur mit männlicher Blüthe auf dem Brocken fand, heute zu einer weiblichen Pflanze umgewandelt. Die Erfahrung be-

94 Siebentes Capitel.

stätigt unsere Anschauung am unzweideutigsten auf trocken gelegten Torf=
mooren. Dem allmäligen Schwinden ihres Wasserstandes folgen auch die
Pflanzen. Die treuesten Verbündeten, die schönsten Zierden der Moore
verschwinden: der Sonnenthau (Drosera), die Gränke (Andromeda poli-
folia), der mehlblättrige Himmelsschlüssel (Primula farinosa) u. a. Nur
die dürre Haide tritt an ihre Stelle, das Bild der Unfruchtbarkeit.

So waltet auch in dem scheinbar so stetigen Landschaftsbilde das Gesetz
eines ewigen Wechsels, wie es selbst in der scheinbar so unwandelbaren
Welt der Gestirne der forschende Geist in dem Vorrücken der Nachtgleichen
entdeckte. Wie der Polarstern nach Jahrtausenden einem andern Sterne,
einem neuen Führer des Schiffers Platz gemacht haben wird, so blicken
verschiedene Geschlechter der Menschen in verschiedenen Zeiträumen auf ver=
schiedene Landschaftsbilder. Aber hinter dem Bilde des ewigen Wechsels
leuchtet immer auch das heitere Bild ewiger Verjüngung.

Der Sonnenthau (Drosera rotundifolia).

Zweites Buch.
Geschichte der Pflanzenwelt.

Asterophyllum equisetiforme.

I. Capitel.

Der Schöpfungswechsel.

Wechsel ist die Seele der Natur. Sterne kommen und schwinden, neue treten an ihre Stelle. Der Tag gibt seinen Platz der Nacht, die Nacht den ihrigen dem Tage. Ruhig überläßt der Frühling seine Stelle dem Sommer, der Sommer dem Herbste, der Herbst dem Winter. Mit dem Wechsel der Jahreszeiten vertauscht auch die Erde ihr Pflanzenkleid. Mit jedem neuen Kreislaufe des Mondes um die Erde verändert es sich, ja es wechselt mit jedem Tage, denn selbst die Blumen halten ihre Stunde ein. Die eine öffnet sich, wenn kaum das Frühroth am Horizonte zittert, die andere in der Morgensonne, die dritte zu Mittag, die vierte zu Abend, die fünfte zu Mitternacht. Selbst der Thierwelt schlägt ihre Stunde. Wenn kaum der Wiesenthau im Strahl der ersten Morgensonne glänzt, erfreut sich der Regenwurm der Liebe. Die Vögel zwitschern. Die Sonne zieht höher und die Lerche jubelt. Die Nacht bricht herein und die Eulen schwirren,

96   Erstes Capitel.

der Nachtschmetterling flattert, die Fledermaus schwingt ihre Flügelhäute. Andere Gestalten wechseln auf ähnliche Weise unter dem warmen und heißen Himmelsstriche. Auch der Meeresschooß kennt diesen Wechsel. Zu bestimmten Stunden tauchen Hunderte von Weichthieren auf und ab. Gleich der Pflanzenuhr erscheinen mit der Dämmerung gewisse Pteropoden und Kielfüßler, zarte, durchsichtige Wesen. Aber auch ihnen schlägt bald die Stunde, und wieder tauchen sie unter. Von Stunde zu Stunde wechseln die Arten. Wie die Jahreszeiten mit ihren Blumen wechseln, so besitzt auch die Käferwelt diesen Kreislauf. Beim ersten Erwachen aus dem Winterschlafe herrschen im Februar bei uns die Staphylinen, im März die Laufkäfer, im April die Chrysomelen, im Sommer die Curculionen vor, während im Herbst wieder die Reihe an die Laufkäfer kommt und nun keine Familie das Uebergewicht mehr erreicht. So erscheinen die Generationen der Thiere wie des Menschen und verschwinden. Hier taucht ein Volk aus dem Ocean des Lebens empor, dort sinkt ein anderes hinab. Eine Partei weicht der andern, wie sich die Jahrhunderte folgen. Eine Aufgabe zieht der andern nach, ein Gedanke dem andern in jedem Zeitalter. Der Jugend folgen die Stufen des Alters, wie Wärme mit Kälte wechselt. Wohin wir auch blicken — überall Wechsel! Doch wozu dieser Blick auf das unendliche Wechselleben der Natur? Er sollte uns gewissermaßen die Brücke zu dem großartigsten Wechsel sein, den je die Erde durchlief, zu dem wiederholten Wechsel ihrer Pflanzenformen, einem Wechsel, der uns erst nach den im vorigen Abschnitte gemachten Erfahrungen verständlich wird.

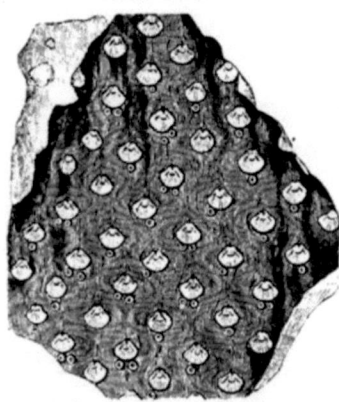
Sigillaria spinulosa, sehr verjüngt dargestellt.

In der That, die Pflanzendecke der Gegenwart war nicht die erste, welche sich die Erde während ihres Daseins gab. Davon zeugen mit lauter Stimme alle jene organischen Ueberreste, die wir namentlich in Steinkohlen und Braunkohlen wiederfinden. Betrachten wir nur einmal recht aufmerksam die Halden unserer Steinkohlenschachte. Sie werden von unzähligen Stücken grauen Schiefers gebildet, die hin und wieder in eigenthümlichem Glanze erscheinen. Näher besehen, treten uns sogar Pflanzengestalten entgegen, welche gleichsam wie ein Kupferstich auf der Schieferplatte abgedruckt sind. Aber welche Gestalten! Sie haben meist keine Aehnlichkeit mit den Pflanzengestalten, die wir heute auf demselben Terrain neben uns lebend beobachten. Hier dieser rindenartige Abdruck mit den vielen Narben, welche sich in quincun-

Der Schöpfungswechsel. 97

cialer Stellung elegant und sorgsam an einander reihen, ist weit davon
entfernt, uns etwas Aehnliches auf den Rinden unserer einheimischen Bäume
nachzuweisen. Allenfalls würden die Nadelbäume noch einigermaßen mit ihm
zu vergleichen sein, die bekanntlich, wenn ihre Blätter abfallen, Narben,
wenigstens an jungen Pflanzen, hinterlassen. Hier dieser zweite Abdruck mit
der kätzchenartigen Aehre auf gegliedertem Stengel und dem fadenförmigen
Laube gleicht bei einiger Vor-
stellungskraft noch am besten einem
einheimischen Bärlapp, ohne doch
die Verwandtschaft täuschend zu
machen. Aber rings um uns her
gewahren wir auch nicht einmal
lebende Bärlappgewächse, durch
welche wir eine Vergleichung
mit diesen Abdrücken anzustellen
vermöchten. Hier diese neue Gestalt (S. 95) erinnert uns zwar
durch die gegliederten Stengel
und die wirtelförmig gestellten
Blättchen an die einheimischen
Schachtelhalme (Equisetum) oder
an das Schafthen, weicht aber
durch den Mangel jener In-
ten, in welchen bei dem Schach-
telhalm Glied für Glied steckt,
bedeutend ab, sodaß wir nur
gezwungen eine Verwandtschaft
zwischen beiden Formen annehmen könnten. Nichts gleicht der
Gestalt dieses Abdruckes in unserer Umgebung. Wir müssen
gestehen, daß alle diese Kupfer-
stiche der Natur auf eine Pflanzenwelt hindeuten, welche gegenwärtig nicht mehr denselben
Boden bewohnt oder vielleicht
nirgends mehr vorhanden ist.

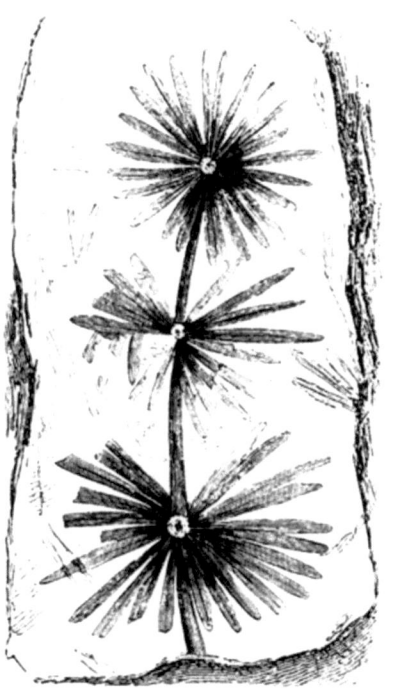

Annularia longifolia.

Womit sollten wir ferner diesen merkwürdigen Abdruck vergleichen, der
sich uns hier präsentirt? Quirl- oder wirtelförmig hat auch er seine
Blätter um die gegliederten Stengel gestellt, wie Strahlen gehen sie sternförmig von einem gemeinschaftlichen Mittelpunkte nach allen Richtungen;
parallel, wie bei den Gräsern, laufen die Adern dieses Laubes vom Grunde
bis zur Blattspitze — wir müssen abermals gestehen, daß wir hier zu Lande

Das Buch der Pflanzenwelt. I. 7

98 Erstes Capitel.

nichts Aehnliches kennen. (S. Annularia.) Doch soll das nicht immer so sein. Hier diese neue Gestalt ist uns nicht fremd. Wenn nicht Alles trügt, prägt sich in ihr der Charakter eines Farrenkrautes ab, wie ihn auch unsere einheimischen Arten zeigen. Ganz recht; allein eine genaue Untersuchung zeigt uns auch sofort einen sehr auffallenden Unterschied. Offenbar war dieser Farren (s. Pecopteris) eine Art von so auffallender Größe, daß wir die noch heute bei uns lebenden Formen durchaus nicht mit ihm verwechseln können; offen-

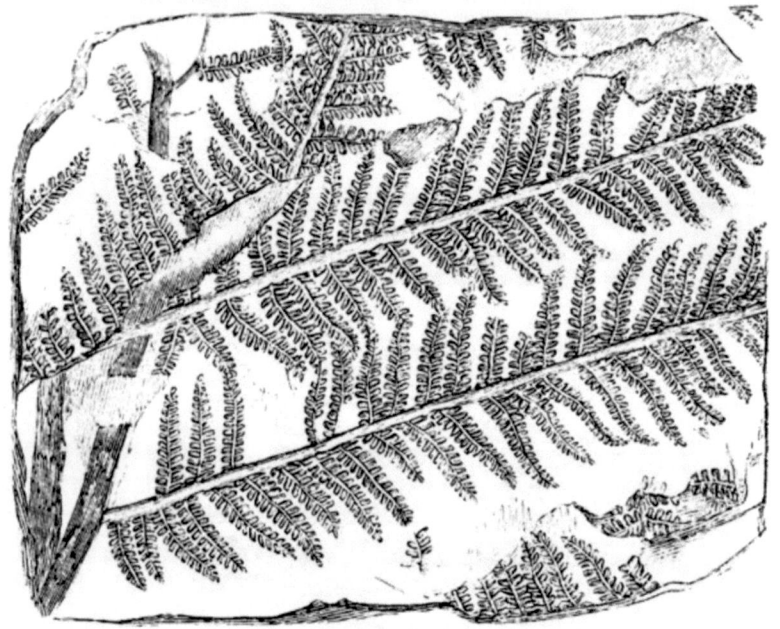

Pecopteris arborescens.

bar haben wir es in ihm mit einem jener baumartigen Farrenkräuter zu thun, wie sie heißere und südlichere Länder noch heute in Menge hervorbringen. Wohin wir auch blicken, überall trifft unser Auge auf Formen, die der Gegenwart entweder völlig fremd oder doch verschieden von ihren verwandten Gestalten sind. Der Schluß liegt mithin nahe, daß wir auch hier von einem Wechsel der Gestalten reden müssen.

Wir brauchen in Wahrheit unsere Unsicherheit nicht weiter zu treiben. Was die Forschung bisher erschloß, ist bereits so unumstößlich geworden, daß wir in diesen fremdartigen Gestalten ebenso zu lesen fähig sind, als ob uns die Natur eine Pflanzensammlung aus fernen Zeiten, aus Zeiten, wo noch kein menschliches Auge auf die Landschaft blickte, erhalten habe. Gehen wir zu den Braunkohlen über, so beweisen uns auch sie auf das Unzweifelhafteste ihre pflanzliche Natur. Nicht allein, daß uns hier und da diese Kohlenlager die deutlichsten Hölzer als sogenannte Lignite mit der ganzen Structur des Holzes, mit Rinde und Blättern vorführen; nicht allein, daß wir unter ihnen oft herrlich erhaltene Tannenzapfen und andere Früchte beobachten, zeigt uns selbst das Mikroskop denselben inneren Bau, welchen die Gewächse noch heute besitzen. Wir machen auch diese Probe. Wir zerlegen hier ein fossiles Holzstück aus den Braunkohlenlagern bei Halle. Es zeigt uns den herrlichsten Zellenbau, der dem lebenden Gewächs nur immer eigen ist. Diese querlaufenden Zellen sind die Markstrahlen, die der Länge nach verlaufenden die Längszellen, die Kreise mit ihren Löchern die Tüpfel der Nadelhölzer. In der That, nehmen wir irgend ein Schwefelhölzchen zur Hand und zerlegen wir auch dieses in ebenso feine Schnitte, dann tritt uns hier ein vollkommen ähnlicher Zellenbau entgegen. Wir finden auch hier die Markstrahlen (c), die Längszellen (a, b) und die sogenannten Tüpfel (d) wieder. Da nun das zerlegte Schwefelhölzchen, wie wir wissen, von Nadelholzbäumen stammte, so müssen wir schließen, daß das fossile Holz auf jeden Fall der Familie der Nadelhölzer angehörte. Wir haben uns nicht geirrt. Der Zusammenhang der Tüpfel mit den Nadelholzgewächsen geht noch viel weiter; ihre Zahl und Anordnung in bestimmten Reihen läßt den Beobachter selbst die Gattung der Nadelholzgewächse erschließen. Mit Einem Worte, die Kohlenablagerungen sind Ueberreste wirklicher Pflanzen, die zum Theil mit

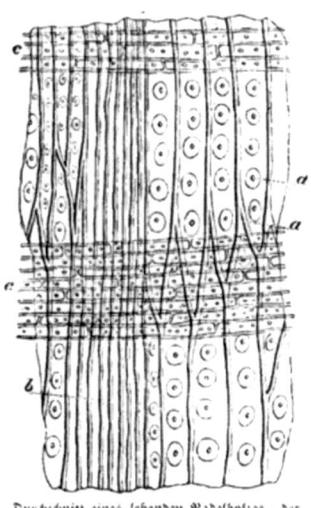

Durchschnitt eines lebenden Nadelholzes, der Länge nach gemacht.

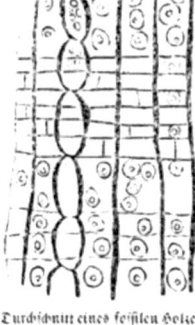

Durchschnitt eines fossilen Holzes aus der Braunkohlenformation, der Länge nach gemacht.

den noch lebenden verwandt, zum Theil von ihnen verschieden sind. Derselbe Zellenbau, den die lebenden Gewächse im Inneren zeigen, ist auch ihnen eigen und trägt dazu bei, selbst ohne Blatt, Blüthe und Frucht die jetzt als Kohlen vorhandenen Hölzer durch Vergleichung mit den jetztlebenden Pflanzen aufzuklären. So trägt sich der Forscher aus den kleinsten Elementen, selbst aus den winzigsten Zellen das Material zusammen, aus welchem er im Geiste das Landschaftsbild einer verschwundenen Pflanzendecke wiederherstellt. Ohne ihre tiefere Kenntniß würden wir in dem Pflanzenteppich der Gegenwart nur ein Bruchstück der gesammten Pflanzenwelt der Erde kennen. Denn die Pflanzen der Gegenwart und Vergangenheit hängen ebenso innig zusammen, wie wir auf den Schultern unserer Vorfahren stehen.

Die großartigste Thatsache, welche uns die Geschichte der Pflanzenwelt darbietet, ist die allmälige Entwickelung, welche sie zu durchlaufen hatte, ehe sie zu der gegenwärtigen Gestaltung kam. Sie ist innig mit der Entwickelungsgeschichte der Erdoberfläche verknüpft und nur durch diese verständlich. Kaum war die Feste der Erde geschaffen, so lag auch schon im Boden, Wasser, Luft, Licht und Wärme der Keim organischer Zeugungskraft. Wie sich in einem Glas Wasser, der Sonne ausgesetzt, schon nach kurzer Zeit grüne organische Kügelchen, Pflanzenzellen bilden, wie sie sich an den Wänden des Glases als sogenannte „Priestley'sche Materie" festsetzen: ebenso bildeten sich in der Urzeit die ersten Pflanzengestalten. Nach welchen tieferen Gesetzen das stattfinden mußte, haben wir bereits ausführlich (S. 56 u. f.) kennen gelernt. Die ersten Pflanzen konnten natürlich nur Meerespflanzen sein, da es eine Zeit gab, wo die Gebirge, so klippenreich sie auch bereits gebildet sein mochten, noch unter dem Spiegel des Oceans verborgen lagen. Es waren Tange oder Fucoideen (S. 56 u. f.). Doch nicht für immer sollte das Festland im Schooße des Meeres begraben liegen. Vulkanische Kräfte hoben es allmälig durch die gewaltige Spannung unterirdischer Gase über den Meeresspiegel empor. Jeder Erhebung folgte eine Pflanzenschöpfung auf dem Fuße Doch konnten die ersten Gewächse der gehobenen Erdoberfläche nur Sumpfpflanzen sein: Moose, welche im Wasser zu leben befähigt sind, wie es noch heute die Torfmoose pflegen, schachtelhalmartige Gewächse, die wir als Calamiten kennen, wasserrosenähnliche Gestalten (Nymphäaceen), welche aus ihrem tief im Wasser versteckten Stamme ihre Blätter und Blüthen zur Oberfläche des Wassers sendeten, wie Göppert wenigstens von der Stigmaria ficoides annimmt, während sie Brongniart zu den Brachsenkräutern (Isoeteen) stellt, vielleicht auch binsenartige Gewächse u. s. w. Immer höher wurde der Boden emporgehoben, und lieblicher, freier entfalteten sich die Gestalten der Pflanzenwelt. Der Boden war, wenn auch nicht überall sumpfig mehr, doch noch feucht genug. Mit dem feuchten Klima des inselartig über den Ocean gehobenen Festlandes Hand in Hand erschienen jetzt Farren, Sigillarien, Nadelbäume u. s. w. Das Pflanzenleben war somit aus dem Wasserleben zum amphibischen übergegangen und endete mit einem

Erd- und Luftleben, nachdem die Erde sich dem Wasser völlig entwunden. Zu gleicher Zeit entsprach der jedesmaligen Pflanzenschöpfung eine Thierschöpfung, deren Dasein ja immer durch die Pflanzen bedingt ist. Es gab auch in der allmäligen Thierschöpfung ein Wasser-, Sumpf-, Land- und Luftleben. Daraus folgt natürlich, daß sich auch die Summe der pflanzenfressenden Thierarten nach der Summe der Pflanzenarten richten mußte, da fast jeder Pflanzenfresser auf eine bestimmte Pflanzenart oder Pflanzenfamilie angewiesen ist. Erst auf die Pflanzenfresser (Herbivoren) konnten die Fleischfresser (Carnivoren) folgen, und erst nach diesen durfte der Alles genießende Mensch (Omnivore) erscheinen. So bietet sich uns von der ersten Pflanzenschöpfung an bis zum Menschen herauf eine ununterbrochene Entwickelungskette der organischen Schöpfung dar. So war die Schöpfung der ersten Pflanzenzelle, welche im Meeresschooße, wie noch heute in einem Wasserglase die Priestley'sche Materie, gebildet wurde, der erste große Schritt zur künftigen Schöpfung des Menschen. Von ihr an hat sich immer ein Zusammengesetzteres an ein Einfacheres gekettet, das Größte mußte sich fortwährend auf das Kleinste stützen; ein Zeugniß mehr dafür, daß in der ganzen Natur alles Geschaffene innig und untrennbar in einander hängt, daß die Erde mit allen ihren Geschöpfen ein einiges Ganzes bildet, in welchem jedes seine Lücke ausfüllt, seine Stelle nothwendig besitzt. So hängen auch folglich die Pflanzengebiete der Vorwelt eng mit denen der Gegenwart zusammen, um erst gemeinschaftlich ein Ganzes zu bilden.

Man hat dasselbe in Perioden, Entwickelungsstufen, Zeitscheiden oder Zeitabschnitte einzutheilen sich genöthigt gesehen und diese an die periodische Ausbildung der Erdoberfläche geknüpft. Sie heißen der Reihe nach die silurische oder Uebergangsperiode, die Steinkohlenperiode, die permische Periode, die Triasperiode, die Juraperiode, die Kreideperiode, die tertiäre Periode, die Diluvialperiode und die Periode der Gegenwart. Eine jede derselben besaß ihre eigenthümlichen Gewächse, die der vorhergehenden noch nicht zukamen oder den nachfolgenden wieder fehlen. Das Erste ist begreiflich, weil, wie wir bereits sahen, die Pflanzengestalten allmälig nach einander hervortraten, wie Boden und Klima sich änderten. Das Wiederverschwinden bereits geschaffener Typen ist meist stürmischen Revolutionen zugeschrieben worden; man hat behauptet, daß theils Ueberschwemmungen, theils vulkanische Verheerungen die Geschöpfe jeder Periode vernichtet hätten und auf dem Grabe sämmtlicher Typen eine völlig neue Vegetation hervorgesproßt sei, welche die Fortsetzung der vorigen, also eine immer entwickeltere war. Eine unbefangenere Anschauung darf, glaube ich, weder diese Art der Entwickelung, noch diese Weise des Unterganges annehmen. Eine Anschauung, welche beide Erscheinungen ohne jegliche stürmische Einwirkungen erklärt, wird stets den Vorzug haben. Vermag sie es, die Vergangenheit aus der Gegenwart zu entziffern; zeigt sie, daß die Gesetze der Gegenwart auch in der Vorzeit dieselben waren: dann wird sie unumstößlich genannt werden können, weil sie nichts annimmt, nichts voraussetzt und dem größten Naturgesetze, dem der allmäligen, ruhigen Entwickelung, Rechnung trägt. Ich glaube in der That durch neuere Forschungen dahin gekommen zu sein, das Erscheinen und Verschwinden der vorweltlichen Typen auf eine höchst einfache Weise erklären zu können. Wenn es z. B. nachzuweisen wäre, daß auch die Arten wie die Individuen sterben, dann würde sofort der Untergang aller Pflanzen= und Thierformen damit hinlänglich erklärt sein. In der That ist das in der Gegenwart nachzuweisen. Unser Landsmann Ferdinand Müller in Neuholland beobachtete daselbst auf eine höchst unzweifelhafte Weise das langsame, aber sichere Aussterben jener merkwürdigen Pflanzenfamilie, die man die Casuarinen genannt und sehr richtig als die Nadelholzvertreter im australischen Inselmeere gedeutet hat (S. 22). Sie sterben an zu hohem Alter aus und hinterlassen keine Nachfolger. Dasselbe habe ich auch in der wunderbaren Familie der Zapfenpalmen oder Palmenfarren (Cucadeen) nachgewiesen. Manche dieser Cucadeen sind erst in der jüngsten geschichtlichen Zeit ausgestorben. Auch das Thierreich zeigt dieselben Erscheinungen. Man kennt reichlich ein Dutzend Arten, welche in der Gegenwart entweder im Aussterben begriffen oder bereits in geschichtlicher Zeit verschwunden sind. Ja selbst der Mensch macht von dieser wunderbaren Regel keine Ausnahme. Die meisten Stämme des australischen Inselmeeres verschwinden fast auf eine wunderbar geheimnißvolle Weise von der Erde, und es scheint sich hier bereits vollständig zu bestätigen, was der Volksmund auf Tahiti spricht, wenn er wehmüthig klagt:

A haree ta fow,	Der Palmbaum wird wachsen,
A toro ta farraro,	Die Koralle sich breiten,
A now ta tararta.	Aber der Mensch untergehn.

Man weiß, daß auch der rothe Mensch, der Indianer, unter übrigens denselben natürlichen Bedingungen, unter denen seine Vorfahren lebten, dahinschwindet. Es scheint dies auf ein allgemeines großartiges Naturgesetz hinzuweisen, welches auch für ganze Reihen von Geschöpfen denselben Wechsel verlangt, wie die Culturgewächse nur durch die Wechselwirthschaft verjüngt und kräftig erhalten werden. Deutete schon die natürliche Wechselwirthschaft der Wälder (S. 89 u. f.) darauf hin, so sehen wir doch auch in ihrem Untergange in der Vorwelt, daß sie selbst dieser großartige Wechsel auf ein und demselben Boden nicht für die Ewigkeit schützt. Wir würden im Stande sein, mit leichter Mühe die schlagendsten Belege in Menge hierfür beibringen zu können. Ich erinnere nur an wenige. Jeder Landwirth weiß, daß die Culturpflanzen trotz aller Wechselwirthschaft allmälig ausarten, wenn sie nicht von Zeit zu Zeit mit andern aus entfernteren Gegenden vertauscht wurden. Das erinnert an die großen Völkerwanderungen, welche die Völker durch gegenseitige Vermischung wieder stärkten und verjüngten. Jeder Viehzüchter weiß es, daß längst gezähmte Thiere von Zeit zu Zeit wieder durch wilde aufgefrischt werden müssen. Ja, die Erfahrung bestätigt nur zu sehr, um noch einmal auf den Menschen zu kommen, daß diejenigen Stämme, welche stets nur in ihrem engen Kreise ihre Heirathen Jahrhunderte lang schlossen, allmälig ebenso ausarteten wie Schafheerden, welche nicht alle 2 bis 3 Jahre ihre Widder wechselten. Im traurigsten Maßstabe hat sich das bei den Nachkommen jener holländischen Colonisten bewährt, welche zuerst das Kap der guten Hoffnung colonisirten. Skropheln, Krebs, Aussatz und andere Hautkrankheiten sind das furchtbare Erbtheil der gegenwärtigen Nachkömmlinge. Die leichteste Contusion, die einfachste Geschwulst artet in der Regel sofort zu furchtbaren Krebskrankheiten aus. Und warum? Weil die Säfte dieser Stämme durch fortgesetzte Vermischung der nächsten Blutsverwandten unter sich selbst allmälig verschlechtert sind. Ganze Herrscherfamilien sind auf diese Weise zu Grunde gegangen. Bekannt ist die allmälige Entartung und der Untergang des Stammes der Bourbonen. Von Ludwig XV. bis zu Heinrich IV. und Maria von Medici zurück, bemerkt Alexandre Dumas, war Heinrich IV. fünfmal der Urgroßvater Ludwig's XV. und Maria von Medici fünfmal dessen Urgroßmutter. Von Philipp III. und Margarethe von Oesterreich zurück war Philipp III. dreimal sein Urgroßvater und Margarethe dreimal seine Urgroßmutter. Unter 32 männlichen und weiblichen Ahnen Ludwig's XV. finden sich 6 aus dem Hause Bourbon, 5 aus dem Hause Medici, 11 aus dem Hause Oesterreich-Habsburg, 3 aus dem Hause Savoyen, 3 aus dem Hause Lothringen, 2 aus dem Hause Baiern, ein Stuart und eine dänische Prinzessin. Genau so bei den Pflanzen; denn soweit Mensch, Thier und Pflanze zu der organischen Schöpfung gehören, soweit auch sind sie in ihren Lebensbedingungen denselben oder ähnlichen Gesetzen unterworfen. Der Untergang organischer Wesen braucht mithin noch gar nicht von den Veränderungen der Erdoberfläche und Klimate, am wenigsten von stürmischen Ursachen hergeleitet zu werden, er erklärt sich aus dem Vorigen klar genug, und so sagen wir hier mit dem englischen Naturforscher Charles Darwin: „Das können wir jetzt mit Sicherheit sagen, daß es sich mit der Art wie mit dem Individuum verhält, die Stunde des Lebens ist abgelaufen und das Lebensziel erreicht."

Aber es sind nicht sämmtliche Pflanzentypen der Vorwelt untergegangen, einige haben sich noch in die Gegenwart herein gerettet. Auch dieses habe ich näher zu begründen gestrebt und muß es hier um so mehr in wenigen Worten wiederholen, weil hieraus erst die Pflanzendecke der Gegenwart das rechte Licht erhält. Die Erfahrung erleichtert uns unsern Weg durch die triftigsten Beweise. Es gibt unter Anderm eine Menge von Pflanzentypen, von denen man sagen muß, daß sie unvermittelt neben ihren übrigen Verwandten der Gegenwart dastehen. Ist das der Fall, so deutet das auf eine Lücke, gewissermaßen einen Sprung hin. Doch macht die Natur nirgends Sprünge, wie bereits Linné als Grundgesetz hinstellte; überall fügt sie in Uebergängen eine Gestalt an die andere und stellt hiermit eine ununterbrochene Kette der Entwickelung auch im Gebiete der Gestaltung her. Beobachten wir nun irgendwo eine solche Lücke, so dürfen wir mit Recht schließen, daß, wenn die Verwandten nirgends auf der Erde zu entdecken sind, die Vermittler in der Vorwelt gesucht werden müssen. Es geht daraus aber auch gleichzeitig hervor, daß die gegenwärtig allein stehenden von der Vorwelt der Gegenwart überliefert sein müssen; denn man kann nicht annehmen, daß ein so unvermittelter Typus in der letzten Periode der Schöpfung entstanden sein könne. Wäre die Schöpfungsperiode der Jetztwelt eine eigene, in und für sich abgeschlossene, so dürften wir nach dem Gesetze der Uebergänge mit Grund annehmen, daß auch sie alle ihre Typen in sanfter Vermittelung an einander gereiht haben würde, an einander hätte ketten müssen. Endgültig darf man folglich die in der heutigen Schöpfung unvermittelt stehenden Typen als aus früheren Schöpfungszeiten herstammend betrachten. Damit ist unser oben ausgesprochener Satz zunächst logisch begründet. Unter den mancherlei vereinzelt stehenden Pflanzentypen der Gegenwart nenne ich z. B. die Torfmoose (Sphagnum). Sie weichen durch ihre äußere Tracht wie durch ihren inneren Bau so wesentlich von allen übrigen Moosen der Jetztwelt ab, daß sie nur verstanden werden können, wenn man sie aus früheren Schöpfungsperioden herleitet. Ich nenne aber ebenso die Casuarinen, welche, die Ephedra Südeuropas ausgenommen, nur in den Schachtelhalmen der Gegenwart einige Verwandtschaft besitzen. Ich nenne ferner die Balanophoren der heißen Länder, die Cycadeen, mancherlei Zapfenbäume, wie den seltsamen Ginkgo Japans, die Säulencypresse (Araucaria excelsa oder Cupressus columnaris Forst.) der Neuen Hebriden, den Phyllocladus Neuseelands u. s. w. Es würde hier nichts nützen, die ganze Reihe derjenigen Pflanzentypen aufzuzählen, von denen man annehmen könnte, daß sie höchstwahrscheinlich aus früheren Schöpfungsperioden herstammen. Auch das Thierreich kennt diese Erscheinung. Fast unvermittelt steht die seltsame Familie der Edentaten oder zahnlosen Säugethiere, zu denen das wunderbare Schnabelthier Neuhollands (Ornithorhynchus paradoxus) gehört. Das Walroß und Nilpferd, der Pentacrinus der Strahlthiere und viele andere Thiertypen scheinen sich hier anzuschließen. Es folgt also aus dem Ganzen, daß die Pflanzendecke und Thierwelt der Gegenwart und Vergangenheit eine einige, innig zusammenhängende Entwickelungsweise darstellt, daß mithin Thier- und Pflanzenwelt der Jetztwelt das Product aller Schöpfungsperioden der Erde zusammen und nicht einer einzigen ist, welche nach der tertiären Periode erschien.

Diese ganze Untersuchung zeigt uns aber auch unwiderstehlich, daß es eigentlich nie bestimmte, in sich abgeschlossene Schöpfungsperioden gab und geben könnte, daß vielmehr die Zeugung neuer Pflanzentypen unaufhörlich auf einander folgte, bis sie in dem Zeitraume der Gegenwart abgeschlossen war, obschon kein Grund dafür vorhanden ist, den völligen Abschluß aller Schöpfungsperioden für immer anzunehmen. Dieser Zeitraum aber war so ungeheuer ausgedehnt, daß bereits viele frühere Typen wieder ausstarben, während neuere neben ihnen aus der Erde hervorsproßten. Nur zu unserem bessern Anhalte ist es wichtig und rathsam, bestimmte Perioden anzunehmen, weil sie unsere Auffassung unterstützen. Dazu kommt, daß allerdings, wie die Pflanzenablagerungen zeigen, in gewissen Zeiträumen auch ganz gewisse Typen untergingen und genau mit der Ablagerung und Bildung derjenigen Gebirgsmassen zusammenstimmen, welche wir gegenwärtig die sedimentären, d. h. durch Absetzen von Erdschichten erzeugten nennen, wie Kalk, Kreide, Sandstein u. s. w. beweisen.

Wie bildeten sich jedoch die Kohlenlager und die Einschlüsse von Pflanzen in Erdschichten? wird man jetzt fragen. Auch diese neue Frage muß aus den Erscheinungen der Gegenwart gelöst werden. Ich erinnere hier an die Thatsachen, welche wir in der natürlichen Wechselwirthschaft der Wälder kennen lernten. In den Mooren des Brockengebirges, Dänemarks, Englands u. s. w. finden wir noch heute eine Menge von Einschlüssen früher daselbst gewachsener Bäume, welche gegenwärtig von Nadelhölzern verdrängt sind. Nehmen wir nun an, daß auch in der Vorzeit eine ähnliche Wechselwirthschaft stattfand und bei langer Wiederholung die Typen allmälig ausstarben, so kommen wir auf folgende Ansicht. Die größte Masse der Kohlenlager ist aus Torflagern entstanden und zwar diejenige, welche fast structurlos nur eine einzige gleichmäß'ge Masse zu bilden scheint. Gleichzeitig aber blieb in diesen Mooren noch mancher Strunk und mancher andere Pflanzenrest übrig, welcher, durch die Salze des Moores erhalten, der Gegenwart überliefert wurde. Dasselbe konnte auch auf eine andere Weise erreicht werden, wenn nämlich Pflanzentheile in die eben sich bildenden sedimentären Ablagerungen der Erdschichten geriethen, hier eingebettet und gleichsam wie in Gyps abgedrückt wurden. Während ihre Pflanzensubstanz verweste, verkohlte, blieb der Abdruck nichtsdestoweniger übrig. Göppert hat bekanntlich auf diese Weise künstliche Pflanzenabdrücke zuerst gefertigt und Jeder kann sie leicht wiederholen. Daß sich nun über die Grabstätten Tausender vertorfter und verkohlter Pflanzen mächtige Gebirgschichten ausbreiteten und durch ihre Schwere dazu beitrugen, die eingebetteten Pflanzenreste glatt zu drücken, ist am leichtesten verständlich. Denn es bilden sich überall noch heute ähnliche Ablagerungen, sei es durch Gewässer, welche durch ihren Uebertritt meilenweite Ueberschwemmungen und hierdurch ein Absetzen von Schlamm bewirken, wie der Nil beweist, sei es durch Winde, welche den Staub nach allen Richtungen führen und ihn im Laufe von Millionen Jahren zu ansehnlichen Lagern häuften, sei es durch die Thätigkeit von Thieren und Pflanzen, welche Kalk, Dolomit u. s. w. durch Zersetzung der Salze des Wassers aus diesem abschieden. Man weiß, daß in manchen Gegenden wahrscheinlich noch in geschichtlicher Zeit ganze Wälder verschwanden, wenn sie vom Meere bedeckt wurden oder durch eine Versumpfung des Bodens, folglich durch eine fortschreitende Vertorfung ihr

Leben verloren und nun begraben wurden, wie man das namentlich in England nicht selten beobachtet hat. Man weiß auch, daß z. B. in Nordafrika ebenso ganze Wälder untergingen, indem ihr Leben wahrscheinlich durch ein unaufhaltsames Vordringen vom Flugsand der Wüste verkürzt wurde. Die oberirdischen Theile mögen theilweis verwest und zerstreut sein, die unterirdischen und unteren Stammpartien blieben dagegen erhalten und verkieselten allmälig. Irre ich nicht, so findet sich ein solcher verkieselter Palmenwald noch heute in der Nähe von Cairo.

Blicken wir auf das Ganze zurück, so liegt die Flora der Vor- und Jetztwelt als ein einiges Ganzes vor uns. Dieselben Ursachen, durch welche noch heute Typen und Wälder untergehen, dieselben Ursachen, durch welche sie noch heute erhalten werden, waren im Laufe des unendlich langen Zeitraumes thätig, den die Entwickelungsgeschichte der Erde vom Beginn der organischen Schöpfung bis heute zurückzulegen hatte. Wo die Pflanzen verkohlt gefunden werden, da wuchsen sie, wenn sie auch dann und wann und hier und da durch örtliche Ursachen, Fluthen und Winde, an andere Stellen geführt worden sein mochten. So erklärt sich aller Wechsel des Pflanzenkleides der Erde einfach und ungezwungen. Wie er aber näher stattfand, versuchen wir an der Hand unserer gegenwärtigen geologischen Bildung in Folgendem uns deutlich zu machen, indem wir nun auch die geologischen Perioden, so künstlich sie auch immer abgegrenzt sein mögen, durchwandern. Es gilt, uns die Landschaftsbilder der Vorwelt im Geiste aus den Mosaiksteinchen der Halden mit ihren Pflanzenabdrücken und aus den vielfachen Ablagerungen und Einschlüssen unserer Kohlenbecken wieder aufzubauen, soweit es das Ruinenartige dieser Ueberreste gestattet. Wir nehmen zu unserer Beruhigung die Ueberzeugung mit auf den Weg, daß es in der Vorwelt ungefähr so aussah, als ob wir heute eine Reise aus einer Zone in die andere machten. Weder waren die Gestalten riesiger, noch seltsamer. Wenn die untergegangenen Urwälder heute plötzlich durch eine magische Kraft wieder vor unserem Auge lebend emportauchten, der Pflanzenforscher würde nicht einen Augenblick zweifelhaft sein, ihre Gewächstypen zu entziffern und mit ihnen Lücken auszufüllen, welche die Pflanzenwelt der Gegenwart darbietet. Das ist geeignet, das Grauen zu mildern, welches den Wanderer so leicht befällt, wenn er in fremden Wildnissen herumirrt oder sich in dem geheimnißvollen Dunkel der Vorzeit verliert, wo jeder Schritt die leicht erregte Phantasie ins Reich des Wunderbaren und Fabelhaften zu führen droht. Das ist ja der göttliche Endzweck der Wissenschaft, daß sie uns heimisch zu machen sucht, wo wir Fremdlinge zu sein schienen.

Landschaft der Uebergangsperiode, nach Unger. Links Farrenkräuter und das cactusartige Gewächs
Lomatophloyos, daneben die Stigmarie, baumartig treten auf die Sigillarien, den Hintergrund
machen riesige Schachtelhalme.

II. Capitel.
Die Uebergangsperiode.

Der Anfangspunkt unserer Wanderung liegt uns näher, als jener des
Geologen. Wenn derselbe an der Hand der astronomisch-chemischen Wissen=
schaft noch eine Ansicht über die Art und Weise der Erdbildung zu ge=
winnen sucht, ist uns die Erde bereits ein Gegebenes. Ihre Urgebirge
waren gebildet, die Wogen des Erdoceans breiteten sich noch rings um sie
her. In ihrem Inneren glühten noch mehr als heute unter wilder Em=
pörung heiße Flammen. Dicke Wolken verdeckten den Himmel, um bald
hier, bald da als Wolkenbrüche ihre Wasser der mütterlichen Gruft, der sie
entstammten, dem Meere, zurückzugeben. Ungeheure Mengen von Kohlen=
säure erfüllten das Luftmeer, von dem chemischen Verbrennungsprozeß der
Erdbildung gezeugt. In solcher Atmosphäre vermochte kein warmblütiges
Thier zu leben; denn dieses athmet nur, um den Sauerstoff der Luft in
sein Blut überzuführen und dafür die vom Blute ausgeschiedene Kohlen=
säure auszuhauchen. Ganz anders die Pflanze. Ihr Leben beruht wesentlich
auf der Aufnahme von Kohlensäure, aus welcher sie den Kohlenstoff zur
Bildung ihrer Gewebe ausscheidet. Dieselbe Rolle also, die noch heute

die Wälder als Luftreiniger spielen, besaßen die Gewächse schon bei ihrem Beginn, sie hatten die Erde durch die Verwandlung der Kohlensäure in lebendes Zellgewebe für die Schöpfung der höheren Thierwelt wesentlich vorzubereiten. Aus den Kohlenlagern der Erde würde sich, wenn die Mengen dieser Kohlenbecken genau ermittelt werden könnten, auf chemische Weise leicht die Menge der Kohlensäure berechnen lassen, welche dazu gehört hatte, diese Lager zu bilden, folglich das damalige Luftmeer erfüllt haben mußte. Der Amerikaner Rogers hat sich dieser Rechnung unterzogen und gefunden, daß die gegenwärtige Atmosphäre so viel Kohlenstoff in ihrer Kohlensäure besitzt, um daraus 850,000 Millionen Tonnen Kohlen zu erzeugen. Dagegen besaß die Atmosphäre der Urwelt sechsmal mehr, so viel nämlich, daß aus dieser Kohlensäure 5 Billionen Tonnen Kohlen gebildet wurden.

Wir haben schon einmal gesehen, daß die ersten Pflanzen der Erde sich im Meeresschooße bilden mußten. Es konnten nach den im vorigen Abschnitte erläuterten Grundsätzen keine andern als die der Gegenwart sein. Urpflanzen und Algen, namentlich aus der Abtheilung der Tange, waren die ersten Vertreter des Gewächsreichs. Ihre Ueberreste finden sich heute in den ersten sedimentären Gesteinsschichten, in den cambrischen, silurischen und devonischen Schichten, wie man diese ersten Bildungen der Erdoberfläche durch Ablagerung in England nennt, in der älteren Grauwacke der Rheinlande und in der jüngeren Schlesiens und Sachsens, welche die Uebergangsformation in Deutschland bilden, eingeschlossen. Mit Recht bezeichnet man deshalb auch diese Gebirgsbildung (Formation) als eine vermittelnde zwischen den Urgebirgen und den sedimentären Gebirgen. Wo jene Tange in großen Massen vereint in diese erdigen Schichten eingebettet wurden und in denselben verkohlten, da mußten höchst eigenthümliche Kohlenbildungen daraus hervorgehen. Es sind die Kohlen, die wir als Anthracit und Graphit, von dem das Material zu unsern Bleistiften herstammt, kennen. Die gleichmäßige, structurlose Masse dieser Kohlen erklärt sich einfach aus dem Baue der Seetange. Kein Tang bildet nämlich Holzschichten; jeder Theil besteht aus einem Gewebe von locker an einander gefügten, meist gallertartig oder knorpelig weichen Zellen, ohne Gefäße zu besitzen. Viel Stärkemehl ist den meisten eigen; darum brennen diese Gewächse nicht mit lichter Flamme, sondern verkohlen nur. Wahrscheinlich tragen hierzu die vielen Salze des Meerwassers das Meiste bei. Daraus erklärt sich wohl auch, daß der Graphit nicht brennt.

Versuchen wir es, uns ein Gemälde dieser Meereswälder nach dem riesigen Maßstabe zu bilden, den uns die Gräber der Urwelt zeigen, so muß es auf dasselbe hinauslaufen, welches wir bereits in den Tangfluren (S. 57) gezeichnet.

Doch nicht lange sollte das feste Land unter den Fluthen des Meeres begraben liegen. Allmälig hob es sich, von der gewaltigen Spannkraft unterirdischer Gase des Erdkerns in die Höhe getrieben. So schaute hier und da ein Stück Insel über das Urmeer empor, immer aber noch niedrig genug, um, wenn auch das Salzwasser des Meeres verlaufen sein mochte, von unaufhörlichen Regenfluthen unter Wasser gesetzt zu werden. Man kann mit ziemlicher Wahrscheinlichkeit vermuthen, daß, als nun die Pflanzenwelt auch dieser neuen Bildungsstufe der Erde folgte, zuerst Wasserpflanzen entstanden. Große Strecken der Sümpfe mußten von jenen seltsamen Gewächsen erfüllt sein, die wir noch heute als eine Familie der Algen, als „Armleuchter" oder Characeen kennen und welche, wie die vielen Salzseen Neuhollands und einige in Deutschland, z. B. der Salzsee bei Halle, beweisen, so gern im salzhaltigen Wasser erscheinen. Ihnen standen andere Gewächse zur Seite, welche wir bereits in der Seeschaft (S. 28) als Süßwasser-Algen, ihre nächsten Verwandten, kennen lernten und die mit jenen vereint den ersten Humus der Sümpfe bildeten. Neben solchen einfachen Gewächsen erheben sich, oft in mächtigen baumartigen Gestalten, niedere Gefäßpflanzen über die Sümpfe empor. Es waren Schachtelhalme oder Equisetaceen, gegliederte Gewächse, deren Glieder tutenartig in einander stecken und am Gipfel in läubchenartigen Aehren ihre Früchte treiben. Die riesigste, unmittelbar zu ihnen oder neben sie gehörende Gestalt war die Calamiten. Nach ihren Ueberresten erhob sie sich aus einer kegelförmigen enggegliederten Wurzel (s. Abbild.) als ein ebenso gegliederter, dicker und hohler Stamm, von dessen Gliedern aus eine Menge von Blättern wirtelförmig um den Stengel gestellt waren, wie es noch heute die Schachtelhalme zeigen. Aehnlich gebaute Asterophylliten

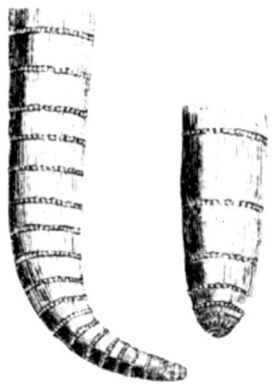

Calamites Suckowii.

(s. Abbild. S. 94) und Annularien (s. Abbild. S. 97) vermehrten den Wechsel dieser Pflanzenform. Vielleicht zeugt heute nur Java ähnliche riesige Gestalten. Wenigstens berichtet Jungbuhn von 10 Fuß hohen Schachtelhalmen, welche er in den Sümpfen des Schlammvulkanes Galungung, mit riesigen Rohrkolben (Typha) und riesigen Schilfgräsern vereint, traf. Es ist kein Grund vorhanden, uns die Vorzeit anders zu denken.

Waren die Thiere der ersten Periode den frühesten Gewächsen der Erde entsprechend; waren es meist Polypen, Strahlthiere, Schnecken, besonders Trilobiten, niedere Krebse und Fische: so erschienen jetzt bereits, wenn auch noch äußerst selten, amphibisch lebende Schildkröten und eidechsenartige Thiere.

Ganz anders sollte sich das Bild gestalten, als das Land immer höher stieg. Denn nun waren die Bedingungen zur Schöpfung einer Landflora und Landfauna gegeben. In den ältesten Schichten, den silurischen, fehlen sie völlig, in den späteren treten sie nur höchst vereinzelt auf, jedoch schon mit Familien und Gattungen der späteren Steinkohlenperiode beginnend, aber noch mit Seetangen vermischt. Im Kohlenkalk werden die Landpflanzen schon häufiger, die Seetange treten zurück, es erscheinen bereits Farren, Stigmarien, Sigillarien, Nöggerathien und Zapfenbäume. Unter denselben zeichnen sich als die seltsamsten Formen, welche der Gegenwart ziemlich fremd sind, Stigmarien, Sigillarien und das seltsame Lomatophloyos crassicaulis aus. Dieses erschien als ein dickes, fast cactusartiges Gewächs, die Stigmarie (Stigmaria ficoides) als ein schwimmender Busch von krautartiger Bildung, in welcher Göppert neuerdings die Natur der Wasserrosen aufgefunden zu haben glaubt, die Sigillarien oder Siegelbäume endlich traten in der Gestalt des noch heute in Neuholland vorhandenen Grasbaumes (Xanthorrhoea Hastile), an der Rinde mit siegelartigen Narben versehen, auf.

Ehe sich jedoch diese Landflor bilden konnte, mußten ihr humusbereitende Gewächse vorangehen. Natürlich waren es solche, welche des Humus nicht bedürfen und unmittelbar aus der Erdkrume oder dem nackten Felsen ihre Nahrung beziehen, um endlich bei ihrem Absterben eine Humusdecke zu bilden. Es steht der Ansicht nichts im Wege, daß dies Lebermoose, Laubmoose und besonders Flechten waren. War erst eine Humusdecke gegeben, so fanden nachgeborene Pflanzentypen hinreichend ihre Stätte bereitet. Es ist und bleibt eines der tiefsten Naturgesetze, daß das Zusammengesetztere, das wir unberechtigt nur zu gern das Höhere zu nennen belieben, stets einem Einfacheren nachfolgt.

III. Capitel.
Die Steinkohlenperiode.

Immer höher trat das Land über den Ocean empor, durch zahlreiche Felsenklippen zerklüftet. Aber immer waren es nur einzelne Inseln, welche als Oasen aus dem Urmeere hervorragten. Die heutigen Steinkohlenlager der Erde erzählen uns, wo diese Inseln lagen. Sie finden sich über die ganze Erde verbreitet und werden selbst in den Polarländern beobachtet. Auf der nördlichen Halbkugel der Erde lagen sie im jetzigen Spitzbergen, auf der südlich davon gelegenen Bäreninsel, an mehren Punkten des nördlichen Eismeeres, z. B. auf der Melville-Insel und Byam-Martin, vielleicht auch an einigen Punkten zwischen der Baffins-Bay und Behringsstraße, an der Ost- und Westseite von Grönland. Alle übrigen wichtigeren Steinkohleninseln befanden sich zwischen dem nördlichen Polarkreise und dem Wendekreise des Krebses, wie die Kohlenflötze Großbritanniens, Spaniens,

Reale Raubschen der Zierukehlunerche, nach Riner.

Frankreichs, Belgiens, Deutschlands, Rußlands und Sibiriens beweisen. Deutschland selbst war damals in mehren Inseln vorhanden. So ein Theil der Rheinlande, Westphalens, Thüringens (Grafschaft Henneberg und Saalkreis), Sachsens, Schlesiens, Böhmens, Mährens u. s. w. Wo sich hier nur immer ein Steinkohlenflötz befindet, da war auch das Land bereits über das Urmeer gehoben, alles übrige Land lag noch unter dem Wasserspiegel begraben. In Nordamerika reichten diese Inseln nach Taylor nur bis zu 50° n. Br., während sie in der Alten Welt um 6—8° höher hinaus gingen. Viel ungewisser ist die Bestimmung der Steinkohleninseln auf der südlichen Erdhälfte. Nur einzelne Punkte von Südamerika, Ostindien, den Sundainseln, vielleicht auch von Vandiemensland, Afrika u. s. w. gehören hierher.

Jedenfalls darf man auch von der Ausdehnung der Steinkohlenlager auf den einstigen Umfang der Wälder schließen, welche jene Inseln besaßen. Das Kohlenlager des Alleghanygebirges in Nordamerika ist 163 deutsche Meilen lang und 57 Meilen breit, besitzt also einen Flächenraum von 5000 Meilen. Zwischen dem Missouri und Ohio befindet sich ein anderes, welches 2650 □ Meilen umfaßt, eine Länge von 72 Meilen und eine Breite von 45 Meilen hat. Gegen diese ungeheure Ausdehnung treten unsere sämmtlichen Steinkohlenlager in Europa weit zurück. Europa scheint dagegen in jener Periode in weit mehr Inseln gehoben gewesen zu sein, als Nordamerika.

Anders ist es mit der Mächtigkeit der Steinkohlenlager. Diese berechtigt uns zu Schlüssen über die Zeitdauer der Steinkohlenwälder. Chevandier fand, auf einen 65jährigen Ertrag zweier Buchenhochwälder gestützt, daß unsere heutigen Wälder in 100 Jahren mit ihrem Kohlenstoffe eine Steinkohlenschicht von 7 Pariser Linien auf 1 Hectare oder 3,917 preuß. Morgen bilden würden. Eine solche Berechnung, auf ein Steinkohlenflötz angewendet, läßt natürlich leicht aus der Mächtigkeit der Schichten auf die verflossene Zeit schließen. So hat man die Zeitdauer dieser Wälder in dem zwischen der Saar und Blies gelegenen, als Saarbrücker Steinkohlenformation bekannten Steinkohlenflötze nach ihrem Inhalte von 90,8 Billionen Pfund Kohlen, in welchen 72,6 Billionen Pfund Kohlenstoff enthalten sind, auf 672,788 Jahre berechnet. Es liegt jedoch auf der Hand, daß hieraus nicht auf die Zeitdauer der Steinkohlenperiode geschlossen werden kann; denn es ereignete sich nicht selten, daß sich zwei bis drei solcher Flötze über einander bildeten, folglich die Zeitdauer der Steinkohlenpflanzen weit über die hinaus ging, welche zur Bildung des Steinkohlenflötzes gehörte. G. Bischof hat sie auf 9 Millionen Jahre vor unserer Zeitrechnung zurückversetzt. Doch liegt es auf der Hand, daß alle derartigen Rechnungen keine unbedingte Gültigkeit haben können.

Ungleich tiefer zieht uns deshalb das Bild an, das wir uns aus den Pflanzenresten von diesen Urwäldern der Vorzeit zusammenzustellen vermögen. Einförmig, wie noch die ganze vom Meere zum größten Theile

Die Steinkohlenperiode.

bedeckte Erde, ragte eine Steinkohleninsel über das Urmeer empor, ohne jene grotesken Felsenbildungen, wie sie unsere heutigen Inseln so oft zeigen. Tiefe Sümpfe bedeckten das Land, hier und da marschenartig umgestaltet, je höher sich seine Fläche über den Ocean hob. Aber überall wucherte bereits seit längerer Zeit eine niedere Pflanzenwelt, die der Algen und Moose. Ungeheure Strecken waren von Torfmoosen und Schachtelhalmen bedeckt. Auf ihren Humusschichten sproßten die Urwälder empor. Aber welche Urwälder! Schlanke Farrenstämme von brauner Färbung, bis auf die Wurzel herab von den dicken Schwielen abgestorbener Blattstiele oder von tafelartiger Stuccatur bedeckt, von üppigen grünen Moosen bewohnt, strebten viele Fuß hoch zum Lichte, das finstere Wolken wesentlich dämpften, aber dadurch gleichzeitig beitrugen, den das Dunkle liebenden Farren das günstigste Klima zu geben. Hohe, schopfartig gestellte Wedel, in zierliche gefiederte Blättchen vielfach getheilt, bildeten wie prachtvolle Straußfedern den von jedem Winde leicht bewegten Wipfel. So sproßten sie palmenähnlich aus dem jungfräulichen Boden hervor. Ihr leichtes, luftiges Blätterdach, voll Anmuth und Grazie, war aus 10—15 Fuß langen und mehr als 5 Fuß breiten Wedeln gebildet. So senkte es sich in sanften Schwingungen bald traumhaft zur Erde nieder, bald lag es wie die Speichen eines Rades wagerecht am Gipfel ausgebreitet, aber immer ätherisch leicht. Von unten auf betrachtet, mußte dieses wunderbar zarte Blätterdach, dessen Obergrund die finsteren Wolken waren, einen seltsamen Contrast mit diesen drohenden Wolken bilden, die nicht zu dieser unendlichen Sanftheit der Wedel paßten. Doch nicht alle Farren besaßen palmenartige Schafte. Sehr viele wucherten mit ihren Wedeln auf dem Boden, ungeheure üppige Büsche bildend. In der Gegenwart, so scheint es, bietet nur Neuseeland ein ähnliches Landschaftsbild. In diesem Lande ist es, wo die Farren große Strecken des wellenförmigen Landes bedecken und als zusammenhängende Pflanzendecke gleichsam die Stelle der Wiesen vertreten. Gibt es überhaupt noch in der Gegenwart einen landschaftlichen Anhaltpunkt für das Pflanzenbild der Steinkohlenwälder, so dürfte er im antarctischen Archipel zu suchen sein; um so mehr, als sowohl die inselartige Erhebung des Landes, als auch die noch gegenwärtig dort existirenden Pflanzentypen Vieles mit dem Bilde gemein haben, das sich der Forscher so gern von dem Landschaftsbilde der Steinkohlenperiode entwirft. In der That vervollständigen diesen Vergleich auch jene seltsamen Zapfenbaumgestalten, welche wir noch heute in diesem Inselmeere antreffen. Die bei einer andern Gelegenheit (S. 20) schon erwähnte Säulencypresse Forster's von den Neuen Hebriden, welche zu dem Geschlechte der Araucarien gehört, scheint mir in vielfacher Beziehung zu jenen Pflanzentypen zu stehen, die man bisher als baumartige Bärlappe (Lycopodiaceen) bezeichnete. Diese Nadelholzgattung zeichnet sich besonders durch ihre Stämme aus. Sie sind mit regelmäßig angeordneten Narben versehen, welche von den früher hier gestandenen, aber abgefallenen breiten Blättern gebildet wurden. Wenigstens findet man dieses Merkmal bei einigen Arten. Hiermit stimmen

Das Buch der Pflanzenwelt. I.

auch die in den Steinkohlenflötzen gefundenen Stämme überein, die man als Lepidodendreen, Schuppenbäume, bezeichnet hat. Noch merkwürdiger ist die Säulencypresse, von welcher ich noch den von Forster mitgebrachten Zweig besitze, durch die Anordnung ihrer Blätter. Dieselben gleichen genau den hornartigen Schuppen unserer Tannenzapfen. Ja, denkt man sich einen solchen Zapfen zu einem schlanken Zweige in die Länge gezogen, so hat man das vollständige Bild eines solchen Zweiges. Dadurch erlangt derselbe allerdings eine gewisse Aehnlichkeit mit manchen Bärlapparten, und wir besitzen hier denselben Fall, den wir schon einmal in Casuarina zu bewundern hatten. Wie sich hier aus der Abtheilung der Kryptogamen die Form des Schachtelhalms mit dem Typus der Nadelhölzer combinirte, so verband sich hier, so zu sagen, der Typus der Bärlappe mit dem der Zapfenbäume. Setzt man also eine Säulencypresse statt der Kaurifichte (Dammara australis) Neuseelands auf jene Farrenfluren, so wird man im Geiste so ziemlich das Landschaftsbild der Steinkohlenperiode besitzen. Es müßte täuschend werden, wenn man statt der Sigillarien aus Neuholland den schon erwähnten Grasbaum herüberholte und ihn nebst einigen Palmen, von denen die Steinkohlenflötze nur Spuren zeigen, dorthin pflanzte.

Trostlose Einförmigkeit neben tiefster, tiefster Stille mußte der Charakter dieser Urwälder sein. Nur einzelne lichtscheue Amphibien durchbrechen, obwohl noch selten, gespensterhaft diese Wälder. Kein Vogelsang, kein Insektenbrummen störte die wüste Einsamkeit. Sie war um so niederdrückender, je geringer die Zahl der Pflanzenfamilien, Gattungen und Arten dieser Wälder war. Wenn gegenwärtig wenigstens 11,000 Pflanzenarten dem kleinen Europa allein angehören; wenn darunter allein gegen 6000 Blüthenpflanzen gezählt werden, so haben wir bis jetzt trotz eifrigster Nachforschung kaum 800 Pflanzenarten in der Steinkohlenperiode, die sich doch über die ganze Erde verbreitete, kennen lernen. Die Verhältnisse haben sich gegenwärtig wunderbar umgestaltet. In den Steinkohlenwäldern bildeten nach Göppert die größte Masse die Sigillarien und Stigmarien, dann folgten die Araucarien und Calamiten, dann die Lepidodendreen, die Farren und endlich die wenigen übrigen Steinkohlenpflanzen. Die fünf ersten Familien besitzt Europa nur in winzigen Andeutungen oder gar nicht mehr, von den Farren kaum 50, während doch die Steinkohlenwälder schon jetzt über 200 Arten mehr lieferten. Noch einförmiger werden diese Urwälder, wenn man mit Brongniart annimmt, daß in den einzelnen Epochen, d. h. in den einzelnen kleineren Zeitabschnitten der riesig langen Steinkohlenperiode gleichzeitig kaum mehr als 100 Arten auftraten. Nur unsere Nadelwälder liefern zu dieser Einförmigkeit ein einigermaßen ähnliches Seitenstück, insofern unter ihrem Schatten nur wenige andere Gewächse eine Heimat finden. Diese große Uebereinstimmung und Einförmigkeit der Steinkohlenflor auf der ganzen Erde bezeugt, daß die Klimate sich noch nicht in derjenigen Weise gesondert hatten, wie sie die Gegenwart kennt, daß sie vielmehr durch die größere innere Erdwärme und den umschließenden Ocean eine gleichmäßigere Temperatur — man schätzt sie auf 20—25° R. —

Die Steinkohlenperiode.

besaßen. Ließ diese innere Erdwärme durch allmälige Ausstrahlung nach, verlor das Urmeer au Fläche, hob sich das Land immer höher: so mußte das Inselklima allmälig zu einem continentalen umgeschaffen werden. Die

Bedingungen zu neuen Schöpfungen waren fortwährend gegeben: dagegen überdauerten die Gewächse der Steinkohlenperiode diese Umänderung des Klimas nicht, sie gingen an ihr oder dadurch zu Grunde, daß ihre Lebensdauer überhaupt abgelaufen war. Sollten dennoch zähere Typen diese Umwandlung

8*

überlebt haben, so mögen es Araucarien und Farren gewesen sein. Denn wie sich die klimatischen Grenzen eines Gewächses außerordentlich ausdehnen lassen, zeigen noch heute unsere Culturgewächse. Doch muß hierbei immer festgehalten werden, daß die Steinkohlenflora sich sicher nur in einem Inselklima erhalten haben könne. Aus diesem Grunde werden wir nochmals zu dem antarctischen Inselmeer zurückgeführt. Sollten sich wirklich Typen aus der Steinkohlenzeit erhalten haben, so könnte es nur hier geschehen sein. Meine subjective Ueberzeugung läßt mich in der That immer wieder auf diese Behauptung zurückkommen und glauben, daß das australische Inselreich nicht allein, wie man schon oft vermuthete, der älteste Erdtheil sei, sondern daß sich in ihm auch noch die meisten Anklänge an die Steinkohlenzeit erhalten haben. Trotzdem kann nicht geläugnet werden, daß hier und da der Untergang der Steinkohlenwälder durch stürmischere Ursachen, Fluthen und Landhebungen mittelst vulcanischer Kräfte herbeigeführt worden sein könne. Das scheinen wenigstens jene Steinkohlenflötze Englands zu beweisen, welche gegenwärtig sich weit bis in das Meer hinein erstrecken und über denen jetzt die stolzen Flaggen mit Hilfe derselben Kohlen segeln, die hier tief im Meeresschooße vergraben liegen, derselben Kohlen, durch welche eine unendlich ferne Urzeit der heiteren Gegenwart die Hand reicht. So verknüpfen sich nicht selten in der Natur und der Geschichte die seltsamsten Gegensätze. Ist es nicht die wunderbarste Auferstehung, welche die Steinkohlenwälder nach 9 Millionen Jahren in der Geschichte der Menschheit hielten und unserem Jahrhundert, dem Zeitalter des Dampfes, die größte Triebkraft, der größte Hebel zu Reichthum und Bildung wurden?

IV. Capitel.
Die permische Periode.

Eine neue Zeit ist angebrochen: das Rothliegende und der permische Sandstein wird gebildet. Dies konnte nur geschehen, nachdem der Porphyr gehoben war, der, zertrümmert und zerwaschen, jene Gebirgsschichten hervorrief. Daher der innige Zusammenhang, welcher noch heute zwischen ihnen und dem Porphyr stattfindet. Neben ihrer Bildung begann aber auch die Ablagerung des Kupferschiefergebirges. Kalkige, merglige und sandige Schichten hatten sich abgesetzt. Gegenwärtig finden wir folgendes Verhältniß, wenn alle Verhältnisse allgemein, ideal angeschaut werden. Ueber der Grauwacke der Uebergangsformation lagert der Kohlenkalkstein; dann folgt die Kohlenformation mit ihren Steinkohlenflötzen, über denen meist ein Kohlenschiefer ruht; über ihm befindet sich das Rothliegende, das Weißliegende, der bituminöse Mergelschiefer, seines Kupfergehaltes wegen auch Kupferschiefer genannt, endlich der Zechstein, ein thoniger, dichter, meist grauer Kalkstein von etwas muscheligem Bruche. Die letzten obersten Glieder bilden Rauhwacke, Raubstein, Stinkstein, Gyps und

Letten oder Mergel. Man kann diese ganze Reihe vom Rothliegenden an als die Zechsteinformation zusammenfassen. Die vielfachen Fischabdrücke in derselben und der Gehalt des Mergelschiefers und Stinkkalks an bituminösen oder harzigen Substanzen beweisen die Ablagerung im Meere und die Einbettung seiner Geschöpfe, welche uns ihre Körpersubstanz in dem Bitumen, ihre Körpergestalt in den Abdrücken erhalten haben. Das gleichzeitige Vorkommen von Steinsalz und Gyps in dieser Formation bestätigt dasselbe.

Auf und an den damaligen deutschen Inseln trat diese ganze Gebirgsbildung nur vereinzelt auf. Dagegen erschien sie in außerordentlicher Mächtigkeit und Vollendung an den russischen Inseln, in dem heutigen Gouvernement Perm. Wenn in Deutschland und England höchstens 400—900 Fuß mächtige, sehr beschränkte Schichten des Rothliegenden, kaum 100 Fuß mächtige des Kupferschiefergebirges auftreten, bedecken sie in Rußland viele Tausend Quadratmeilen, mehr oder weniger in derselben Lagerungsfolge, wie wir sie vorher fanden. Diese außerordentliche Ausdehnung gab dem englischen Geologen Murchison und de Verneuil Gelegenheit, alle diese Gebirgsschichten unter einem einzigen Namen, dem des permischen Systems, zusammenzufassen und die Sandsteinablagerungen den permischen Sandstein zu nennen. In Deutschland sah vorzugsweise sein mittlerer Theil, Thüringen, die neue Gebirgsbildung vor sich gehen, die Inseln des Harzes, des Kyffhäusergebirges, des Mansfelder Gebietes und des Thüringer Waldes umsäumend. Aber auch die Inseln des Rheingebietes, Schlesiens, Böhmens, der Vogesen, die Gegend von Lodève in Frankreich u. s. w. nahmen daran Theil.

Versuchen wir es nun, uns auch diese neu gebildeten Gebirgsschichten im Geiste mit den Gestalten des Pflanzenreichs zu beleben. Wir haben es hier mit großen Schwierigkeiten zu thun, da es nicht gewiß ist, ob die neue Pflanzenschöpfung einer einzigen Periode oder ob sie den verschiedenen angehörte, in denen das Rothliegende, der permische Sandstein, der Zechstein und die Schiefer von Lodève gebildet wurden. Fassen wir jedoch alle diese verschiedenen Zeiträume als die permische Periode in Eins zusammen, um uns den Ueberblick zu erleichtern! Es vereinigt sich Vieles, zu glauben, daß die neue Pflanzenschöpfung wesentlich nicht von der der Steinkohlenzeit abwich, sondern nur eine Fortsetzung derselben war. Baumartige Farren, Schachtelhalme (Calamiten), Lepidodendreen, Nöggerathien mit palmenartigem Wuchse, farrenartige Wedeln und fiederspaltigen Blattrippen erschienen im permischen Sandsteine Rußlands. Besonders aber zeichnen die baumartigen Farren aus der Gattung Psaronius und der Familie der Marattiaceen das Rothliegende aus. In nächster Nähe beherbergt sie das Kyffhäusergebirge in erstaunlicher Schönheit. Nicht allein, daß dasselbe an den meisten Punkten des Rothliegenden mit verkieselten Hölzern noch vor wenigen Jahren völlig übersäet war, findet man noch heute halbe Stämme dieser Baumfarren verkieselt und in den verschiedensten Stellungen im Rothliegenden selbst eingebettet. Das sagt uns, daß diese Stämme bereits vor der Bildung des

Rothliegenden lebten, dann in die breiartige Gesteinsmasse eingebettet wurden und hier sich mit Kieselsäure tränkten. In den Schieferschichten von Lodève erscheinen nur Farren, Asterophylliteen und Nadelbäume, im Kupferschiefer von Thüringen nur Farren, Nadelbäume und Seetange; ein Beweis, daß das Kupferschiefergebirge am Meeresufer abgelagert wurde und dieses bereits mit einer dichten Vegetation geziert war. Im Vergleich zu dem Reichthume der Steinkohlenzeit ist diese neue Schöpfung unendlich arm. Das spricht vielleicht am meisten dafür, daß die Zeit des permischen Gebirges das letzte Aufflackern der Steinkohlenperiode war, mit welcher das Reich der Kryptogamen zu Ende ging. In der That herrschten seit der Bildung der Granwacke nur kryptogamische Algen (Tange), Moose, Flechten, Schachtelhalme und Farren vor; jetzt beginnt eine Zeit, wo sie mehr und mehr zurücktreten und den phanerogamischen Gewächsen die Herrschaft überlassen.

Ehe wir jedoch von dieser langen und für die Gegenwart so wichtig gewordenen Zeitscheide der Steinkohlenpflanzen scheiden, drängen sich uns noch einige Fragen auf, die wir beantworten müssen, wenn wir das volle Verständniß der Steinkohlenbildung, also des Unterganges der Steinkohlenwälder in die nächsten Perioden mit herüber nehmen wollen. Ich habe schon weitläufig gezeigt, daß der Untergang so vieler Pflanzen- und Thierformen nicht von stürmischen Ursachen allein herrühren könne, weil man nicht annehmen kann, daß jeder einzelne Fleck der Erdoberfläche vulkanischen Revolutionen unterworfen war. Wir müssen darum drei sehr verschiedene Ursachen annehmen. Erstens starben die Gewächse der Vorzeit aus, weil auch die Art wie das Individuum stirbt. Zweitens ging ein anderer Theil durch eine Versumpfung und Torfbildung auf ihrem Terrain zu Grunde. Die Ueberreste dieser Wälder finden sich noch heute verkohlt ebenso in diesen ehemaligen Torfen wieder, wie wir noch heute die Ueberreste von Laubwäldern in unsern Mooren finden. Endlich fand der übrige Theil sein Ende allerdings durch stürmische Revolutionen, wobei ein Theil des Landes gehoben wurde, ein anderer sank. Ueber den letzteren brachen die Fluthen des Meeres zusammen und bedeckten ganze Wälder. Aehnliche Ereignisse fanden noch in nächster Nähe in geschichtlicher Zeit statt. So brach z. B. im 13. Jahrhundert das Meer über denjenigen Theil Ostfrieslands herein, der heute als der Dollart bekannt ist, und begrub in Einer Nacht das ganze Land mit 50,000 Menschen. Im 16. Jahrhundert bildete sich ebenso plötzlich der Meerbusen der Jahde, und das Meer begrub $4^{1}/_{2}$ Quadratmeilen Land mit 10,000 Menschen. An der Küste von Peru sank die Stadt Callao durch Erdbeben in das Meer hinab. Daraus folgt, daß die Kohlenflötze nur durch Hilfe des Wassers gebildet sein können. Damit stimmen auch alle Forschungen überein. Bald war es das Süßwasser, welches die Steinkohlenwälder begrub und den Schlamm über sie herbeiführte. Eine solche Bildung hat man eine limnische genannt. Bald war es das Salzwasser des Meeres, welches die Wälder bedeckte und verkohlen ließ. Diese Bildung bezeichnet man als eine paralische. Daher kommt es, daß die Stein-

Die Kohlenbildung.

kohlenflötze hier durch Süßwassermuscheln, dort durch Meeresthiere charakterisirt sind. „In beiden Fällen", sagen wir mit Unger, „konnte ein Wechsel verschiedener Land- und Wasserbildungen nur dadurch stattfinden, daß der Marschboden, worauf sich die Steinkohlenvegetation entwickelte, sank, bis er sich durch darüber gelagerte Mineralsubstanzen wieder so weit der Oberfläche des Wassers näherte, daß darauf eine zweite, dritte, vierte u. s. f. Vegetation Platz finden konnte. Nur auf diese Weise ist es erklärlich, daß in den sandigen Zwischenmitteln häufig noch aufrechte Stämme mit ihren Wurzeln gefunden werden, so wie sie einst auf der Oberfläche der Marschen wuchsen, als die Senkung des Bodens erfolgte. Daraus ist ferner auch der Wechsel der verschiedenen Pflanzen zu erklären, die in den verschiedenen Horizonten eines und desselben Flötzes angetroffen werden." Durch die Ueberschwemmung mußten sich natürlich die Pflanzen allmälig in ihrem Inneren zersetzen, sodaß sich, wie Göppert uns belehrt, nur die Rinde mehr oder minder vollständig erhielt. Diese wurde dann unter Einwirkung von Druck auf nassem Wege in Kohle verwandelt, während das innere Gewebe der Stämme ebenfalls zur Bildung der Flötze als gleichartige Masse beitrug. Die Erhaltung der Rinde erklärt sich aus der Thatsache, daß auch bei noch jetzt lebenden Stämmen das Gewebe derselben am längsten der Fäulniß widersteht. Das beweisen Versuche, welche Göppert an dem baumartigen Aron (Arum oder Caladium arborescens) anstellte. Derselbe behielt unter Wasser sechs Jahre hindurch seine Rinde vollständig bei, während die Gefäßbündel des Inneren sich vollständig aufgelöst hatten. In diesem Zustande mit Erdschichten bedeckt, würde die Rinde ihre ursprüngliche Form genau in denselben abgedrückt haben. „So erklärt sich", berichtet Göppert in seinen interessanten Beobachtungen weiter, „aus dem verschiedenen Fäulnißgrade der Pflanzenstämme vor ihrer Umwandlung in Kohle die sehr verschiedene Erhaltung derselben in den Flötzen. Nur einzelne Gruben bieten Kohlen, von denen jedes Stück als ein Herbarium der Vorwelt zu betrachten ist. Dies gilt von mehren Gruben im Saarbrücker und westphälischen, in Oberschlesien namentlich von dem ganzen Nikolaier Revier, während beispielsweise in der Kohle des Waldenburger Reviers sich die Kohlenpflanzen weit seltener nachweisen lassen." „Von dem größten Einflusse bei der Fäulniß der Stämme", zeigt uns der Genannte endlich, „war neben der Zeit und der Temperatur die Höhe der Wasserschicht, durch welche der Luftzutritt mehr oder minder abgeschlossen wurde." Macerationen (Einweichungen) von Moosen und Flechten zeigten die Richtigkeit dieser Annahme. Die Flechten zersetzten sich unter einer Wasserschicht von 6—8 Zoll rasch; dagegen erhielten sie sich unter einer Schicht von 12—36 Zoll zwei Jahre lang ziemlich gut. So eingebettet und unter mächtigen Schlammschichten begraben, mußten die Gewächse allmälig zersetzt werden.

Um dies zu verstehen, muß man wissen, wie Pflanzen überhaupt zersetzt werden. Sind dieselben nämlich aus dem Verbande ihres Vegetationsprozesses gerissen, haben sie zu leben aufgehört und sind sie einer feuchten Luft aus-

gesetzt, welche die Stoffe in ihrem Inneren löslich macht, so tritt bald durch
Aufnahme von Sauerstoff aus der Luft eine Gährung ein. Bekanntlich unterscheidet man eine weinige, saure und faule. Die erste entsteht, wenn Zucker
unter Abscheidung von Kohlensäure Weingeist bildet, die zweite, wenn der
Weingeist durch Aufnahme neuen Sauerstoffs Essigsäure zeugt, die dritte,
wenn sich die Pflanzensubstanz vollständig zersetzt. Diese letztere tritt da ein,
wo abgestorbene Hölzer der feuchten Luft unterliegen. Dieselben bestehen aus
Kohlenstoff, Wasserstoff und Sauerstoff, wie jedes Pflanzengewebe. Die beiden
letzten Körper sind darin in dem Verhältniß von Wasser vorhanden. Die
Hölzer nehmen jetzt aus der Luft Sauerstoff auf, derselbe verbindet sich mit
dem Kohlenstoff zu Kohlensäure, sie entweicht als Gas, und ihrem Verhältniß
entsprechend entweicht auch das Wasser. Bei fortgesetzter Zersetzung läßt sich
der Zellenverband, das Holz verrottet und fällt zu Pulver zusammen. Das
ist die Dammerde, welche wir z. B. bei dem Verrotten faulender Bäume in
hohlen Weiden, Pappeln u. s. w. sich bilden sehen. Befinden sich die Pflanzen
unter Wasser, so wird diese Zersetzung je nach der Temperatur und dem
Drucke verzögert, aber nicht verhindert. Das Wasser nimmt Luft und somit
Sauerstoff auf, der Sauerstoff tritt ebenso zu dem Kohlenstoff der unter
Wasser befindlichen Pflanzentheile und läßt sie auf ähnliche Weise sich zersetzen. Sie zerfallen und bilden somit, da sie sich im Wasser befinden, Schlamm.
Derselbe fällt zu Boden und bildet hier die unterste Lage der Moore. So
bei der Torfbildung. Aehnlich bei der Braunkohlenbildung. Ging dieselbe
auch nicht unter Wasser, sondern unter Erdschichten vor sich, die nichtsdestoweniger durch Regen und Quellen doch feucht gehalten werden mußten, so
mußte doch auch hier ein Zersetzungsprozeß stattfinden. Je weniger dieselben
noch zerfallen sind, um so weniger sind sie zersetzt und umgekehrt. Die Lignite
oder die Hölzer der Braunkohlenlager müssen als die am wenigsten zersetzten
angesehen werden. Genau so bei den Steinkohlen. Ihre Bildung ging wie
die des Torfes unter Wasser vor sich. Der größte Theil ihrer Gewächse
zerfiel zu Dammerde. Sie schlug sich als Schlamm im Wasser nieder und
bildet jetzt die structurlose, gleichartige Steinkohlenmasse, die nun durch den
ungeheuren Druck der auf ihr lastenden Gebirgsschichten zu einer festen Masse
zusammengepreßt wurde. Ist die Zersetzung so weit gegangen, daß aller
Wasserstoff und Sauerstoff verflüchtigt wurden und nur der reine Kohlenstoff
zurückblieb, dann haben wir den Anthracit. Aber auch die Kohle ist fortwährend noch jetzt einer Zersetzung unterworfen. Das zeigen die sogenannten
„schlagenden Wetter" der Steinkohlengruben. Sie bestehen aus Sumpfgas
oder Kohlenwasserstoffgas, welches, in Berührung mit Luft und einer hohen
Temperatur, z. B. einem Lampenlichte, gebracht, explodirt, d. h. sich unter
Knall entzündet und nicht selten jene furchtbaren Erschütterungen hervorbringt,
welche schon so oft das Leben Tausender von Bergleuten gefährdeten. Man
weiß, daß sie jetzt durch Davy's Sicherheitslampe ziemlich ungefährlich gemacht
sind. Dieselbe beruht darauf, daß das Licht von metallenen Drähten um-

Die Kohlenbildung.

geben ist. Diese kühlen als gute Wärmeleiter die zwischen ihnen hindurch strömende Flamme bereits so weit ab, daß die über die Drähte hinaus gehende Temperatur nicht mehr im Stande ist, das Grubengas zu entzünden. Die ganze Kohlenbildung ist mithin ein in der Natur sehr verbreiteter Vorgang. Er findet selbst in allen Wohnungen statt, deren Holz stets feucht gehalten wird. Dadurch entwickelt dasselbe fortwährend Kohlensäure und macht die Wohnungen höchst ungesund, weil die Kohlensäure erstickend auf den Athmungs= prozeß der Lungen einwirkt. Das Holz selbst aber vermodert, und oft glaubt man dann den sogenannten Hausschwamm im Hause zu haben. Ein ähnliches Gas ist es auch, welches sich in sumpfigen Gegenden durch einen gleichen Gährungsprozeß absterbender Wasserpflanzen und Wasserthiere bildet und solche Gegenden oft unbewohnbar macht (s. S. 17); um= somehr, je weniger sie bewaldet sind, während im um= gekehrten Falle die Waldpflanzen das Kohlensäuregas als ihre herrlichste Nahrung verzehrt haben würden.

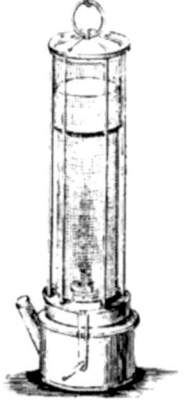

Davy'sche Sicherheitslampe.

Um' die verschiedenen Structurverhältnisse der Kohlen zu verstehen, muß man auf die künstliche Verkohlung des Holzes in hohen Temperaturen zurückgehen. Wir haben in der neuesten Zeit eine Arbeit von Hausmann in Göttingen hierüber erhalten, welche ein helles Licht auf die Frage wirft. Vor Allem vermindert sich zunächst der Umfang und das specifische Gewicht des Holzes. Dieses erhält mehr oder weniger starke Querrisse; es bilden sich in ihm schalige, den Jahresringen entsprechende Absonderungen. Bei zunehmender Verkohlung verändert sich auch der Querbruch. Bei unvollkommener Verkohlung erscheint er erdig und uneben; bei fortgesetzter Steigerung dieses Prozesses verdichtet sich das Holz, der Bruch geht in das Ebene und flachmuschelige über, um bald darauf, während er anfangs matt war, einen Wachsglanz anzunehmen. „Holzkohlen", sagt der Genannte, „welche bei metallurgischen Schmelzprozessen unzersetzt durch den Schacht eines Hohofens niedergehen und mit der Schlacke wieder zum Vorschein kommen, haben mehr oder weniger die Eigenschaften des Anthracits angenommen." Alles das trifft auch bei den natürlichen Braunkohlen zu. Sie besitzen die rechtwinklig auf die Pflanzenfasern stoßenden Querrisse, und zwar um so regelmäßiger, je lang= samer die Verkohlung vor sich ging. Damit ist gewöhnlich eine mit Wachs= glanz auftretende Glätte verbunden, welche die künstliche Kohle nicht zu zeigen pflegt. „Indem die Holzstämme, welche in den Braunkohlenlagern nieder= gestreckt sich befinden, mehr oder weniger platt gedrückt sind, so erscheinen die den Jahresringen entsprechenden Absonderungen der Abplattung parallel und wer= den von Absonderungen, welche den Holzfasern parallel sind, mehr oder weniger rechtwinklig durchschnitten. Bei Stämmen, welche in den Braunkohlenlagern aufgerichtet stehen, verhalten sich diese Absonderungen, die selten so ausgezeichnet als die Querabsonderungen sind, wie diejenigen, welche bei der künstlichen Verkohlung des Holzes entstehen. In Ansehung des Bruches zeigt sich ebenfalls eine mit der Verkohlung fortschreitende Umwandlung. Der erdige Bruch geht in den unebenen und zuletzt in den ebenen und muscheligen über, und in demselben Verhältnisse, in welchem das Dichtwerden zunimmt, wird auch der Glanz verstärkt. Bei der Umwandlung des Holzes in Braunkohle verschwindet die Holztextur immer mehr und mehr; bei der vollkommensten Braunkohle, der Pechkohle, ist beinahe nur Bruch vorhanden." Durch Austrocknen an der Luft verwandelt sich manche holzförmige Braunkohle in Pechkohle mit muscheligem Bruch und Wachsglanz. Daher erklärt sich nach Hausmann auch das Vorkommen von Pechkohle und Anthracit in der Nähe basaltischer Geschiebe, deren ehemalige vulkanische Temperatur die Braunkohle ohne Zweifel dahin veränderte. Durch noch höhere Temperatur würde selbst der Anthracit in Graphit, wie man es in der That in Grönland in der Nähe vulkanischer Geschiebe beobachtete, verwandelt worden sein.

Die Zersetzung der Kohlenlager kann aber auch noch auf eine andere Weise vor sich gehen, durch unterirdisches Feuer. In diesem Falle tritt eine sogenannte trockene Destillation ein. Ihre Producte sind unter allen Umständen dieselben oder ähnliche, so verschieden auch die Kohlen sein mögen: in unsern Laboratorien Leuchtgas, leichte, als Photogen bekannte Oele, schwere Oele, Eupion, Theer, Paraffin, Asphalt u. s. w. Die neueste Zeit hat dies benutzt und beginnt eben, die großartigsten Fabriken auf diese Producte zu gründen und der Völkerwirthschaft eine neue Fundgrube des Wohlstandes zu eröffnen. Leuchtgas, leichte Oele und Paraffin in alabasterweißen Kerzen dienen bereits zur Erleuchtung und werden allmälig den Oelfrüchten ein großes Areal zur ausgedehnteren Cultur unserer Getreidefrüchte entreißen. Schwere Oele werden zu Wagenschmiere und herrlicher Druckerschwärze, Eupion zur Auflösung des Kautschuk und diese Auflösung zur Verfertigung wasserdichter Zeuge, Asphalt zu Pflaster oder zur Bereitung von Lacken u. s. w. verwendet werden. Herrliche Farben auf Seide und andere Zeuge werden sich als Nebenproducte daraus darstellen lassen und selbst Parfümeriewaaren, wie das künstliche Bittermandelöl, schließen sich daran. Kurz, eine Menge von Producten wird die Industrie aus den bisher aufgespeicherten urweltlichen Gewächsen als die schönsten Goldkörner herausarbeiten. So viel indeß nur zum Verständniß der natürlichen Verhältnisse. Wie der Chemiker verfährt, hat die Natur schon seit Jahrtausenden gehandelt und destillirt. Ihre Retorte ist der Schooß der Erde, ihr Heerd das unterirdische Feuer, ihr Kühlapparat sind die höher gelegenen Erdschichten und die Producte dieser trockenen Destillation: Naphtha oder Erdöl oder Steinöl, Elaterit oder Erdpech, Asphalt, Ozokerit u. s. w., Producte, die nicht selten von großer industrieller Bedeutung wurden. Es ist darum vielleicht hier der schicklichste Ort, wenn auch nur kurz, anzudeuten, wie unser ganzes Jahrhundert seine ungeheuren Fortschritte der Industrie, des Reichthums und der Bildung vorzugsweise den Kohlen der Vorwelt verdankt. So viel Licht nach vieltausendjähriger Nacht!

In der That, der ungemeine Erfindungsgeist der Gegenwart, welcher für alle Arten mechanischer Thätigkeit geeignete Maschinen hervorrief, um den Menschen allmälig von der Knechtschaft der Handarbeit zu befreien, würde ohne Kohlen ein Geist ohne Fleisch und Bein sein. Durch die Verbrennung eines Scheffels Steinkohlen wird aber in dem Dampfkessel eine Kraft erzeugt, welche in wenigen Minuten 29,000 Gallonen Wasser aus einer Tiefe von 330 Fuß emporhebt. Diese Wirkung würde mit einer gewöhnlichen Handpumpe die ununterbrochene Arbeit von 20 Menschen einen ganzen Tag lang erfordern. Durch Verausgabung von wenigen Groschen kann daher menschliche Arbeit ersetzt werden, welche einige Thaler gekostet haben würde. Dennoch ist dadurch die Nachfrage nach Menschenkräften nicht vermindert; im Gegentheil sind gegenwärtig vielleicht mehr Menschen beim Steinkohlenbergbau allein beschäftigt, als vorher bei allen Bergwerken zusammengenommen angestellt waren. Die mineralischen Schätze der Erde würden ohne die maschinentreibenden Steinkohlen in ihrem alten Nichts versunken geblieben sein. Spinnmaschine, Webmaschine und Eisenbahn, diese größten Wohlthäter der Menschheit, wären ohne die Kohle eine Unmöglichkeit gewesen. Unsere Schifffahrt wäre noch heute die Sklavin der Elemente. Ueberhaupt würde kein einziger großartigerer Betrieb eines mechanischen Geschäftes bewirkt worden sein, wenn nicht die Dampfmaschine mit Hilfe der Steinkohle ihn ermöglicht hätte. Daß wir uns der Zeit nähern, wo bei fortwährend sinkenden Herstellungskosten und beständig wachsender Production auch der Aermste an den meisten Gütern des Lebens Theil nehmen kann, ist ihr Werk. Daß uns die Erde erschlossen ist in allen ihren, auch den entferntesten Theilen; daß der Raum gleichsam besiegt ist und der Mensch mit den Siebenmeilenstiefeln des alten Mährchens wandert; daß sich die Völker näher gerückt sind, wie sich die Entfernungen verminderten; daß sie sich durch den leichteren Austausch immer mehr verbrüderten und dem großen Ideale des Friedens näherten — das Alles haben die Steinkohlen gethan. War es irgendwo an seiner Stelle, dieser Großthaten des Kohlenstoffs zu gedenken, so war es hier, wo wir eben noch an den frischen Gräbern jener Wälder stehen, deren Gebeine in unserem Jahrhundert ihre schönste Auferstehung feiern und unser Zeitalter zur Periode des Kohlenstoffs gemacht haben. Ueberhaupt kann man nicht genug darauf hinweisen, die Natur auch in diesem Lichte, in ihrem großartigen Wechselverhältnisse zum Menschen anzuschauen. Natur- und Völkerhaushalt sind von Anfang an so eng mit einander verbunden, daß es die Natur erst lebendig machen heißt, wenn der wissenschaftliche Blick sich fortwährend zu diesem großen kosmischen Wechselleben erhebt, in welchem der Mensch, ein Kind der Natur, seine herrlichsten Triumphe darin findet, durch friedliche Thaten den alten Zwiespalt seines Geschlechtes auszugleichen, um wahrhaft frei zu sein.

Ideale Landschaft der Muschelkalkzeit, nach Unger.

V. Capitel.
Die Triasperiode.

Bis zur Triasperiode hatte das Festland nur vermocht, sich inselartig über das Urmeer zu erheben. Noch hatten sich keine hohen und zusammenhängenden Gebirgszüge gebildet. Dies, das feuchte einförmige Inselklima, die einförmige Wolkenbildung, welche noch nicht von hohen Bergspitzen geregelt war, die hohe Bodenwärme der noch weniger abgekühlten Erde — das Alles war die Gesammtursache, welche während des langen Zeitraums der Steinkohlen=pflanzen eine so große Einförmigkeit der Geschöpfe hervorrief. Natürlich mußte sich sofort eine größere Mannigfaltigkeit der Pflanzen und Thiere ein=stellen, je mannigfaltiger sich die Erdoberfläche — Wolken, Winde, Licht und Wärme ungleich vertheilend — gestaltete. Zu dieser hohen Aufgabe ging die Natur nach der Bildung des Rothliegenden und des Kupferschiefergebirges über. Den Beginn dieser neuen Zeit bezeichnet die Ablagerung dreier neuer Gebirgsarten im Urmeere, die des bunten Sandsteins, des Muschelkalkes und des Keupers, einer Dreiheit, welcher die Periode den Namen der Trias verdankt.

Die neue Zeit begann in der Gegend der Vogesen mit der Ablagerung des bunten Sandsteins. Darum nennt man denselben auch wohl den Vogesensandstein und die Zeit seiner Entstehung die Vogesenperiode. Er trägt seinen Namen mit Recht. Ein Gemenge von Sand, Thon und Schieferletten, tritt er bald roth, bald weiß, bald gelb, grün, braun oder schwarz auf. Hier ist er ein bröckliger Sandstein, dort ein dichtes Plattengestein als sogenannter Roggenstein, dessen Name sich von den vielen feineren oder gröberen Körnern herschreibt, welche in Gestalt von Roggeneiern ein Gemisch von Sand und Kalk sind. Oft verbindet er sich mit einer schieferigen, leicht zerbröcklichen Ablagerung von Schieferletten, der sich durch den Gehalt von feingeschlemmten Glimmerblättchen, den kalkartigen Glanz und Strich auszeichnet. Diese Gebirgsschicht begann in den Vogesen zuerst, und zwar in einer so mächtigen Weise, daß sie die Inseln dieses südwestlichen Theiles von Teutschland, die Vogesen, den Schwarzwald, Hundsrück und Odenwald zu einem Festlande verband. Es war der erste Schritt zur Verbindung des europäischen Inselmeeres zu einem einigen Festlande. Auch die rheinischen, thüringischen, hercynischen, böhmisch-schlesischen, mährischen, polnischen, russischen, englischen, schottischen und südfranzösischen Inseln erlitten, wiewohl viel schwächer, diese Erhebung durch Ablagerung des bunten Sandsteins, der nun, hier und da gegen 1000 Fuß mächtig, bedeutende Gebirgsrücken über den Meeresspiegel hervorzauberte. Dem bunten Sandstein folgte die Ablagerung des Muschelkalkes im Urmeere. Seine bedeutende Mächtigkeit in der thüringischen Gebirgsmulde, welche Harz und Thüringer Wald von einander trennt, beweist, daß in dem einstigen Meerbusen Thüringens diese neue Meeresbildung am mächtigsten war. Sonst ist der Muschelkalk weniger als der bunte Sandstein verbreitet, obgleich die ehemaligen Küsten von Teutschland, Frankreich, England und Polen seine Bildung begünstigten. Nach ihm erschien die dritte Gebirgsschicht, der Keuper, der sich, wie der Muschelkalk auf und zwischen dem rothen Sandstein, auf und zwischen dem Muschelkalke ablagerte.

Erst in dieser Periode beginnt ein entschiedener Uebergang von den Typen der Steinkohlenpflanzen zu einer neuen Pflanzenwelt. Wenigstens zeigen uns das die geringen Ueberreste, die sich im bunten Sandstein als Pflanzenabdrücke, im Muschelkalke des Jenaischen Saalthales in Kohlennestern von 5—6 Zoll im Durchmesser und 5—8 Linien Mächtigkeit, im Keuper als Lettenkohle oder in Abdrücken des Keuperschiefers erhalten haben. Zu den Asterophylliteen, Schachtelhalmen, Farren und Nadelbäumen der Steinkohlenperiode gesellten sich jetzt die seltsamen Zapfenpalmen, wie ich sie genannt habe, oder die Cycadeen. Die Vereinigung der Farren, Nadelbäume und Zapfenpalmen hat für den Pflanzenforscher eine eigenthümliche Bedeutung. Die letzteren sind ihm gewissermaßen die schöne Mitte zwischen Farren, Palmen und Nadelbäumen. Von den ersteren besitzen sie den gefiederten Wedel, der häufig spiralig eingerollt wie bei den ächten Farrenkräutern aus dem Gipfel hervorbricht. Damit ist aber auch ihre Verwandtschaft beendet. Den Palmen ähneln sie durch ihren säulenartigen Schaft, der jedoch weit plumper als der schlanke und zierliche Palmenstamm ist. Im Inneren dagegen wird die Verwandtschaft weit größer; denn hier ziehen sich die Gefäßbündel verästelt durch das Zellgewebe des Stammes und umschließen einen markartigen Theil. Dadurch weichen sie auch von den Nadelhölzern bedeutend ab, die bekanntlich ihre Gefäße und

Die Cycadeenform der Gegenwart.

Holzschichten in den richtigsten Jahresringen an einander fügen. Doch besitzen Nadelhölzer und Cycadeen auf ihren Zellen dieselben Tüpfel, die wir bereits an den Nadelhölzern (S. 99) kennen lernten. Auch die in Zapfengestalt auftretenden Früchte und die zwischen den Zapfenschuppen ohne Hülle hervortretenden nackten Samen stellen die Zapfenpalmen den Nadelhölzern näher, als irgend einer andern Pflanzenfamilie, weshalb sie den von mir gegebenen

127

Wechfel der Landschaft: links mit Zuckerpalmen und einem Durchbruch der Kalkerdreihe, dem Gebiete der Labyrinthodonten. Rechts mit Koniferaceen, Cabatten und Galanuten, aus dem Herrn Zämschauten.

128 Fünftes Capitel.

deutschen Namen entschieden besser als den der „Palmenfarren" verdienen, wie man sie auch wohl nannte. Seit ihrer Bildung war die Natur einen Schritt weiter gegangen. Sie füllte durch sie eine Lücke aus, welche sich bis dahin zwischen den drei großen Abtheilungen des Gewächsreichs, den Kryptogamen, den monokotylischen oder parallelrippigen und den dikotylischen oder netzrippigen Geschlechtspflanzen bestanden hatte. Denn sind die Farren kryptogamische Gefäßpflanzen, die Palmen monokotylische, die Nadelhölzer dikotylische Gewächse, so tragen die monokotylischen Zapfenpalmen Charaktere aller drei Abtheilungen in sich. Für den tieferen Beobachter sind gerade solche wunderbare Combinationen der höchste Reiz, den ihm die Natur gewährt: sie zeigt ihm durch sie, daß sie die ungeheure Mannigfaltigkeit ihrer Geschöpfe nur dadurch hervorbrachte, indem sie sich wiederholte, also die verschiedensten Typen mit einander vereinigte, combinirte. Ueberhaupt scheint die Bildung monokotylischer Gewächse jetzt vorherrschend gewesen zu sein. Die uns erhaltenen Ueberreste zeigen uns wenigstens einige Formen auf, die mit den noch lebenden Yuccaarten und Binsen die größte Aehnlichkeit haben. So in dem Yuccites und der Palaeoxyris. Ein ähnliches Verhältniß trug sich auch während der Keuperepoche zu. Doch nahmen hier die Zapfenpalmen mächtig zu, um, wie wir später finden werden, erst in der Juraperiode ihren höchsten Glanzpunkt zu erreichen. Neue Formen dagegen vermochte die Natur in der Keuperzeit nicht zu zeugen. Noch immer sind es Farren, Schachtelhalme, Cycadeen, Nadelhölzer, welche vorherrschend die Wälder bilden.

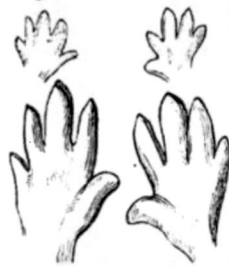

Fußspuren des Chirosaurus.

Der Lilienerinit.

Doch ist dabei nicht zu vergessen, daß sich unter den Schachtelhalmen oder Calamiten bereits wirkliche Schachtelhalme, wie sie noch die Gegenwart kennt, einstellen. Ueber die Flor des Muschelkalkes, an sich schon so sehr arm, wissen wir nur, daß sich bisher eine Alge und sechs Landpflanzen in seinen unbedeutenden Kohlenresten fanden. Somit haben wir in der Triasperiode den Beginn einer neuen Schöpfung zu begrüßen. Mit ihr ging das Reich der Kryptogamen zu Ende, das sich während der Uebergangsperiode, der Steinkohlenperiode und der permischen Periode, durch Algen, Flechten, Moose, Farren und Schachtelhalme ausgezeichnet, erhalten hatte. Die Zapfenpalmen sind die Verkünder einer neuen Zeit. In dieser kommen die Nadelbäume und Zapfenpalmen den zurücktretenden Farren an Reichthum der Gestalten immer mehr gleich, um sie später in der Juraperiode zu übertreffen. Den Beginn dieser Zeit nennt der Franzose Brongniart das Reich der Gymnospermen oder Nacktsamer. Sie sind dadurch ausgezeichnet, daß die

Die Triasperiode.

Samen der vorherrschenden Zapfenpalmen und Nadelbäume, wie eben bereits erinnert wurde, nackt zwischen den Schuppen des weiblichen Zapfens auftreten.

Weit auffallender als die Pflanzenwelt hatte sich in der Triaszeit das Thierreich entwickelt. Mächtige Eidechsen, Labyrinthodonten, durchschlichen dieselben Küsten in der Epoche des bunten Sandsteins, welche heute die Gebirgsrücken des Harzes, Thüringer Waldes u. s. w. umsäumen. Sie begannen die lange Periode des amphibischen Thierlebens, welche mit der Triaszeit bis zur Ankunft der nach der Ablagerung der Kreidegebirge eingetretenen tertiären Periode währte, um erst dann dem eigentlichen Land- und Luftleben der Thierwelt Platz zu machen. Diese amphibische Periode wird durch wohlerhaltene Fußspuren einer riesigen Eidechse, des Chirosaurus, welche man im bunten Sandsteine in der Nähe von Heßberg bei Hildburghausen fand, bestätigt. Sie beweisen, daß der Boden, auf welchem diese Eidechsen wanderten, damals noch weich, also sumpfig gewesen sein mußte. Ungleich reicher war die Thierwelt der Muschelkalkzeit. Zahlreiche Ueberreste deuten diese Mannigfaltigkeit an. Wunderbare Strahlthiere (Radiaten) bewohnten in ungeheurer Anzahl die Bänke des Muschelkalkes. Ein aus vielen Gliedern zusammengesetzter Stamm, der sich am Gipfel in eben solche gegliederte Aeste zertheilte, die sich einer Lilie gleich zusammenlegten — so war die vornehmste Gestalt unter ihnen, der Lilieneucrinit (Encrinites liliiformis) beschaffen. Zahlreiche Muscheln, Austern,

Der knotige Ammonit
Ammonites nodosus.

Terebratula vulgaris.

Kammmuscheln (Pecten), glattschalige Terebrateln, Ammonshörner mit oft waldhornartig gewundenem Gehäuse, langschwänzige Krebse, zahlreiche Fische und seltsame Meereseidechsen, mit Schwanenhälsen und Flossenfüßen — das waren die hervorragenden Gestalten dieser Thierwelt, welche sich an und auf den Bänken des Muschelkalkes in ewiger Fehde bewegten. In der Epoche des Keupers waren sie dagegen wieder auf ein amphibisches Leben angewiesen. Darum begegnen wir auch hier wiederum den krokodilartigen Gestalten des bunten Sandsteins, den mächtigen Labyrinthodonten, welche mit dem Verschwinden der Keuperepoche zugleich das Ende ihres Daseins fanden. Aber auch sie gingen nicht durch stürmische Revolutionen unter, sondern starben, wie die Arten noch heute absterben. Die abgestorbenen Individuen wurden unter dem Schlamme begraben und Jahrtausende hindurch bis auf unsere Zeit in Abdrücken oder fossilisirten Theilen, Schalen und Skeletten erhalten.

Doch hatte die Natur noch Vieles zu thun, wenn sie die oben durch bunten Sandstein, Muschelkalk und Keuper verbundenen Inseln zu dem heutigen Festlande verbinden wollte. Ein neuer Schritt hierzu geschah in der Juraperiode.

Das Buch der Pflanzenwelt. I.

VI. Capitel.
Die Juraperiode.

Ihre Aufgabe war es, neue Gesteinsschichten im Meeresschooße abzulagern, um durch sie noch manchen Meeresbusen auszufüllen, der das junge Festland durchfurchte und zerriß. Sie erreichte es durch die Ablagerung dreier neuer Schichten: des Lias (spr. Leias), Oolith und Wealden (Wälden). So wenigstens nannte man sie in England; in Deutschland unterschied man sie als Lias, braunen und weißen Jura, faßte sie als Juragebirge zusammen und nannte die Zeit ihrer Bildung die Juraperiode. Der Name stammt von dem mächtigen Juragebirge der Schweiz, wo die fragliche Gebirgsbildung in größter Vollkommenheit und Mächtigkeit vor sich ging.

Wie die Gewächse, so zeigen auch die Gebirgsschichten in ihrer Aufeinanderfolge dieselbe allmälige Ausbildung der Erdschöpfung. Schon die Keuperschichten der Trias verriethen das Herannahen der Jurabildung; denn sie gehen bereits allmälig in den Lias, die älteste Lage des Juragebirges, über. Der Lias ist ein Gemenge von dunklem Kalkstein, Thon, Mergel und Sandschichten. Oft eine Mächtigkeit von 500—600 Fuß erreichend, breitete sich der Lias in weiter Ausdehnung über den Keuper, namentlich in Süd- und Norddeutschland, während er in Mitteldeutschland nur an einzelnen Stellen da, wo noch Meerbusen, wie in Thüringen, auszufüllen waren, ablagerte. Auch England, Frankreich, die südlichen Pyrenäen, die Schweiz, Tirol, Polen, Schweden, Afrika und andere Welttheile erfuhren diese Bildung. — Auf den Lias senkten sich die Schlammschichten des Ooliths oder des braunen Jura nieder. Durch bedeutenden Eisengehalt dunkelbraun gefärbt, besteht der Oolith, der sich durch das Eisen wesentlich von dem äußerlich verwandten Roggenstein des bunten Sandsteins unterscheidet, vorherrschend aus kalkigen Ablagerungen, Thon und Sandstein. Dazu wird er, woher auch sein Name (Roggenstein, Eistein) rührt, von roggenartigen Körnern durchsetzt, die ihn leicht vom Lias unterscheiden. Seine bedeutende Mächtigkeit zeugt von der lang andauernden Zeit seiner Ablagerung. Ebenso weist seine weite Verbreitung auf die Gleichmäßigkeit der schaffenden Kraft des Urmeeres in jener Periode hin. — Weit gewaltiger und lebensvoller war die darauf beginnende Bildung des Wealden oder des weißen Jura. Den ersten Namen verdankt er seinem Vorkommen im Walde (engl. weald) von Tilgate und Hastings in England. Doch ist er hier nur eine Süßwasserbildung und zugleich das jüngste Glied einer älteren, im Meere abgelagerten Schlammbildung. Darum wurde er von englischen Geologen auch Wälderthon (wealdclay) genannt, woher sich der Name Wälderformation schreibt. Dieses zweite und jüngste Glied des weißen Jura unterscheidet sich von dem älteren durch seine Pflanzenreste, die das letztere nicht enthält und nicht enthalten kann. Dagegen zeichnet sich dieses durch zahlreiche Ueberreste von Meeresthieren aus, wie mächtige Korallenstöcke seines Korallenkalkes bezeugen.

Ein wunderbares neues Leben war in der Bildungszeit der drei erwähnten Gebirgsschichten eingetreten. Was die Natur in der Triaszeit begonnen, wurde jetzt weiter geführt, besonders die Schöpfung der Zapfenpalmen. Die Farren sind noch entschiedener zurückgetreten, die Calamiten völlig ausgestorben. Dagegen breiteten die Zapfenpalmen, die Vorläufer der Palmen, ihre grünen Wipfel über die Fluren, um ihnen ihren Pflanzencharakter auf die Stirn zu drücken. Schlanke, doch nicht zu hohe Säulen, trieben sie ihre Stämme aus dem Schooße der Erde unverästelt hervor. Wenn sie sich in Aeste theilten, geschah es nur am Gipfel und nicht überreichlich. Vielfache Narben, die zurückgebliebenen Anheftungspunkte und Blattstielkissen längst abgefallener Wedel, bedeckten, in regelmäßigen Reihen geordnet, die Säulen schuppenartig oder warzig. Gefiederte Wedel, aber noch nicht von der leichten Zierlichkeit der Palmen, vielmehr von derber, lederartiger Beschaffenheit, zierten den Gipfel als reizender Blätterschmuck. Wie es bei Farrenbüschen oft geschieht, daß die Wedel in einem Trichter die tiefer liegende Gipfelknospe umstehen, ebenso umkreisten die Wedel der Zapfenpalmen den Gipfel ihres Stammes. Die äußeren waren die ältesten, darum kräftigsten und ausgebildetsten. Aus ihrer trichterförmigen Mitte hervor brachen die jüngeren und jüngsten in neuer Schönheit. Diese erwarben sie sich oft durch die Eigenthümlichkeit, sich einer Uhrfeder gleich spiralig eingerollt zu entwickeln, um diese Spirale allmälig zu entfalten. Aus diesem Trichtergipfel hervor brach auch die Blüthe, männliche wie weibliche, in ähren- oder zapfenförmiger Gestalt, jede auf besonderem Stamme. Beide hatten es in ihrem Blumenbaue noch nicht weit gebracht. Eine einfache Schuppe allein bedeckte den Blumenstaub, den die Natur in reichlicher Fülle in den männlichen Blüthenkolben niederlegte, um ihn mit vollen Händen, durch ihre Winde leicht getragen, zu dem weiblichen Blumenzapfen durch die Luft dem heimlichen Brautgemache zuzuführen, wie wir es noch heute so lieblich bei der Dattelpalme finden. Auch die weibliche Blume wollte vor der ihres Gatten nichts voraus haben. Wie bei den Fruchtzapfen der Nadelbäume, deckte auch in der weiblichen Blume nur eine einfache Schuppe das nackte Ei, den Fruchtknoten. Das waren freilich noch sehr unvollkommene Blumen; doch auch die Erde war in ihrer Entwickelung noch lange nicht die entwickelte Blume, als die sie jetzt gelten könnte. Wie hätten die Blumen der Pflanzen der Entwickelung der Erde, auf der sie doch beruhten, vorauseilen können? Auch die gleichzeitige Gestalt der Zapfenbäume machte, obwohl schon ein höherer Gedanke der Natur, hiervon noch keine Ausnahme. Im Gegentheil vereinigt sich Vieles, was sie den Zapfenpalmen — wie wir schon in der Triaszeit fanden — verwandt macht, obschon sie zu den Dikotylen, jene zu den Monokotylen gehören. In der That möchte man sich versucht fühlen, die Nadelbäume nur eine höhere Ausbildung der Zapfenpalmen zu nennen. Wenn man z. B. einen Taxus oder die Edeltanne mit ihren zweireihig gestellten Nadeln betrachtet, so scheinen die Nadeln nur die umgewandelten Fiederchen der Zapfenpalmenwedel zu sein, die nun eine selbständigere Rolle spielen. Beide vereint

waren die Gestalten, welche trotz aller inneren Verwandtschaft einen wunder=
baren Contrast durch ihre Tracht den Fluren verliehen. Noch wunderbarer
mußten die Urwälder dieser Zeit werden, als sich hierzu noch zahlreiche Farren
gesellten, um im Verein mit jenen beiden Gestalten die fast ausschließlichen
Pflanzengestalten des Juragebirges zu sein. Erinnern wir uns hierbei zugleich
an die innigen verwandtschaftlichen Beziehungen aller dieser drei Pflanzen=
klassen unter sich selbst, wie wir sie schon in der Epoche des Keupers betrachteten,
so dürfen wir ohne Zweifel hieraus folgern, daß auch in den schöpferischen
Bedingungen der Juraperiode noch eine größere Gleichheit bestand, als später,
wo die innerlich und äußerlich unähnlichsten Typen den Schooß der Erde durch=
brachen. Die ideale Juralandschaft Unger's sucht diese Verhältnisse dar=
zustellen. Da leuchtet uns im Vordergrunde die ausgestorbene Cycadeengattung
Pterophyllum (Flügelblatt) mit stolzen, breiten, gefiederten Nadeln entgegen.
Ebenso zierlich erhebt sich neben ihr rechts im Vordergrunde die Gattung
Zamites (Zapfenkolbe) mit ähnlichem Laube und zapfenförmigen Früchten im
Gipfel. Neben ihr erheben sich majestätisch auf stolzen, von häutiger Rinde
bekleideten Säulen die Wipfel der Pandangs oder Pandaneen, von denen man
bisher nur die großen Kugelfrüchte entdeckte. Auf hohen stelzenartigen Wurzeln
erheben sie sich, wie noch heute die Pandanus=Arten pflegen, über die Erde
oder senden ihre dicken Luftwurzeln aus sich verzweigenden Aesten zur Erde
hinab. Wunderbar genug kehrt auch in der Gegenwart dasselbe Verhältniß
wieder. Hier und da, namentlich auf den Inseln der Südsee, finden wir
Cycadeen und Pandangs noch immer vereinigt; ein Zeugniß mehr dafür, daß
die Schöpfung beider Typen ähnlichen Bedingungen entstamme.

So das allgemeine Pflanzenbild eines Urwaldes der Juraperiode. Wir
haben es aber auch noch mit Unterschieden, mit den drei Epochen des Lias,
Ooliths und Wealden zu thun. So weit die Schichten des Lias noch vom
Meere bedeckt wurden, wiederholte sich an den Liasküsten das Leben der Meer=
gewächse, oft mächtiger Seetange. Dasselbe Leben sahen später auch die Küsten
des Ooliths, während der Wealden nur eine Süßwasserbildung war. Einige
Pflanzen des Lias kannte schon die Zeit des bunten Sandsteins und Keupers.
Weit mehr gehören dem Lias an. Darunter treten die Zapfenpalmen in vielen
Gattungen, welche denen der Jetztwelt gänzlich fremd, und Nadelhölzer vor.
Von den Farren erschienen namentlich solche mit netzförmigem Adergeflechte in
den Wedeln, wodurch sie wesentlich von allen früheren Farrengattungen ab=
weichen. In dem Oolithgebirge treten diese Farren zurück, während andere
mit gablig vertheilten Blattrippen erscheinen. Die jetzt auftretenden Zapfen=
palmen nähern sich denen der Gegenwart bedeutend und die Nadelhölzer er=
reichen eine größere Mannigfaltigkeit der Arten und Fülle der Individuen.
Unter den bis jetzt bekannten Pflanzen der Oolithzeit wiegen demnach die
Nacktsamer (Gymnospermen), Zapfenpalmen und Nadelhölzer, vor. Eine dritte
Verschiedenheit der Pflanzenvertheilung zeigt endlich auch die dritte Epoche des
Wealden mit seinen Pflanzenresten. Obschon sie ebenfalls durch die Häufigkeit

Landschaft der Juraperiode, nach Unger.

der Zapfenpalmen ausgezeichnet ist, treten doch in ihr bereits Andeutungen von einer Verschiedenheit der Klimate in verschiedenen Gegenden auf. So fehlt in Deutschland die Lonchopteris Mantelli, eine Farrenart, und es tritt dafür ein Nadelbaum, der Abietites Linkii, neben einer zahlreicheren Auswahl von Zapfenpalmen auf. Der Schauplatz dieses wunderbaren Pflanzenlebens lag uns nicht fern. Die Gegend von Bayreuth, Bamberg, Koburg, Stuttgart und Heilbronn, Halberstadt, Quedlinburg, Bückeburg, Osterwald, Obernkirchen, Schlesien, Häring in Tirol und viele andere Gegenden in Frankreich und England sahen diese seltsamen Urwälder.

Die Juraperiode war nach der langen Dauer der Steinkohlenperiode wieder die erste, welche einen entschiedenen Charakter an sich trug. Wie dies im Pflanzenreiche durch die Schöpfung einer Menge von Zapfenpalmen geschah, ebenso im Thierreiche. Die Labyrinthodonten der Trias sind verschwunden; neue krokodilartige Amphibien, denen der Jetztwelt ähnlicher, traten an ihre Stelle, mit ihnen neue Schildkröten und Eidechsen. Statt der wenigen Triaskrebse erschienen jetzt neue Gliederthiere in der Luft, auf dem Lande und im Wasser, ihnen zur Seite neue Fischgestalten. Doch charakteristischer als alle diese Typen tauchten jetzt die wunderbaren Gestalten der Belemniten, jener Meeresweichthiere auf, deren Verwandte die Jetztwelt noch in den ebenso seltsamen Tintenfischen oder Sepien kennt. Zahlreiche Ammoniten, die wir schon in der Trias kennen lernten, gesellten sich zu ihnen, Seeigel, Seesterne und Haarsterne, während der charakteristische Lilienencrinit des Muschelkalkes verschwunden ist. An seiner Stelle halfen im Meeresschooße zarte Korallenthiere den Boden des Meeres erhöhen. Ihre Bauten finden wir heute noch als den oben erwähnten Korallenkalk im Wealden.

Ammonites Amaltheus. Belemnites.

Es unterliegt nach den früheren Mittheilungen keinem Zweifel, daß aus dieser Periode sich noch zahlreiche Zapfenpalmen in der Gegenwart verfinden. Doch sind einige von ihnen bereits im Aussterben begriffen, wenn nicht, wie Cycas tenuis von den Bahamainseln, ganz verschwunden, andere in außerordentlicher Seltenheit in den heißeren Ländern verbreitet. Die Südseeinseln, Neuholland, Südamerika, die Südspitze von Afrika und die afrikanischen Inseln sind heute vorzugsweise die Heimat der Cycadeen.

Landschaft der Kreideperiode. Im Vordergrunde Iguanodonten im Kampfe.

VII. Capitel.
Die Kreideperiode.

Auch die Bildung der Juraschichten reichte noch nicht hin, das Festland der Erde unter sich zu verbinden. Europa ragte damals nur in der Weise über das Jurameer hervor, wie heute England vom Ocean umschlungen wird. Eine innige Verbindung der Länder war noch nicht vorhanden. Die Bildung der Kreide vervollständigte diesen Zusammenhang.

Die älteste Ablagerung ist die Hilsbildung, so genannt, weil man sie als ältestes Glied der Kreideformation zuerst in der Mulde der Hils bei Bredenbeck und Wennigsen in Norddeutschland erkannte. Sie heißt auch wohl die Neocombildung und wurde nicht allein in Europa, sondern auch in Südamerika und Asien abgelagert. Eine graubraune Thonmasse, lagert sie auf dem Wälderthon, dem letzten Gliede der vorigen Periode des Jura; bald mit Nieren von Kalkstein, Schwefelkies und Gypskrystallen, bald mit Eisen-

136 Siebentes Capitel.

erzen, Schwefel, Quarzkörnern u. s. w. erfüllt. Weit umfangreicher und mächtiger waren die darauf erfolgten Ablagerungen des Quadersandsteingebirges. Man nennt diese Schichten wohl auch den Grünsand, weil sie, von grünen Eisenkieselkörnern gefärbt, nicht selten von dem weißen Quadersandstein abstechen. Diese Gebirgsschicht gliedert sich selbst wieder in drei besondere Abtheilungen: den unteren Quadersand, den Pläner oder Plänersandstein, Plänermergel und Plänerkalk, endlich den oberen Quadersand. Das jüngste Glied der Kreideperiode ist die obere oder weiße Kreide.

Waren die Hildsbildung und der Quadersand nur die Schlammschichten verwitterter Gebirge, so verdankt die eigentliche Kreide ihren Ursprung zum größten Theil der Thierwelt des Kreidemeeres. Wenn wir im Jurameer winzige Polypen mächtige Korallenriffe aus der Meerestiefe aufbauen sahen, so arbeiteten jetzt im Kreidemeere nicht minder winzige Meeresthiere an dem Baue der heutigen Erdrinde. Wir sind hiermit auf eines der größten Wunder der Natur gestoßen. Es klingt uns unglaublich, zu hören, daß die mächtigen Kreidefelsen von Rügen, England u. s. w. nur von Thieren herrühren sollen; und doch ist es so. Ja ihre Kleinheit ist, was noch mehr sagen will, so groß, daß man ihre Anzahl in einem Pfunde Kreide bereits auf 10 Millionen schätzte. Es sind kleine, dem unbewaffneten Auge fast unsichtbare Schalthiere, die man wegen ihrer großartigen Kalkbauten mit den Korallen verglich und Schneckenkorallen nannte. Der vielen Löcher wegen, welche die meisten Arten in ihren Schalen zeigen, erhielten sie auch den Namen der Foraminiferen oder Löcherträger, einen Namen, der ebenso wenig ihren allgemeinen Charakter ausdrückt, wie jener der Polythalamien oder Vielkammerthiere, den man ihnen ebenfalls beilegte.

Foraminiferen der Kreide. 1. Planulina turgida; 2. Textularia aciculata; 3. T. globulosa; 4. Rotalia globulosa; 5. R. perforata.

Dieser gründete sich auf die vielen Kammern, aus denen die meisten Muscheln bestehen. Wir kennen sie auch noch als Rhizopoden oder Wurzelfüßler, da man bei ihren noch lebenden Verwandten eine Menge zarter Füßchen entdeckte, welche sie aus den Oeffnungen der meist schneckenförmig gewundenen Muscheln herausstrecken und als Bewegungsglieder gebrauchen. Ihre Schalen bestehen aus reinem kohlensauren Kalke, aus Kreide. Wie jede Schnecke, besaßen sie eigene Werkzeuge, den Kalk des Kreidemeeres in sich abzulagern und daraus ihre Schalen zu bauen. Vielleicht kommt unserer Vorstellung der Krebs mit seiner Eigenschaft entgegen, in seinem Inneren den Kalk des Wassers aufzunehmen und als sogenannten Krebsstein abzulagern, um dereinst seine Hülle nach der Häutung daraus wieder zu ergänzen. Durch die erstaunliche, alle Begriffe übersteigende Leichtigkeit ihrer Fortpflanzung erfüllten die Schneckenkorallen die Fluthen des Kreidemeeres. Wenn sie starben, senkten sie sich auf den Meeresschooß nieder. Lagen auf Lagen häuften sich, oft mit gleichzeitig gestorbenen Seeigeln gemischt. Immer mächtiger wurden die Schichten und um so schwerer. Je schwerer aber, um so stärker mußte ihr Druck auf die zarten Schalen der zu unterst gelagerten Schneckenkorallen sein. Dadurch meist zu Pulver zerfallen, überdies in ihren organischen Substanzen zersetzt, mußten sie als lockere Kreide zurückbleiben. Das ist dieselbe Macht des Kleinen, die uns schon einmal (S. 50) in den mikroskopischen Diatomeen entgegentrat, nur ungleich gewaltiger und bedeutsamer.

So erheben sich Rügens stolze Buchenwälder in Wahrheit auf dem Grabe von Myriaden verschwundener Wesen. In der Vorwelt nicht anders. Schon einmal hatten sich wunderbare Pflanzengestalten auf demselben Boden erhoben, ihrem Charakter nach von denen der Juraperiode weit verschieden. Das unterste Glied der Kreide konnte, da es eine reine Meeresbildung war, natürlich nur Meerespflanzen hervorbringen. Die Pflanzenreste dieser Schichten bestätigen es; denn sie haben uns nur die Abdrücke von Tangen und jenen Najaden erhalten, zu deren Verwandtschaft unser bekanntes Seegras (Zostera) gehört. Nur durch die Verschiedenheit ihrer Arten ausgezeichnet, zeigte demnach diese neue Epoche der Schöpfung noch keine höhere Stufe des Pflanzenlebens an, da wir solche Meeresgewächse bereits in jeder der vorausgegangenen Schöpfungszeiten antrafen. Um so auffallender gestaltete sich jedoch die darauf folgende Epoche des Quadersandsteins oder des mittleren Kreidegebirges; um so mehr, als sich diese Schichten über das Kreidemeer emporhoben und sofort eine Landflor zeugten. So weit sie indeß noch unter dem Ocean verborgen lagen, brachten sie wiederum den Tange hervor. Dagegen umsäumten ganz andere Gestalten ihre Ufer. Abermals traten die, so zu sagen, von der Natur stets begünstigten und liebgewonnenen Farren, aber in neuen Arten auf. Sahen wir sie in der Juraperiode ihre zartgeschlitzten und gefiederten Wedel zitternd auf baumartigen Schaften in Gesellschaft der nicht unähnlichen Zapfenpalmen emportreiben, so gesellten sich ihnen an den Ufern der Meerbusen von Schlesien und Böhmen endlich auch die Erstlinge der Palmenwelt zu. Schwerlich aber waren es sofort jene majestätischen, schlanken und zierlichen Gestalten, die wir gegenwärtig häufig zu bewundern haben. Man fühlt sich versucht, die ersten Palmen weit plumper zu denken und sie den Zapfenpalmen für ähnlicher zu halten. Die einzige Palme Chiles, die merkwürdige Jubaea spectabilis Humboldt's, von welcher wir eine Originalskizze (s. Abbild. S. 138) beifügen, die Herr von Kittlitz den Wäldern von Los Corres entnahm, dürfte den besten Anhalt für diese Vorstellung sein. So umsäumten jetzt Farren, Zapfenpalmen, Palmen und zahlreiche Nadelhölzer die Ufer des Kreidemeeres. Aber auch in dieser Zusammensetzung würden wir die Urwälder der Kreidezeit noch nicht so ganz fremd der Juraperiode gefunden haben. Waren diese Gestalten doch sämmtlich nur Pflanzen jener niederen Entwickelungsstufe, die wir theils als Kryptogamen oder Akrogenen, theils als Gymnospermen oder Nacktsamer bezeichnet hatten. Da endlich brach sich in der Zeit der Quadersandsteinbildung ein neuer Gedanke der Natur seine Bahn. Jetzt endlich erschienen die Erstlinge der Laub-

138   Siebentes Capitel.

bäume; ein Gedanke, der erst in den folgenden Perioden und der Jetztzeit seine höchste Verklärung finden sollte, nachdem die höchste Mannigfaltigkeit der Erdoberfläche die Bedingungen zur größten Mannigfaltigkeit der Gewächstypen geschaffen hatte. Die neue Zeit war somit durch Gestalten eingeleitet, welche uns in ihren Ueberresten an unsere heutigen Weiden, Ahorne, Wallnußbäume u. s. w. erinnern. Wenn diese jedoch in strauch- oder baumartiger Gestalt auftreten, so erschien in krautartiger Form die Gattung Credneria. Wo heute die mächtigen Schichten des Quadersandsteins bei Blankenburg am Harze, bei Teschen in Böhmen und Niederschöna in Sachsen ihre schroffen Wände vielfach zerrissen über die Ebene heben, da umsäumten zur Zeit des Kreidemeeres die Credneriern ihre Ufer als die ersten krautartigen, netzrippigen und

Jubaea spectabilis von Los Torres in Chile; einzige Palme dieses Landes, aufgenommen von v. Kittlitz.

Die Kreideperiode. 139

dikotylischen Geschlechtspflanzen. Mächtige Stauden ihren Ueberresten nach, erhielten sie sich meist nur in schönen Blattabdrücken mitten im Quadersande, gewöhnlich in zusammengerollter Gestalt. Sie ähneln den heutigen Gestalten des Rhabarbers oder der großblättrigen Ampferarten (Rumex). Farren und Schachtelhalme waren in den Hintergrund gedrängt und gewannen so wenig, wie die Nadelhölzer, ihre frühere Herrschaft wieder. Dieser charakteristischen Flor des Quadersandsteins gegenüber war die des jüngsten Gliedes der Kreideperiode, der oberen Kreide, eine unendlich arme. Uns überrascht das natürlich nicht mehr, da wir schon vorher fanden, daß die eigentliche Kreide eine reine Meeresbildung war, die sich erst nach der Bildung des Quadersandsteins im Meeresschooße ablagerte. Was wir in dieser neuen Epoche an Pflanzen erwarten können, hat sie auch treulich geleistet: sie hat eine Menge neuer Tange (Fucoideen) hervorgebracht, welche, merkwürdig genug, keine Gemeinschaft mit denen der unteren Kreide besitzen. Ihre Ueberreste finden sich noch in nicht unbeträchtlicher Menge in dem sogenannten Fucoideen-Sandstein, den man wohl auch Macigno und Flysch nannte. Diese neue Gebirgsart tritt im südlichen Europa, von Wien bis zu den Pyrenäen, in der Krim u. s. w. so mächtig und charakteristisch auf, daß der französische Naturforscher Brongniart die Zeit ihrer Bildung sogar als die Epoche des Fucoideen-Sandsteins bezeichnete.

Scaphites aequalis.

Hamites attenuatus.

Sind die Kreideschichten auf dem Grunde des Meeres gebildet, so werden wir von vornherein das Leben der Thierwelt als ein Meerleben erwarten. In der That: Weichthiere der mannigfachsten Art, oft an die Ammoniten und Belemniten der Juraperiode erinnernd, Scaphiten und Hamiten; zahlreiche Foraminiferen, die wir schon vorher betrachteten; langschwänzige Krebse; Fische von neuer Gestalt und in erstaunlicher Anzahl vorhanden, schon an unsere noch lebenden erinnernd; Schildkröten, mit Panzern versehen; krokodilartige Eidechsen, welche die Küsten bewohnten, ihre Nahrung aber im Meere suchten, mächtige Iguanodonten, welche die ideale Landschaft der Kreideperiode im Vordergrunde darstellt — das waren die Thiergestalten der Kreidezeit. Wie die Pflanzenwelt, mit der Juraperiode verglichen, obwohl mit neuen Typen gesegnet, doch arm und dürftig erscheint, also auch die Thierwelt. Auf das Meerleben aber besonders angewiesen, erreichte dieselbe hier eine größere Vollkommenheit, als die der Jurazeit, und die neu auftretenden Knochen- und Knorpelfische beweisen es. Weit über dies Alles hinaus sollte erst die Schöpfung der tertiären Zeit gehen.

Ideale Landschaft der Molassezeit, nach Unger.

VIII. Capitel.
Die tertiäre Periode.

Wir stehen vor einer bedeutungsvollen Zeit. Von dem großen Schöpfungs-
drama sind die ersten sechs Acte beendet, der siebente beginnt, ernst wie noch keiner.
Wenn auch schon früher fortwährende Hebungen der Erdoberfläche über den
Ocean durch unterirdisches Feuer stattgefunden haben mußten, so gewann die
vulkanische Thätigkeit doch erst jetzt ihre höchste Ausdehnung. In der That,
sollte die Erde zu derjenigen Gestaltung gelangen, die sie gegenwärtig besitzt,
so blieb nur dieses Mittel allein übrig. Vulkane bildeten sich schaarenweis.
Ihnen folgte in allmäliger Steigerung eine Erhebung der Erdoberfläche, oder
sie trat, richtiger gesagt, schon mit der Bildung der Vulkane ein. Jede dieser
Erhebungen besaß ihren Mittelpunkt, von welchem die unterirdischen Mächte
des plutonischen Oceans, Gase in furchtbarer Spannkraft, wie Strahlen eines
Kreises von dem Feuerheerde ausgingen. Vielleicht war jeder Vulkan ein
solcher Mittelpunkt, um welchen sich die Reliefs der Erdrinde, die Berge,

sammelten. Jede Erhöhung des Bodens war die Wirkung der unterirdischen Thätigkeit einer vulkanischen Kraft, eines vulkanischen Strahles, welcher von seinem Mittelpunkte kam. Die Höhe der Berge ist dann das natürliche Maß der Spannkraft der unterirdischen Gase, die Lage der Gebirge und ihr Verlauf der natürliche Ausdruck jener Kraftstrahlen, und so erscheinen uns in der That die Gebirge der Erde als die natürlichen, steinernen, oft so riesigen Buchstaben, in welchen wir wie in einem Buche die ganze Geschichte ihrer Vorzeit zu lesen haben.

Der ganze große Schöpfungsact begann für Europa in seinem Westen. Die Pyrenäen waren die ersten Reliefs der Erdrinde, welche die tertiäre Periode emporsteigen sah. Bald folgten ihnen im Osten die Karpathen, Apenninen und Alpen. Die Majestät dieser Gebirgsstöcke zeigt noch heute von der Großartigkeit jener Schöpfungskraft. Ein merkwürdiges Geschick versagte dem deutschen Festlande diese Großartigkeit vulkanischer Thätigkeit. Es ist, als ob Deutschlands Geschick ihm schon vor seinem Beginn nur mildere Uebergänge zugetheilt habe. Nur das Riesengebirge schließt sich noch einigermaßen ebenbürtig an jene Gebirgsriesen an. Der eigentliche vulkanische Heerd der tertiären Periode war für Deutschland in Böhmen und den Rheinlanden, hier über eine Fläche von 60, dort von 40 Quadratmeilen verbreitet. Besonders war es die Gegend der Eifel, wo zahlreiche Schlote der Vulkane ihre Feuersäulen emporsendeten, ihre Lava in die Thäler ergossen. Die Krater sind erloschen. Wo einst mächtige Flammen ihr grausiges Spiel trieben, hat jetzt der natürliche Gegensatz des Feuers, das Wasser, seine Stelle eingenommen. Was einst in der Eifel Krater war, ist heute See, dort Maar genannt. Auch der Laacher See, der größte und bekannteste von ihnen, gehört dazu. Trachyt- und Basaltgebirge waren vorzugsweise die neuen Gebirge, welche aus dieser vulkanischen Thätigkeit hervorgingen.

Diese neuen Gebirgssysteme hatten nur die hohe Wichtigkeit, eine Stätte neuer organischer Schöpfungen zu werden, die Mannigfaltigkeit der Erdrinde und mit ihr auch die jener Schöpfungen zu bedingen. Ungleich wichtiger aber waren die Veränderungen, welche ihr Durchbruch unter den früher ruhig im Ocean abgelagerten Gebirgsschichten hervorbringen mußte. Sie, die einst dem flüssigen unterirdischen Lavameere angehörten, hatten nicht allein die abgelagerten (sedimentären) Gesteinsschichten theilweis emporgehoben und durchbrochen, sie hatten auch die dadurch entstandenen Thäler verändert, indem sie sich theilweis als Lavaströme in sie ergossen. Welche außerordentlichen Veränderungen solche vulkanische Thätigkeiten in der Lage der Gebirge hervorrufen können, beweist eine Beobachtung von J. J. von Tschudi, die derselbe in Peru machte. Dort hatte eine vulkanische Hebung das Bett eines Flusses gänzlich verändert; ein Theil des Bettes war gehoben und verhinderte nun das Wasser, in der alten Richtung zu fließen; der Theil, welcher von der Quelle herbeiströmte, mußte sich ein anderes Bett suchen, da er ja nicht den Berg hinauf strömen konnte; das jenseits des Berges liegende Bett wurde trocken gelegt.

So auch bestimmte die vulkanische Thätigkeit der tertiären Zeit das heutige Bett des Oceans und unserer Flüsse durch die Hebung der Gebirge. Sie legte damit den ersten natürlichen Keim zu aller späteren Völkergeschichte. Was uns vielleicht vorher ein Mangel am deutschen Festlande erschien, wird nun zum Segen desselben und seines Volkes. Es ward nie durch hohe Gebirge von seinen Nachbarn abgeschlossen. Schon seit der tertiären Zeit stand es Jedem offen, obschon es damals nur mächtige Elephanten und dergleichen Riesen mehr waren, die ihren Weg ungehindert durch das ganze Land bis nach Sibiriens Steppen fanden. So hat das deutsche Land von jeher allem Fremden offen gestanden; so hat es von Allem aufgenommen, hat das Gute ergriffen, woher es kam, leider oft aber auch viel Spreu unter dem Weizen, seinen Kindern zum Schmerze. Gebirge, Wüsten, Flüsse und Meere bestimmen und begrenzen die Charaktere der Pflanzengebiete; sie bestimmen aber auch die Geschichte der Völker. Das beweist uns China im schrofffsten Falle. Durch eine himmelhohe Gebirgskette, den Himálaya, der bei dem Indier sehr bezeichnend einen Schneepalast bedeutet, vom übrigen Indien getrennt, verharrt es seit Jahrtausenden in demselben Zustande der Bildung. Nie würde die Geschichte eine solche Erscheinung gesehen haben, wenn statt des Himálaya eine flache oder hügelige Ebene zwischen die Völker Indiens gestellt worden wäre. Bei einer andern Terrainbildung Europas, Deutschlands insbesondere, würde die große Völkerwanderung aus Indien vielleicht gar nicht oder ganz anders stattgefunden haben, die ganze Geschichte Europas würde eine völlig verschiedene geworden sein. Schon die außerordentliche Abwechslung von Berg und Thal mußte auf den später erscheinenden Menschen unberechenbar günstig wirken. Was würde der Mensch für ein Geschöpf geworden sein, wenn er sich nur in Ebenen hätte entwickeln müssen, ohne den mannigfaltigsten Wechsel der Jahreszeiten, Klimate und der Erdoberfläche! Einförmig, wie alle früheren Schöpfungen, würde sich der Faden seiner Geschichte abgewickelt haben. Nun wirken der stille Ernst des Tiefländers und der fröhliche Sinn des Gebirgsbewohners, die Bedächtigkeit des Nordländers und die stürmische Glut des Südländers, die Kindlichkeit des Insulaners und die Mannbarkeit des Festländers in tausend Abstufungen, treue Bilder der jemaligen Heimat, wohlthuend auf einander, und aus dem Wechsel der Gegensätze erhebt sich, verklärter und tauglicher zur höchsten Freiheit, der Genius der Menschheit, die herrlichste Blüthe aller Naturverhältnisse zusammengenommen.

Auch für das Pflanzenleben mußte eine solche gewaltige Veränderung der Erdoberfläche von höchster Bedeutung sein. Sie vollendete, was die Kreideperiode begonnen, das Reich der Angiospermen oder Hüllsamer, jener Gewächse, welche ihren Samen fast durchgängig in eigenen Fruchthüllen zeugten, während die Pflanzen der früheren Periode fast sämmtlich das Gegentheil gethan hatten. So ward das Leben der Pflanzen immer innerlicher, gestalt- und gehaltvoller.

Schon die Stämme der neuen Pflanzen verrathen diesen großen Fortschritt. Sie sind knorriger geworden, ästiger. Während die früheren Pflanzenstämme ihre Blätter meist schopfartig an ihrem Gipfel zusammendrängten, oder sie, wie die Nadelbäume, mehr schuppenartig stellten, trieben die meisten Hüllsamer ihre Knospen in regelmäßigerer Stellung schon weit unter dem Gipfel des Stammes hervor. Dieser hatte sich einer größeren Veräftelung unterwerfen, als sie bis dahin, die Nadelbäume mit ihrer starren quirlförmigen Aftstellung eingeschlossen, von den Gewächsen erreicht werden war. Ich habe geglaubt, dies von dem Sonnenlichte herleiten zu müssen, das in dieser Zeit geläuterter und intensiver wirken konnte, nachdem das neblige, wolkige, sonnenverhüllende Inselklima zu einem Festlandsklima übergegangen war. Wenigstens gewährt uns für diese Anschauung die Thatsache einen Anhalt, daß unter dem Einflusse der tropischen Sonne eine weit freiere und großartigere Veräftelung der Gewächse bemerkt wird, als unter nordischer, verdüsterter Sonne, und daß daselbst auch die Blätter eine weit freiere Entfaltung, weit mehr geschlitzte Formen annehmen, als in der gemäßigten Zone. So auch in der tertiären Periode. Breiter und selbständiger ist die Blattfläche geworden. Wie der Gipfel des Stammes sich in tausend Aeste spaltete, so durchziehen jetzt zarte Rippen in anmuthigen netzförmigen Verzweigungen die Blattfläche. Jetzt erst finden wir eigentliche Blätter, während die der Zapfenpalmen, Nadelhölzer, Farren u. s. w. fast als blattartig erweiterte Achsentheile (Aeste) gelten könnten. Die Natur ist jedoch überall harmonisch. Darum ging auch die Spaltung der Pflanzentheile auf die Blüthen über. Nun erst erschienen, der treue Abglanz der neuen Zeit, ihres blauen Himmelsdomes und ihres Sonnenlächelns, anmuthigere Blumengestalten. Die Schmetterlingsblumen der Hülsengewächse waren unter ihnen jedenfalls die vollkommensten und lieblichsten. Wie die Blumen, so natürlich auch die Früchte. Sie verdankten ihre Mannigfaltigkeit ebenfalls einer größeren Spaltungsfähigkeit ihrer einzelnen Theile, und so zieht sich das Gesetz der Spaltung als ein allgemeines charakteristisch durch die ganze tertiäre Zeitscheide bis in die Gegenwart herein. Natürlich war es bereits bei der ersten Pflanzenschöpfung vorhanden; allein seine freiere Entfaltung begann erst in dieser Zeit. Darum hat man sie auch sinnig als das Morgenroth unserer heutigen Schöpfung bezeichnet.

Die Pflanzenwelt der tertiären Periode, die man wohl auch die Molasse-Periode genannt hat, ist gleichsam der neue Keim, aus dem sich die heutige Pflanzendecke entwickelte. Sie enthält, oft in frappanter Aehnlichkeit, dieselben Typen, die wir noch heute bewundern, und noch scheint mir wenigstens nicht festgestellt zu sein, daß es immer auch andere Arten und andere Gattungen waren, welche die tertiäre Zeit hervorbrachte. Denn gehen wir, wie wir das bei unserer ganzen bisherigen Anschauungsweise thaten, stets davon aus, daß die gegenwärtige Pflanzendecke nicht das Product einer einzigen Periode, sondern aller zusammen ist; müssen wir auch zugeben, daß eine große Menge von Typen ausstarb, um andern Platz zu machen: so erklärt sich doch das Vorhandensein vieler jetzt lebender Typen, deren Verwandte wir schon in früheren Perioden kennen lernten, einfacher durch ihre Erhaltung bis zur

Gegenwart, als durch eine nochmalige Schöpfung. Das gilt z. B. von den Zapfenpalmen im ausgedehntesten Sinne, ebenso von vielen Nadelbäumen. So von den Araucarien der südlichen Erdhälfte, den Dacrydien derselben Gegenden, den Phyllocladus-Arten Neuseelands, den Salisburien Japans, den Casuarinen der südlichen Halbkugel. Wahrscheinlich gilt es auch von den Pandangpflanzen (Pandaneen), den Exocarpus-Arten Neuhollands und Tasmaniens, den Torfmoosen u. s. w. Alle diese überlebenden Typen haben sich nur in denjenigen Ländern erhalten, in denen das Klima sich nicht allzuweit von dem ihrer ursprünglichen Schöpfungszeit entfernt. Darum finden wir heute z. B. die Araucarien noch auf der südlichen Erdhälfte, während sie auf der nördlichen, in welcher sie auch Deutschland bewohnten, verschwunden sind. So wenigstens bei Gewächsen, welche in dem heißeren Klima früherer Perioden entstanden. Von ihnen sind fast sämmtliche Typen untergegangen, die auch hier zu Lande in der jetzigen gemäßigten und kälteren Zone wuchsen; sie haben sich aber, wie gesagt, in entsprechenden Klimaten theilweis erhalten, soweit sie nicht ausstarben, wie auch die Arten sterben. Man hat das Klima der tertiären Periode mit dem des heutigen Japan verglichen, und mit Recht; denn die Salisburie z. B., die in jener Periode selbst hier zu Lande, wenigstens in den südlicheren Theilen Europas, wuchs, wächst noch heute in Japan; dort hat sie sich also erhalten. Dieses japanische Klima ist aber der Art, daß sich viele seiner Gewächse auch bei uns ebenso cultiviren lassen, wie Europa überhaupt seine meisten Culturgewächse Asien verdankt. Wir müssen daraus den Schluß ziehen, daß sich aus der tertiären Periode noch manche zähere Typen bis auf uns erhalten haben. Diese große Verwandtschaft zeigt sich auch im inneren Baue der Hölzer wieder; denn von der Molasse-Periode an erzeugen die Bäume feste Holzringe in ihren Stämmen. Das deutet darauf hin, daß bereits ein ähnlicher Wechsel der Klimate damals wie heute stattfand. In den früheren Perioden ging dagegen das Wachsthum der Stämme ununterbrochen vor sich, wie es noch heute in den heißeren Ländern geschieht, wo eigentlich kein Stillstand der Vegetation vorhanden ist. Unter solchen Verhältnissen grenzen sich die Jahresringe, die Zeugen einer vollendeten Wachsthumsperiode, kaum von einander ab.

Trotz aller Verwandtschaft der tertiären Pflanzendecke mit der heutigen unterscheidet sie sich doch wesentlich dadurch, daß sie, wie Brongniart bemerkt, so wenig Familien mit gamopetaler Blumenkrone besitzt, solche also, deren Blumenblätter unter sich zu einem einzigen Blumentrichter verwachsen, während gerade die heutige Schöpfung diese Eigenthümlichkeit in außerordentlicher Mannigfaltigkeit der Gestaltung bei Vereinsblüthlern (Compositen), Glockenblumen (Campanulaceen), Lippenblumen (Labiaten), Kartoffelgewächsen (Solaneen) u. s. w. zeigt. Nur Haidekräuter (Ericaceen), Seifenpflanzen (Sapotaceen), Styraxgewächse (Styraceen) und Ilicineen besaß die tertiäre Periode. Es sind jedoch Familien, welche nicht durchgängig eine einblättrige Blumenkrone besitzen. Noch viel fremdartiger mußte natürlich die tertiäre

Die tertiäre Periode.

Pflanzenschöpfung von der der früheren Periode abstehen. Die alte Lieblingsgestalt der baumartigen Farren und der Farren überhaupt trat jetzt so auffallend zurück, daß ihre neuen Gestalten den tertiären Fluren ihren Charakter ferner nicht mehr aufdrückten. Dasselbe war mit Zapfenpalmen, Calamiten u. s. w. geschehen. Dagegen hatte sich der Typus der Nadelhölzer von den ältesten Schöpfungszeiten an bis zur tertiären Zeit hereingezogen, um endlich selbst in die Gegenwart gerettet zu werden. Diese Erscheinung ist eine der wunderbarsten in der Geschichte der Pflanzenwelt; um so mehr, als jede neue Zeitscheide nur dazu gedient hatte, die Familie der Nadelhölzer in neuer Pracht und größerer Mannigfaltigkeit wieder erstehen zu lassen. Die Erscheinung ist noch wunderbarer, wenn man sich erinnert, daß die Nadelhölzer der Gegenwart, Araucarien, Podocarpus-Arten und einige andere tropische Formen ausgenommen, entschieden nur der gemäßigten und kalten Zone angehören, daß sie das tropische Klima sorgsam vermeiden, während ihre Vorgänger bis zur tertiären Zeitscheide nur ein heißes Klima zu wählen hatten.

Sie vor allen waren es, welche der Schöpfung der tertiären Zeit ihren Charakter aufdrückten, nach ihrem Untergange den größten Antheil an der Braunkohlenbildung nahmen. Aus diesen Kohlenlagern folgert sich von selbst, daß die Nadelhölzer jener Zeit in großer Fülle der Individuen vorhanden sein mußten. Aber auch die Fülle der Gattungen und Arten war nicht gering. Da, wo noch heute das baltische, weit seltener das deutsche Meer aus seinem Schooße den kostbaren Bernstein aus seinem vieltausendjährigen Grabe herauf wühlt, umsäumte die Bernsteinkiefer (Peuce succinifera) mit ihren Stämmen die baltischen Gestade. Wie noch heute des Sommers Sonne das Harz aus den überfüllten Harzgefäßen unserer Nadelhölzer hervorquellen läßt, so auch damals. Was als Harz zur Erde tropfte, oft mächtige Klumpen bildend, verwandelte sich später durch Verbindung mit dem Sauerstoff der Luft in Bernsteinsäure. In andern Gegenden, z. B. den Nietlebener Braunkohlenlagern bei Halle, blieb ein ähnliches Harz als gelber Retinit zurück. Kein Land der Gegenwart bietet ein deutlicheres Gegenstück zu dieser massenhaften Harzabsonderung als Neuseeland. Seine riesige Kaurifichte (Dammara oder Agathis australis) mit blattartigen Nadeln ist es, welche ihr Harz oft in so bedeutender Menge hervorquellen läßt, daß man dasselbe beim Graben auf nackten Stellen nicht selten in großen Klumpen beisammen findet. Die Wichtigkeit und das eigenthümliche Interesse, welches der Bernstein in Geschichte und Industrie besitzt, nöthigt uns, unsere Schilderung der tertiären Periode für einen Augenblick zu unterbrechen und sie dem Bernstein zuzuwenden. Daß derselbe wirklich ein Harz, davon zeugt, daß man ihn noch jetzt in den Harzgängen der betreffenden Braunkohlenlager findet und nicht selten die verschiedensten Einschlüsse, z. B. Insekten, in ihm wahrnimmt. Er theilt dies mit dem Dammarharze der Gegenwart, welches von Agathis loranthifolia oder der mistelblättrigen Dammarfichte der malaischen und molukkischen Inseln stammt; er theilt dies selbst mit dem Copal, einem Harze, welches vorzugsweise an der Wurzel der zu den Hülsenpflanzen gehörenden

Heuschreckenbäume (Hymenaea) Brasiliens und anderer tropischen Länder in großen Stucken abgeschieden und oft, wie der Bernstein, durch Wasser verändert, von den Ufern der Flüsse ausgeworfen wird. Um die Beweise für Abstammung des Bernsteins von Nadelhölzern voll zu machen, hat man selbst kleine Tannenzapfen in dem Bernsteine und zwischen den Schuppen solcher Zapfen dasselbe Harz eingeschlossen gefunden. Alles läßt demnach vermuthen, daß der Bernsteinbaum nicht allein ein Nadelholz war, sondern auch, nach seinen Holz- und Rindenresten zu schließen, unsern Roth- und Weißtannen nahe stand. Der unermüdliche Göppert vor Allen hat die vielen Bersteineinschlüsse einer sorgfältigen Untersuchung unterworfen und gefunden, daß in den Bernsteinwäldern eine völlig andere Vegetation vorhanden war, als sie gegenwärtig die Ostseeländer besitzen, und daß sie mehr mit derjenigen übereinstimmt, welche jetzt an den wärmeren Gestaden des Mittelmeeres in seiner weitesten Bedeutung erscheint. Entschiedenes Uebergewicht hatten in den Bernsteinwäldern die Nadelhölzer aus den Gattungen der Kiefer und Fichte (Pinus), der Cypresse, des Lebensbaumes, des Wachholders, des Taxodium und der Ephedra; eine Vegetation, welche der des heutigen Nordamerika sehr nahe steht. Aber auch Laubholz fehlte nicht. Es scheint aus Eichen und Hainbuchen, Birken und Pappeln, Buchen und Kastanien bestanden zu haben und von einem höchst reizenden Unterholze geschmückt gewesen zu sein. Wenigstens deuten die Ueberreste von Alpenrosen (Rhododendra)

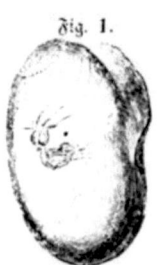
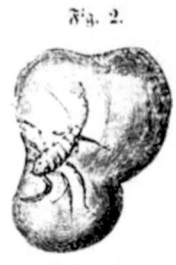

Bernsteineinschlüsse: Fig. 1. eine Ameise; Fig. 2. ein Skorpion.

darauf hin, welche sich mit Heidelbeergewächsen (Vaccinien), Sumpfporst (Ledum), (Gränke-Arten (Andromeda) und Kalmien, durchweg zur Familie der Haidekräuter (Ericaceen) gehörenden Typen, vergesellschafteten. Auch dieses Unterholz deutet auf eine entschiedene Verwandtschaft mit der heutigen Pflanzendecke Nordamerikas hin, wo dieselben Typen noch jetzt vereint angetroffen werden. Wahrscheinlich wurde das Bernsteinharz, wie der Copal, vom Regen in die Flüsse und von diesen ins Meer geführt, welches dasselbe jetzt von Zeit zu Zeit wieder aus Land spült, wenn ein Sturm, gewöhnlich kommt er aus Nordwest gegen den Herbst hin, seine Tiefen gewaltiger als sonst bewegte. Zu solcher Zeit ist es auch, wo man den Bernstein fischt. Unter solchen Verhältnissen habe ich ihn an den Küsten der Nordseeinsel Wangerooge ausgespült gefunden; so wird er aber besonders in den baltischen Ländern, von den mecklenburgischen und pommerschen bis zu den preußischen Küsten, gesammelt. Der bedeutendste Fundort ist die Landspitze von Brüsterort an den preußischen Gestaden. Hier pflegt man zur Zeit jener tückischen Herbststürme

Die tertiäre Periode.

sich mitten in die Brandung des Usermeeres zu wagen, um mit Netzen die in der Fluth wogenden Tangschichten und besonders das braune weiche sogenannte „Sprockholz", worin der Bernstein sitzt, aufzufangen. Jetzt ist es Sache der Weiber und Kinder, den Bernstein aus dem Gewirr der Pflanzen und des Holzes auszulesen, während die kräftigen Männer, mit Wasser, Sturm und Kälte ringend, aufs Neue ihrer harten Arbeit entgegen gehen. Weniger hart, aber immer mühsam ist die Gewinnung des Bernsteins durch Graben, wie es an der preußischen Ostseeküste bei Lapöhnen, Rauschen, Neu-Kuhren und selbst bei Brüsterort u. s. w. geschieht. Von da an ziehen sich die Fundstätten des Bernsteins bis nach Kurland, das Posensche und selbst bis in die Mark Brandenburg. In dem 5 Stunden langen See von Angern bei Riga wurde er erst vor wenigen Jahren entdeckt. Das größte Stück Bernstein, das man bis jetzt gesammelt, befindet sich in der Berliner Mineraliensammlung und wiegt über 15 Pfund. Der Besitzer erhielt dafür den zehnten Theil seines Werthes, 1000 Thaler, da der Bernstein Krongut ist, wie der Diamant in Brasilien. Jedoch finden sich größere Stücke nur selten; gemeiniglich betragen sie nur mehre Quentchen oder Loth und besitzen hiernach einen um so geringeren Werth, je weniger sie zu größeren Schmucksachen verarbeitet werden können. Wenn die Nordseeküste zwischen dem Lymfjord und der Elbe noch heute einen jährlichen Ertrag von etwa 5000 Pfund liefert, so wird dieser von der Ostseeküste sehr bedeutend übertroffen. Die Bernsteingräberei allein liefert einen jährlichen Ertrag von 150 Tonnen, von denen jede einen Werth von über 3000 Thalern besitzt. Uebrigens wird der Bernstein auch in den Braunkohlenlagern Grönlands, Schwedens, der Niederlande, Frankreichs, Spaniens, Italiens, Siciliens, Hinterindiens und Chinas gefunden. An der Ostseeküste geht seine nördlichste Grenze nicht weit über Libau hinaus. Was er in der Geschichte der Menschheit geleistet, ist in der That nicht gering. Abgesehen von den Tausenden, die er veredelt als Kunstwerk oder in der Industrie als Bernsteinlack, Bernsteinsäure u. s. w. flüssig macht; abgesehen davon, daß er Hunderten Beschäftigung gewährt, war er es, der zuerst die Elektricität kennen lehrte und die ersten größeren Entdeckungsreisen aus dem damaligen Weltmeer, dem Mittelmeer, bis an die nördischen Gestade schon zur Zeit Alexander's des Großen veranlaßte. Ein Stoff, der den Geist der Entdeckung und Erfindung, den Geist des Handelns und Schönheitssinnes weckte, wird zu jeder Zeit ein wichtiges Glied in der Entwickelungsgeschichte der Menschheit sein. Das erniedrigt den Menschen nicht. Wenn auch der Stoff der Vater seiner Culturgeschichte ist, so waltet doch über ihr der schöpferische Geist, dessen Bestimmung es ist, die Natur durch die Natur zu beherrschen, um durch freie Thätigkeit Wohlstand, Bildung und schöne Sitte zu entwickeln, durch welche allein der Mensch sich wesentlich von den Thieren unterscheidet.

Kehren wir jedoch zur tertiären Pflanzendecke zurück! Schon oben lernten wir einige Gewächse bei Schilderung der Bernsteinwälder kennen, welche dieser Periode überhaupt zukommen. Neben ihnen sproßten jene stolzen Araucarien hervor, denen wir nun schon zu verschiedenen Malen begegneten. Diesmal aber sind sie mit Laubwäldern vergesellschaftet. Ein brasilianischer Urwald (man vergleiche unser Titelbild) würde uns ein solches Bild am deutlichsten liefern, da die brasilianische Araucarie, wie es scheint, denen der tertiären Periode am meisten gleicht. Aus diesem Grunde ist auch ein solches Bild nach Martius zum Vergleich mit jener schönen idealen Landschaft der tertiären Periode von Unger beigefügt. Letzteres stellt die Araucarie rechts als einen stattlichen, kieferähnlichen Baum dar, und wir dürfen wohl glauben, daß Unger's Bild vorzugsweise nach dieser jetzt lebenden Art entworfen wurde. Uebrigens ähnelt diese Araucarie der bekannten Zirbelkiefer (Pinus Cembra) so auffallend, daß wir selbst schon in den Tyroler Alpen uns den Wuchs einer Araucarie versinnlichen können. Wunderbarer Weise wird auch der Same der Zirbelkiefer als Zirbelnuß so gut gegessen, wie das die Indianer in Chile mit der dort einheimischen Araucarie thun. Dies nebenbei. In Italien trat dafür die überaus wunderbare Zapfenbaumgestalt der Salisburie auf. Noch heute die Zierde japanischer Fluren und dort als Ginkgo bekannt, strebt sie daselbst mit mächtigen Stämmen, von der Dicke unserer Eichen, mit glatter Rinde empor, um ihre abwechselnden, fast wagrecht abstehenden Aeste weit vom Stamme hinauszustrecken und ihre Zweige mit breiten, keilförmigen Blättern, wie sie kein anderes Nadelholz besitzt, zu schmücken. Die Frucht ist von der Größe einer Pflaume mit weichem Fleische, wie sie die Beere des Taxus besitzt, und der Kern, von der Größe der Mandel, umschließt einen grünlichweißen, von einer bräunlichweißen Haut umgebenen Pips, welcher von den Japanesen ebenso genossen wird, wie der Same der Araucarien von den Indianern.

Den Nadelhölzern ebenbürtig an Erhabenheit, sie aber an Anmuth überstrahlend, tauchten neben ihnen endlich die Palmen auf. Freilich erschienen sie nur in wenigen Formen; allein ihr Erscheinen durchzuckt uns um so freudiger, als sie, welche später die erste Mutterbrust der Menschheit neben Bananen wurden, jetzt bei der Morgenröthe der gegenwärtigen Schöpfung bereits als Vorläufer des Menschen dienen. Es sei noch einmal erwähnt, daß die ersten Palmen wahrscheinlich nur einer niederen Stufe der Ausbildung angehörten. Palmen und Nadelhölzer vereint mußten übrigens einen sehr eigenthümlichen Anblick gewähren. Er findet sich noch heute in den Urwäldern Mexikos als ein höchst seltsamer Gegensatz, während auf der Landenge von Darien Eichen mit Palmen auftreten. Ohne Zweifel bildeten die Nadelhölzer gesellschaftlich vereint mächtige Waldbestände, von denen die Laubwälder sich nach Art der Gegenwart schroff sonderten. Mächtige Eichen umsäumten in reichlichen Arten die Gebirge, namentlich bei Parschlug in Steiermark. Zu ihnen gesellten sich die grünen Dome der Buchen, zahlreiche Ahorne, Linden, Birken und Hainbuchen. Ueber sie empor hoben mächtige Platanen ihr ahornartiges Laub und erinnern somit an eine Flor, wie sie Europa, Nordasien und Nordamerika zeigen.

Landschaft der Steinkohlenperiode. Nach Unger.

Die scheinbare Aehnlichkeit verschwindet jedoch sofort, wenn wir uns noch etwas näher in diesen mächtigen Urwäldern umsehen. Hier diese Sträucher erinnern uns mit ihren lederartigen, würzigen Blättern an den Lorbeer Südeuropas. Wir haben uns nicht getäuscht. Wo der Lorbeer, ist auch die Myrte nicht fern. Wir finden sie bei Parschlug, in ihrer Gesellschaft zahlreiche Kreuzdornsträucher (Rhamneen), Pfaffenhütchenpflanzen oder Celastergewächse (Celastrineen), vereinzelte Capperursträucher, zahlreiche Stechpalmen (Ilicineen), Lilien- oder Tulpenbäume, balsamträufelnde Styraxgewächse, seltsame Anacardieen, Verwandte unseres Perückenstrauches (Rhus coriaria) und zahlreiche Wallnußbäume. Auch die Rose war schon erschienen, mit ihr das nahe verwandte Bild des Obstbaumes, das sich in einigen Arten des Weißdorns (Crataegus), der Zwergmispel (Cotoneaster) und einiger Aepfel- oder Birnbäume aussprach. Zu ihnen mischte sich eine Herlitze oder Cornelkirsche und erinnerte nebst einigen Pflaumenarten und Mandelbäumen vollständig an die Gegenwart. Daß der Untergrund von Alpenrosen, Heidelbeergewächsen und haidekrautartigen Pflanzen gebildet wurde, haben wir schon oben gesehen und gefunden, daß die heutige Zusammensetzung der adriatisch-mittelländischen Flor in Europa noch die meiste Aehnlichkeit mit dieser Flor der tertiären Periode besitzt.

Daneben traten jedoch Pflanzenformen auf, welche sich weder mit einer mittelländischen, noch nordamerikanischen Landschaft vertragen. Es sind vorzugsweise Hülsengewächse: mächtige, knorrige, von Moosen und Schlingpflanzen bekleidete Mimosen, hohe Acacien, Cassien mit säbelartigen herabhängenden Früchten, Gleditschien, Süßholzsträucher, Goldregen u. s. w., meist mit zierlich gefiederten Blättern und Schmetterlingsblumen. Vielleicht fanden die letzteren ihren schönsten Ausdruck in der Erythrina sepulta, wenn man sich ihre Blüthen nach den prachtvollen purpurnen, in eine aufrecht stehende Rispe gestellten großen Blumen unserer heutigen Erythrina crista galli vorstellen darf. Diese neue Welt erinnert uns wieder an die Leguminosenwälder Australiens.

Zahlreiche Arten von Weiden, Pappeln, Rüstern (Ulmen) und Eschen umsäumten wahrscheinlich die jugendlichen Bäche, Flüsse und Seen. Während sie ihr Laub zitternd im Wiederscheine des blauen Himmels in den klaren Fluthen spiegelten, wiegte sich auf denselben mit ihren herzförmigen Blättern die Nymphaea Arethusae, die erste sicher erkannte Wasserrose der Erde. Grasartige Najadeen mit fadenförmigen Stengeln und pfriemenförmigen Blättern leisteten ihr Gesellschaft, während am Ufer liebliche Gräser und Cyppergräser mit dem Zephyr kosten.

Alles in Allem genommen, ist vielleicht das Florengebiet von Japan noch das einzige Seitenstück dieser seltsamen Vereinigung von Pflanzenformen eines gemäßigten und heißen Erdgürtels. Hier ist es, wo bei der unerträglichen Sommerwärme von 100° F. und einer mehre Grade unter Null sinkenden Wintertemperatur, welche von Nord- und Ostwinden noch extremer wird, dennoch Palmen, Zapfenpalmen, Salisburien, Bananen, Tazetten, Amaryllen, Indigo, Papiermaulbeerbaum, Amemen, indisches Gras (Canna), Camelien,

Ibeestanden u. s. w. wild gedeihen. Es versteht sich jedoch von selbst, daß alle Vergleiche zwischen Vergangenheit und Gegenwart hinken müssen. Das ist auch hier der Fall: denn nur, wenn wir das gemäßigt warme Neuholland mit Japan, Nordamerika und dem Mittelmeergebiete verbinden, erhalten wir allein ein anschauliches Bild von der Landschaft der Molasseperiode.

Sie ist nach dem Verschwinden der Steinkohlenperiode die erste, welche sich sowohl hinsichtlich ihres Reichthumes an Pflanzen, wie ihrer Zeitdauer mit jener messen kann. Wie sie, zeigte auch die tertiäre Zeitscheibe in ihrem langen Verlaufe eine ungemeine Gleichförmigkeit der Florengebiete und nur wenige Unterschiede. Diese letzteren bestimmten den Geologen, eine dreifache Theilung der Periode in eocene oder erste, in miocene oder mittlere und pliocene oder neueste Epoche anzunehmen. Die drei Namen entstammen dem Griechischen. Eocen ist abgeleitet von eos (Dämmerung) und kainos (neu), womit man sehr schön die neue Zeit als Morgenroth der gegenwärtigen Schöpfung bezeichnete. Miocen stammt von meion (weniger) und kainos, pliocen von pleion (mehr) und kainos; sie müßten deshalb richtiger auch eocän, meiocän und pleiocän genannt werden. Es war das letzte Werk unseres großen Geologen Leopold von Buch, sich gegen diese letzte Meinung auszusprechen und nur eine einzige zusammenhängende Periode anzunehmen. Brongniart bestimmte jene Unterschiede dahin, daß die eocäne Flor bereits eine kleine Anzahl von Palmen, zahlreiche außereuropäische Pflanzen und zahlreiche Meeresgewächse enthielt, wodurch sie sich als eine ächte Küstenflor ankündigt; daß die meiocäne Flor einen größeren Reichthum an Palmen neben einer großen Anzahl nichteuropäischer Gewächse zeigt; daß endlich die pleiocäne Flor durch das große Vorherrschen und die Mannigfaltigkeit der Dikotylen, durch die Seltenheit der Monokotylen, durch die Abwesenheit der Palmen und endlich durch die große Aehnlichkeit dieser Pflanzentypen mit denen der gemäßigten Zone von Europa, Nordamerika und Japan charakterisirt wird. Es dürfte wahrscheinlich sein, daß die Dreitheilung der Periode bei den Geologen trotz Buch's trefflich unterstützter Ansicht die allgemein herrschende bleiben werde, da sie doch wenigstens einer Stufenfolge in der Schöpfung der Molassezeit das Wort redet. Allmälige Entwickelung ist nun einmal das große Evangelium des Naturforschers in jeder Beziehung und wird es bleiben, weil es allein das Wesen der Natur selbst, gewissermaßen die Logik ihres Schaffens ist, welche einen Gedanken aus dem andern hervortreibt. Es würde vielleicht natürlicher sein, noch viel mehr Entwickelungsstufen innerhalb der neuen Zeit, ein allmäliges Vorwärtsschreiten anzunehmen; doch würde uns das verhindern, scharfe Unterschiede für die kürzeren Epochen aufzufinden.

Bei einem Nebenblicke auf die gleichzeitig auftauchte Thierwelt der neuen Periode verdient diese ihren Namen der tertiären (der dritten) nicht minder, wie hinsichtlich der Gebirgsbildungen des geschichteten Gebirges und der Pflanzen. Das ganze geschichtete Gebirge zeigte bis hierher eine dreifache Theilung: ein primäres Gebirge oder Grauwacke, Steinkohlen und Kupferschiefergebirge;

ein secundäres oder die Bildungen des bunten Sandsteins, Muschelkalkes, Keupers, Lias, Ooliths, Juras und der Kreide; ein tertiäres oder die Bildungen der Braunkohlenlager, der Molasse und des Diluviums. Mit dieser Dreitheilung der Gebirgsbildung ging eine ähnliche der Pflanzenschöpfung Hand in Hand: im primären Gebirge das Reich der Acrogenen oder Kryptogamen, im secundären das der Gymnospermen oder Nacktsamer, im tertiären das der Angiospermen oder Hüllsamer. Ebenso in der Thierwelt. Diese feierte in der Zeit des primären Gebirges die Periode des thierischen Wasserlebens, in der Zeit des secundären Gebirges die Periode des Amphibienlebens, in der Zeit des tertiären Gebirges die Periode des Land- und Luftlebens.

Die Gestalten riesiger Eidechsen sind verschwunden. Freier hebt das Thier wie die Pflanze das Haupt zum geklärten Lichte empor. Liebliche Insekten durchschwirren die Luft; um so mannigfaltiger, je reicher die Entwickelung der Blumenwelt, ihrer reizenden Wiege, von Statten ging. Wie die Pflanzen, zeigten auch sie ein seltsames Gemisch von Formen heißer und gemäßigter Länder; ein Beleg mehr für die harmonische Entwickelung der Schöpfung. Sie zeigt sich auch in allen niederen und höheren Thierstufen, dem ersten Blicke aber sofort in den Gestalten der Vierfüßler. Wie fast sämmtliche Pflanzentypen der Gegenwart in der tertiären Pe-

Das Dinotherium.

riode in einem einzigen Gebiete vereinigt waren, während sie in der Schöpfung der Gegenwart sich charakteristisch genug nur bestimmten Erdgürteln anvertrauten, also auch damals die Thierwelt. Neben der edlen Gestalt des Rosses jagt brausend die plumpe des Rhinoceros, neben schlanken Hirschen das riesige, schwerfällige Mastodon, ein Elephant. Wo dickhäutige Tapire und andere schweinsartige Verwandte den Urwald durchwühlen, lauert in unheilverkündendem Schweigen, seiner Kraft sich bewußt, der Löwe. Blutdürstigen Blickes lauert in sicherem Versteck hier des Tigers buntfleckige Gestalt, dort geht die genügsamere Hyäne, der Aasgeier der Vierfüßler, nach dem Aase, das vielleicht Tiger und Löwe gesättigt zurückgelassen haben. Wilde Leoparden folgen ihnen, nicht minder furchtbar an Kraft und Gebiß. Selbst über die Gewässer hatte sich bereits die Riesenwelt der Säugethiere verbreitet. Mächtige Flossensäugethiere, die Walfische und Delphine der Vorwelt, durchzogen, wie noch heute den Orinoko und Ocean, die süßen und salzigen Gewässer der neuen Zeit, und das riesige Dinotherium, gleichsam das Walroß der Vorzeit, legt noch heute Zeugniß ab von der Majestät der Schöpfung Deutschlands in jener Zeit durch seine wohlerhaltenen Ueberreste. An dem Zusammenfluß des Mains und Rheins, in der Gegend von Mainz, sonnte es sich am Gestade und bewegte sich mit seinen beiden abwärts geneigten Stoßzähnen schwerfällig von dannen. Wie majestätisch aber auch alle diese Riesengestalten sein mögen, die gern übertreibende Phantasie hat auch sie meist riesiger dargestellt, als sie wirklich waren. Es ist wahr, daß die Säugethiere Europas und Amerikas in der tertiären Zeit ganz andere und riesigere waren, als gegenwärtig; allein riesiger als unsere jetzt lebenden Riesenthiere waren auch sie nicht. Mit Einem Worte, die Erde konnte zu keiner Zeit über Maß und Organisation ihrer Geschöpfe hinausgehen, als sie in der Gegenwart noch immer zeigt; denn es sind ja, wenn auch in verschiedenen Zeiträumen, doch immer dieselben Stoffe und Kräfte, welche unter denselben oder ähnlichen Bedingungen zu schaffen hatten.

IX. Capitel.
Die Diluvialperiode.

Groß und prächtig war das Morgenroth der heutigen Schöpfung angebrochen. Gewaltig hatte sich selbst die höchste Stufe der Creaturen, die Säugethierwelt, in der tertiären Periode entfaltet. Tausendfache Mittel bot die neue Zeit zur Erhaltung ihrer Geschöpfe, und doch — war in dieser Größe noch kein Bleibendes. Bald neigte sich auch der Tag der tertiären Schöpfung zu Ende.

Die Bedingungen, unter denen sie sich groß und prächtig entwickelt hatte, veränderten sich; andere traten an ihre Stelle, wohl einer neuen Schöpfung, aber nicht der alten durchaus günstig. Jedenfalls lagen die Hauptveränderungen in der Umänderung des Klimas; denn die Pflanzen der tertiären Periode deuten in der ältesten Epoche auf ein fast heißes, in den beiden jüngeren Epochen auf ein warmes und gemäßigt warmes Klima hin, das sich damals über die ganze Erde verbreitet hatte. Wir müssen auch hier annehmen, daß das veränderte Klima vorzugsweise der immer mehr veränderten Erdoberfläche seinen Ursprung verdankte, daß die größere Abkühlung der Erde schwerlich die Hauptursache war. In der That, wenn man nach den abgelagerten Braunkohlen auf die damalige Gestalt der Erdoberfläche zurückschließt, d. h. wenn man nur diejenigen Punkte für gehoben erklärt, welche mit einer Vegetation bestanden waren, so gab es selbst in Deutschland noch viel zu thun, um das Meer dahin zurückzudrängen, wo es gegenwärtig ist.

Nach Leopold von Buch's Untersuchungen gibt es in Deutschland sieben größere Braunkohlenbecken: das oberrheinische, das rheinisch-hessische, das niederrheinische, das thüringisch-sächsische, das böhmische, schlesische und norddeutsche. Sie gehören nach demselben mit allen übrigen europäischen Braunkohlenlagern zu ein und derselben Braunkohlenformation, die sich nach der Erhebung der Nummuliten- oder Eocänformation dadurch bildete, daß Bäche und Ströme Blätter und Bäume in die Tiefe führten, um hier unter neuen Erdschichten begraben zu werden. Wir haben schon einmal gesehen, daß dieser stürmischen Ablagerung ebenso wohl eine ruhige zur Seite gehen konnte, wie sie die Gegenwart noch jetzt in ihren Torfbildungen besitzt, und daß nur eine durch vulkanische Kräfte veränderte Terrainbildung angenommen zu werden braucht, um die von Jahrtausenden angehäuften Humus- und Torfschichten, welche noch Stämme und Blätter besaßen, unter Wasser- und Schlammschichten allmälig zu begraben. Von den südlichen Gebirgen Italiens bis zum Harze, von 41° — 52°, also über 11 Grade der Breite, ist nach Buch keine Veränderung in Blättern und Stämmen der Braunkohle bemerkbar. Ueberall finden sich z. B. als Leitpflanzen die Blätter von Ceanothus, Daphnogene, Dombeyopsis, Eichen, Liquidambar und das Blatt der Flabellaria, einer Palme. Freilich zeigen die einzelnen Kohlenlager auch ihre besonderen Verschiedenheiten. Das von Radobej in Croatien erinnert z. B. an eine australische Ebene; nichtsdestoweniger aber kommen hier ebenso häufig die Blätter des Ceanothus polymorphus vor, wie bei Oeningen und an andern Orten. Im rheinisch-hessischen Becken ruhen diese Kohlenlager mitten zwischen basaltischen Gebirgen, welche häufig sehr gewaltsam auf jene einwirkten. „Das Holz", sagt von Buch, „ist da, wo der Basalt diese Schichten durchsetzt, auf die mannigfachste Art gebogen, zerborsten, die Fasern sind zerrissen und wunderbar in einander geschlungen, oft sind die Schichten selbst in den seltsamsten Krümmungen über einander geworfen und mit Basaltstücken vermengt. Die große, mächtige und zerstörende Aufblähung der Basaltgebirge ist mithin erst nach der Bildung der Braunkohle erfolgt, ebenso, wie die Westalpen sich erst später erhoben. Das Siebengebirge hat sich mitten durch die Braunkohlenschichten seinen Weg aufwärts gebahnt; die Braunkohlen und der Sandstein sind von den aufsteigenden Trachytdomen auf die Seite geschleudert und mit den trachytischen Reibungsconglomeraten vermengt. Mitten zwischen den Kegeln erscheinen noch Blätter, aber so von Trachyttuffen umhüllt, daß sie wie aus dem Inneren der Erde hervorgegangen angesehen werden könnten. Das Alles gibt uns ein Recht, die Hebung der Gebirgsschichten auch nach der Braunkohlenzeit zu behaupten und daraus den großen Wechsel des jetzt erscheinenden Klimas abzuleiten, dem die bisher bestandene Welt der Geschöpfe allmälig unterlag.

Jetzt erst hatten sich die Klimate so geordnet, wie sie im großen Ganzen wahrscheinlich noch jetzt existiren. Jetzt erst gab es ein kaltes, gemäßigtes, warmes und heißes Klima. Das erstere bewirkte die Bildung von Gletschern, die eine um so größere Ausdehnung gewannen, als das Meer noch immer weiter ausgebreitet war, als gegenwärtig, folglich durch größere Verdunstung zur Vermehrung und Ausdehnung der Gletscher im Norden und den Alpen beitrug. Daher kam es, daß diese Gletscher bis auf die Spiegelfläche des Meeres herabstiegen, abschmolzen, weiter fortschwammen und da, wo sie schmolzen, die aufgeladenen Erdschichten, die Moränen, mit oft so gewaltigen Granitblöcken fallen ließen. Diese großartige Bodenwanderung trug in der weiten nordeuropäischen Ebene nicht wenig dazu bei, den Meeresboden zu erhöben und die sogenannten Diluvialschichten zu bilden. Daher, wie wir schon in dem Abschnitte über die Pflanzenwanderung fanden, die vielen Granitgeschiebe, welche auch die norddeutsche Ebene noch heute bedecken. Dieser Bodenbildung zur Seite ging eine andere, welche durch Regenfluthen bewirkt wurde. Diese wuschen die verwitterte Gebirgskrume in die Thäler herab und bedeckten die Thalsohle mit neuen Erdschichten. Daß die Diluvialgeschiebe oder die erratischen (Wander-) Blöcke Norddeutschlands Scandinavien entstammen und nicht unwesentlich zur Colonisation dieser Gegenden von dort aus beitrugen, ist ebenfalls bereits ausführlich bei Betrachtung der Pflanzenwanderung abgehandelt worden (S. 80).

Das Riesenthierbier oder Thierthier (Mastodon gigan...).

Konnten jedoch schon zur Zeit der Diluvialperiode Pflanzen aus Scandinavien zu uns wandern, welche noch heute bei uns gedeihen, so folgt daraus, daß schon damals eine ähnliche Vegetation wie heute vorhanden sein mußte. Ob sie jedoch erst neu geschaffen oder ein Ueberrest aus der tertiären Zeit war, ist bis jetzt nicht entschieden. Unserer alten Anschauung zufolge, nach welcher die Pflanzendecke der Gegenwart nicht das Product einer einzigen, sondern aller Schöpfungsperioden zusammen ist, welche jedoch nichtsdestoweniger gern zugesteht, daß an einzelnen Punkten, wie in den kälteren Erdgürteln, die meisten Typen an Alter und Klima ausstarben, also dieser Anschauung zufolge könnten sich recht wohl einige Pflanzen auch aus der tertiären Zeitscheide bis auf uns erhalten haben. Bei den Thieren wenigstens scheint es ausgemacht, daß viele bis an die Grenze der Jetztwelt lebten. So die elephantenartigen Geschöpfe. Im Jahre 1806 fand man im Eise der Lena an ihrem Ausflusse ins Eismeer ein Mammuth wohlerhalten mit Haut und Haar. Die Untersuchung seines Speisebreies lehrte, daß es sich von den Nadeln sibirischer Nadelhölzer, namentlich der sibirischen Lärche (Larix sibirica), ernährt habe. In Nordamerika nicht anders. Nach Dejer's Untersuchungen lebten dort die Mastodonten, und zwar dieselbe Art, welche in Sibirien beobachtet wurde, bis in die Alluvialzeit, welche der Anfang der Gebirgsbildung der Gegenwart ist, also bis nach der Diluvialperiode. Auch hier zeigte die Untersuchung der Nahrungsüberreste, daß sich diese Thiere von den Nadeln des Hemlock oder der canadischen Tanne ernährten. „Da nun diese Tanne", sagt Desor sehr richtig, „noch einen guten Theil unserer Urwälder (in Nordamerika) ausmacht, so steht nichts der Behauptung entgegen, daß die Mastodonten noch heut zu Tage hier eine reichliche Nahrung fänden, wenn es wahr ist, daß jener Nadelbaum zu ihrer Nahrung diente." Es folgt aber daraus nicht, daß die Schöpfung dieser Mastodonten erst in der gegenwärtigen Periode erfolgte; denn da sie an der Grenzscheide zwischen Jetztwelt und Diluvialzeit ausstarben, so sind wir eher berechtigt anzunehmen, daß sie aus der tertiären Zeit stammen und am Anfange der Jetztwelt dem Alter der Art und dem veränderten kalten Klima ebenso erlagen, wie Höhlenbären, Pferde, Vielfraße (Megatherien), Tiger, Hyänen, Rhinocerosse u. s. w. hier zu Lande, in Nordasien und Nordamerika ausstarben. Was aber auch immer die Ergebnisse der Naturforschung sein mögen, dafür wird sie immer mehr Beweise beibringen, daß zu keiner Zeit schroff von einander geschiedene Schöpfungsperioden existirten, nach deren Beendigung alle Geschöpfe wieder untergegangen wären; sie wird, was auch unser Bemühen war, der allmäligen Auseinanderfolge der Schöpfungstypen Wort und Beweis widmen und zu der Ueberzeugung gelangen, daß eine solche Anschauung allen Wechsel, alle Räthsel der Vorwelt einfach erklärt, wie es geschehen muß, wenn die Naturwissenschaft nicht gezwungen sein will, zu der unhaltbaren Annahme zu kommen, daß einst andere Kräfte wie heute existirten.

Mammuth, Mastodon und Riesenhirsch der Diluvialzeit.

X. Capitel.

Die Periode der Jetztwelt.

Es war ein langer Weg, den die Natur zurückzulegen hatte, ehe sie auf der Höhe der Jetztwelt anlangte. Auf jeder neugewonnenen Stufe war sie eine gestaltenreichere geworden. Wir dürfen die früheren Stufen darum noch nicht unvollkommen nennen; denn sie entsprachen als die ganze Summe aller lebenzeugenden Naturkräfte der jedesmaligen Schöpfungskraft der Natur. Darum waren auch sie vollkommen, so gut wie die heutigen Pflanzenschöpfungen der Polargegenden vollkommen sind in Bezug auf ihr eisiges Klima. Eins doch könnten wir nicht läugnen, daß nämlich jede Schöpfungszeit, in welcher noch kein Mensch auf Erden wandelte, trotz aller Erhabenheit eine für uns grausige ist und sein muß. Ganz außerordentliche Bedingungen mußten erfüllt werden, ehe dem Menschen seine Stätte bereitet war.

Die Pflanzen allein bereiteten sie ihm, wie sie bereits dem tiefer stehenden Thierreiche eine bewohnbare Heimat gegeben hatten. Sie, welche allein es vermögen, sich von derselben Kohlensäure zu ernähren, welche alles thierische

Leben hemmt, sie reinigten die Luft der Vorwelt von jenem unendlichen Reichthume an Kohlensäure, welcher durch die großartigen chemischen Zersetzungen bei der Erdbildung an das Luftmeer abgegeben war. Sie regelten auch die Menge des Stickstoffs in der Luft, welcher daselbst als Ammoniak meist vorhanden ist, und führten hierdurch nach langen Kämpfen jenes schöne Gleichgewicht der Zusammensetzung der Luft herbei, in welchem das höchstorganisirte Thier, der Mensch, zu leben vermochte. Ehe diese Bedingungen nicht erfüllt waren, konnte kein roth= und warmblütiges Thier athmen und leben, konnte folglich auch der Mensch nicht geboren werden. Die Pflanze war demnach seine natürliche Mutter, die ihm seine Stätte bereitete. Wie sich die physikalischen Bedingungen zu diesem großen Ziele allmälig harmonischer gliederten, haben wir bereits Schritt für Schritt von den ältesten Schöpfungsperioden bis auf die Jetztwelt in der Entwickelung des Pflanzenreichs verfolgt. Wir fanden, daß die allmälige Aufeinanderfolge der Geschöpfe Hand in Hand mit der Ausbildung der Erdoberfläche ging; daß die Typen nach einander, in den ältesten Zeiten nur sparsam, in den neuesten außerordentlich reichhaltig auftraten; daß sie früher dieselben auf der ganzen Erde waren, während sie jetzt in bestimmte Florengebiete gegliedert sind. Dies namentlich ist eine der wunderbarsten Thatsachen, obgleich sie durch den Wechsel der Klimate leicht verständlich wird. Da, wo wie in Grönland gegenwärtig keine Pflanze über einen Finger dick und ein Paar Fuß lang wird, also nur von fußhohen Wäldern gesprochen werden kann, sproßten in früheren Zeiten Urwälder empor, deren Stämme denen milderer Zonen kaum nachstanden. Sie finden sich gegenwärtig als Kohlenlager, oft von 2—5 Fuß dicken Stämmen durchsetzt, aufgespeichert. Je näher der Gegenwart, um so verschiedener, folglich um so mannigfaltiger wird die Pflanzendecke der Erde.

In der That mußte die Pflanzenwelt diesen Reichthum der Gestaltung erreichen, wenn der Mensch das universelle Wesen werden sollte, das er jetzt ist. Nur erst dadurch, daß gewisse Familien ihrer Heimat ihren Charakter bestimmend aufdrückten, prägten sie im Vereine mit den Umrissen der Gebirge, der Beleuchtung, der Wolkenbildung u. s. w. dem Menschen seinen jedesmaligen Charakter auf. Das steht bereits so fest, daß wir für diese große geographische Thatsache kaum noch eine Autorität beizubringen nöthig hätten. Aber wir bringen sie dennoch. Es ist, so etwa sagt unser berühmter Geograph Karl Ritter, keinem Zweifel unterworfen, daß der tiefe Eindruck der Natur ebenso auf die jugendliche Entwickelung jedes einzelnen Menschen, wie auf die ganzer Völkerschaften nicht ohne den wichtigsten Einfluß auf gemüthliche und geistige Umgestaltung des inneren Menschen und seine äußere Individualität in allen Regionen des Erdballs und durch alle Jahrhunderte hindurch bleiben konnte. Der nomadisirende Araber mit der umherschweifenden Phantasie verdankt jedenfalls seine freiere, ungebundene, gestaltlose Gedanken= und Mährchenwelt, mit der er sich die leeren, unermeßlichen Räume seines Bodens wie seines ewig klaren, wolkenlosen Himmels auszufüllen strebt, der Natur seiner Heimat, in welcher sein feurig-thätiger Geist und Leib sich Alles erst erjagen und verschaffen muß. Auch beim Hindu bewährt sich der Gedanke: wie die Natur, so der Mensch. Er, der in sich gekehrte, festgesiedelte, in die üppigste Natur gleichsam verwachsene Mensch verdankt ohne Zweifel diesseit und jenseit des Ganges seine phantastisch-religiösen Anschauungen jener Alles überwuchernden Fülle wunderbarer und kolossaler Pflanzen- und Thierformen. An jeder Stelle seiner Heimat sprossen ihm Götter aus Ranken, Blumen und Bäumen hervor, überall wandern die Menschenseelen in Thierleiber. Ein Volk, das sich ebenso von den reizendsten wie schreckendsten Gestalten umgeben sieht, ohne sich über dieselben, erdrückt von der Natur, geistig erheben zu können, mußte der Naturgewalt unterthänig bleiben, die sich in den Formen der Gebirge, Gewässer, Thiere und Pflanzen so entschieden aussprach, mußte ebenso in die Tyrannei dämonischer und menschlicher Herrscher nothwendig verfallen. So hatte auch die Erde außer der astronomischen Stellung dieser Länder, außer den Einflüssen von Licht und Wärme ihre Bedingungen geltend gemacht. Von Arabien westwärts durch das ganze dürre, pflanzenleere Libyen bis zum Atlas, ostwärts vom wasserreichen Indus über den Ganges und das feuchte, pflanzenreiche Hinterindien bis zu der inselreichen Sundawelt hinaus zeigte sich dieser irdische Einfluß in vielen Abstufungen und Steigerungen der Gegensätze in den Charakteren der Völker. Er hat ganzen Völkergruppen des Morgenlandes auf Jahrtausende hinaus das Gepräge eigenthümlicher religiöser, philosophischer und dichterischer Anschauungen aufgedrückt. Diese Gepräge werden so mannigfache Formen annehmen, als die landschaftlichen Naturen des Erdballs in wesentlich verschiedenen Charakteren hervortreten und auf Erd- und Wasserwirthschaft, Jagd- und Bergleben, Hirtenstand, Festsiedelung, Umherstreifen, Kriegführung, Friede und Fehde, Vereinzelung und Gesellschaft, Rohheit und Gesittung u. s. w. einwirken. Durch ihre Stellungen gegen Licht und Wärme aber, sei es im kalten oder heißen Gebiete der Erdräume oder in ihren mittleren Breiten, überall werden sie wieder durch die Naturumgebung allein schon, abgesehen von jeder andern Einwirkung, die mannigfachsten Farben, Töne und Abstufungen gewinnen. Die Ossianische Dichtung auf der nackten Haide des rauhen, wolkenreichen schottischen Hochgestades entspricht einem andern Naturcharakter ihrer Heimat, wie der Waldgesang des Canadiers, das Negerlied im Reisfeld am Joliba, das Bärenlied des Kamtschadalen, der Fischergesang des Insulaners, das Rentierlied des Lappen u. s. w. Alle diese sind nur einzelne Laute der vorherrschenden, gemüthlich-geistigen Stimmung und Entwickelung, welche den Naturvölkern, aus denen sie hervortönen, durch das Zusammenwirken des sie umgebenden Natursystems, durch den Gesammteindruck der Natur eingeprägt und wieder entlockt wurden. Inwiefern ein solcher Eindruck aus dem Naturzustande durch höhere geistige Vermittelung sich auch in einem Culturzustande des Individuums wie eines ganzen Volkes fortzupflanzen im Stande sei, zeigt sich auf ionischem Boden in dem Homerischen Gesange, der, unter dem begünstigtsten Himmel, am formenreichsten Ge-

stade der griechischen Inselwelt hervorgerufen, wie er diese noch heute herbei
zaubert, auch in diesem Gepräge für alle folgende Zeit die klassische Form
gab. Es folgt aus diesen wenigen Worten, die man leicht zu ganzen Bänden
auszudehnen im Stande wäre, daß nicht allein unsere ganze Cultur die Natur-
blüthe aller Punkte der Erde zusammen sei, sondern auch, welche unermeßliche
Bedeutung die Pflanzenschöpfung der Gegenwart und die auf sie begründete
Thierwelt für den nahenden Menschen besitzen mußte. In der That, so entsetzlich es, wie wir schon bei Betrachtung über die Ursachen der Jahreszeiten
und Zonen sahen, gewesen sein würde, wenn überall z. B. ein ewiger Frühling, sofern er überhaupt zu denken wäre, einherwandelte, ebenso trostlos einförmig würden alle Pflanzengebiete bis zur Jetztwelt für die allseitige Entwickelung der Menschheit gewesen sein. Darin liegt die hohe geistige Bedeutung der gegenwärtigen Pflanzendecke für die Geschichte des Menschen.
Durch den Einfluß ihrer verschiedenen Typen geweckt, wirken jetzt die verschiedenen Charaktere der verschiedensten Völker in wohlthuendem Wechsel auf
einander, um sich gegenseitig aus der Niedrigkeit der Uncultur zu erlösen, wie die
Stoffe der Natur zu ewiger Verjüngung der Formen in ewigem Wechsel kreisen.

So war die Pflanzenwelt zwiefach die Mutter des Menschen. Zuerst war
sie es, die ihm seine Heimat zubereitete, dann entwickelte sie seine geistigen
Anlagen in Verbindung mit der ganzen Natur und dem geistigen Wesen des
Menschen selbst. Wie das Letztere geschah, haben wir eben gesehen. Anders
das Erstere. Die Pflanze war die große Mittlerin zwischen dem Reiche des
Starren und der Thierwelt. Nur die Pflanzenwelt allein vermochte es, aus
den Stoffen der Erde eine lebendige Zelle zu zeugen. Es war ihre erste
große That, die Erde zur lebendigen Pflanze zu erlösen, den großartigen
Stoffwechsel zwischen Luftmeer und Erde einzuleiten, den Reichthum der Kohlensäure und des Stickstoffs in der vorweltlichen Atmosphäre in Pflanzensubstanz
umzuwandeln. Es war darum ihre zweite große That, dem thierischen Leben
hierdurch die nöthigen Bedingungen zum Leben zu schaffen. Es war die dritte
große That der Natur, die größtmögliche Mannigfaltigkeit der Pflanzengestalten zu erzeugen, um einer ebenso großen Mannigfaltigkeit der Thierwelt
als materielle Grundlage dienen zu können. So fanden bereits die niedersten,
fast nur organische Flüssigkeiten einsaugenden Aufgußthierchen ebenso, wie bald
die Pflanzen- und später die Fleischfresser durch die Pflanzen ihre Stätte bereitet. Nun konnte auch noch ein Wesen erscheinen, welches fähig war, Alles
zu genießen. Sollte es ein selbstbewußtes sein, so fand es auch bereits in
dem ungeheuren Wechsel der Gestaltung und ihrer wohlthätigen Gliederung
in bestimmte Gebiete die ersten Keime zu seiner Erlösung für die höchste Freiheit seines Geistes, um, wie es Alles genießen konnte, so auch Alles erkennen zu können.

Wir sind an dem bedeutendsten Augenblicke der Schöpfung angelangt.
Jetzt erst konnte die Natur sprechen: Es werde Licht! Das tiefe Gesetz, das
die Stoffe des Weltalls zur Individualisirung in Weltkörpern, Krystallen,

Aus dem brasilianischen Urwald. Uferselvcgetation. (Nach v. Martius.)

Das Buch der Pflanzenwelt. I. 11

Pflanzen und Thieren zwang, das ewige Gesetz der chemischen Verwandtschaft, der Liebe, feierte nun endlich seinen höchsten Triumph. Jetzt erst erschien das herrliche Wesen, dessen Haupt zur Mutter des Lebens, zur Sonne, frei emporblickte, dessen aufrechter Gang die Thiergestalt vom niederen Kriechen zur höchsten Freiheit der Bewegung und Schönheit verklärt hatte, dessen Zähne schon für edlere Nahrung, dessen Hände und Füße schon für Kunst und That zugerichtet waren, dessen erste Mienen bereits von dem innewohnenden welterkennenden Geiste zeugten, dessen ganzes Sein unaussprechlichen Frieden schöner Form in sich trug, es erschien — der Mensch. Tiefe Nacht umhüllte diesen erhabenen Augenblick der Schöpfung. Alles aber, was Vernunft und Wissen zu lehren vermögen, sagt uns, daß es einen ewigen Bund zwischen Stoff und Form gebe und daß auch der Mensch diesem Bunde seine Schöpfung verdankt. Und wahrlich, der Mensch wird durch diese Erkenntniß kein schlechteres Wesen, wenn neben ihm auch der Stoff erhoben wird. Wenn die Natur noch täglich im Stande ist, schon in die erste winzige Keimzelle des Eies, welches kein unbewaffnetes Auge zu erkennen vermag, die Fähigkeit zur Entwickelung eines selbstbewußten, welterkennenden Wesens zu legen, dann müssen wir voll Bewunderung erkennen, daß der Mensch, das höchste Ideal jenes ewigen Bundes zwischen Stoff und Form, die Krone der Schöpfung ist. In dieser Erkenntniß allein fühlt er sich dem ganzen Weltall befreundet; es gehört ihm zu, wie er dem Ganzen. Die Pflanze, früher seine Mutter, ist ihm im Laufe der Zeit seine Freundin geworden. Gern liest er nun in ihrer Geschichte die eigene, und mit Freudigkeit läßt er auf diesem Standpunkte den tiefernsten Augenblick an seiner Seele vorübergleiten, wo einst auch eine Pflanze wieder aus seinem zerfallenen Leibe auferstehen wird, wie er aus dem ihrigen hervorging; er mißdeutet den Dichter nicht mehr, wenn ihm derselbe heiter zuruft:

> Es wird der Stoff zu andern Formen sich verjüngen,
> Und als ein Blüthenzweig sein Grabeskreuz umschlingen.

Drittes Buch.
Die Physiognomik der Gewächse.

Die Dichteenform in Odontoglossum grande.

I. Capitel.

Verschiedenheit der Auffassung.

Wir sind durch das Vorige von selbst auf den Typenwechsel der heutigen Pflanzendecke geleitet; denn wenn die Mannigfaltigkeit der Pflanzengestaltung einen so wesentlichen Einfluß auf die Entwickelung des Menschengeschlechts ausübt, ist es jetzt doppelte, wissenschaftliche und ethische Pflicht, uns diese Verschiedenheit näher zu zergliedern.

Betrachtet man das Landschaftsbild mit dem Auge des Forschers, so löst sich dasselbe sofort in tausend Einzelnheiten auf, durch welche es gebildet wird. Jede Pflanze kommt hierbei zu ihrem Rechte, jede erhält denjenigen Antheil, den sie an der Zusammensetzung des Landschaftsbildes hat. Wir können diese physiognomische Betrachtung eine systematische nennen. Dieser zerlegende Blick ist indeß kein künstlerischer. Völkern und Künstlern tritt das Landschaftsbild als eine Gesammtheit entgegen, in welcher das Unbedeutendere zurückweicht, das Charaktervollere hervorgehoben wird. Man darf sich den Ausdruck gestatten, daß das Landschaftsbild dem künstlerischen Blicke ähnlich wie die Physiognomie eines Menschen erscheint, in welcher nur wenige kräftige Hauptlinien den eigenthümlichen Ausdruck des Gesichts bestimmen. Sie nur faßt der Künstler in seine Seele, sein Portrait; das rein Individuelle, das Zufälligere, welches zugleich das Unwesentlichere ist, muß dem Idealen, dem eigentlich Bestimmenden, weichen. Auch dieser künstlerische Blick hat seine wissenschaftliche Berechtigung. Er ist die Ergänzung des Forscherblicks. Wie dieser auflöst, hält jener zusammen; wie jener sich in das Besondere vertieft, läßt das Künstlerauge das Allgemeine an sich vorüberschweifen. Wir können diese Art der Auffassung die typische nennen.

Humboldt hat sich zuerst zu dieser Höhe einer allgemeinen Naturanschauung erhoben und ihr in seinen „Ideen zu einer Physiognomik der Gewächse" einen wissenschaftlichen Ausdruck gegeben, welchem seinen Hauptzügen nach wenig hinzuzusetzen ist; wir werden unten weiter darauf zurückkommen. Neuerdings hat der schweizerische Naturforscher Zollinger, bekannt durch seine Reisen auf Java, diesem Gegenstande seine Aufmerksamkeit zugewendet und ihn mehr mit dem Auge des Landschaftsmalers und Landschaftsgärtners, als des Landschaftsforschers behandelt. Sie möge die künstlerische Pflanzenphysiognomik heißen. Nach ihm zerfällt die Flora Javas und mit ihr die Flor der ganzen Erde in fünf große physiognomisch verschiedene Typen: die Teppichvegetation, die Stockvegetation, die Kronenvegetation, die Schopfvegetation und die Verzierungsvegetation. Wer die Pflanzendecke mit diesem Auge betrachtet, faßt die Erde als einen großen Park auf, in welchem nach ganz bestimmten Gesetzen der Perspective die Typen wirken. Man fragt hierbei weniger nach den wissenschaftlichen Charakteren der Pflanzen, als nach ihrem Gesammteindruck. So wirkt die Teppichvegetation durch ihre horizontale Perspective, indem sie sich wenig über ihre Fläche erhebt und durch ihre gleichartige Masse bestimmend wirkt. So die Moosdecke, die Graswiesen und Grassturen, die Flechtendecke und der schwimmende Pflanzenteppich. Wenn hier die Individuen in einander verschwinden und durch ihre Gesammtgruppirung, so zu sagen, untergehen, wirkt die Stockvegetation durch ihre Längsperspective. Die Stamm- und Astheile treten mehr hervor und so kommen auch die Individuen zu ihrem Rechte. Es gehören hierher die Bambusgräser, Bananengewächse oder Musaceen, Scitamineen (indisches Gras u. dgl.), Cactuspflanzen, Wolfsmilchgewächse u. s. w. Von ihr unterscheidet sich die Kronenvegetation, indem sie das Krautartige vermeidet und zu einer Verästelung übergeht, welche nicht selten in außerordentlichster Weise den Stamm in die Länge oder Breite zertheilt, bald hochaufstrebende pyramidale, bald domförmig gewölbte Kronen bildet. Es gehören hierher alle Holzpflanzen, unsere Laub- und Nadelwälder. Ist diese Vegetation fast nur von den Dikotylen vertreten, so gehört die Schopfvegetation fast nur den beiden großen Gewächsabtheilungen der Kryptogamen und Monokotylen an. Stamm und Laub treten gesondert hervor, letzteres an den Gipfel zurückgedrängt. So bei allen baumartigen Farren, Zapfenpalmen, Pandanggewächsen, Palmen u. s. w. Die Verzierungsvegetation endlich ist in der Pflanzenwelt dasselbe, was die Ornamentik in der Baukunst: die künstlerische Ausfüllung leerer Räume durch geeignete Typen. Bald sind es Flechten, welche die Stämme bekleiden, bald Farrenkräuter, Bärlappe, Orchideen, Aroideen, Winden, Feigenarten, Pfeffergewächse, Lianen u. s. w. Sie treten in flacher, buschiger, hängender, windender und schlingender Gestaltung auf und verzieren als Arabesken, Guirlanden u. s. w. die Stämme und Kronen; hierzu um so mehr geeignet, als bei ihnen meist ebenso wie bei der Teppichvegetation die Stammtheile, folglich das Individuelle mehr zurücktritt und das Individuelle der betreffenden Stämme gehoben wird. Ueberhaupt sagt uns der erste Blick auf diese Auffassung der Pflanzenphysiognomik, daß hier die Achsenverhältnisse (Stamm, Aeste, Zweige) herrschen.

Damit ist jedoch das Aeußere des Landschaftsbildes noch lange nicht erschöpft. Denn wenn auch die Achsengliederung der Pflanzen in der That einen mächtigen Einfluß auf den Charakter der Landschaft und unser Gemüth übt, wenn auch z. B. eine starr aufstrebende Pappel oder eine Cypresse den Eindruck des Starren gewähren, eine Hängeweide die Empfindung süßer Wehmuth, eine demartig gewölbte Buche die Empfindung ernsten, erhabenen Insichgelehrtseins veranlaßt, eine knorrig in die Breite strebende Eiche das Gefühl des Trotzigen und Heroischen einflößt: so werden doch durch die Formen des Laubes, der Blüthen und Früchte, sowie durch Farbe und Textur (z. B. durch Härte und Weichheit) des Laubes, Glätte und Rauhheit der Stämme und ihr Wechselverhältniß zu den Winden, welche über weichen Flächen säuseln, über starren rauschen, alle jene Empfindungen wesentlich mitbestimmt oder verändert. Der zuletzt genannte Punkt kann in der Physiognomik der Pflanzenwelt nicht genug beachtet werden; denn auch die Pflanzen haben ihre Stimmen, wenn sie sich mit dem Winde und seinen verschiedenen Eigenthümlichkeiten verbünden. Die Nadelhölzer rauschen, die Linde säuselt, die Cypresse klappert mit ihren Zweigen, andere knarren; der Wald hat sein Crescendo und Decrescendo, sein Piano und Fortissimo, sein Solo und Tutti, überall aber nur Eine Tonart. In Moll allein ertönt die Musik der Natur und reicht mit ihrem Einflusse so weit, daß selbst kindliche Völker, lyrischer Empfindung allein zugänglich, ihre Lieder nur in Moll singen. Dur ist die Tonart der That, des wildbewegten Lebens. Die Natur dagegen ist wie ein großes elegisches Gedicht. Ihr ganz hingegeben, versinkt auch der Mensch, sei es im Rauschen des Waldes oder im Rauschen des Stromes oder im Donner des Meeres, in eine elegische Stimmung. Darum ist und war der Wald zu allen Zeiten der Vater der

Lyrik. Die Sprache der Natur ist auch stets die Sprache des einfachen, der Natur noch näher stehenden Menschen. Wollten wir jedoch dieses Wechselverhältniß zwischen Empfindung und Pflanzenform wissenschaftlich ausbauen, so würden wir statt einer Pflanzenphysiognomik eine Aesthetik der Gewächse erzielen. Von ihr am Ende dieser Betrachtungen.

Wir ziehen es hier vor, die Typen zu bestimmen, welche merklich das Landschaftsbild der Pflanzendecke zusammensetzen. Sie sind für die Landschaft, was die Mienen für die Physiognomie und Physiognomik des Menschen. Sechzehn Typen zählte Humboldt als diejenigen auf, welche die Physiognomie aller Landschaftsbilder der Erde bestimmen: Pisang, Palmen, Malven, Mimosen, Haidekräuter, Cactuspflanzen, Orchideen, Casuarinen, Nadelhölzer, Arengewächse, Lianen, Aloëgewächse, Gräser, Farren, Liliengewächse und Weiden. Diese Anzahl reicht jedoch nicht aus. Jedenfalls sind in dieser Reihe ebenso berechtigt: die Proteaceen, Lorbeerpflanzen, Rosenblüthler, Doldenpflanzen, Vereinsblüthler, Rubiaceen, Feigengewächse, Myrtenpflanzen, Flechten, Moose u. s. w. Zwar hatte Humboldt in seinen 16 Typen die wenigen Urformen aller übrigen Gewächse aufstellen wollen; allein diese Bestimmungsweise ist viel zu ideal und abstract. Das beschauende Auge, welches hier doch den Ausschlag gibt, führt die Mannigfaltigkeit der Gestaltung nicht auf Urformen zurück, sondern läßt sie einfach als wirkliche (concrete) Gestalten auf sich einwirken. Darum ist es jedenfalls plastischer, die wirklichen Pflanzenfamilien zu bezeichnen, welche vorzugsweise das Gesammtbild, den Mittelpunkt der Landschaft, bilden. Hierzu dienen alle Gewächse, welche sich durch Reichthum und Charakter der Gestaltung, massige Gruppirung oder weite Verbreitung auszeichnen. Viele von ihnen besitzen fast durchweg eine gleichartige (homogene) Physiognomie in allen ihren Gliedern. Ein Moos, eine Flechte, einen Pilz, einen Nadelbaum u. s. w. wird Niemand verkennen, der den Typus einmal erkannte. Andere aber sind so unter sich verschieden, daß an eine gleichartige Physiognomie der Familie gar nicht zu denken ist. So ähnelt z. B. eine Abtheilung der Wolfsmilchgewächse den Cacteen, eine andere den krautartigen Weidenarten, eine dritte bildet große Bäume von auffallender Verschiedenheit. Ja bis zu den Arten herab wird die allgemeine Physiognomie der Gewächse immer ungleichartiger. So unterscheidet z. B. das geübte Auge des Obstzüchters auf den ersten Blick die hunderterlei Spielarten eines Obstbaumes, ohne doch sagen zu können, worin das beruht. Hundert Kleinigkeiten, Aststellung, Laubform, Blüthe, Fruchtgestalt, Färbung, Wuchs u. s. w. bedingen sofort den verschiedensten Ausdruck. Und doch erkennt das Auge auf einem allgemeineren Standpunkte sofort auch wieder die nahe Verwandtschaft aller zusammen. Deutsche, welche nach Nordamerika kommen, sind erstaunt, dort dieselbe Pflanzendecke wie in ihrer alten Heimat wiederzufinden. Alles wie bei uns! hat schon Mancher gerufen, und doch beherbergt jenes Land eine Menge ganz verschiedener Arten. Es geht aus dem Ganzen hervor, daß es ebenso eine individuelle wie eine allgemeine Physiognomik der Gewächse gibt

rnd daß diese immer gleichartiger wird, je kleiner die Gruppe der Pflanzen=
familie ist. Mit andern Worten, die Familie besitzt einen ungleichartigeren
Ausdruck als die Gattung, diese einen ungleichartigeren als die Art, diese einen
ungleichartigeren als die Spielart. Da jedoch, wie bereits bemerkt, das
Künstler= und Völkerauge mehr das Allgemeinere anschaut, so ist es hier in
der Ordnung, uns mehr mit den bestimmenden Typen der Familien, als ihren
Gattungen und Arten zu beschäftigen.

II. Capitel.
Die Palmenform.

Unter allen diesen Typen haben die Völker zu allen Zeiten der Palme
den Preis zuerkannt. Dünn und schlank, mitunter kaum 2, oft aber auch
25 Fuß hoch, im Inneren mit Mark erfüllt, nimmt der einfachste Palmenstamm
die Gestalt baumartiger Gräser, eine rohrartige an, nicht unähnlich den
stämmigen Schaften der Bambusgräser. Dann befinden sich etwa 4 – 6 einfache Blätter auf je 10 Linien des Stammes. Bald aber erhebt sich der
Stamm bei vielen Arten als freier, säulenartiger, wenn auch noch immer
dünner, schlanker Schaft, an welchem die einfachen, meist handförmig getheilten
Blätter sehr entfernt auf hohen Blattstielen ruhen. Immer höher erhebt er
sich als cylindrischer Stamm, oft mit drehenden Dornen und Stacheln be-
wehrt, und immer mehr drängen sich die Blätter, oft 200—500, zu einem
Schopfe am Gipfel zusammen. Die höchste Vollendung erreicht er endlich in
seiner vierten Form, dem cocosartigen Stamme. Im Inneren angefüllt mit
starken holzartigen Gefäßbündeln, erreicht dieser allein die Kraft und Härte
des Stammes der Holzpflanzen. In dieser Palmengestalt erreicht zugleich die
Klasse der Monokotylen ihre höchste Schönheit. Sie ist wesentlich auch in
Blattstellung und Blattform bedingt: dort, wenn die Blätter sich auf den
Gipfel des Palmenschaftes allein beschränken und einen Schopf bilden, der,
das Spiel jedes Windes, in lieblichen Schwingungen seinem Schafte den
Charakter der Anmuth verleiht, hier, wenn das Blatt aus der gefiederten
Form in die hand= und fächerförmige übergeht. Um so schöner dann der
Wipfel, je anstrebender die Wedel, deren Blättchen, luftig und leicht, um die
sich langsam wiegenden Blattstiele mit dem Winde losend herumflattern, wie
bei der schönen Jagua=Palme an den Wasserfällen von Atures und Maypures
in Südamerika. In dieser erhabenen Gestalt ist die Palmenform der schöne
lebendige Ausdruck der Tropenzone, deren scheitelrechte Sonne die Stämme
riesiger zu sich emporhebt, deren Wasserreichthum, verbunden mit glühender
Wärme, dem Pflanzenkörper eine größere Säftmasse, üppigere Blätter, üppigere
Blüthen, üppigeres Grün verleiht und in die Breite dehnt. Dieser Zone
vorzugsweise gehört die Palmenform an. Sie hat sich ihr Reich zwischen

10° n. Br. und 10° f. Br. gewählt. Während sie hier bereits über 500 Arten lieferte, spendeten die Länder außerhalb der Wendekreise nur einige fünfzig. Nicht alle von ihnen leben jedoch so gesellig vereint, daß sie vorzugsweise die Physiognomie der Landschaft bestimmen könnten. Wälder und Gestrüppe bilden meist nur die stammlosen; in dichten Haufen, dann oft gesellig im Kreise vereint, wachsen die sprossentreibenden; die erhabensten leben vereinzelt. Entweder verhindern getrennte Geschlechter eine reiche Befruchtung und Samenbildung, um sich hierdurch häufiger neben einander ansiedeln zu können, oder fruchtfressende Thiere tragen neben dem Menschen zur Vertilgung des Samenreichthums bei, den sie wirklich besitzen. Nur wo des Menschen Hand und Interesse die Palmen in größeren Pflanzungen vereint, da erhält die Landschaft ihren Ausdruck lediglich von ihnen. So durch Cocos, Zuckerpalme, Catechupalme, Oelpalme, Dattelpalme u. f. w. Dann allerdings ist der Palmenhain vielleicht das Erhabenste, was die Erde trägt. In schwindelnder Höhe — erzählt uns Hermann Melville von den Cecoshainen Tahitis — wölben sich die grünen duftigen Bogen, durch welche die Sonne nur in kleinen blitzenden Strahlen sich Bahn bricht. Ueberall herrscht feierliches Schweigen, tiefe Stille. Gegen Mittag aber erhebt sich leise der kühlende Seewind, und nun nicken die Kronen und flüstern. Immer stärker wird die Brise, und die elastischen Stämme beginnen zu schwanken. Gegen Abend wogt der ganze Hain wie die ruhig bewegte See. Doch nicht selten wird der Wanderer durch das Fallen reifer Früchte erschreckt. Schwirrend sausen sie durch die Luft und springen oft noch viele Ellen weit auf dem Boden dahin. Aber auch die vereinzelte Palme wird der Landschaft eine seltsame Staffage sein. Wo sie, ein Wald über dem Walde, wie Humboldt sich ausdrückt, im Urwalde zerstreut erscheinen, wird das weniger der Fall sein, als wenn sie Savannen bewohnen und die Ränder des Urwaldes als Saum umgeben und gleichsam die erhabenen Lettern an seiner Stirn bilden, die uns schon von fernher den großen, schweigsamen und reichen Charakter des Urwaldes ankündigen. Im Allgemeinen ist aber das Lob der Palmenform von den Dichtern übertrieben gesungen worden und das Wort der Alten: „Niemand wandelt ungestraft unter Palmen", hat sich schon oft bei nordischen Reisenden bewährt. Sarkastisch bemerkt Zollinger, daß mancher jener Dichter, der von der Schönheit der Dattelpalme in der Wüste träumt, in Egypten Nachmittags zwischen 12 und 3 Uhr Gelegenheit haben könne, unter den Palmen zu verschmachten. „Im Allgemeinen", sagt derselbe, „wirkt die Palme fast am schönsten, wenn sie ihre ganze Individualität geltend macht, d. h. wenn sie für sich allein steht, wenn sie, wie Heine sagt,

> Fern im Morgenland
> Auf brennender Felsenwand
> Einsam und schweigend trauert.

Unbeschreiblich schön ist oft der Anblick, wie auf hoher Felsenwand oder auf steilem Riffe einzelne Palmen sich schlank erheben und ruhig dem wilden Kampfe der Wogen zuschauen, die mit unwiderstehlicher Gewalt gegen die Felsen an-

Palmenhain der Mauritia flexuosa Brasiliens, nach v. Martius.

brausen, als wollten sie dieselben in ihren tiefsten Grundfesten erschüttern. Wir begreifen oft nicht, wie der stolze Baum sich festhält, und wie es kommt, daß ihn der Sturm nicht längst in die Tiefe schleuderte." In der That gehören die Palmen zu den Riesenbäumen der Erde. Gegen 180—200 Fuß hoch thürmt sich die Wachspalme (Ceroxylon andicola) empor und treibt aus ihrem Wipfel Blätter von 21 Fuß Länge. Im Ganzen erreicht die Cocos die durchschnittliche Höhe der meisten Palmen, nämlich 60—80 Fuß, während der mittlere Durchmesser des Stammes 6—8 Zoll, das mittlere Alter 100 Jahre beträgt. Dagegen werden die freilich meist kriechenden Rotangs wohl 300 und, wie Loureiro berichtet, 500 Fuß lang.

Auch die verwandten Formen der Zapfenpalmen und Pandangs üben dieselbe Bedeutung im Landschaftsbilde; sie gehören durchaus zur Palmenform und sind bereits in dem Abschnitte über die Juraperiode näher charakterisirt worden. Am meisten entfernen sich die Pandangs von der Palmenform durch ihre auffallende Berästelung, ihre in spiraligen Reihen gestellten schopfbildenden Blätter und die vielen Luftwurzeln, welche von Stamm und Aesten, wie bei den Rhizophoren (Wurzelträgern), herablaufen. „Der Stamm", sagt Zollinger über die javanischen Arten, ist leicht bräunlichgelb, durch die Blattnarben verschwindend, aber dicht geringelt und so lose aus groben Gefäßbündeln zusammengesetzt, daß ein kräftiger Hieb einen schenkeldicken Stamm zu theilen vermag. Die Blätter sind zähe, am Rande häufig stachlig, meistens bläulichgrün und, vorzüglich die älteren, fast immer unweit über der Basis von Wind und Wetter geknickt, sodaß der längere Theil unordentlich nach unten hängt. Dessenungeachtet bilden die Pandanus eine große Zierde der Strandfelsen, der sandigen kleinen Buchten und der halbverwilderten Hecken." Da sie fast durchgängig ächte Strandbewohner sind und sich nicht selten mit der strandliebenden Cocos vergesellschaften, so treten sie allerdings dadurch nicht unbedeutend in den Vordergrund des Landschaftsbildes. Indien und seine Inseln, die Südseeinseln, Neuholland, besonders die Mascarenen und Guinea bilden die wahre Heimat der Pandangs.

III. Capitel.
Die Bananenform.

Wo die Palme ihre eigentliche Stätte hat, ist die reizende Stockform des Pisangs (Musa) oder der Banane nicht fern. Wenn auch an Erhabenheit des Stammes der Palme weit nachstehend, zieht sie doch den Blick durch das Saftige ihrer Theile, sowie durch die Blattform mächtig auf sich. Große, breite, schaufelartige Blätter auf langen, kräftigen, kühn sich emporstreckenden Stielen, in jenes saftige Grün getaucht, welches so wohlthuend einen der größten Reize unseres Frühlings ausmacht, wiegen sich in anmuthigen Schwin-

171

Eine Pandanusform von Madagaskar.

gungen unter den Wipfeln des Urwaldes, ebenso still und schweigsam wie er.
„Der weiche krautartige Stengel", bemerkt Zollinger über die javanischen
Pisangs, „erlangt zuweilen einen Durchmesser von einem Fuß. Die gewaltigen
Blätter lassen keine oder kaum mehr die zweireihige Stellung erkennen. In sanf=
tem Bogen neigt sich ihre graulich bereifte Fläche nach unten; im höheren Alter
zerreißt sie in vielfache
schmale, parallele Lap=
pen. Zwischen den
Blättern neigt sich be=
scheiden die übergroße
Fruchttraube mit ihren
kammförmig gestellten,
goldenen Früchten,
welche indeß bei man=
chen Abarten lichtgrün
bleiben, bei andern eine
hellröthliche Färbung
annehmen. Der Pisang
hebt sich unter andern,
selbst größeren Gewäch=
sen immer als eine
mächtige Individualität
hervor, und wo er ge=
sellig auftritt, wie die
wilden Arten im Ge=
birge oder an feuch=
ten abgeholzten Stellen
der Hügelregion, da
läßt er nichts mehr zwi=
schen sich aufkommen,
und seine beiden wil=
den Arten sattgrüner
oder purpurn gefleck=
ter Blätter bieten dem
Auge ein weites, stets
bewegtes Blättermeer
dar, aus dem sich keine
Blüthen, keine andern

Form des Pisangs, im Vordergrunde die Strelitzie.

Gestalten hervorheben, als etwa die Bäume, welche das Feuer oder die Axt des
Menschen verschonte. An die Musa reihen sich die aus den Molukken ein=
geführten Heliconien an. Die Krone dieser Pflanzenform aber bildet der aus
Madagaskar gebrachte Lebensbaum (Ravenala madagascariensis oder Urania
speciosa unserer Gärten): er ist genau das Bindeglied zwischen Pisang und

Palmen." In der That, was wir von dem Pisang sagten, gilt im höchsten Maßstabe von der Uranie: die riesig langen Blattstiele, die großen Schaufelblätter und ein palmenartiger Wuchs machen sie nebst den bananenartigen Strelitzien mit ihrer prachtvollen Blumenrispe zu einer der schönsten Zierden unserer Treibhäuser. „Pisanggebüsche", sagt Humboldt, „sind der Schmuck feuchter Gegenden", und eine Menge familienverwandter Formen, die ebenso zierlichen, wie mit prachtvollen Blüthenähren versehenen Gewürzlilien (Scitamineen) gesellen sich zu ihnen. Aus einer kriechenden, oft knolligen und gewürzreichen Wurzel erhebt sich der einfache krautartige Stengel, der sich in die zusammengerollten Blätter auflöst und so gleichsam nur aus Blättern zusammengesetzt erscheint, von denen jedes obere aus dem vorhergehenden wie aus einer Tute hervorbricht. Prachtvoll ist dieser Bau; denn er gewährt in seinen safttrotzenden, tiefgrünen, lanzettlichen oder eiförmigen Blättern den wohlthuenden Eindruck behaglicher Fülle und des Innigen, in welchem sich Alles friedlich in einander schmiegt. So unter dem bekanntesten das indische Gras (Canna), der gewürzreiche Ingwer, die Curcume, Autemum, Hedychium u. s. w. Vielleicht erreicht die Scitamineenform in der letztgenannten Gattung ihre höchste Schönheit; denn sie vereinigt bei einem ähnlichen Stammbau und einer ähnlichen Blattform gleichsam die Bananenform und durch die große, reichblüthige, oft prachtvoll gefärbte Blumenrispe auch die Orchideenform in sich.

Die Ingwerpflanze.

In vielfacher Hinsicht außerordentlich ausgezeichnet, erwähnen wir endlich auch den Typus der Marantaceen, jener monotetylischen Gewächse, welche vorzugsweise das Arrow-root aus ihrer stärkereichen Wurzel liefern. Wenn dieselben auch nicht die hohe edle Form des Pisang erreichen, so tragen sie doch als Stockpflanzen des Unterholzes oft durch den prachtvollen Perlmutterglanz ihrer saftigen großen Blätter wesentlich zur Physiognomie der Landschaft bei.

IV. Capitel.

Die Orchideenform.

Der Scitamineen- oder Bananenform, oft durch Blatt und Blüthe ebenso wie durch monokotylischen Bau nahestehend, reiht sich die große und herrliche Welt der Knabenkräuter oder der Orchideen an. Keine Pflanzenfamilie kann sich, wie diese, rühmen, bei ziemlich sich gleich bleibender Stengel- und Blättertracht eine solche Mannigfaltigkeit des seltsamsten Blüthenbaues hervorgebracht zu haben. Die Architektonik der Orchideenblume übertrifft Alles, was die glühendste Phantasie des phantastischsten Künstlers je hervorgebracht. Nur aus sechs Blättern besteht sie; allein durch eine unendliche Abwechslung des Wachsthums, namentlich der Unterlippe, verwandelt sie die Natur in die zauberhaftesten Gestalten. Bald ähnelt sie dem niedlichsten Pantoffel, mit Band und Schleifen, Rubinen, Smaragden, Topasen und andern Kleinodien geschmückt, wie sie lieblicher schwerlich die Mährchenphantasie der Scheherazade ihrem Khalifen vorgemalt haben kann; bald ist sie ein geflügeltes Insekt, je nach der Art in die dunkelsten und brillantesten Farben geschmückt. Es wäre kein Wunder, wenn die Hand des Botanikers zurückbebte, der eben eine prachtvolle Blüthenähre zu pflücken kam und plötzlich eine Aehre prachtvoller Bienen, Fliegen, Heuschrecken und bei einiger Phantasie selbst kleine Frösche, Schlangen- und Ochsenköpfe, Affen, behelmte Ritter u. s. w. vor sich zu haben meint. An einem andern Orte scheint Flora, die lieblich gedachte Göttin der Pflanzenwelt, eine ganze Aehre mit prachtvollen Ampeln, Körbchen, Wiegen, Taschen und dergleichen Nippessachen vom zerbrechlichsten Porzellan bis zum blendendsten Seidenstoffe behängt zu haben. Hier scheinen sich prächtige Kolibris auf einer andern Aehre mit gespreizten Flügeln zu wiegen — und das Auge verwechselte abermals den Prachtbau einer Orchideenblume mit dem brillantfunkelnden Körper eines Vogels. Dort wähnt es ein Vogelpärchen in brünstiger Innigkeit zu erblicken, und es war nur ein Vögelchen, welches, angezogen von Blüthenduft und Blüthenhonig, den Nektar nippt, den ihm die Natur aus dem wundervollsten Kelche kredenzt, wie ihn noch keine künstlerische Phantasie erschuf. In der That würde der Blumenbau der Orchideen, der zugleich mit den seltsamsten Zeichnungen ähnlicher phantastischer Art verbunden ist, mit künstlerischem Takte sinnig angeschaut und im Leben verwerthet, eine Fülle von Modellen für Kelch und Ampel, Leuchter und Riechgefäße u. s. w. liefern, um so mehr, als die Zauberwelt der Orchideen, mit Vorliebe in unsern Treibhäusern gepflegt, bereits eine Fülle von Gestalten unsern Blicken darbietet. Das beste Zeugniß für die phantastische Architektonik und Malerei der Orchideenblume ist, daß der Engländer Bateman aus ihren Gestalten einen ebenso seltsamen Hexentanz im Bilde nach den Ideen der Lady Gray componirte und daß in Südamerika eine Orchidee aus der Gattung Peristeria, welche eine Taube mit ausgebreiteten Flügeln als Zeichnung in ihrer Blume trägt, bei religiösen Feierlichkeiten eine Rolle spielt. (S. die Orchideenform in der Abbildung am Anfange dieses Abschnittes.)

Aber dennoch können die Orchideen wenig zur allgemeinen Physiognomie der Landschaft beitragen. Die meisten flüchten sich in den dichtesten Urwald, um hier die ehrwürdigen Riesenstämme vergangener Jahrhunderte gleichsam wie Zwerge, Kobolde und verzauberte Prinzessinnen zu umspielen. In der vegetabilischen Ornamentik kommen sie dafür aber auch zu ihrer vollsten Bedeutung. Einige wenige von ihnen schlingen sich wie der Epheu rankend an den Bäumen empor. Besitzen dieselben, wie die meisten Vanille=Arten, Blätter, welche meist von fleischiger Beschaffenheit und in das saftigste Grün getaucht sind, dann verleihen sie den Stämmen den Ausdruck üppigster Fülle, die unter seinen Moosen und seiner Rinde zu walten scheint. Sehr seltsam ist die blattlose Vanille (Vanilla aphylla) Javas; sie klettert nach Zollinger gleich dünnen Tauen an den Bäumen empor und treibt hier und da aus dem Stengel einzelne große rosige Blüthen. Von manchen Arten begreift man überhaupt kaum, wovon sie leben. Schon hier in unsern Treibhäusern genügt ihnen ein Stück Holz mit Rinde, um in feucht und warm gehaltener Luft bald die üppigsten Blumen aus ihren fleischigen Stammtheilen zu zeugen. Am sonderbarsten hierin sind die Luftpflanzen (Aërides); sie verlangen selbst kaum noch das Stück Holz, das jene fordern, um in der Luft, deren Feuchtigkeit und Gase sie als Nahrung aufnehmen, aufs Ueppigste zu gedeihen.

Der bei weitem größere Theil der baumbewohnenden Orchideen bildet jedoch einen knolligen grünen Stammtheil, d. h. eine dicke, lederartige, flaschenartige Scheide, in welcher die zarten Blätter vor der Einwirkung der Witterung geschützt verborgen liegen und aus dem auch die Blüthen wie aus einem Schreine hervorbrechen. Diese Form ist es vor allen, welche gern an freien Punkten der Laubkrone der höchsten Tropenbäume aufzutreten pflegt. Sie treibt gewöhnlich kurze, fleischige, ovale oder lanzettliche Blätter und nicht selten die prachtvollsten Blumenrispen. Die Arten der Gattungen Stanhopea, Corianthe, Odontoglossum, Lacha, Oncidium, Catasetum, Cyrtochilum, Cycnoches, Caleandra, Maxillaria u. s. w. leuchten hierin voran.

Eine dritte Reihe steht zwischen den beiden vorigen Entwickelungsstufen; sie besitzt keine falschen Knollen (Pseudobulben), wohl aber einen gegliederten, unten schuppig beblätterten stielrunden Stengel und die Blattbildung der vorigen Abtheilung. So z. B. Barkeria spectabilis. Eine vierte Reihe der parasitischen Orchideen bildet den Stengel gar nicht aus, sie gleicht den Aloëarten, z. B. in Epidendrum guttatum. Eine fünfte Reihe bewohnt den Boden. Zu ihr gehören sämmtliche Orchideen unserer Zone. Sie treiben aus einer faserigen oder knolligen, den Salep liefernden Wurzel aufrechtstehende Blumenrispen mit ebenso überraschenden Blüthenbildungen hervor, wie wir sie oben im Allgemeinen bewunderten. Obenan steht der prachtvolle Venusschuh

176 Die Orchideenform.

(Cypripedium Calceolus), mit einer Blume, deren Unterlippe in einen prachtvollen goldgelben schuhförmigen Sack umgewandelt ist, während die übrigen Theile wie purpurbunte Bänder ihn umzieren. Die seltsame Bienenorchis (Ophrys apifera), die Fliegenorchis (O. muscifera), die Spinnenorchis (O. aranifera und fuciflora), der Menschenkopf (Aceras anthropophora), die Riemenzunge (Himantoglossum hircinum) u. s. w. tragen ihre Gestaltung bereits in ihren Namen.

Der Irrus des Cypripedium.

Wie aber auch die Orchideen gestaltet sein, wo sie auch auftreten mögen, überall sind sie eine merkwürdige Erscheinung, welche vom äußersten Norden bis zur glühendsten Tropenwelt ein schönes Zeugniß dafür ablegt, daß überall auf unserem Planeten dasselbe gestaltenbildende Gesetz, wenn auch nach den physikalischen Bedingungen jeder Zone verändert, selbst noch unter der lebensärmsten Sonne der hyperboreischen Länder vorhanden sein kann. Von hier aus, von den isländischen und grönländischen Gefilden oder von den höchsten Höhen der Alpen herab bis zu der Aequatorialzone verfolgt der Wanderer in ununterbrochener Gestaltung die Orchideenform gleichsam als den herrlichsten Ausdruck, den herrlichsten Maßstab für das Gestaltungsgesetz jeder Zone, dort in winzigen und einfarbigen Blumen, hier in einer Fülle und Ueppigkeit der Form, wie in einer Pracht der Färbung und einer Intensität des Geruchs, die alle Sinne verwirrt. Mit Bärlappen, Moosen, Farren und Aroideen vereint, bilden

die Orchideen in dem heißen feuchten Erdgürtel, wenn sie parasitisch die Bäume bedecken, gleichsam einen Garten im Garten, freilich durch riesige Höhe der Bäume meist nur dem Auge, nicht aber dem Besitze zugänglich. Er hat nicht wenig dazu beigetragen, die Forscherlust Europas außerordentlich zu kräftigen, eine Menge von Reisenden in die fernsten Urwälder, namentlich Mittel= und Südamerikas und der Sundainseln zu locken, die Blumenliebe und somit den Naturdienst des Europäers zu befestigen, überhaupt den Sinn für die Natur zu verbreiten. Das ist das Schönste, was die Orchideenwelt, die sonst so arm an nützlichen Gewächsen, in der Geschichte der Menschheit leistete.

Cacteenformen, mit der links in Blüthe stehenden Agave. Im Thale von Mexico.

V. Capitel.
Die Lilienform.

In entfernter Weise, durch Blatt und Lebensweise, sowie durch monokotylischen Bau ihr verwandt, erinnert an sie auch die große schöne Welt der Lilienform. Mehre Familien verdienen diesen Namen. So die eigentlichen Liliengewächse oder die Liliaceen: Yucca (s. Abbild. S. 177), Aloë, Lilie, Tulpe, Kaiserkrone, Schachblume u. s. w., meist ausgezeichnet durch knollige Knospenstämme und sechstheilige Blumenkrone. Sie erreichen in dem schönen amerikanischen Geschlechte der Yucca ihre höchste Vollendung; denn dasselbe ist gleichsam eine baumartig gewordene Tulpe oder eine zur Tulpe gewordene Aloë oder Agave.

Ihnen reihen sich die Asphodilgewächse (Asphodeleen) an, deren Blüthenähren aus einer häutigen Scheide hervorbrechen. Hyacinthe, Meerzwiebel, Asphodele, Graslilien (Anthericum), Vogelmilch (Ornithogalum) und die Lauchgarten (Allium) sind ihre bekanntesten Vertreter. Auch sie erlangen eine baumartige Vollendung, und zwar in den Drachenbäumen (Dracaena). Palmenartig erhebt sich ihr Stamm, und palmenartig trägt ihn ein reicher Schopf säbelartiger Blätter, aus dessen Innerem endlich die Blüthenrispen hervorbrechen. Gleichsam palmenartige Gräser mit Lilienblüthen, rufen sie ein Landschaftsbild hervor, welches durch die seltsame Combination von Palme, Gras und Lilie wunderbar überrascht und nicht selten durch riesige Größe zur Bewunderung hinreißt. Berühmt

12*

ist in dieser Hinsicht der aus Ostindien stammende Drachenbaum (Dracaena Draco) von Orotava auf der Insel Teneriffa. Humboldt maß ihn im Juni 1799, als er den Pic von Teneriffa bestieg, und fand seinen Umfang mehre Fuß über der Wurzel gegen 45 Fuß. Dem Boden näher maß er nach Ledru 74 Fuß, und nach Staunton besitzt der Stamm in 10 Fuß Höhe

Der Drachenbaum von Orotava.

noch 12 Fuß Durchmesser. Seine Höhe beträgt nicht viel über 45 Fuß. Nach Humboldt erzählt die Sage, daß dieser Riesenbaum der Asphodeleen von den Guanchen, den verschwundenen Ureinwohnern der Insel, göttlich verehrt und daß er bereits im Jahre 1402 so dick und hohl gefunden wurde, wie jetzt. Im 15. Jahrhundert soll man in seinem hohlen Stamme an einem kleinen

Altare Messe gelesen haben. Einen Theil seiner Krone verlor er durch einen Sturm am 21. Juni 1819; ein Täfelchen bezeichnet das Ereigniß an der betreffenden Stelle. Seine mächtige und sonderbare Gestalt mit birkenweißem Stamme, seine gebirgige Heimat und seine Umgebung von Myrten, Orangen, Rosen, Cypressen, Pisangs und Palmen machen ihn zu dem edelsten Merkmale organischer Schöpfung auf Teneriffa. Indien, Südafrika und seine Inseln,

Die baumartige Aloëform Südafrikas (Aloë socotrina).

das australische Inselmeer und Südamerika beherbergen baumartige, das Kap der guten Hoffnung und Indien strauch- und krautartige Formen. Einen ähnlichen Bau besitzen die schon bei Abhandlung der Steinkohlenperiode erwähnten und abgebildeten Grasbäume (Xanthorrhoea) Neuhollands. Statt der säbelartigen Blätter treiben sie mehr grasartige und eine Blumenähre hervor, die durch ihre Länge ebenso wie durch ihren pyramidalen Bau Gelegenheit gab, diese überaus seltsame Form mit dem sinnigen Namen „Scepter der Flora" zu belegen.

Den Asphodeleen schließen sich innig die Ananasgewächse oder die Bromeliaceen an. Sie sind meist durch fleischige, aloëartige Blätter und oft prachtvolle Blumenrispen ausgezeichnet. Ihr meist parasitisches Leben auf Bäumen erinnert uns wieder an die Orchideen; dagegen werden sie den Aloëgewächsen verwandter, wenn sie, wie die Cacteen, den ödesten Hochebenen, Felsenritzen und Savannen Leben verleihen. So die Ananas der südamerikanischen Savannen und die allbekannte Agave oder die fälschlich so genannte Aloë mit colossalem Unterbau und einer entsprechenden candelaberartigen Blumenrispe. In der Agave und einigen Aloëarten erreicht auch die Familie der Bromeliaceen eine baumartige Ausbildung von schopfförmigem, also palmenartigem Wuchse. Die Agave ist das schöne Sinnbild organischer Zeugungskraft der Neuen Welt; denn wenn man auch in der jüngsten Zeit, wie Ernst Meyer in Königsberg,

Commelina tuberosa.

die Agave der Mittelmeerländer als schon vor der Entdeckung Amerikas dort vorhanden angab, so ist das doch noch keineswegs ausgemacht. Die Aloëform gehört fast durchgängig der Südspitze Afrikas an (s. Abbild. S. 181). Ihr eng verwandt ist die Form der Pourretien. Die Pourretia coarctata Chiles mit aloëähnlicher Blätterkrone und aufrechtem Blüthenstengel fällt auf den Klippen dieses Landes weithin ins Auge. Die größte Blü-

Tradescantia virginica.

thenpracht dagegen entfalten unter den Bromeliaceen die Pitcairnen Indiens und Südamerikas. Die seltsamste Form entwickeln die Tillandsien in einigen ihrer Arten, welche parasitisch die Bäume bewohnen. Tillandsia usneoides z. B. bildet von Carolina bis nach Brasilien, wo sie auch sehr bezeichnend Baumbart genannt wird, eben solche von den Zweigen herabhängende Geflechte, wie sie hier zu Lande die Bartflechten (Usnea), namentlich im höheren feuchten Gebirge, so häufig auf Nadelbäumen erzeugen, aber in einer Üppigkeit, welche sie bereits zu Packmaterial verbrauchen ließ und ihr in der Verzierungsvegetation einen hervorragenden Platz verleiht.

Auch die Liliengräser oder die Commelinaceen sind hier nicht zu vergessen. Ihre Blätter mit paralleligen Rippen, eng und scheidig sich än den kriechenden, oft hängenden, saftigen Stengel schmiegend, entzücken das Auge durch oft prachtvolle Färbung, welche vom tiefsten Saftgrün zum Purpurrothen und Scheckigen übergeht. Am bekanntesten sind Commelina und Tradescantia mit dreitheiligen Blüthen und meist blauer Färbung. Auch sie gewähren häufig als Verzierungsformen Felsen und Bäumen unaussprechlichen Reiz. Sie sind fast nur auf die Neue Welt angewiesen.

Mehr den Boden als vereinzelte Blumen zierend, verbreiten sich die herrlichen Amaryllisgewächse oder Amaryllideen. Zu ihnen gehören Amaryllis, Pancratium, Crinum, Narzisse, Schneeglöckchen, Alströmerien, Pancratien u. s. w. Sie, die nächsten Verwandten der eigentlichen Liliengewächse, deren Blumen wie die der Asphodeleen aus lieblichen Scheiden hervorbrechen und meist eine sechsblättrige röhrige Gestalt annehmen, welche über dem Fruchtknoten steht, während sie bei den Lilien unter den Fruchtknoten gestellt ist, sind die Zierden grasreicher Orte.

So auch die Schwertlilien oder Irideen, wie Crocus, Iris und Gladiolus. Ihre auf dem Stengel reitenden schwertförmigen Blätter und ihre lilienartigen, unter dem Fruchtknoten stehenden Blumen, deren Narben häufig selbst wieder blumenblattartig werden, haben ihnen ihren Namen mit vollem Rechte gegeben. Sie sind die Lilien der Sümpfe, Flußufer, Teiche und Seen, aber auch der Wüsten. Hören wir, was ein neuerer Reisender, Karl Koch, über den letzten Umstand sagt. „Die Irideen, und zwar vorherrschend die mit Zwiebeln oder wenigstens mit zwiebeliger Anschwellung des unteren Stengeltheiles, bilden mit den übrigen Zwiebelgewächsen im ersten Früh-

Amaryllis belladonna.

jahr und zum geringeren Theil auch in der letzten Zeit des Herbstes eine eigenthümliche Flor in den niedriger gelegenen Gegenden, namentlich Transkaukasiens. Diese Flor erscheint auf den Hochmatten Armeniens zwar in geringerem Grade und aus wenigen Arten bestehend, aber dann große Flächen überziehend. Sie kommt hier jedoch nicht im Frühjahre, sondern nur im Herbste vor und gibt eine Ansicht, die an die der Herbstzeitlosen unserer Wiesen erinnert. Ihr Anblick ist um so eigenthümlicher, als häufig die Einwohner vorher die dürren Steppenkräuter angezündet haben und nun die schwarze Oberfläche des Bodens mit den farbigen Blumen im Widerspruche zu stehen scheint. Wo die Steppenkräuter von Bedeutung waren und nicht abgebrannt wurden, sieht man die Zwiebelgewächse stets nur einzeln, während sie auf Matten und besonders verbranntem Steppenboden in Masse erscheinen, sodaß oft schon nach drei bis vier Tagen die ganze Oberfläche des letztgenannten Bodens mit Blumen bedeckt ist. Die Ursache dieser sonderbaren Frühlings- und Herbstflor liegt darin, daß den tiefer gelegenen Gegenden während der wärmeren Sommermonate die nöthige Feuchtigkeit fehlt. In dieser Zeit besitzen solche Gegenden ein so trauriges Ansehen, daß sie einer Wüste gleichen. Man belegt dort wohl auch solche wasserarme Striche mit diesem Namen." Ich habe mit Absicht bei dieser Erscheinung länger verweilt, weil sie nicht allein steht. In großartigster Weise findet sie sich am Kap der guten Hoffnung wieder. Hier ist es, wo der ockerfarbige Karreogrund zur Winterzeit, d. h. in der trocknen Jahreszeit, so furchtbar austrocknet, daß die meisten seiner krautartigen Gewächse zu Pulver zerfallen und verschwinden. Dann ist die Karroosteppe eine völlige Wüste und der Blick des Unkundigen würde schwerlich das wunderbare Leben ahnen, das dennoch in diesem Boden schlummert. Nur die überdauernden Eiskräuter, die hundertgestaltigen Mesembryanthema des Kaplandes könnten ihn eines Andern belehren. In der That, kaum ist der regenreiche Frühling angebrochen, da treiben aus dem erweichten Boden Tausende und aber Tausende lieblicher Blüthentrauben, Blüthenbüschel, Blüthenköpfchen und Glöckchen aus dem grünen Weidegrunde hervor, und wo vorher nur Tod zu herrschen schien, kommen jetzt Heerden langbeiniger Strauße, Züge wandernder Antilopen und vielerlei andere Thiergestalten von den Gebirgen herab, um über den prachtvollsten Teppich herrlicher Liliengewächse und Haidekräuter hinweg zu wandeln. Das ist das Land der Lilienform in weitester Bedeutung. Man würde die seltsame Erscheinung kaum verstehen, wenn man nicht wüßte, daß die meisten Knollen der lilienartigen Gewächse mit einem oft überaus harten und dichten Netzwerke versehen sind, welches sie gegen den großen Druck des sich beim Austrocknen zusammenziehenden Karrobodens schützt. Sie gleichen der Boa und dem Alligator, die, in tiefem Letten vergraben, dennoch durch den ersten Regenguß des Frühlings auf den ähnlichen

Die Iridenform (Iris germanica).

südamerikanischen Steppen wieder zum Leben gerufen werden und das alte Zauberbild der Natur vollenden helfen.

Es gibt kaum ein schöneres Bild in der Pflanzenwelt, welches so laut von der treuen Fürsorge der Natur spräche, wie das Leben der Zwiebelgewächse. Könnte man die Palmenform die Form der Anmuth und Würde, die Form der Orchideen die Form des Bizarren nennen, so würde die Lilienform in Rücksicht auf ihre zauberhaft rasche Entwickelung, ihr plötzliches Hervorbrechen aus dem Erdenschooße in vollendeter Schönheit die Form des Magischen sein können, und was wir von ihr zu sagen hatten, gilt großentheils auch von den Hämodoraceen, den Hemerocallideen, Hyperideen, Pontederiaceen, Colchicaceen (Herbstzeitlosen) und zum Theil auch den Smilaceen, so weit zu diesen die maiblumenartigen Gewächse gehören. Sie alle zusammen sind Bilder der Zartheit und Weiblichkeit, und nicht mit Unrecht hat man seit Jahrtausenden die Lilie zum Sinnbilde der Reinheit gemacht, obschon die weiße Lilie ob ihres penetranten Geruches diesen Namen am wenigsten verdient und wahrscheinlich auch nie — wie man jetzt glaubt — die Lilie der Evangelisten war.

VI. Capitel.

Die Aroideenform.

Wenn neben dieser Lilienform, besonders in der heißen Zone, die breite, meist spießförmige Blattgestalt der Arongewächse oder Aroideen oft parasitisch auf Bäumen auftritt, und uns Typen, wie die seltsame Calla mit ihrer Blumentute, Aron mit seinem wunderbaren Blüthenkolben in scheidiger Tute, Pothos mit seinen herzförmigen oder gefingerten dickadrigen Blättern entgegenlungen, dann haben wir sicher den Eindruck der Fülle empfangen, die uns bei unserer natürlichen Armuth auch in der Natur so wohlthut. In der That gehören die Aroideen zu den üppigsten Formen des Pflanzenteppichs. Sie gleichen den Orchideen, wenn sie parasitisch die Bäume bewohnen. Dann legen sich einige, z. B. Pothosarten, ephenartig mit ihren Blättern an die Stämme an, als ob sie dieselben im vollen Sinne des Wortes bekleiden wollten. Andere leben ebenso, aber halten ihre Blätter abstehend nach dem Beschauer hin gerichtet. Diese sind nicht selten überaus seltsam gestaltet. Die sonderbare Monstera deliciosa aus Mexiko oder das Philodendron fenestratum ist vielleicht das schönste Beispiel solcher Bildung. Sein letzter Name ist der bezeichnendste; man könnte ihn „fensterblättriger Baumlieb" übersetzen. In der That ist das colossale, tiefgrüne und glänzende, lederartige, tiefbuchtig eingeschnittene Blatt an seiner Fläche so durchlöchert, daß man zuerst versucht wird, an eine Absichtlichkeit oder einen Zufall zu

186

187

Im Innenren des brasilianischen Urwaldes, mit Epiphyten. Nach Martius.

denken, der dies veranlaßte. Dennoch ist die ganze Erscheinung normal und
liefert einen herrlichen Beweis für die unerschöpfliche Gestaltungsgabe der
Natur. Andere Aroideen flüchten sich auf den Boden. So wächst hier zu
Lande der bekannte gefleckte Aron (Aron maculatum) in schattigen Wäldern
mit pfeilförmigen Blättern. Die Callaarten, von denen bei uns nur die
sumpfliebende (Calla palustris) gefunden wird, folgen ihm in allen Zonen. Am
bekanntesten ist die als Zierblume beliebte Calla aethiopica Aegyptens mit
großer weißer Blüthentute. Die riesigste Form nehmen die Caladiumarten
an, von welchen im umstehenden Bilde eine mittelamerikanische erscheint. In
dieser Form und in der Colocasia macrorrhiza, jener Pflanze der Sandwich
inseln, welche nebst der Tacca den Taro liefert, erreichen die Aroideen auch
ihre baumartige Vollendung. Vielleicht ist das Caladium arboreum,
welches Humboldt und Bonpland am Kloster Caripe in Venezuela mit
15—20 Fuß hohem Stamme fanden, das schönste Erzeugniß der Aroideenwelt.
Aber nicht allein ihr Wuchs und ihr parasitisches Leben zeichnen sie aus,
sondern auch der seltsame Blüthenbau. Wie schon berührt, bricht der Blüthen=
stiel aus einer häutigen Scheide (Tute) in kolbenartiger Gestalt hervor, wie
unser einheimischer Calmus (Acorus Calamus) bezeugt. An diesem Kolben
sitzen die zarten winzigen Blumen zu Hunderten, später auch die beerenartigen
Früchte. Oft erreicht dieser Blumenkolben, z. B. bei der oben genannten
Monstera deliciosa, eine Höhe von ½ Fuß und darüber. Dadurch wird
die Aroideenform eine der seltsamsten Verzierungsformen für Boden und
Baumwerk. Wo sie, wie auf den Südseeinseln, als Nahrung cultivirt wird,
bildet sie die üppigsten Krautfluren, welche mit den riesigsten Formen des
Huflattigs wetteifern und auch hier den Eindruck der Fülle gewähren, der so
sehr der Ausdruck der Aroideenform ist.

Indische Bambusform.

VII. Capitel.
Die Grasform.

Eine Welt für sich bildet im Landschaftsbilde, reizend und wohlthätig zugleich für das Dasein der Völker, das Reich der grasartigen Gewächse. Vier Familien theilen sich in diesen Namen: die eigentlichen Gräser oder die Süßgräser (Gramineen), die Halb- oder Sauergräser (Cyperaceen), die Binsengewächse (Juncaceen) und die Restiaceen. Ihre Aehnlichkeit besteht in der Eigenthümlichkeit, halmartige Stengel und grasartige Blätter zu bilden. Durch beide Eigenschaften, weit weniger durch ihre Blüthenrispen und Aehren, gewinnen sie im Landschaftsbilde ein und dieselbe Bedeutung, obwohl die Süßgräser darin bedeutend verwalten und nur die Halbgräser sich ihnen einigermaßen zur Seite stellen können. Durch tiefes gesättigtes Grün, leichten zierlichen Bau und anmuthige Bewegung drücken sie auf beiden Erdhälften und in allen Zonen der Landschaft ihren Charakter auf. Die Gräser sind die Formen fröhlicher Leichtigkeit.

Die Restiaceen gehören, wenn man das seltene Eriocaulon septentrionale Schottlands und einige andere wenige ausnimmt, fast durchaus nur der südlichen Halbkugel an und treten im Landschaftsbilde so wenig wie im Systeme hervor, da sie nur aus wenig Gattungen und Arten bestehen. Auch stehen sie den Juncaceen und Sauergräsern so nahe, daß wir sie füglich übergehen können.

In gewisser Beziehung bilden die Binsengewächse das schöne Mittelglied zwischen der Lilien- und der Grasform; denn mit den grasartigen Blättern und dem grasartigen Wuchse verbinden sie eine meist sechstheilige Blüthe, die z. B. in der Binsengattung (Juncus) vollständig an die Lilienform des norddeutschen haidebewohnenden Beinheil (Narthecium) erinnert. Markige, knotenlose, oft aber gegliederte Halme mit meist pfriemenförmigen, stielrunden Blättern theilen sowohl Restiaceen wie Juncaceen mit den Cyperaceen. Auch darin sind sie verwandt, daß sie gemeinschaftlich am liebsten Sümpfe und saure Wiesen bewohnen, weshalb die Cyperaceen auch Sauergräser heißen.

Diese gehören der ganzen Erde vom Pol bis zum Gleicher, von der Meeresebene bis zu den Alpensümpfen hinauf an. Doch sind es nur wenige Typen, welche vorherrschend das Landschaftsbild bestimmen. Auf moorigem Grunde treten die Wollgräser (Eriophorum) mit ihrem wolligen Blüthenschopfe von silberglänzender Färbung charakteristisch auf. An Flußufern und Gräben bilden die Simsen (Scirpus) mit ihren oft mehre Fuß hohen Blüthenstielen von dreiseitiger oder drehrunder Form nicht selten ein ununterbrochenes Dickicht, dem im Sommer auch die Verzierung mit prächtigen Blumen nicht fehlt. Am stattlichsten jedoch streben die Cypergräser (Cyperus), wenigstens in der heißeren Zone, empor. Derselbe Wuchs, der uns hier zu Lande z. B. an der stattlichen Simse des Tabernämontan (Scirpus Tabernaemontani) unserer Gräben erfreut, gehört auch ihnen an. Allein er tritt dadurch weit bedeutsamer hervor, daß sich der Blüthenstengel an seinem Gipfel in einen Schopf überaus zierlicher Aeste spaltet, welche von ebenso zierlichen Aehrchen gekrönt werden. Am bekanntesten ist die Papyrusstaude (Cyperus papyrus, s. Abbild. S. 191) der Nilufer und Siciliens, dieselbe Pflanze, welche den Alten das erste Papier gab, woher dasselbe auch seinen Namen empfing. Da diese Form leicht mehre Fuß hoch werden kann, so ist sie gewissermaßen die baumartige Vollendung der Sauergräser.

Weit weniger beschränkt wie sie, überziehen dagegen die Süßgräser jeglichen Boden in jeglicher Zone. Dadurch sind sie befähigt, der Erdoberfläche den eigentlichen Grundton des organischen Lebens aufzudrücken. In der That ist die Grasform in dem bunten Pflanzenteppich gleichsam der Aufzug, während die andern Gewächsformen den Einschlag bilden. Sie sind hierzu um so mehr befähigt, als sie häufig kriechende und Sprossen treibende Wurzeln besitzen, somit leicht eine dichte zusammenhängende Decke zu weben im Stande sind. So wenigstens in den gemäßigteren Zonen. In der warmen und heißen Zone, wo sie in riesigeren Arten erscheinen, schießen sie in schilfartigen Halmen empor. Dann bilden sie die bekannten Prärien, d. h. nicht Graswiesen, sondern Grasfluren. Aehnlich dem Mais und dem Zuckerrohr auf cultivirtem Lande, retten sich selbst auf jungfräulicher Erde einige dicht zusammen und bilden natürliche Grasfluren. So auf Java die 15—20 Fuß hohe Klagha (Saccharum

Die Grasform. 191

Klagha) und der Allang-Allang (Imperata Allang). Ihre baumartige Vollendung erreichen die Gräser in der Bambusform, von welcher bereits über 100 verschiedene Arten in 15 Gattungen bekannt sind. Da nun bis jetzt reichlich 5½ Tausend Gräser beschrieben wurden, so machen die Bambusgräser etwa den 55sten Theil aller Gramineen aus. Sie erreichen nicht selten eine Höhe von 50, ja selbst von 100 Fuß. Die merkwürdige Arundinaria Schomburgkii im britischen Guiana wird gegen 30—40 Fuß hoch. Das unterste Glied erhebt sich ohne Knoten bis zu 16 Fuß Höhe; dann erst folgen die ersten Knoten, Aestchen und Blätter. Von hier ab folgen sich die übrigen Aeste in regelmäßigen Zwischenräumen von 15—18 Zoll. Der aus-

Die Papyrusstaude.

gewachsene Stengel, sagt Richard Schomburgk, hat an seinem Grunde 1½ Zoll im Durchmesser oder nahe an 5 Zoll im Umfange und ist von glänzend grüner Farbe, glatt und inwendig hohl. Aus diesem Grunde dient er den Indianern als vortreffliches Blasrohr für ihre vergifteten Pfeile. Die Pflanze heißt bei den Indianern vom Stamme der Maiengtongs und Guinaus „Curata". In erstaunlicher Ueppigkeit und Schnelligkeit, binnen wenigen Stunden oft um mehre Fuß, schießen die Bambushalme, besonders an Flußufern, von warmer Feuchtigkeit überaus begünstigt, baumhoch empor und verleihen der Landschaft den Ausdruck von Kraft und fröhlicher Leichtigkeit. Die schlanken, armdicken, knotigen Halme, welche allein das Eigenthum der

Gräser sind, verzweigen sich, verschieden je nach der Art, in ein dichtes Laub, das, sich überwölbend, angenehmen Schatten verleiht. Palmenähnliche Pisangs vereinen sich gern mit diesem nützlichsten aller Tropengräser und gewähren den heitersten Gegensatz: jene durch ihre breiten schaufelartigen Blätter auf hohen Stielen, diese durch ihr bandartig verschmälertes Laub. Ein unaufhörliches Neigen, Schaukeln und Rauschen der federartigen Bambusgipfel gibt dem Bambusgebüsch etwas Geisterhaftes, welches die Phantasie geheimnißvoll ebenso beschäftigt, wie das Rauschen des Nadelwaldes. Zollinger, der so viel Sinniges über die Physiognomik der Gewächse beobachtete, stellt die Bambusarten in der Stockvegetation als die riesigen Formen obenan. „Zwar treten", sagt er, „bereits an den Bambushalmen Zweige auf; allein diese secundären Gebilde verhüllen das eigentliche Achsengebilde (Stamm und Verzweigung) nicht, sondern tragen eher noch dazu bei, dasselbe um so mehr hervorzuheben, als ihre geringe Länge gleichsam nur den Halm umfangreicher zu machen scheint." „Bambu", sagt derselbe weiter, „gehören sicher zu den schönsten Pflanzenformen der Tropenwelt. Wo sie als Waldung auftreten, herrschen sie unbedingt über den Boden und vertreiben jede bedeutendere Individualität zwischen sich. Sie haben im hohen Grade eine gleichartige, aber dennoch wohlthuend wirkende Physiognemie. Sie vereinigen Kraft und Zierlichkeit in gleich hohem Maße in sich, und fast immer bilden sie mit den umgebenden Formen einen scharfen und doch anziehenden Gegensatz der Erscheinung. Auf hohem Stocke erheben sich 10—15 arm- bis schenkeldicke Halme, die erst recht anstreben, dann allmälig sich entfernen und oben in lieblichen Bogen sich nach Außen und Unten neigen. Da dies nach allen Seiten hin gleichmäßig geschieht, so bildet der ganze Stock eine Art Garbe, deren Enden in dünne Zweige auslaufen, an denen die zarten Blättchen horizontal in zwei Reihen sich ausbreiten. Sie sind gränlich, steif und starr, und wenn sie der Wind bewegt, so rauscht es träumerisch durch den Wald, während die harten, an Kieselerde reichen Halme dazu ungeduldig knarren oder schwermüthig erseufzen. Dazwischen wandert man wie in dunkeln Gewölben auf dem knisternden dürren Laube, oft aufgehalten durch die uralten Halme, welche nach allen Richtungen niedergestürzt sind und nach rascher Verwesung den Boden wieder befruchten. Man denke sich dabei wohl, daß diese geheimnißvollen vegetabilischen Gewölbe bis 100 Fuß Höhe erreichen können, wie ich denn einzelne dieser Riesengräser habe umhauen lassen, die bis zu 150 Fuß Länge hatten. Niedriger freilich und verworrener sind andere Arten, besonders die stacheligen Bambu. Sie bilden ein fast undurchdringliches Geflechte und werden deshalb von den Eingeborenen Javas als natürliches Vertheidigungsmittel um die Dörfer gepflanzt." Die Bambusform ist sowohl der heißeren Alten, wie der Neuen Welt eigenthümlich. In Nordamerika beginnt sie bereits im Mississippigebiete in strauchförmigen Arten der Gattung Arundinaria, gewinnt aber in Indien und seinen Inseln den vollendetsten Ausdruck. Uebrigens stehen der Bambusform einige schilfartige Gräser kaum an Höhe nach. Auf Java wird, nach Zollinger, die Klagba nicht selten gegen 20—50 Fuß hoch und dient darum Panthern und Tigern zum Versteck. Auch das Zuckerrohr steht ihr zur Seite, unter den schilfartigen Gräsern wahrscheinlich die herrlichste Form. Wie jene, so treibt auch dieses einen prachtvollen Blüthenbusch von blendendem Silberweiß aus dem Gipfel hervor. Erhebt sich dann der Wind, bemerkt der Genannte, so ist es, als ob silberne Wellen über die grünen Fluren dahinströmten; um so täuschender, je dichter Halm an Halm gedrängt steht. Ueberhaupt wirkt die Grasform nicht unwesentlich durch ihre Blüthenstellung.

Wie ganz anders der Mais als das Zuckerrohr, obschon er dem jugendlichen Zuckerrohr auffallend ähnelt! Wie ganz anders Reis, Hafer, Roggen, Hirse u. s. w.! Auf jeden Fall erwirbt sich diejenige Blüthenform der Gräser den Preis, welche nicht in Aehren, sondern in lockeren Rispen auftritt. Wie herrlich, wenn man an einem Haferfelde vorüberstreicht und die Sonne in der dem Auge entgegengesetzten Richtung darauf scheint! Welche wunderbar zarte Muster erscheinen in diesem Augenblicke, namentlich wenn ein leiser Wind die Halme leicht erzittern läßt! Man glaubt, namentlich wenn der Hafer bereits seine halbe Reife erreicht hat, das schönste wellige Muster eines herrlichen Mousselinekleides vor sich zu sehen. Es scheint sich dem Mousselin zu nähern, je reifer der Hafer ist; umgekehrt möchte man es für ein Changeantkleid von seidenem Stoffe halten, je grüner noch die Aehren sind und ins Schillerfarbige spielen. Aehnlich mag es bei dem Reis der Fall sein. Ganz anders dagegen wieder der Roggen. Halm und Aehre scheint eins zu sein. Darum ist auch das Wogen des Roggenfeldes das Gleichartigste, was man sehen kann, und wer das Meer in seiner verschiedensten Gestaltung sah, wird oft auf Augenblicke täuschend an sein Wogen erinnert werden, wenn der Wind gleichmäßig über die Halme schwebt. Dann gewinnt der Ausdruck „Halmenmeer" eine Bedeutung, welche die Wirklichkeit kaum hinter sich läßt. Trotz so großer Schönheit der Gräser der gemäßigten Zone stehen dieselben denen der wärmeren an Seltsamkeit der Gestaltung ihrer Blumenstände weit nach. Es herrscht eine Mannigfaltigkeit und Schönheit in dem Baue der Grasähre, welche reichlich für die Kleinheit und Unscheinbarkeit der Grasblüthe entschädigt. Immer aber steht der silberne Blüthenbusch der Zuckerrohrarten obenan und verleiht bereits in den Ländern des Mittelmeeres dem Saccharum Ravennae oder dem Zuckerrohr von Ravenna und besonders dem Saccharum cylindricum den Preis vor allen Gräsern der gemäßigten Zone. Denn diese Form ist unter den Süßgräsern genau dasselbe, was die Wollgräser mit ihrem silberweißen Wollschopfe unter den Sauergräsern. Mag auch der Blüthenstand eines Grases eine Aehre oder eine leicht erzitternde Rispe in einfacher oder fingerförmig getheilter, gerader oder spiralig eingerollter, lockerer oder kammförmiger Gestalt sein — gegen diese Pracht tritt Alles in der Welt der Gräser zurück. Mit ihnen verlassen wir zugleich die ganze schöne Abtheilung der monokotylischen Gewächse und begeben uns eine Stufe tiefer, zu den kryptogamischen.

Cyathea arborea von Martinique mit getäfeltem Stamm.

VIII. Capitel.
Die Farrenform.

Wie die Gräser, geben auch die Farrenkräuter der Landschaft den Ausdruck der Leichtigkeit und Anmuth in ihren leichtbewegten federartigen Wedeln. Sie verbinden hiermit zugleich den Ausdruck des Zarten und Zierlichen, wenn diese Wedel, wie es meist der Fall, fiederspaltig getheilt und zerschlitzt sind.

Die Farrenform. 195

Unendliche Einfachheit bei unendlicher Mannigfaltigkeit zeichnet sie vor allen Gewächsen der Erde aus; denn fast immer läßt sich der Wedel auf die schöne Grundgestalt einer Feder zurückführen. Wo das aber auch nicht der Fall, vereinigen sich andere Eigenschaften, die Farren zu den reizendsten Typen der Pflanzenwelt umzugestalten. Vor Allem zeichnen sich die Farren dadurch aus, daß sich ihr Laub selbst in Früchte auflöst und diese Fruchtbildung genau mit der Aderung des Laubes zusammenhängt.

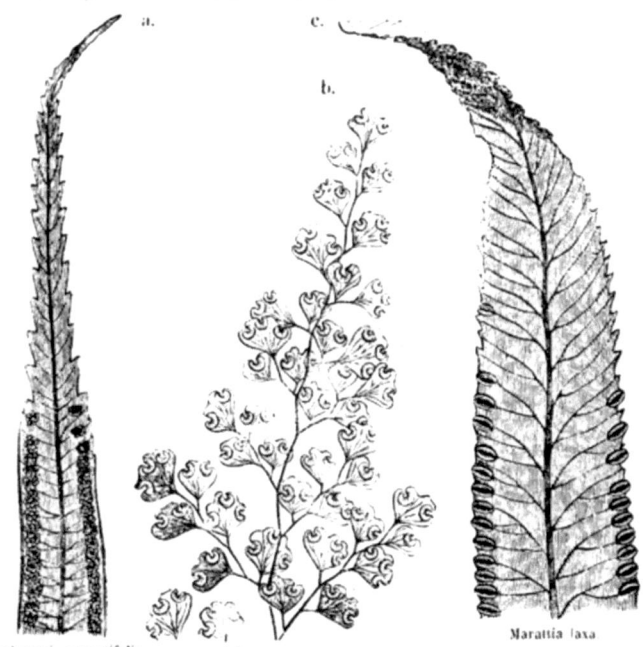

Angiopteris angustifolia.   Adiantum tenerum.   Marattia laxa.

Da die Farrenform eine so wesentlich bestimmende im Landschaftsbilde ist, so verlangt das eine etwas nähere Betrachtung; um so mehr, als sie auch unserer Heimat nicht unwesentlich eigen ist. Wenn auch der Farrenwedel meist in gefiederter Form auftritt, so durchläuft er doch einen ganzen Formenkreis, ehe er zu der Fiedergestaltung gelangt. Bald ist er, je nach der Art, ein Kreis, eine Ellipse, ein Trapezoid, eine Zunge, eine Lanzette, ein Band, ein Keil u. s. w.; bald ähnelt er, aber immer in flacher Form, dem Geweihe eines Hirsches, einer Hand, einer Säge u. s. w., stets von einer entsprechen-

15 *

196   Achtes Capitel.

den Aderung begleitet. Dieſelbe tritt meiſt ſo auffallend aus der Fläche hervor, daß ſie weſentlich den Charakter der Farrenart beſtimmen hilft. Bald ſind die Rippen einfach, gablig verzweigt oder mehrfach getheilt, bald netzartig verwebt. An ihren Enden verdicken ſie ſich und ſchwellen ſo bedeutend an, daß hier ſich ein Fruchthäufchen entwickelt. Dadurch wird die Rippe zum Fruchtträger und die Stellung der Fruchthäufchen hängt folglich genau von

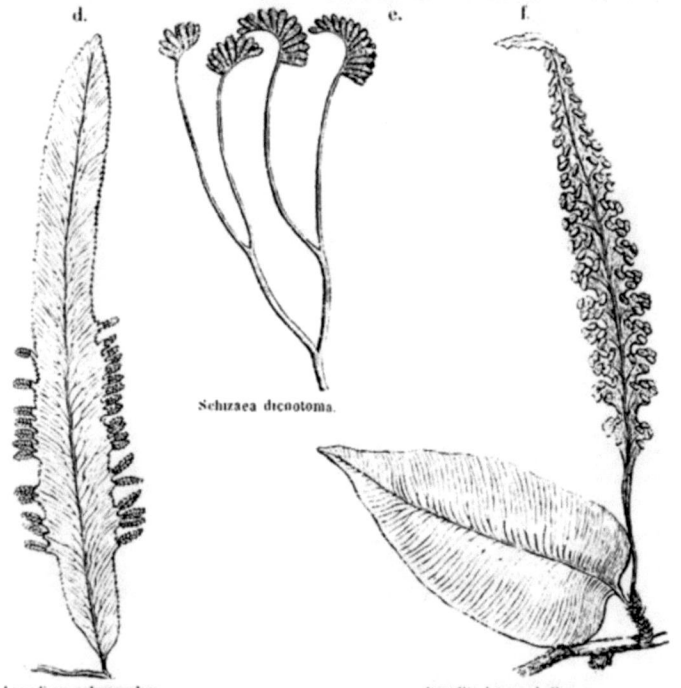

d.   e.   f.

Schizaea dicnotoma.

Lygodium polymorphum.   Davallia heterophylla.

dem Verlaufe der Rippen ab. Dieſe Häufchen finden ſich meiſt auf der Rückſeite des Wedels oder an den Rändern deſſelben, oder das Laub löſt ſich vollſtändig in Fruchthäufchen auf und bildet eine Art Aehre, aber in ſo mannigfacher Weiſe, daß man bisher bereits gegen 100 verſchiedene Arten dieſer Fruchtſtellung, mithin ebenſo viele Gattungen oder Typen beobachtete, die weſentlich auf dieſem Zuſammenhange der Frucht mit der Aderung beruhen. So groß aber auch innerhalb dieſer Combinationen die Verſchiedenheit wer-

Die Farrenform.

den mag, der allgemeine Charakter der Farrenform geht nie verloren; wer auch nur ein einziges Farrenkraut gründlich kennt, wird die übrigen schwerlich verkennen. Die Gestalt des Wedels, die Art des Rippennetzes, die Form des Fruchtstandes und die Weise des Fruchtbaues sind die vier Elemente, aus denen die Natur einige Tausend Farrenarten combinirte. Wie sie das that, mögen einige Beispiele bezeugen. Sehr einfache oder nur gablig getheilte Rippen zeigt uns Angiopteris angustifolia von den Philippinen (Fig. a), Marattia laxa

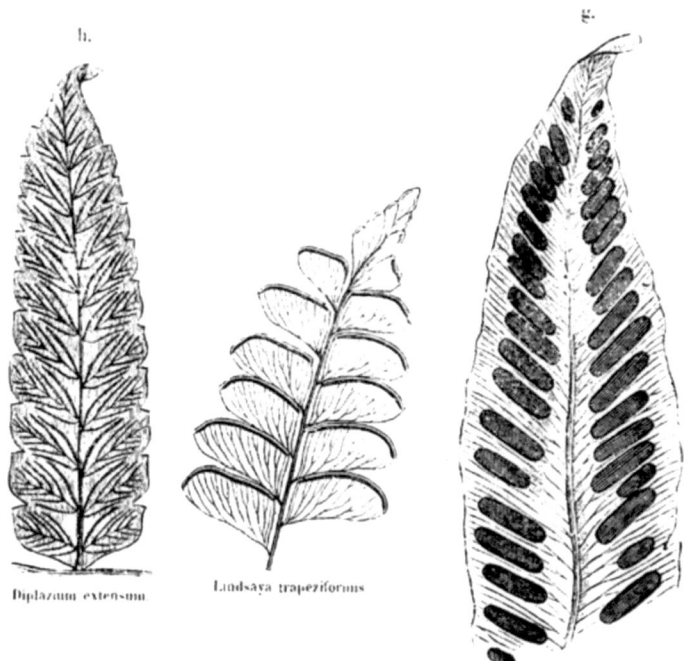

Diplazium extensum.   Lindsaya trapeziformis.

Scolopendrium officinarum.

aus Mexico (Fig. c), Adiantum tenerum von Jamaika (Fig. b) u. s. w. Doppelt gablige Rippen vertreten Davallia heterophylla (Fig. f) von Java, Lygodium polymorphum (Fig. d) aus Surinam, Lindsaya trapeziformis ebendaher (Fig. i), Scolopendrium officinarum oder die Hirschzunge unserer Heimat (Fig. g). Fiederspaltige Rippen zeigt Diplazium extensum von den Philippinen (Fig. h), netzartig verzweigte Antrophyum obtusum aus Java (S. 198). Bei fleischartigen Wedeln, die sich ganz in Früchte auflösen, bleiben sie unsichtbar. So bei Schizaea dichotoma aus Ostindien (Fig. e), einer Form, welche eine ganze Reihe ähnlich gebildeter Farren vertritt. Man bemerkt, daß die Form der Fruchthaufen außerordentlich charakteristisch wird. Bald erscheint sie in der Gestalt von Punkten, bald als schmales Band am Saume des Laubes, bald als Knöpfchen oder als Aehrchen an derselben Stelle, bald als dickes Würstchen, bald als ein minutiöses Hufeisen oder als Halbmond, bald als Kapsel u. s. w.

Durch diese außerordentliche Mannigfaltigkeit des Fruchtstandes bei aller Einfachheit des Laubes hat die Farrenform zu allen Zeiten und bei allen Völkern die größte Aufmerksamkeit erregt; eine Aufmerksamkeit, die nicht selten ins Mystische umschlug. Weichen doch die Farren von fast allen Gewächsen seltsam genug ab, daß sie ihre Früchte unmittelbar aus dem Laube entwickeln! Ahnte man doch früher kaum, daß dies überhaupt die Früchte des Farrenkrautes seien! Hielt man doch im Mittelalter oder zur Zeit Shakspeare's dafür, daß nur ein Auserwählter in der geheimnißvollen Johannisnacht, durch besondere Gnade geheimnißvoller Mächte und durch besondere Beschwörungsformeln begünstigt, einiger Körner des Farrensamens theilhaftig werde, um mit Hilfe dessen, der sich dem un-

Antrophyum obtusum.

sichtbaren Auge vermöge seiner mikroskopischen Kleinheit zu entziehen weiß, Schlösser aufzusprengen und sich selbst unsichtbar zu machen, oder was dergleichen Ideale damaliger Zeit mehr waren! Gegenwärtig freilich, wo das Mikroskop auch dem Farrenkraute Shakspeare'scher Hexen und Elfen das Wunderbare entrissen, ist es gerade wegen der lieblichen Fruchtformen und der Eleganz seines Laubes eine Lieblingsform unserer Gewächshäuser geworden, und mit Recht. Wenn die Natur z. B. bei den Orchideen gleichsam Alles aufbot, um die Form des Bizarren zu erschöpfen, so hat sie bei den Farren das Möglichste gethan, um im Einfachsten am größten zu sein.

Die Farrenform.

Es gibt, die Algenwelt etwa ausgenommen, kaum eine andere Pflanzenfamilie, in welcher eine so unendliche Zierlichkeit in der Ausarbeitung des Laubes und der Frucht bemerkt würde. Um so magischer wirkt diese Form der höchsten Zierlichkeit, je höher sich der Stamm der Farren erhebt. Alsdann wetteifert er, wie wir schon bei Betrachtung der Steinkohlenperiode (S. 113) fanden, mit der anmuthigen Palmenform und macht ihr den Rang unter den Gewächsen der Erde ernstlich streitig. Wenn der Stamm sich zu der ansehnlichen Höhe von 30—50 Fuß erhebt und aus seinem Gipfel mehre Fuß lange breite Wedel hervorbrechen, um sich palmenartig in anmuthigen Schwingungen entweder wie die Speichen eines Rades auszubreiten oder in weiten Bogen zur Erde träumerisch herabzusenken — dann erscheint dem darunter Verweilenden das blaue heitere Himmelsgewölbe der Tropenländer noch tiefer gefärbt, als es sonst schon ist, und er glaubt auf Augenblicke, hiermit das schönste Landschaftsbild der Erde gesehen und genossen zu haben. In der That übertrifft diese Farrenform an magischer Wirkung alle Gewächse. Weniger schön, sondern düster ist dagegen der Eindruck, den sie erwecken, wenn sie sich auf die Erde in den Schatten flüchten, um als ächte Schattenpflanzen zwischen Felsblöcken oder an den Quellenrändern ihr Leben zu verbringen. Auch wenn sie wie in Neuseeland weite zusammenhängende Fluren bilden, erregt ihr Anblick den Eindruck des Unfruchtbaren. Nur wo sie, vom heiteren Lichte des Tages umspielt, Fels und Boden bewohnen, sind sie die freundlichen Boten einer Zeugungskraft, die selbst die unfruchtbarste Felsenbrust belebt.

Acrostichum alcicorne.

Wo sie aber wie freundliche Dryaden in der heißeren Zone sich selbst auf die Bäume verlieren, um in Gemeinschaft mit Moosen, Orchideen, Aroideen und vielen andern parasitischen Gewächsen zur Verzierung des Urwaldes beizutragen, da sind sie gleichsam die lockenden Formen, die das Auge durch Zierlichkeit, leichte Beweglichkeit und anmuthigen Bau, oft in dichten Polstern anderer Pflanzen tief versteckt, unaufhörlich auf sich hinlenken. Unter diesen sind die hängenden Arten die charakteristischesten. Sie erreichen in Acrostichum biforme und alcicorne (s. Abbild. S. 199) auf Java ihre größte Bizarrerie; denn diese sind es, welche in Hirschgeweihform hängend auftreten und durch ihre dicken, fleischigen Wedel, ihre seltsame Form und die großen schilfförmigen Vorblätter, aus denen die Wedel entspringen, den Wanderer zum Staunen nöthigen. Dazwischen hängen lange Bänder büschlig ebenso seltsam herab. Auch sie sind eine Farrenform, der Typus der Vittarien. Sie gleichen eher dem Blatte irgend eines schwebenden Grases, als einem Farren, und vermehren die Bizarrerie der Farrenform nicht unwesentlich. Die gemäßigte Zone kennt solche Formen nicht, und in der That ist die Farrenwelt vorzugsweise auf die schöne milde Region angewiesen, welche auch die Heimat der bäumebewohnenden Orchideen ist.

IX. Capitel.
Die Moosform.

Im Bunde mit ihnen macht sich in der Physiognomie der Urwälder die Moosform geltend. Drei Pflanzenfamilien haben auf diesen Namen Anspruch: die Bärlappe oder Lycopodien, die eigentlichen Laubmoose und die Lebermoose; denn unter den Geschlechtspflanzen wiederholen nur einige wenige wasserbewohnende Gewächse ausnahmsweise den Moostypus, werden aber dadurch aufs Höchste merkwürdig. So einige Podostemeen und die völlig moosartige Udora verticillata aus Nordamerika. Viele der ächten Moose und Bärlappe sind gleichsam Nadelbäume im Kleinen; denn der Tannenbärlapp (Lycopodium Selago) und die Widerthonmoose (Polytrichum) würde der Unkundige im unfruchtbaren Zustande leicht mit jungen keimenden Nadelhölzern verwechseln können. Die übrigen weichen von dieser Form immer weiter ab, je verzweigter oder polsterförmiger sie werden, und sind ihr eigener Typus, der sich mit Worten nicht wiedergeben läßt. Die Bärlappe sind die riesige Moosform. Sie werden nicht selten mehre Fuß hoch und theilen sich in zwei sehr natürliche Grundformen. Die eine (Lycopodium) hat allseits gestellte Blätter, welche den Pflanzen das Ansehen junger Nadelhölzer oder langer, schlanker Thierschwänze geben. Sie ist es auch, welche oft sehr schöne Fruchtähren hervorbringt. Die andere (Selaginella) hat zweireihig gestellte Blättchen, also flachgedrückte Zweige. Diese Form ist es besonders, welche die höchste Zierde unter den Verzierungspflanzen der Tropen bildet. Ihre zierliche Verzweigung, die Zartheit und Farbenlieblichkeit der Blätter, sowie ihre kriechende, sich anschmiegende oder gern lockere Geflechte bildende Form macht sie geschickt, ihrer Umgebung den Ausdruck außerordentlicher Behaglichkeit und Wohlseins zu verleihen, wie schon unsere Treibhäuser lehren, wo sie wie in der Natur die feuchteste Atmosphäre vorziehen. In unserer Zone, wo die wimperzähnige und helvetische Selaginelle (S. spinulosa und helvetica) die höheren

Die Moosform. 201

Gebirge bewohnen, gelangen sie, zu vereinzelt, zu keiner Bedeutung im Landschaftsbilde. Wenn aber mit der Höhe des Stengels eine baumartigere Ver-

Plagiochila gigantea.

Marchantia polymorpha femina (aus Deutschland).

zweigung beginnt und etwa, wie bei der prachtvollen S. caesia, die Oberfläche der zweiten Blättchen in den reizendsten Schillerfarben prangt, dann

gehört die Selaginellenform unbedingt zu den reizendsten Typen im Pflanzenreiche. Wer Gelegenheit hatte, sie in einem Orchideenhause unserer Gärten
neben Farren, Orchideen und Aroideen zu sehen, hat eine lebendige Vorstellung
davon bekommen, wie sie in der Phy-
siognomie des Urwaldes wirken mag.
Sie gehört fast ausschließlich den
heißeren Zonen an.

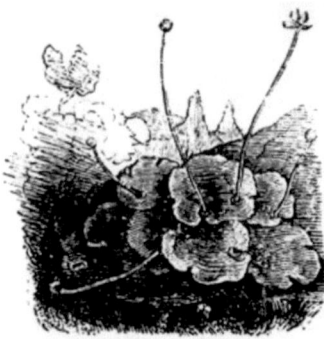

Pellia epiphylla.
Laubkelch (aus Deutschland)

Ihr auffallend nahe verwandt ist
die große Abtheilung der beblätterten
Lebermoose (Hepaticae foliosae). Doch
erreichen dieselben nur seltener so große
Formen, daß sie wie die Selaginellen
bestimmend auf das Landschaftsbild
einwirken könnten. Eine der schönsten
Arten ist die Plagiochila gigantea
in Neuseeland (s. Abbild. S. 201). Ihr
ähneln, mehr oder minder kleiner oder
größer, fast sämmtliche Lebermoose,
welche oft, wie es die Flechten pflegen,
an Rinden und Blätter angepreßt
wuchern. Eine zweite Abtheilung der Lebermoose gleicht den flach aufsitzen-
den Flechten noch viel mehr. In buchtig ausgeschnittenen Lappen von tiefem,
saftigem Grün und meist derber, oft lederartiger Beschaffenheit liegen die lap-
penartigen Lebermoose
(Hepaticae frondosae)
auf ihrer Unterlage flach
und fest. Erst wenn sie
ihre wunderbaren Früch-
te, die bald Hörnchen,
bald Sternchen, bald
Hütchen, bald zweiklap-
pige Kapseln u. s. w.
sind, hervortreiben, fal-
len sie mehr in das
Auge und entzücken den
kundigen Beschauer. So
die Marchantien, Kegel-
hütchen (Fegatella), Laub-
kelche (Pellia), das Buchtenlaub (Symphyogyne),

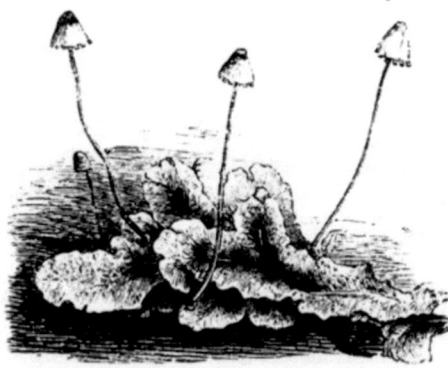

Fegatella conica. Kegelhütchen (aus Deutschland).

die Blandowien, Hornmoose (Anthoceros) u. s. w. Sie gehören darum
bereits zur Flechtenform, auf die wir unten kommen werden.

Weit bedeutsamer für die Physiognomie der Landschaft und, wie wir schon bei Betrachtung der Moosdecke (S. 26) sahen, den Naturhaushalt sind die Laubmoose. Gräser, Farren und Moose sind das erquickende Element der Landschaft: bald durch tiefes Grün, bald durch Leichtigkeit und Zierlichkeit des Baues, bald durch massige Gruppirung. Doch fällt die Region der Moose in die gemäßigte und kalte Zone. Darum findet sie der Pflanzenforscher in den Tropenländern wahrhaft gedeihend nur auf höheren Gebirgen wieder. In dem heißen Klima erscheint weder eine zusammenhängende Moosdecke noch eine Wiese. Einige Arten jedoch wuchern auch hier als in ihrer eigentlichen Heimat. So überzieht z. B. ein silberweißes Moos, das Achtwimperchen

Symphyogyne flabellata. (Fächerartiges Buchtenlaub aus Neuseeland.) Symphyogyne hymenophyllum. Farrenartiges Buchtenlaub (aus Neuseeland).

(Octoblepharum), in allen heißen Ländern die Stämme der Bäume mit seinen dichten Polstern und hüllt sie in die Farbe des Greisenalters. Grün und weiß sind überhaupt die beiden Farben der Mooswelt; denn bleichende Torfmoose und Weißmoose, zu denen auch das Achtwimperchen gehört, finden sich, wenn auch in der indischen Inselwelt am häufigsten, in allen Zonen. Nur alternde Torfmoose gehen in Violett und Purpur über, einige andere Arten werden gelb oder braun. Das hat jedoch nur Bezug auf die Farbe der Stengeltheile; die übrigen Organe sind oft in die herrlichsten Tinten getaucht. So sticht im äußersten Norden das goldige Schirmmoos (Splachnum luteum) durch das herrlichste Goldgelb des schirmförmigen Theiles seiner Frucht, das rothe Schirmmoos (Spl. rubrum) durch den prächtigsten dunkelsten Purpur desselben Organes unter allen Pflanzen des Nordens hervor. Wer die Moose nur flüchtig kennt, ahnt schwerlich die Mannigfaltigkeit, die dieser kleinen Welt innewohnt; denn sie bewahren überall eine solche Gleichheit der Tracht bei aller Verschiedenheit, daß man nie im Zweifel ist, ob man es mit einem Moose zu thun habe oder nicht. Wie die Farren durch den Fruchtbau innig zusammenhän=

Blandowia striata, gestreifte Bl. (aus Chile).

gen, so auch die Moose; ihre kleine einfächrige Kapsel macht auch das winzigste mikroskopische Laubmoos sofort kenntlich. In Wahrheit steigen sie bis zu Formen herab, welche nur das bewaffnete Auge zergliedert. Dagegen erzeugt die gemäßigte Zone, besonders des australischen und indischen Inselmeeres, auf deren Gebirgen eine palmenartige Form. Es sind Arten der Gattung Hypnum (Astmoos) und Hypopterygium, deren Stämmchen unverzweigt empor=
streben und erst an ihrem Gipfel einen Schopf von beblätterten Aestchen bilden. Diese Form ist so imposant, daß sie selbst einem Laien, wie Gerstäcker, auf den Gebirgen Javas auffiel. Doch sind diese Typen noch lange nicht die riesigsten. Während sie höchstens einige Zoll hoch streben, wird die baumartige Catharinee Chiles über 1 — 1½ Fuß hoch und fällt darum mit ihrer palmenartigen Gestalt wahrhaft überraschend ins Auge. Eines der größten

Anthoceros punctatus. (Punktirtes Hornmoos.)

und herrlichsten Moose der Erde ist Spiridens Reinwardti von den molukkischen Inselgebirgen. Es wird gegen 1 Fuß hoch und bewahrt durchaus die Tracht eines stattlichen Lycopodium. Endlich zeichnet sich noch eine Gruppe unter den Verzierungsformen aus. Es sind die Baumbarte (Dendropogon). Sie hängen wie lange Flechten in langen Bärten und dicht ineinander verzweigten Geflechten von den Bäu=
men der heißen Zone herab. Einige andere Arten der Gattung Neckera und Pilotrichum, zu welcher auch die Baumbarte gehören, hängen ihnen nicht selten als wurmförmige Stengel oder bindfadenähnlich, oft ins Goldige spielend, zur Seite. Vor allen aber zeichnet sich unter den hängenden Formen der Typus Phyllogonium, der der Tropenwelt, besonders Amerikas, so recht eigenthümlich ist. Er bildet oft fußlange Stengel mit zweireihig gestellten, herrlich glänzenden, goldigbraunen Blättern und gehört zu den schönsten Gebilden der Mooswelt.

Alles das scheint bei so unscheinbaren Gewächsen höchst gleichgültig für

Die Moosform. 205

die Physiognomien der Landschaft zu sein. Man würde sich außerordentlich täuschen. Gerade die kleinsten Gewächse üben auf den allgemeinen Ausdruck der Landschaft den höchsten Einfluß. Wie viel freudiger erscheint uns ein Wald, dessen Bäume mit freundlichen Moosen bis zum Gipfel bekleidet sind, als ein Wald mit nackten Stämmen! Dort empfangen wir sofort den Eindruck der Fülle, des Behaglichen, hier des Aermlichen. Darum auch erscheint der tropische Urwald dem Auge des Europäers doppelt fremd: er vermißt in auffallender Weise die Moosdecke des Bodens und das Mooskleid der Bäume. Will man sich eines trivialen Gleichnisses bedienen, so kann man mooslose, glattrindige Bäume mit barbierten, bemooste Stämme mit bärtigen Männern vergleichen. Darum erscheint uns ein Eichenstamm von bedeutender Größe, aber mit moosloser Rinde weit weniger ehrwürdig, als ein weniger großer mit bemooster Oberfläche. Wir berechnen unbewußt sofort an seinem Mooskleide die Jahrzehnde, die an ihm vorüberrauschten, während sie bei dem Riesenstamme mit nackter Rinde keine Spur zurückgelassen haben. Genau als Monumenten. So lange noch nicht Psyche ihre Flügel an ihnen rieb, so lange sich noch keine Moose, Flechten oder Urpflanzen, d. h. grüne oder braune zellige Materie, an der Oberfläche nieder=

2. Splachnum luteum.   1. Splachnum rubrum.
Aus Skandinavien.

gelassen haben, so lange auch machen sie den Eindruck des Neuen, Geschichtslosen. Darum gehören selbst mikroskopische Urpflanzen, welche der Laie kaum ahnt, geschweige sie kennt, wesentlich zum Landschaftsbilde und erhöhen sogar die Wirkung der Kunstwerke. Nicht anders bei Flechten. So gewinnt z. B. die Edeltanne mit weißem Stamme und angedrückten schwärzlichbraunen Le bermoosen (Frullania tamarisci) u. a., welche sich in großen Tüpfeln auf dem weißen Stamme ausbreiten, schon von Weitem ein so höchst eigenthümliches Ansehen, daß man sie sofort, ohne die Wipfel zu prüfen, an dieser Erscheinung von den benachbarten Fichten unterscheidet. Ein Eichenstamm mit dem goldfarbigen Anfluge der Lepra flava, einer Flechtenform, zieht unser Auge sofort auf sich und hebt ihn aus der Umgebung mächtig hervor. Das Wohlthuende dieser That beruht auf demselben Gesetze, durch welches überhaupt die Pflanzendecke belebend oder ermüdend auf uns wirkt: uns erfreut der Wechsel und das Individuelle auch in der Natur. Man kann diesen Gesichtspunkt nicht genug hervorheben, um mit Bewußtsein unsere Naturgenüsse zu feiern. Wer sich die Ursachen nicht deutlich macht, durch welche die Natur wohlthätig auf uns wirkt, wird überhaupt nie die Natur verstehen und immer ein Fremdling auf seiner mütterlichen Erde bleiben.

X. Capitel.
Die Flechtenform.

Nach solchen Erfahrungen kann es nicht mehr überraschen, wenn wir auch den Flechten eine Bedeutung im Landschaftsbilde zugestehen. Wie die Moose, greifen auch sie in dreifacher Weise in dasselbe ein. Einmal überziehen sie den Boden nicht selten als zusammenhängende Decke, die dann Alles von sich ausschließt und gemeiniglich den dürrsten Boden anzeigt. So pflegt es z. B. die Renthierflechte (Cladonia rangiferina) auf unsern sandigen Haiden oder in dürren Kiefernwaldungen, im größten Maßstabe aber im Norden von Skandinavien und Rußland zu thun, wo sie im Winter das einzige Futter des Renthiers ausmacht und vermöge seines Gehaltes an Flechtenstärke auch sehr gut ausmachen kann. Selbst die Tropenzone kennt diese Erscheinung, obschon ihr die Flechtenwelt im Allgemeinen ebenso wenig zukommt, wie die Mooswelt. Am Matakuni im britischen Guiana z. B. fand Sir Robert Schomburgk mehre Bergsavannen durch eine Renthierflechte so dicht bedeckt, daß sie ihm aus der Entfernung wie mit dichtem Schnee bedeckt schienen. Wahrscheinlich war es die Cladonia pityrea, welche auch in Brasilien genau so wie unsere einheimische Renthierflechte den Boden in aufstrebender Form überzieht. Man nennt solche büschlig gestaltete Arten bezeichnend Säulchenflechten. Mitunter tragen sie ganze Haufen von brennend scharlachrothen Fruchtknöpfchen, namentlich im höheren Gebirge. Alsdann sind sie eine sehr originelle Zierde der Landschaft. So die Cladonia coccifera, welche ihren Beinamen von den scharlachrothen Knöpfchen trägt. Die zweite Flechtenform ist eine flach aufliegende, die sich meist in sternförmiger Gestalt auf ihrer Unterlage ausbreitet. Mag diese Baum oder Felsen sein, in beiden Fällen wird sie durch diese Flechtenform sehr charakterisirt. Hier zu Lande werden Bäume

207

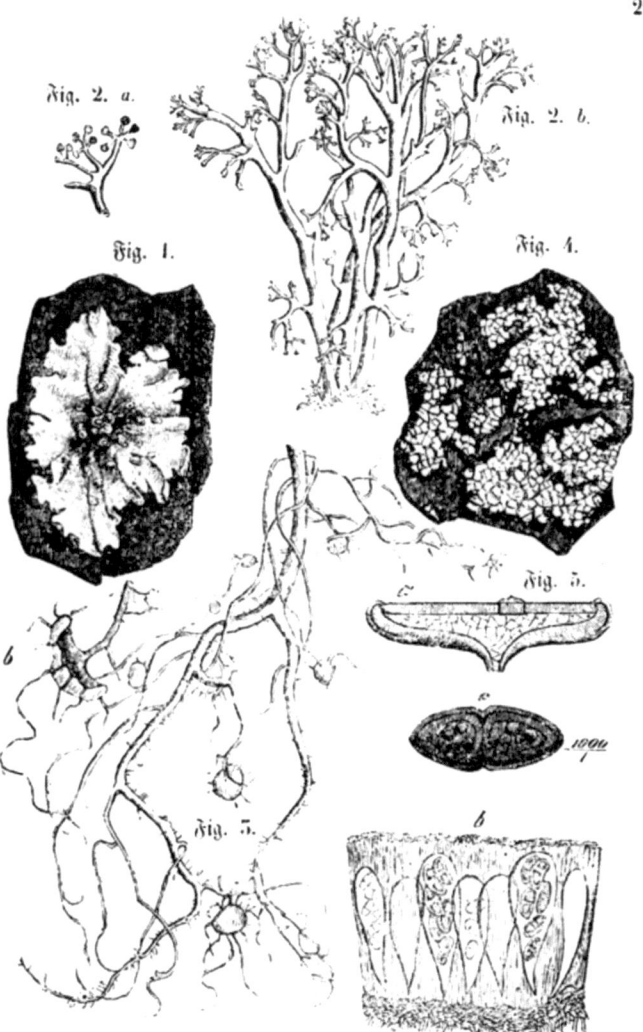

Fig. 1. Die Wandflechte. Fig. 2. a. b. Die Renthierflechte. Fig. 3. Die Bartflechte. Fig. 4. Die Landkartenflechte. Fig. 5. Flechtenfrucht im Längsschnitt, um a. die verschiedenen Schichten, b Samenschläuche und Samen, c. eine Spore (Samen) sehr vergrößert zu zeigen.

Felsen und Mauern am meisten durch die goldgelbe Wandflechte (Parmelia parietina) ausgezeichnet. Im höheren Gebirge überzieht die Landkartenflechte (Lecidea geographica) Stein und Felsen, durch ihren schwarzen Untergrund und gelbe inselartig verschwimmende Früchte kenntlich. Die höchste Pracht aber erreicht diese Form an den Scheerengebirgen Norwegens, wo sie in den schönsten Tinten die Klippen färbt. Die dritte Flechtenform ist eine hängende und damit die hervorragendste Verzierungsform der Waldungen; so ausgezeichnet, daß sie selbst die poetisch-mystischen Naturauschauungen der Völker in ihren Waldmährchen verwendeten. Denn Rübezahl mit dem grauen Barte im Riesengebirge, oder Tapio, der Waldgott der Finnen, mit einem Barte aus Fichtenflechten sind nichts Anderes als der reine Tannenwald, den lange Bartflechten greisenhaft verzieren. In den Tropen erscheint diese Form zwar auch wieder, wird aber doch vorzugsweise von einer flechtenartig aussehenden Ananaspflanze (Tillandsia usneoides u. a.) vertreten. Diese Flechten hängen in langen Bärten sowohl in der gemäßigten, wie in der heißen Zone von den Stämmen und Zweigen herab, wo sie ihnen, von Feuchtigkeit begünstigt, ein greisenhaftes, ehrwürdiges Ansehen durch ihre weißgelbliche Farbe aufdrücken. So die Bartflechten (Usnea). Geht dagegen ihre Färbung ins Goldige über, dann erlangen auch sie eine ähnliche Pracht, wie die aufliegenden Flechten der Scheeren. So z. B. die fadenartig dünne Evernia flavicans in Brasilien. Die riesige Form bilden die Sticten. Die gemäßigte Zone kennt diese Form in der Lungenflechte (Lobaria pulmonaria) der höheren Gebirge. Diese Flechten bilden gleichsam das Mittelglied zwischen hängender und angedrückter Form; denn sie liegen als vielfach in einander sich schiebende breite und buchtig ausgeschnittene Lappen halb auf, halb schweben sie frei in der Luft und entzücken das Auge ebenso durch ihre buchtigen Linien, wie durch Färbung. Sie ist meist braun und lederartig; bei Sticta aurata geht sie in ein herrliches Goldgelb über, welches mit schwarzen Flecken lieblich wechselt. Oefters jedoch erscheint in nicht minder reizender Abwechselung eine reisartige bläuliche Färbung auf der Oberfläche und eine tiefschwarze auf der Unterseite, welche durch die sich aufschlagenden Enden der Lappen sichtbar wird. Die bizarrste aller Flechtenformen ist die der Schriftflechten oder Graphideen. Sie tragen ihren Namen in der That; denn zur aufliegenden Form gehörig, überziehen sie in den seltsamsten Figuren die Rinde der Bäume und bilden hier je nach der Art oft ein solches Gewirr seltsamer, meist schwarzer, in den Tropen aber auch prachtvoll oranger oder purpurner Hieroglyphen, daß man unwillkürlich an die chinesischen und die übrigen orientalischen Schriftzüge erinnert wird. Man möchte darauf schwören, daß die Orientalen ihre Schriftweise dieser seltsamsten aller Flechtenformen abgesehen hätten, und wer sich davon überzeugen will, findet in jedem Walde, namentlich auf Buchen, hinreichend Gelegenheit. Aber nicht allein durch Laubform und Färbung fallen die Flechten ins Auge; selbst die Früchte erhöhen ihre Wirkung. Meist bilden sie allerliebste Tellerchen und Schüsselchen in minutiösester Form, oft durch herrlich gezackte Ränder und prachtvolle Färbung ausgezeichnet. Andere schmücken sich mit flachen Knöpfchen von ähnlicher Kleinheit, Säulchenflechten pflegen kugelartige Fruchtgehäuse hervorzubringen. So groß aber auch immer die Mannigfaltigkeit der Flechtenform sein mag, überall tragen sie eine so gleichartige Physiognomie an sich, daß sie der Kenner nie verwechselt.

Wenn man will — und in Wahrheit geschah das früher in der Wissenschaft — so stehen sich Flechten und Algen so nahe, daß man jene die Land-, diese die Wasserform eines und desselben Pflanzentypus nennen könnte. Wie wir schon bei Betrachtung der Meer- und Seeschaft fanden, gliedern sich die Algen in zwei große Abtheilungen. Die eine setzt ihre Pflanzen aus mannigfach gegliederten Röhrchen zusammen und treibt ihre Früchte meist in Gestalt von Kugeln an dem Laube hervor. So auch die Flechten; denn die Gattung Coenogium der Tropenländer unterscheidet sich von dieser Algenform nur durch ihre schüsselartigen Früchtchen. Die Tange des Meeres würden die Laubform der Flechtenform darstellen und gewissermaßen die laubartigen Parmelien oder Sticten der Algenwelt sein. Da wir bereits über die Tange ausführlicher gehandelt, so wenden wir unsere Aufmerksamkeit lieber auf die Pilzform.

XI. Capitel.
Die Pilzform.

Ich meine nicht jene Pilzwelt, die man als Schimmel oder Ausschläge auf Blättern kennt; denn diese sind keine selbständigen Gewächse. Ich meine vielmehr jene wunderbaren Schwämme, die oft so geisterhaft auf Bäumen oder Erde erscheinen und oft da sind, ehe das forschende Auge sich dessen versah. In vielen Stücken vereinigen sie sich mit den Flechten, den Bäumen einen individuellen Ausdruck zu geben. So die Gattung Hypochnus und Thelephora. Sie überziehen beide häufig die Rinde in Gestalt von Lappen, wie die Flechten es thun, oft in prachtvollster Färbung. Wenn Hypochnus rubrocinctus z. B. die Bäume bedeckt, da scheint er sie gleichsam in Purpur oder Scharlach gekleidet zu haben; denn so dicht und häufig liegt seine Substanz auf der Oberfläche der Rinde ausgebreitet. Ganz anders die fleischigen Schwämme. Wenn sie aus der Rinde hervorbrechen, so erscheinen die größeren Arten meistentheils in halbangedrückter Form, während der freie Theil im Halbkreise einen Vorsprung, gleichsam ein Console der Flora bildet. Doch weit gestaltvoller werden die Schwämme des Bodens. Sie treten entweder in kugel-, keulen-, hut- oder schildförmiger Gestalt auf. Zu den ersteren gehören die Boviste, welche ihren Samen im Inneren erzeugen und ihn als eine pulverförmige Masse entleeren. Zu der zweiten Form gehören die Morcheln, Phallusarten u. s. w., zur dritten und vierten viele Agaricusarten. Diese beiden letzten Formen sind es, welche unterhalb des Schildes oder des Hutes, die

210   Elftes Capitel.

den Fruchtstock trenen, jene seltsamen Lamellen oder Blättchen hervorbringen, in denen sich die dem Auge unsichtbaren Samen ausbilden. Das schönste Gebilde dieser Welt ist in unserer Zone der Fliegenpilz (Agaricus muscarius) mit prachtvoll scharlachrothem, weißgetüpfeltem Hute auf langem weißem Stiele. Alle Pilze ohne Ausnahme machen den Eindruck des Geheimnißvollen und Räthselhaften und gewinnen darum in der localen Physiognomie der Landschaft große Bedeutung, während sie in der allgemeinen ohne allen Einfluß bleiben.

Sie haben jedoch nicht allein Anspruch auf ihre seltsame Form; denn in der wärmeren und heißen Zone gleichen ihnen die Geschlechtspflanzen der Balanophoren und Rhizantheen auffallend.

Cynomorium coccineum oder die scharlachrothe Hundsruthe.

Von den ersteren kennt Europa nur eine Art, das seltsame Cynomorium coccineum in den Ländern des Mittelmeeres. Es hält die Mitte zwischen einem Pilze der Gattung Clavaria (Keulenpilz) und den Sommerwurzarten (Orobanche). Wie die letzteren, sitzt auch das Cynomorium schmarotzend auf den Wurzeln anderer Pflanzen, besonders der Myrten. Es hat einen cylindrisch-keulenförmigen Körper, welcher an seinem Grunde über und über mit Schuppen bedeckt ist. Sie fallen zur Blüthezeit meist ab. Dafür ist dann der obere weißliche, getrocknet rothbraune Theil mit purpurnen Deckblättchen bekleidet. Zwischen ihnen und am fleischigen Körper brechen die unscheinbaren Blüthen so dicht hervor, daß der blumentragende Obertheil einem Kätzchen ähnelt. Diese Pflanze ist, geradezu gesagt, die merkwürdigste von ganz Europa; denn die Balanophoren, welche fast ein Mittelglied zwischen Kryptogamen und Blüthenpflanzen bilden, gehören zu den seltsamsten Typen des Pflanzenreichs. Selbst der Volksglaube hat das bestätigt. Die Hundsruthe war in früheren Zeiten ein geheimnißvolles, mit Wunderkräften begabtes Wesen und wurde, weil ihr Saft ein blutrother ist, gegen Blutflüsse so stark angewendet, daß sie einen wichtigen Handelsartikel für Malta und Italien, wo sie wächst, bildete. In gleicher Weise gestalten sich die Rhizantheen, wie sie Blume, oder die Cytineen, wie sie Brongniart nannte. Auch von dieser Gattung kennt Europa nur eine Form, die Cistuswurz (Cytinus hypocistus), in demselben Gebiete, das die Hundsruthe hervorbringt. Sie wächst auf den Wurzeln der Cistusrosen parasitisch, treibt rothgelbliche Blüthen und macht sich schon von Weitem durch ihre blutrothe Farbe, welche sie vor dem Blühen hat, bemerklich. Auch sie fiel durch dieses geheimnißvolle Wesen, wie die Hundsruthe, der Wundersucht der Menschen in die Hände, ist aber noch lange nicht so pilzartig wie letztere gestaltet. Die herrlichste und zugleich räthselhafteste Form der Cytineen ist ohne Widerrede die Rafflesia (Arnoldi) von Java und Sumatra. Sie ist nebst der Victoria die

Die Pilzform.

größte Blume der Welt und doch dabei von so pilzartigem Wesen, daß sie noch bis heute als ein Wunder der Natur selbst unter den Pflanzenforschern gilt und auch bei den Javanen als ein geheimnißvolles, mit Wunderkräften begabtes Wesen verehrt wird. „Auf den langen kriechenden Wurzeln der Cissus", schreibt Zollinger darüber, „erheben sich reihenweise rauhe Knöpfchen etwa von der Größe einer Haselnuß. Allmälig schwellen sie an, erst zur Größe einer Baumnuß, dann eines Apfels, zuletzt eines kleinen Kohlkopfs." So erscheint sie gewissermaßen wie ein riesiger Bovist aus dem Pilzreiche. „Durch die rauhe Hülle", belehrt uns der Genannte weiter, „bricht bald die braune Blüthe, erst über einander gelegt wie die Blätter des Kohles, endlich zur riesigen Blume geöffnet, deren dicke, fleischige und fleischfarbene Blätter einen widerlichen Leichengeruch verbreiten und schnell verwesen. Im Inneren breitet sich eine fleischfarbene Scheibe aus, welche die räthselhaften Blüthentheile trägt oder verhüllt." Wir finden ihren Umfang, vielleicht übertrieben, von holländischen Schriftstellern auf 9 Fuß angegeben; aber auch der englische Entdecker, Dr. Arnold, welcher die Blume zuerst auf Sumatra sah, gibt ihren Durchmesser auf 3 Fuß, die Länge der dicken, als Staubfäden gedeuteten, pilz-

Die Cissuswurz.

artigen Blumentheile auf 12 Zoll an. Nach Zeichnungen zu urtheilen, die man hier allein davon sieht, gleichen diese Blumentheile in ihrer Form einigen Pilzen aus der Gattung der Bocksbärte. Dagegen treten die Samen in der Tiefe der riesigen Blumenhülle als zartes Pulver auf, wie die Samen der Pilze pflegen. Bildlich gesprochen, ist die Rafflesie ein zur Blume gewordener Pilz; denn außer der braunen allgemeinen Hülle besitzt sie weder Stengel, noch Ast, noch Blatt. Wie oben die Hundsruthe die merkwürdigste Pflanze Europas genannt wurde, kann diese als das seltsamste Gewächs der ganzen Erde bezeichnet werden;

Rafflesia Arnoldi.

und wenn eine Vermuthung gestattet ist, möchte ich sie fast einen Ueberrest aus fernen Schöpfungsperioden nennen, da zwischen den Balanophoren und Rhizantheen und den heutigen Blüthenpflanzen offenbar eine unausgefüllte Lücke ist.

14*

Die Pinie neben dem Oelbaume.

XII. Capitel.
Die Nadelholzform.

Wenn sich die kryptogamische Pilzform auch in die Welt der Geschlechts=
pflanzen herein verlor, so ist das nicht der einzige Fall in der Natur. Auch
die kryptogamische Form der Schachtelhalme (Equisetaceen), die wir schon in
der Uebergangsperiode näher kennen lernten, combinirt sich noch heute mit
einem Typus der Geschlechtspflanzen. Es ist die wunderbare Gattung der
Casuarinen. Sie wiederholt die Laubbildung der Schachtelhalme und ver=
bindet sie mit der Blüthen= und Fruchtform der Nadelhölzer. In dieser Gestalt
trägt der imposante Baum nach Art der Trauerweiden lange, herabhängende,
schlanke Zweige, von denen jeder aus einer Menge von Gliedern besteht. Jedes

Glied steckt in dem vorigen, ohne eine besondere Blattbildung zu erzeugen, aus den Gliedern brechen die blumenblattlosen Staubfäden nackt hervor, die Frucht bildet sich zu einem Zapfen aus, männliche und weibliche Blumen bewohnen getrennt verschiedene Stämme. So vertreten die Casuarinen auf den Mascarenen, den Südseeinseln, in Neuholland, auf den Molukken, den Sundainseln und in Ostasien die Form unserer Kiefern. Wir könnten sie die Trauerkiefern bezeichnend nennen; um so mehr, als auch ihnen das elegisch-flüsternde Rauschen unserer Nadelhölzer eigenthümlich ist, wenn der Wind durch ihre Zweige schwebt. Wo sie Waldungen bilden, verhüllen sie ebenso wenig wie unsere Kiefern die Durchsicht, und weithin leuchtet, wie schon einmal berührt, auf Java der mistelartig schmarotzende Loranthus Lindenianus mit seinen feurigen Blumen von ihren Aesten ins Auge des Wanderers. In der That gehören auch solche Verzierungen dazu, um dem Geiste einen wohlthätigen Wechsel in diesen mattgrünen Wipfeln und diesen grauen, glatten Stämmen zu verschaffen. Denn seltsam zwar ist die Form der Casuarinen, aber schön ist sie nicht; um so weniger, als sie keinen Schatten zu geben vermag und weder durch Blüthenpracht noch durch Blumenduft erfreut. Uebrigens bewahrt auch unsere Zone eine Erinnerung an die Casuarinenform in den Arten der Gattung Ephedra (Roßschwanz). Die einzige deutsche Art erscheint in Südtirol und im Wallis. Auch diese Form gehört zu den Coniferen oder Zapfenbäumen und vereinigt die Tracht der Schachtelhalme wie der Zapfenbäume in sich. So hat die Natur scheinbar in launiger Weise auch ihre wunderlichen Combinationen gemacht. Aber auch aus ihnen ist sie so groß hervorgegangen, wie aus den Typen vollendeter Schönheit: denn sie gewährt uns Contraste, die uns die Bilder hoher Schönheit nur um so mehr hervortreten lassen, Contraste, deren der Mensch überall bedarf, um sich in dem Besitze des Schönen wohl und zufrieden zu fühlen.

Die Casuarinen haben uns unvermerkt aus dem Reiche der kryptogamischen Formen in die dikotylische Pflanzenwelt versetzt, sie haben uns bereits in die Form der Nadelhölzer, eine der niedersten Stufen der Dikotylen, eingeführt. In welcher Weise die Nadelhölzer unter sich verschiedene Laubformen hervorbringen, sahen wir bereits bei Gliederung der Wälder (S. 20). Ueberall, wo ihr Laub die Nadelform annimmt, drücken sie der Landschaft den Charakter des Starren auf. Er paßt gemeiniglich, da sich die Nadelhölzer gern in die höheren Gebirge flüchten, wo ihre eigentliche Heimat ebenso wie im hohen Norden ist, zu der Starrheit des Gebirges und dem Ernste nordischer Klimate und bildet den schroffen Gegensatz zu der Anmuth und Mannigfaltigkeit des Laubwaldes. Ernst, Ruhe und kühnes Aufstreben zum Erhabenen vereinigt namentlich die Fichte in hohem Grade in sich. Darum kein Wunder, wenn sie der gothische Baukünstler zum Vorbilde für seine hochaufstrebenden Dome nahm und die letzten Ausläufer seiner Thürmchen ebenso allmälig verjüngt ins Unendliche auslaufen ließ, wie es der pyramidalen Form der Fichte so eigenthümlich ist. In den gothischen Domen finden sich überhaupt die beiden Formen unserer Bäume vertreten. Kühn aufstrebende Starrheit und kühne Wölbung bezeichnen den Charakter des gothischen Styles. Sie zeigen uns auch wieder, daß der Mensch überall nur verklärter Abglanz seiner Natur ist. Das gothische Schiff mit seiner Wölbung und seinen Säulen ahmt die Waltung nach, deren Bäume, wie z. B. Buchen, in auffallender Schönheit domförmige Laubkronen tragen; die gothischen Thürme sind der

Die Ceder des Libanon.

Abglanz der sich zugipfelnden Bäume, welche erst in Verbindung mit der ersten Form ein harmonisches Ganze darstellen. Die Kronenform vertritt das innere Leben; denn in der That fordert der aus dieser Form gebildete Wald zur stillen Einkehr in sich selbst auf; die Gipfelform vertritt das äußere Leben. Sie leuchtet in ihrer hochaufstrebenden ernsten Starrheit weithin in das Auge und ladet gleichsam zum Dome, zum inneren Leben ein. Erst hierdurch wird uns verständlich, daß der Dom aus Stein durchaus nur das Abbild des großen Naturtempels ist und sein kann, und daß ihn bereits eine innere Stimmung des Menschen hervorrief, welche sich ganz von der Natur befreien wollte, ob-

Die Nadelholzform.

schon sie auch damit immer nur in der freilich darüber bald vergessenen Natur blieb. Auch die Kronenform ist den Nadelhölzern eigen. Soweit sie Nadeln tragen, sind die Kiefern in unserer Zone die Vertreter derselben; ihre riesigste Vollendung findet sie jedoch in der Ceder und besonders der des Libanon. Sie ist es darum auch, welche die ersten größeren Tempelbauten des „aus

Die Abbildung der Kiefernform.

erwählten Volkes", der Juden, hervorrief und sie ebenso zur Innerlichkeit weckte, wie die alten Germanen durch Eichen, Buchen und Linden, ihre schönsten Kronenformen, zur Andacht geweckt wurden.

So weit die Zapfenbäume ein breites Laub tragen, ist die Form der Podocarpus auf der südlichen Halbkugel ihr schönster Ausdruck. Zollinger rühmt die Podocarpus cupressina auf Java als solchen. „Der Wuchs dieses Baumes", sagt er, „ist gänzlich von dem unserer Nadelholzbäume verschieden. Der umfangreiche Stamm erhebt sich gerade, fast in gleichförmiger Dicke, glatt und hellbräunlich zu 60 und mehr Fuß Höhe, und erst dann zeigen sich Aeste, die eine fuglige Krone bilden, ähnlich der eines Laubholzbaumes. Auch die Stellung der zarten Zweige und der freudig grünen, kurzen und dünnen Nadeln trägt dazu bei, diese Aehnlichkeit zu erhöhen. Der Baum gehört zu den größten und häufigsten der mittleren Bergregion, besonders in Westjava. Die andern Podocarpus-Arten sind seltener, kleiner, üben

Endzweig einer Weymuthskiefer.

weniger Einfluß auf die Physiognomie des Waldes aus und werden ebenfalls mehr laub= als nadelholzartig in ihrem Aussehen." „Unser Taxus beginnt bereits den Uebergang zu der Podocarpusform zu ebenen. Höhe des Stammes", sagen wir mit Humboldt, „Länge, Breite und Stellung der Blätter und Früchte, anstrebende oder horizontale, fast schirmartig ausgebreitete Verzweigung, Abstufung der Farbe von frischem oder mit Silbergrau gemischtem Grün zu Schwärzlich=Braun geben den Nadelhölzern einen eigenthümlichen Charakter. Ihr ewig frisches Grün erheitert die öde Winterlandschaft; es verkündet gleichsam den Polarländern, daß, wenn Schnee und Eis den Boden bedecken, das innere Leben der Pflanzen, wie das prometheische Feuer, nie auf unserem Planeten erlischt."

Es ist für das Verständniß unserer Nadelhölzer unerläßlich, zu untersuchen, wodurch ihre verschiedene Tracht bewirkt wird. Die kronenartige Form wird durch eine büschlige Aststellung im Verein mit einer büschligen Blattstellung hervorgerufen. Die letztere ist auch in der ersten Jugend vorhanden, die erstere tritt erst im höheren Alter hervor: denn junge Fichten besitzen dieselben quirlförmig gestellten Aeste, wie sie den Fichten eigenthümlich sind, und streben als solche in die Höhe. Doch verrathen bereits die Enden dieser Aeste oder ihre letzten Verzweigungen eine Neigung zur büschligen Form, weshalb auch junge Kiefern nie pyramidal in die Höhe streben. Durch die büschlige Blattstellung, bei welcher immer mehre Nadeln aus einem Punkte hervorgehen, unterscheidet sich die Kieferform von der der Fichte. Am schönsten tritt sie bei uns an der aus Nordamerika eingeführten Weymuthskiefer (Pinus strobus) auf. Hier entwickeln sich fünf lange dünne Nadeln aus einem einzigen Punkte. Dadurch erhält der Baum, von Weitem gesehen, etwas Krystallinisches, und da die Endzweige ebenfalls büschlig gestellt sind, so glaubt man einen Kreis vor sich zu sehen, von dessen Mittelpunkt die Nadeln wie lange Strahlen nach allen Richtungen hin auslaufen (s. Abbild. S. 216). Am büschligsten sind sie bei der Lärche gestellt; dennoch besitzt diese Nadelholzgattung einen mehr pyramidalen Wuchs, weil sich die Aststellung auch bei den ältesten Individuen mehr an das Quirlförmige anschließt. Dagegen weichen Tanne und Fichte dadurch ab, daß ihre Nadeln einzeln aus jedem Punkte hervorgehen (wie die Abbild. zeigt). Die Tanne, Weiß= oder Edeltanne (Pinus Picea) unterscheidet sich wiederum von der Fichte durch die kammförmig gestellten, breiteren, an der Spitze ausgerandeten, flacheren, auf der Unterseite mit zwei weißen Linien gestreiften Nadeln, aufrecht stehende Zapfen und mehr herabhängende Aeste, welche ihnen das Ansehen geben, als ob sie Flügel seien, welche dem Baume zu schwer geworden wären. Es prägt sich darin ein gewisses Sichgehenlassen aus, das dem hochaufstrebenden Baume mit glänzend dunklem Laube ein stolzes, vornehmes Wesen verleiht. Dagegen erscheint der Wuchs der Fichte weit eleganter, sorgsamer gehalten, die Aeste treten regelmäßiger und mehr in aufgerichteter Weise, besonders aber am Gipfel hervor. Hier, wo eine regelmäßige Verjüngung, gleichsam ein allmäliges Verschwinden im Unendlichen durch die regelmäßig kleiner werdenden und ebenso regelmäßig gestellten Aestchen

Die Fichtenform.

eintritt, liegt der eigentliche Charakter der Fichte, den die gothische Baukunst so überaus geistreich verwendete. Er wird auch durch die Nadeln unterstützt. Sie sind starrer, weniger flach, fast vierkantig, stachelspitzig, an der Ober= und Unterseite fast gleichmäßig mattgrün. Die Edeltanne ist das schöne Wahrzeichen unserer niederen, die Fichte unserer höheren Gebirge, obschon beide vereint nicht selten in großen Beständen auftreten.

Die abweichendsten Formen unserer Nadelhölzer sind der Wachholder, Taxus und Ephedra. Letztere ist schon bei den Casuarinen erwähnt; sie bringt aber ähnliche Früchte wie die beiden andern hervor, nämlich eine Art Beere. Bekanntlich erreicht dieselbe bei Taxus oder dem Eibenbaume unserer höheren Gebirge und Anlagen ihre höchste Schönheit; hier bildet die Frucht eine scharlach

218 Zwölftes Capitel.

rothe Beere, welche einen zapfenförmigen Kern umschließt (wie die Abbild. zeigt). Im unfruchtbaren Zustande dagegen nähert sich die Tracht des Taxus der der Edeltanne. Die Wachholderform geht allmälig in die Cypressenform über. Auch sie ist eine pyramidale, allein von jener der Fichte außerordentlich verschieden. Denn wenn diese ihre Aeste in mehr oder weniger regelmäßig quirlförmiger Stellung anordnet, gleicht der pyramidale Wuchs der Cypresse unserer italienischen Pappel, welche ihre Aeste aufrecht, fast anliegend baut. Ohne eine plastische Schönheitsform zu sein, wie die symmetrische Fichte, erlangt sie doch eine hohe Bedeutung im Landschaftsbilde und der Symbolik der Völker durch ihren nach

Die Taxusform, weibliche Pflanze.

dem Erhabenen strebenden Wuchs und den tiefen melancholischen Ernst ihrer dunkeln Pyramidengipfel. Darum paßt sie auch vortrefflich auf die Leichenfelder des Orientes. Kein anderer Baum als die Cypresse würde so unendlich ausdrucksvoll von der Gleichheit im Tode sprechen. Die starre Eintönigkeit ihrer Form thut es. Wie der Tod kalt, herzlos, immer sich gleich — verkünden Cypressen, daß hier das melodische, harmonische Rauschen des Lebens vorüber ist; klappernd schütteln sie ihre Aeste gleich Todtenbeinen, die, wie der Dichter sagt, dem Grabesraume entrissen oder vorbehalten sind. Unter ihren Wipfeln sprießt keine Blume, kein Gebüsch, denn die starren Nadeln sind nicht befähigt, bei ihrem Abfallen rasch zu verwesen und eine fruchtbare

Humusdecke zu zeugen. Kein Laub erzittert mehr im Spiel der Winde, hier ist nur Tod und wieder Tod. In der Cypresse erreicht die Nadelholzform ihre größte Starrheit. Aber sie wird, als wollte die Natur das sogleich wieder gut machen, durch die weit milderen Formen der Pinie (Pinus Pinea) in demselben Lande, das die Cypresse zeugte, ergänzt. Die Pinie mit hohem, schlankem Stamme und edelgewölbter Krone ist die höchste Schönheitsform, deren der Nadelholztypus fähig ist. Es gibt weit riesigere, imposantere Coniferen, aber nicht das Riesige ist es, welches das Herz bewegt, sondern die Anmuth. Jene reißt zur Bewunderung hin, die das Gemüth kalt lassen kann; diese erregt die Gefühle des Sanften und Innigen, und die Innigkeit allein ist das Höchste, dessen Natur und Mensch fähig ist und fähig sein soll. Die Pinie ist diese Form der Anmuth; sie allein durchbricht die Starrheit der Nadelholzform. Wenn sich dann (s. Abbild. S. 212) der Baum des Friedens, der Oelbaum, wenn sich stolze Kastanien (Castanea vesca), Orangen, Myrten, Lorbeer, Dattelpalme, Erdbeerbaum u. s. w. dazu gesellen, dann durchschwebt unser Geist jene gesegneten Gefilde, wo ein schöneres Licht die Fluren färbt, die Sterne heller, glänzender vom Himmel schauen, wo die Wiege der Kunst stand und noch heute, wenn auch die Geschichte davon schweigen könnte, tausend Steine und Ruinen von einem besseren Schönheitssinne reden, der einst die Menschheit durchdrang.

XIII. Capitel.
Die Weidenform.

Der Typus des Oelbaumes, den wir eben berührten, hat uns unvermerkt die Weidenform vor die Seele geführt. In der That gehört der Oelbaum (Olea) hierher. Sein Wuchs ist der der Weide, und dieser zeichnet sich durch die aufrechtgestellten, aber sparrig aus einander weichenden Aeste, sowie durch die lanzettliche ungetheilte Gestalt seiner Blätter aus, welche abwechselnd um die Zweige gestellt sind. Doch ist der Oelbaum die wenigere schöne der Weidenform; sie trägt das Einförmige des Weidenwuchses und Weidenlaubes zu gleichartig in sich, wozu allerdings die ungetheilten Blätter wesentlich beitragen.

Auch der Liguster unserer Hecken, ein ächtes deutsches Kind und ein naher Verwandter des Oelbaumes, zeigt diese einförmige Tracht, welche jedoch in dem eingeführten Flieder oder Lilak (Syringa) ihre größte Eintönigkeit erreicht, sobald man von der prachtvollen Blüthenrispe absieht. Auch die Oelweiden (Eläagneen) schließen sich theilweis an die Weidenform an und tragen ihren Namen mit Recht; denn abgesehen von der Aehnlichkeit ihrer Tracht, flüchten sich viele von ihnen ebenso an die Bäche, wie ächte Weiden. Das thut selbst die weidenartige Form des Oleanders im Gebiete des Mittelmeeres. Auf

Corsica z. B. vertreten Oleandergebüsche an den Bachufern der Gebirge unser Weiden- und Erlengebüsch. Auch Mandelbäume veredeln durch ihre Blüthenpracht die Weidenform.

Im Ganzen herrscht unter den eigentlichen Weiden eine ziemliche Einförmigkeit, soweit dieselben baumartig werden. Sie wird nur durch die Verschiedenheit des Laubes gemildert, welches hier lanzettlich, dort lorbeerartig oder mandelartig wird, hier in ein glänzendes Grün, dort in ein seidenartiges Grau u. s. w. getaucht ist und um so mehr von den Zweigen absticht, je eigenthümlicher auch deren Farben sind. Wenn auch selten, belegt sie bei einigen Arten ein pflaumenartiger Reif. Bei andern, namentlich bei den Bachweiden, bewahrt das Zweigwerk eine dottergelbe Farbe und wirkt darum an Flußufern weit schöner im Winter und Frühjahr, wo es kein Laub trägt, auf das sonst so todte Landschaftsbild belebend ein. Die seltsamste Form der baumartigen Weiden ist die Trauerweide (Salix babylonica) und die ähnliche von St. Helena, wo sie das Grab Napoleons beschattet, die Salix annularia. Das Laub der letzteren ist wie ein Korkzieher gewunden. Wenn sonst die Weidenform gleichsam die idyllische oder die Pflanzenform der ländlichen Bewohner ist und in ihrer schmucklosen Einförmigkeit auch vortrefflich mit dem einförmigen Leben des Landes harmonirt, so erheben sich die hängenden Weiden zur aristokratischen Form, ja, fast zum Gegensatze der gesunden, kräftigen Ländlichkeit, zum Elegischen oder Sentimentalen, das sie vortrefflich geeignet macht, eine wehmüthige Stimmung auf die Leichenfelder auszugießen. Die Weidenform ist zwar über den ganzen Erdkreis verbreitet — bis jetzt sind bereits über 150 Arten bekannt — allein je weiter nach Norden und dem kalten Süden oder den höchsten Höhen der Gebirge, um so zwergiger wird sie. Die Netzweide (S. reticulata), die Heidelbeerweide (S. myrtilloides), die Pyrenäenweide (S. pyrenaica var. norvegica), die Polarweide (S. polaris) und einige andere werden höchstens einige Zoll hoch und kriechen krautartig mit ihren derben Wurzeln an der Oberfläche des Bodens hin, um auf diese Weise noch jeden Wärmestrahl aufzunehmen, den dies karge Klima gewährt. Diese außerordentliche geographische Ausdehnung bis fast zu den Polen sagt uns, daß die Weidenform vorzugsweise der kälteren und gemäßigteren Zone angehöre. In den Polarländern findet man oft nur mit Mühe die kleinen, in Moospolster versteckten Zwergweiden. Dagegen fand Humboldt an dem Zusammenfluß der Magdalena mit dem Rio Opon alle Inseln mit Weiden bedeckt, deren viele, bei 60 Fuß Höhe des Stammes, kaum 8—10 Zoll Durchmesser hatten. Es versteht sich von selbst, daß die kätzchenartigen Blüthen der Weidenform überall ihren eigentlichen Charakter ausdrücken.

An die Weidenform schließen sich alle jene Pflanzengestalten, welche ebenfalls ganzrandige Blätter tragen: Lorbeergewächse (Laurineen), Myrtenpflanzen (Myrtaceen), Cameliengewächse, zu denen der Theestrauch gehört, orangenartige Pflanzen, die Pomaceen oder Obstpflanzen u. s. w. Wo dies der Fall ist, gewähren sie wie die Weiden den Eindruck großer Einfachheit und Ruhe; nur durch ihre Blüthenformen erreichen sie ihre größte Vollkommenheit. Wenn jedoch der Blattstiel Bedeutung gewinnt, da erwirbt auch das ungetheilte Laub durch zierliche Bewegung einen lebendigeren Ausdruck. So z. B. bei Linde und Pappel: dort durch einen langen Blattstiel, auf welchem sich das Blatt bei jedem Luftahauche leise bewegt und gelinde fäuselt, hier durch einen halbgedrehten Blattstiel, durch welchen das Blatt im Winde stets eine halbe Umdrehung macht,

Die Weide, aufrechte und hängende Form.

nach beiden Seiten schaukelt und somit fortwährend erzittert, wie es die Zitterpappel in höchster Vollendung thut. Ueberhaupt darf man diese Eigenthümlichkeiten des Laubes im Landschaftsbilde nicht übersehen. Sie tragen wesentlich zu dem Eindrucke bei, den wir von den Pflanzen empfangen. Wo der Wind über eine starre Fläche, wie beim Eichenlaube, geht, rauscht er; aber er säuselt und lispelt, wo er über eine glatte, weiche und sammetartige Blattfläche streicht.

Diese verschiedenen Momente der Bewegung, der Ton und die Färbung, welche das Blatt gibt, sind dasselbe, was Mienen, Stimme und Teint in der Physiognomik des Menschen. Sie beruhen zugleich in Form und Bau der Organe, sind also wesentliche Eigenschaften des Laubes. Es ist unmöglich, ein physiognomisches System derjenigen Pflanzen aufzustellen, welche ein einfaches Laub tragen und damit gewissermaßen in eine natürliche Klasse der Pflanzenphysiognomik zerfallen. Es gibt viele Familien, welche von dem einfachen ungetheilten Blatte bei verschiedenen Arten in die zerschlitztesten Formen übergehen. So gibt es z. B. eine Menge Eichenarten, deren Laub ungetheilt von der Kreisform bis zur elliptisch-langgestreckten oder zugespitzten und von dieser bis in die zerschlitzesten und buchtigten Gestalten übergeht. Eine Eiche der ersten Art würde der Laie ohne das Dasein der Eichelfrucht schwerlich erkennen; denn in den Früchten bleiben sich alle Eichen gleich. Diese aber tragen bei ihrer geringen Größe wenig zur Physiognomie der Landschaft bei. Man müßte also aus allen Familien die ganzblättrigen Arten heraustrennen und sie wie die buchtigen, handförmigen, gefiederten u. s. w. in besondere Gruppen stellen. Das wäre eine Arbeit ohne Ende und Resultat; denn wir würden auch hierdurch noch keine natürlichen physiognomischen Elemente erhalten, da Blüthenstand, Fruchtbildung, Wuchs und Färbung immer wieder je nach den einzelnen Arten und Familien verschieden sein werden. Wir müssen uns deshalb bei Familien mit ungleichartiger (heterogener) Physiognomie mit dem allgemeinen Gesetze begnügen, durch das sie auf uns wirken. Je einfacher das Laub, je mehr es sich dem Kreisförmigen nähert, um so unterschiedsloser, gleichförmiger wird die Physiognomie der Pflanze. Bei dem Perückenbaum (Rhus Cotinus) mit fast kreisrunden Blättern scheint ein Blatt dem andern zu gleichen. Je einfacher die Rippenverästelung ist, um so eintöniger wird auch das Blatt sein. Mit Einem Worte, je einfacher ein Pflanzenorgan sich gestaltet, um so einfacher, todter wird auch sein Ausdruck sein, und umgekehrt. Das sagt indeß noch nicht, daß nun auch jede getheilte, gegliederte Gestalt die schönere sei. Das künstlerische Gesetz ist hier, daß, je edler die Linien, um so schöner die Form ist. Die sanftvermittelte buchtige Wellenlinie wird dies bei den Pflanzen ebenso sein, wie die Wellenlinie die Schönheitslinie der Kunst ist, denn die Schönheitsgesetze bleiben sich in Kunst und Natur gleich.

Die Lotusblume.

XIV. Capitel.
Die Form des getheilten Blattes.

Daher kam es, daß die Griechen, welche das Land der Distelform bewohnten, dieselbe auch zur Grundlage ihrer Arabestenformen machten. Als solche diente vorzugsweise das Blatt des Acanthus (s. Abbild. S. 225), einer distelartigen Pflanze, die den Ländern des Mittelmeergebietes eigenthümlich ist. Sie liefert wiederum den Beweis dafür, daß der Mensch überall die Natur zum Vorbilde nahm, aber auch, wie er es that, um sich als selbständiger Künstler aus seiner Rohheit zu erheben. Er warf das Unwesentliche, Zufällige, Individuelle weg und copirte das Buchtenlaub, nicht etwa wie es war, für seine Arabesken, sondern behielt nur den allgemeinen Gedanken der buchtigen Linie bei und gelangte so erst dahin, in freier Thätigkeit ureigene Gestalten daraus hervorgehen zu lassen, die in ihrer höchsten Vollendung oft kaum noch den Boden der Natur verrathen, dem sie entsproßten. Hatten wir doch schon bei den gothischen Bauwerken etwas Aehnliches gefunden! Warum hätten es sich die Völker auch so schwer machen sollen, ihre Kunstschöpfungen aus ihrem eigenen Geiste heraus zu gestalten? Lagen ihnen doch tausend Modelle, tausend fruchtbare Kunstgedanken unmittelbar zur Seite! In der That waren die ersten Völker noch Kinder genug, um sich an das Zunächstliegende anzuschließen und dasselbe nachzuahmen. Natürliche Brücken hatte der Urwald in seinen Lianen und Bambusstengeln überall in den heißen Ländern, der Wiege der ersten Menschheit, ausgebreitet, und siehe da, bald schreckte der tobende Waldstrom den Wanderer nicht mehr. Der Fisch durchschnitt furchtlos die Wogen der Fluth, und bald folgte der Nachen in allmäliger Vollendung nach. Der Schwan ließ sich schweigend treiben auf stürmischen Wogen, und — seine ausgebreiteten Flügel liehen das anmuthige Modell der Segel. Stolz richtete die Palme ihr Haupt über den Urwald empor, und — ihre Säule stützte bald als fruchtbarer Gedanke aufgehender Kunst den neuen Tempel. In schönen Bogen wölbten sich ihre Wipfel über den Erdkreis, und — der Mensch bebte nicht mehr vor der Ausführung des Gleichen in seinem Tempel. Die Lotusblume (s. Abbild. S. 225) sollte nicht umsonst ihre grünen Blätterteller mit stolzer Anmuth über den Fluthen wiegen; Schilter, Teller, Paletten u. s. w. gingen aus ihnen verklärt hervor. Auch die edle Form ihrer nahrungsreichen Früchte ragte nicht vergebens über die Tiefe empor; sie mußte als Modell zu Urnen dienen. Selbst die Blüthenstengel zog die Kunst in ihr Bereich; denn nach zuverlässigen Forschungen war die erste ägyptische Säule, das Urbild der späteren dorischen, das Abbild von vier oder mehren zusammengebundenen Blüthenstielen der Lotusblume des Nils, von Stielen, die sich unten verjüngen, oben aber in eine urnenförmige Wulst, das spätere Kapital, verdicken. Selbst des Mohnkopfs wunderbare Gestalt war nicht zu alltäglich, daß sie der Mensch nicht tief in sein künstlerisches Gemüth geschlossen hätte. Er hat mit seiner Gestalt die des Bechers, des Napfes mit dem Deckel in schönem Vorbilde geliefert. Doch wohin verlieren wir uns! Kehren wir zu den buchtigen Laubformen zurück!

Wie schon berührt, ist diese Form den distelartigen Gewächsen, den meisten Compositen oder Vereinsblüthlern, zu denen Distel und Löwenzahn gehören, den meisten Acanthaceen, zu denen sich der obige Acanthus gesellt, ebenso vielen Umbelliferen oder Doldenpflanzen eigen. Letztere erreichen im Osten Asiens riesige Ausdehnung in die Breite und Höhe. So die Bärenklauarten (Heracleum). Diese schöngeschwungenen Linien werden bei Compositen, Umbelliferen und Acanthaceen noch durch seltsame Blumenformen unterstützt. Die Acanthaceen gehören zu der Form der Lippenblumen. Compositen und Doldenpflanzen treiben ihre Blumen aus einem einzigen Punkte hervor. Bei den ersten drängen sie sich dann zu einer Scheibe zusammen, welche von besonders gestalteten Randblumen umgeben wird, und gleichen somit einem Blumen-

Die Form des getheilten Blattes.

körbchen, welches von dem gemeinschaftlichen Kelche zusammengehalten wird, wie jede Distel, jedes Gänseblümchen und Maßlieb, jede Kamille u. s. w. beweist. Bei den Doldenpflanzen treten dagegen die einzelnen Blumen geson-

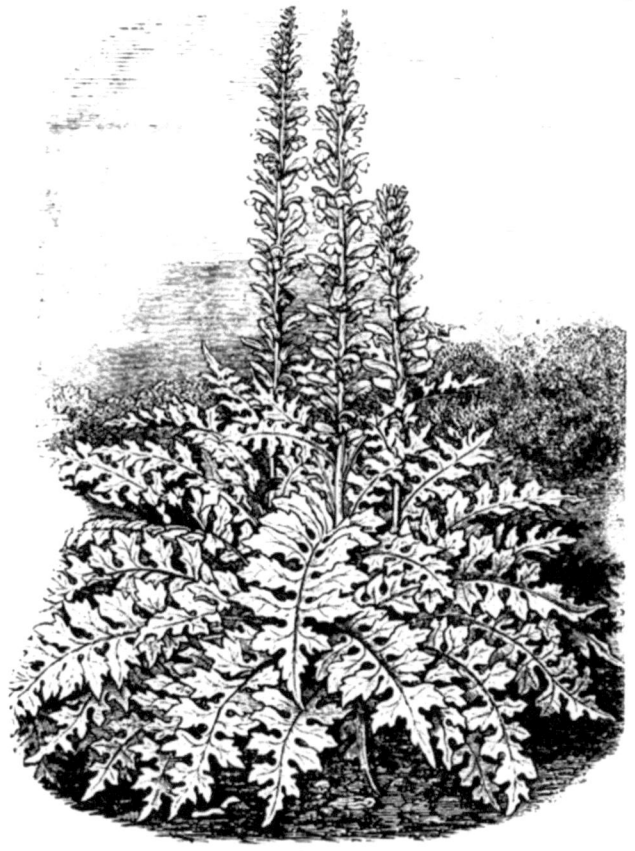

Acanthus mollis.

dert hervor. Aus einem gemeinschaftlichen Mittelpunkte laufen eine Menge Blumenstiele wie Strahlen eines Kreises aus; das ist die allgemeine Dolde. Jeder Strahl trägt wieder kleinere Strahlen in gleicher Stellung; das ist das besondere Döldchen. Das Ganze vereinigt sich zu einer schirmförmigen Gestalt. Dadurch wird den Doldenpflanzen eine so ungemeine Aehnlichkeit unter einander aufgeprägt, daß sie nicht leicht mißdeutet werden. Compositen und Doldenpflanzen sind um so wichtigere Typen des Landschaftsbildes, als sie weit verbreitet sind. Riesige Dolden sind das schöne Eigenthum der östlichen Steppen, Kamtschatkas u. s. w.; baumartige Compositen erscheinen, je näher man dem Gleicher kommt. Auf St. Helena und Neuseeland finden sich einige Goldruthen (Solidago) von baumartigem Wuchse.

Unter der buchtig-blättrigen Pflanzenform dürften beide Familien fast die einzigen mit einer gleichartigen Physiognomie sein. Eine Menge anderer reihen sich mit einem Laube an, welches bald lappig, bald leierförmig, bald handartig u. s. w. getheilt ist. Hierher gehören die edlen Formen der Ampelideen, zu denen die Weinrebe gehört, die malvenartigen Gewächse von der Malve am Wege bis zum riesigen Wollbaum (Bombax) hinauf, viele Feigenpflanzen, Passionsblumen, Platanen, Ahorne, Eichen u. s. w. Wie sie aber auch gestaltet sein mögen, immer wirken sie nur um so schöner, je edler geschwungen ihre Buchtenlinien sind. Gegen solche Formen tritt selbst das Laub der Ahorne und Platanen in seiner symmetrischen handförmigen Zertheilung zurück. Je starrer die Symmetrie, um so starrer auch der Eindruck auf das Auge, obschon er wesentlich durch edlen Wuchs des Stammes, großartige Verzweigung, Färbung des Laubes u. s. w. gehoben werden kann. Man muß überhaupt das Gesetz festhalten, daß in der Natur nichts unschön ist, weil, wenn sich auch das Einzelne manchmal von der wahren Schönheitslinie zu entfernen droht, doch immer etwas Anderes hinzukommt, wodurch die Harmonie mehr oder weniger wiederhergestellt wird. Das gelingt der Pflanze dann um so leichter, wenn keiner ihrer Theile auffallend hervorsticht.

An die vorige Laubform schließt sich die Form der zusammengesetzten Blätter. Zwei Familien sind es ganz besonders, denen sie zukommt: die der Cruciferen oder Kreuzblüthler und die der Leguminosen oder Hülsengewächse. Beide stehen in einem ähnlichen Verhältnisse zu einander, wie Compositen und Doldenpflanzen. Wenn sich diese durch ihre Blüthenform, so verschieden sie äußerlich immer erscheinen mag, auffallend verwandt werden und diese Verwandtschaft sofort auch in ihrer Blattform äußern, ebenso stehen sich jene beiden Familien durch ihre gemeinsame, schotenartige Fruchtbildung nahe und es tritt auch bei beiden meist ein zusammengesetztes, gefiedertes Laub, d. h. eine Form auf, bei welcher an einem gemeinschaftlichen Blattstiele mehre Blätter gegenübergestellt sind. Die Blüthenbildung beider weicht dagegen sehr bedeutend ab. Bei den Hülsengewächsen tritt meist eine sogenannte Schmetterlingsblume auf, wie sie Erbse, Acacie u. s. w. so schön zeigen. Sie ist aus fünf Blättern gebildet, von denen das obere wie eine Fahne die ganze Blume zu bedecken scheint, die beiden seitlichen wie Schmetterlingsflügel angeheftet und die beiden unteren zu einem kahnförmigen, hohlen Blatte, dem sogenannten, die Staubfäden einschließenden Schiffchen, verwachsen sind. Ganz anders die Kreuzblume. Sie bestehn nur aus vier Blättchen, welche sich kreuzweis gegenüberstehen und daher der Familie ihren Namen gaben. Raps, Rübsen, Lack, Rettig, Brunnenkresse, Nachtviole u. s. w. gehören hierher. Sie sind fast durchgängig krautartig, treten fast nur in der gemäßigten und kälteren Zone auf und bilden, da sie häufig als Culturpflanzen verwendet werden, ein nicht unbedeutendes Element in der Landschaft. Die Hülsengewächse gehen über die ganze Erde, treten aber in der Form der Acacien, Mimosen u. s. w. in baumartiger Gestalt auf und sind, besonders in der heißen Zone, sehr wesentliche Elemente des Landschaftsbildes. Wenn hier zu Lande die Hülsenfrucht in der Linse die Größe von wenigen Linien, in Bohnen, Erbsen und Acacien von wenigen Zollen erreicht, hängen sie bei der Röhrencassie (Cassia fistula) schon in Aegypten wie riesige Cylinder von 1—2 Fuß Länge von den Bäumen herab und verleihen ihnen ein Ansehen, als ob die Bäume mit langen Würsten behängt seien. Ein andermal ahmen diese Hülsen die Formen langer Säbel nach. Kurz, Blüthe und Frucht vereinigen sich, die Leguminosen gleich ausdrucksvoll zu gestalten. Darum nennt sie auch die Wissenschaft bald Schmetterlingsblüthler, bald Hülsengewächse; ein Beweis, daß beide Elemente gleich mächtig auf die Tracht der Pflanze einwirken. Man kann das aber ebenso von dem Blatte sagen. Dasselbe tritt zwar im Klee in seiner einfachsten zusammengesetzten Form dreiblättrig auf; allein bei vielen Acacien und Mimosen, bei denen die Blattstiele nicht zu Phyllodien, d. h. zu blattartigem Laube umgestaltet werden, gelangt ihr Blattbau zur höchsten Ausbildung. In überaus zierlicher Weise ordnen sich dann eine Menge ovaler, elliptischer oder lanzettlicher Blättchen reihenweis zu beiden Seiten des gemeinsamen langen Blattstieles an und erlangen dadurch eine federartige Form. Sie erinnert sehr an die verwandte vieler Farren und wirkt ähnlich wie diese, wenn sie in baumartiger Gestalt erscheinen. „Bei den Mimosen", sagt Humboldt, „ist eine schirmartige Verbreitung der Zweige, fast wie bei den italienischen Pinien, gewöhnlich. Die tiefe Himmelsbläue des Tropenklimas, durch die zartgefiederten Blätter schimmernd, ist von überaus malerischem Effecte." Er wird sehr wesentlich durch die Reizbarkeit der Blättchen unterstützt, die, der Sonne in ihrem scheinbaren täglichen Laufe folgend, sich gegen den Abend hin zusammenlegen und mit dem nahenden Tage wieder entfalten. Am wunderbarsten ist diese Erscheinung bei der Sinnpflanze ausgeprägt. Sie verdient mit vollem Rechte den schönen Namen der Sensitive (Mimosa pudica); denn schon bei leiser Berührung ziehen sich ihre Blättchen schamhaft zusammen. Es gibt in der Pflanzenwelt schwerlich etwas Ueberraschenderes. Ein vortrefflicher Beobachter, welcher mehre Jahre in Surinam verbrachte, erzählte mir, daß, so oft er sich das Vergnügen gemacht habe, dort die in weit ausgebreiteten, dichten Gebüschen wachsende Sinnpflanze mit seinem Stocke unsanft zu berühren, bald darauf diese Bewegung sich bis zu den entferntesten Individuen fortgepflanzt, eine Pflanze nach der andern ihre Blättchen träumerisch zusammengefaltet habe. Bekanntlich heben sich auch die durch

Vierzehntes Capitel.

Die Sinnpflanze (Mimosa pudica).

Stoß zusammengelegten Blätter allmälig wieder. Ich habe an einem andern Orte nachzuweisen gesucht, daß diese wunderbare Erscheinung nur eine Folge gestörter Elasticität der Pflanzenmembranen sei. Nicht wunderbare, geheimnißvolle, am wenigsten thierische Bewegungen — wurde dort gesagt — sind diese Reizungen. Ein allgemeines Naturgesetz, das jede Pflanze durchdringt, eine allgemeine Eigenschaft der Körper ist ihre Ursache: die Elasticität. Die Pflanzenfaser ist wie die Stahlfeder der Uhr, welche täglich aufgezogen wird, um die Zeit zu messen. Sie ist lebendig, thätig, so lange sie in Spannung ist, und umgekehrt. Aber auch sie ist reizbar; denn sie verkürzt sich bei kalter und verlängert sich bei warmer Temperatur. Daher geht die Uhr im Norden nach, weil sich das Pendel verkürzt, und umgekehrt im Süden. So auch die Sinnpflanze. Die vegetabilischen Zellen sind zusammenziehbar und zwar als nothwendige Folge verschiedener Elasticitätszustände, welche von dem Stoffwechsel der Pflanze abhängen. Bei geringerer Elasticität falten sich diejenigen Blättchen zusammen, welche gelenkartig dem Stengel eingefügt sind, bei größerer richten sie sich auf, da sie überdies bei größerer innerer Thätigkeit fortwährend Flüssigkeit aufnehmen, wodurch die Zellen ihrer Gelenke ebenso wie die der andern strotzen. Sie heben sich folglich im Lichte und falten sich zur Nacht traumhaft zusammen; die Sensitive läßt selbst ihre Blüthenstiele, jeden Theil bis auf den Stengel zusammenlegen. Verhindert Kälte den Stoffwechsel, vermindert sie somit die aus der chemischen Verbrennung der Nahrungsstoffe hervorgehende Wärme, so wird die Verdunstung und das kräftigere Emporsteigen des Saftes, das Strotzen der Zellen verhindert, die Pflanzenfaser verkürzt sich, die Membran (Haut) der Gelenke ist geschwächt, Blatt, Blattstiel und Blüthenstiel senken sich nieder. Da aber bei hereinbrechender Nacht stets eine kühlere Temperatur eintritt und überdies bei Tagpflanzen damit das innere chemische Leben, der Stoffwechsel und die Wärmebereitung vermindert wird, weil jede Pflanze nur bei bestimmten Temperaturen und die Tagpflanze nur bei unmittelbarer Einwirkung des Sonnenlichtes ihren Stoffwechsel energisch vollführt, so muß natürlich täglich auch eine verschiedene Elasticität der Gewebe und eine tägliche Zusammenfaltung der Sensitive eintreten. Aehnlich beim Stoß. Er bewirkt ein Erzittern der Säftemasse in den Zellen, die Elasticität muß dadurch für einen Augenblick verändert werden, der Augenblick aber reicht hin, um die Pflanzentheile zusammenzufalten. Daher kommt es auch, daß man eine Sensitive an das Fahren gewöhnen und somit durch ein ununterbrochenes Erzittern der Säftemasse die Elasticität der Gewebe in demselben Zustande erhalten kann. Unter allen Umständen aber wirkt diese Erscheinung, welche fast allen Leguminosenblättern mehr oder weniger und auch noch vielen andern Gewächsen wie den Blumen eigen, in der Physiognomie der Landschaft außerordentlich bedeutend und beweist, wie vielfach die Ursachen sind, welche in der Natur auf uns einwirken, ohne daß wir es bemerken. In der That, wie verschieden ist der Eindruck, den uns geschlossene (schlafende) und geöffnete (wachende) Blumen gewähren! Und doch beruhen auch diese Erscheinungen auf demselben Gesetze verschiedener Elasticitätszustände der Blumenblattzellen. Eine Wiese mit geöffneten Cichorienblumen scheint uns eine Flur mit ebenso vielen blauen Augen zu sein. Geschlossen aber scheinen die freundlichen Gestalten völlig verschwunden, die heitere Physiognomie der Wiese hat einer schlaffen Ruhe Platz gemacht. So zaubert die Natur mit leichten Abänderungen eines und desselben Gesetzes an verschiedenen Punkten die wunderbarsten Erscheinungen hervor.

Zusammengesetzte Blätter sind zwar noch vielen andern Gewächsen eigen, aber bei keiner Familie so durchgreifend, wie bei den beiden behandelten. Terpentinartige Gewächse oder Terebinthaceen, zu denen die Sumachpflanzen

(Rhus) gehören, Pistacien, Wallnüsse, Eschen und besonders Rosen gehören hierher. In diesen erreicht das zusammengesetzte Blatt, gehoben durch die herrliche Blume, seine höchste Bedeutung, ohne doch Anspruch auf die Zierlichkeit des Mimosenlaubes machen zu können. Ein zusammengesetztes Blatt ganz eigener Art ist das der Roßkastanie. Hier gruppiren sich sieben einzeln gelenkartig dem allgemeinen Blattstiele eingefügte Blätter fingerartig aneinander und bringen dadurch eine höchst eigenthümliche Physiognomie hervor, welche durch die candelaberartig sich erhebenden Blumenpyramiden noch origineller wird. Es ist gewissermaßen ein ungetheilt gebliebenes Mimosenblatt. Wenn hier ein allgemeiner Blattstiel an seinem Gipfel einige ebenso fingerförmig gestellte neue Blattstiele, welche sich jetzt erst befiedern, trägt, so ist bei der Roßkastanie jedes ganze Blatt dasselbe, was bei der Mimose ein ganzes gefiedertes mit seinem allgemeinen Blattstiele ist. Darum ist das Roßkastanienblatt auch der schroffe Gegensatz zu der Zierlichkeit des vorigen, es ist die Form des Grobhändigen, die nur durch die horizontale Stellung, das dunkle Grün und die starke Aderung angenehm wirkt. Diese seltsame Gestaltung nimmt häufig auch ein krautartiges Wesen an. So bei den Fünffingerkräutern oder Potentillen. Ihre vollendetste Gestalt aber erreicht sie vielleicht in dem südamerikanischen Geschlechte der Cecropien, deren Blätter oft von riesiger Ausdehnung und neunfach gefingert sind.

XV. Capitel. Die Haideform.

Nicht minder charakteristisch ist die Haideform. So weit sie von der Gattung Erica, Calluna (unserer einheimischen Haide), von Diosmeen und Epacrideen gebildet wird, bleibt ihre Tracht ziemlich gleichartig. Glocken- oder röhrenförmige Blumen und ein Laub, welches durch Starrheit und lanzettliche Form an manche Nadelhölzer erinnert, charakterisiren diese Haideform. Sie ist überaus beständig und deutet, wo sie auftritt, immer einen bestimmten Boden an, den sie bilden hilft. Er ist meist der dürftigste der Welt. Darum gehört die Haideform am meisten der trockenen Zone Südafrikas und Neuhollands an. Unsere einheimische Haide (Calluna vulgaris) zieht sich nach Humboldt gesellschaftlich von den Niederlanden bis an den westlichen Abfall des Ural. Jenseits des Ural, sagt derselbe, hören zugleich Eichen und Haidekraut auf. Beide fehlen im ganzen nördlichen Asien, in ganz Sibirien, bis gegen das stille Meer hin. Ebenso fehlt die Haideform der Neuen Welt, Neufundland ausgenommen, gänzlich. Welche Bedeutung sie im Haushalte der Natur gewinnt, haben wir bereits bei Betrachtung des Pflanzenstaates (S. 25) gesehen. Physiognomisch betrachtet, ist die Haideform die Form der Unfruchtbarkeit: einmal, weil sie stets den unfruchtbaren Boden verkündigt und diesen charakterisirt, dann, weil ihr Laub ebenso wenig verspricht, obgleich es durch seine oft prachtvollen Blumen auch hier wieder von der unerschöpflichen Lebensfülle der Natur erzählt.

Cactusformen in Brasilien auf den sogenannten Caatinga-Fluren. Nach v. Martius.

XVI. Capitel.
Die Cactusform.

Was die Haideform auf ihrem Boden, ist gewissermaßen die Cactusform in der Neuen Welt, die Verkündigerin nie versiegenden Lebens auch auf Wüstenboden; um so mehr, als einige Arten, wie z. B. der Melonencactus (Cactus melocactus) der Llanos, zur Zeit der entsetzlichsten Dürre fast die einzigen Wasserquellen jener Steppen sind. Sie ist die Form des Starren und in Verbindung mit den Fettpflanzen (Crassulaceen) und einigen cactusartigen Wolfsmilchpflanzen zugleich die Form des Massigen, Fleischigen. Es gehört der ganze seltsame Geschmack unserer Zeit, die große Mannigfaltigkeit der Stamm- und Blüthenbildung der Cacteen dazu, an ihrer Form Gefallen zu finden. Die Cacteen sind reine Achsengewächse, denn es ist bei ihnen kaum von einer Blattbildung die Rede. Was man als eine solche bezeichnen muß, ist ein winziger schuppiger oder fleischiger Theil, welcher in der Jugend die eben erst sich bildenden Stacheln stützt und, wenn diese sich ausgebildet haben, wieder verschwindet. Die meist in Bündeln stehenden Stacheln können als umgewandelte Aestchen betrachtet werden. Bei dieser Familie bewährt sich recht deutlich, was wir oben sagten: je mehr ein Theil — wie hier der Stamm — vorherrscht, um so unharmonischer wird die Tracht der Pflanze. Das Gefühl bleibt unbefriedigt; denn es verlangt durchaus ein schönes Gleichgewicht zwischen allen Pflanzentheilen, wenn die Pflanze den Eindruck des Harmonischen hervorrufen soll. Man kann den Anblick der Cacteen — und das ist er im hohen Grade — originell, eigenthümlich und frappant nennen; allein die Form ist und bleibt eine extreme, die ebenso abstößt wie alles Extreme, Leidenschaftliche. Um das Abstoßende voll zu machen, gesellen sich häufig in drohendster Weise furchtbare Stacheln dazu. Sie können nur den Eindruck des Unbehaglichen, Schmerzerregenden hervorbringen, man hält sich gern von ihnen fern und kann sich beglückwünschen, daß diese vegetabilischen Formen keine beweglichen thierischen sind, die uns wie Igel zwischen den Füßen herumzulaufen vermögen. Nichtsdestoweniger sind die Cacteen Bilder höchster Genügsamkeit. Die dürftsten, sonnenverbranntesten Orte bewohnen sie, während oft Alles um sie her in Staub zerfällt, in einer Ueppigkeit, welche den höchsten Contrast zu ihrer Umgebung hervorruft und hierdurch wieder mit ihnen aussöhnt.

Die medicinische Wolfsmilch (Euphorbia officinarum), als Ausdruck für die cactusähnlichen Wolfsmilcharten.

Darum kann uns die Cactusform nur in ihrer Heimat wohlthätig anziehen; herausgerissen aus ihr, gleicht sie einem Kunstwerke, das für eine bestimmte Umgebung berechnet war, unter veränderten Verhältnissen aber das Gegentheil hervorbringt oder mindestens eine große Schwächung seiner Wirkung erfährt.

Die Cactusform ist nur der Neuen Welt eigenthümlich; dafür erhält sie in einigen Wolfsmilchpflanzen der Wüsten, Steppen und Felsengebirge Vertreterinnen der heißeren Zone in der Alten Welt. Auch sie erscheinen oft wie Formen, die ein seltsam gelaunter Künstler aus irgend einem weichen

Die Cactusform.

Teige zusammenknetete und ebenso unregelmäßig in Klumpen auf einander thürmte, wie ein Kind seine Schneemänner zusammensetzt. Der Anblick der cactusartigen Euphorbiengebüsche auf Java, sagt Zollinger, ist ein wahrhaft trostloser, wenn er auch im höchsten Grade eigenthümlich genannt werden muß. Auf den Galapagos-Inseln gewähren, selbst in kurzer Entfernung, solche Euphorbiengebüsche dem Wanderer den Eindruck, als ob sie blattlos seien, ihr Laub eben, wie bei uns im Herbste, abgeschüttelt hätten. Daher das Trostlose der unteren Region dieser Inseln. Diese Form wird den Cacteen um so verwandter, als auch sie häufig eine vegetabilische Quelle in sich verbirgt. Sie ist dadurch noch bemerkenswerther, daß sie statt des Wassers — Milch liefert. Bekanntlich gehört die Tabayba der canarischen Inseln (Euphorbia balsamifera) hierher.

Eine dritte Familie wiederholt abermals die Cactusform. Es sind die Asclepiadeen. In der Gattung Stapelia des Caplandes, wo sich eine große Anzahl von Arten findet, erreichen sie diese Form, die durch ihre herrlichen Blumen ebenso wie die Cacteen wieder gut macht, was ihr die starre Stammbildung versagte.

Stapelia bufonia.

Eine vierte Familie nähert sich schon hier zu Lande der Cactusform, nämlich die Salzkräuter oder Salicornien aus der Familie der Meldengewächse oder Chenopodiaceen. Sie bewohnen als blattlose Gewächse, von denen Glied auf Glied sich thürmt und nur höchst unbedeutende Blumen hervorbringt, den Salzboden unserer Salinen und Meeresküsten. Es gibt einige Cacteen, welche genau die Tracht der Salzkräuter annehmen. So z. B. Rhipsalis salicornioides. Das sind jedoch nur Ausnahmen unter den Meldenpflanzen.

Eine fünfte Familie bildet fast durchaus nur cactusähnliche Gewächse, aber von eigenthümlicher Tracht, nämlich die der Fettpflanzen oder Crassulaceen. Zu ihr gehören unser Hauslauch, Mauerpfeffer u. s. w. Sie vermitteln den Uebergang zu den Saxifrageen oder Steinbrecharten, von denen viele auf den Alpen die Tracht der Fettpflanzen annehmen, und ebenso zu den Portulakgewächsen oder Portulaceen.

XVII. Capitel.
Die Form der Lippenblüthler.

Alle diese Familien nähern sich einander durch ihr Laub. Dagegen treten die lippenblüthigen Gewächse, deren Tracht vorzugsweise durch ihre Blüthen bedingt wird, zu einer großen Gruppe in der Physiognomik der Gewächse zusammen. Es sind unter den wesentlicheren Familien die Acanthaceen, die Scrophularineen, die Labiaten, Lentibularieen und einigermaßen auch die Verbenaceen. Sie zeichnen sich fast sämmtlich dadurch aus, daß ihre Blumen aus einem einzigen Theile bestehen, von denen der obere überragende die Form eines Helmes annimmt, die untere eine Art von Lippe (labium) bildet, wie bei Salbei, Minzkräutern, Taubnesseln u. s. w. Die Wasserform liefern die Wasserhelmgewächse oder Lentibularieen, z. B. in der reizenden Gattung Utricularia, deren schwimmende Stämmchen in ein wahres Chaos von feinen zierlichen Blättchen zerschlitzt sind und ein Blüthenährchen auf hohem Stiele aufrecht emporsenden. Das Fettkraut (Pinguicula) derselben Familie führt dagegen gewissermaßen ein amphibisches Leben. Diese herrliche Pflanze bewohnt die feuchten torfigen oder moorigen Wiesen unserer Zone oft in unübersehbaren Strecken und gewährt da, wo ein mehr haideartiger, mit kurzem Gestrüpp bedeckter Boden sie auffallender hervortreten läßt, einen bezaubernden Anblick, der durch die dicht dem

Das Fettkraut (Pinguicula vulgaris).

Boden anliegenden Blätter und die schönblaue Blume wesentlich gehoben wird. Bei den lippenblüthigen Gewächsen tritt, so zu sagen, eine symbolische Physiognomie auf: es ist, wenn man sich tiefer in diese prächtige Blumenform hineindenkt, als ob sich jeden Augenblick ihre Lippe öffnen müsse, um uns von dem geheimnißvollen Treiben ihres Inneren, vielleicht von der mysteriösen Liebe zwischen Staubfäden und Griffeln, welche in dem Schooße der Blume versteckt sind, ein Wörtchen zu verrathen. Die eigentlichen Labiaten reden jedoch eine andere Sprache. Sie zeichnet meist ein aromatischer Geruch aus, und wo sie, wie im Gebiete des Mittelmeeres, ihr Reich aufgeschlagen haben, da erfüllen sie in Verbindung mit Nelkengewächsen das Luftmeer mit ihren Wohlgerüchen und erhöhen damit die Schönheit einer schon durch Pflanzendecke, mildes Klima, prachtvollen Himmel, besseres Licht und klarere Luft so gesegneten Natur. Man vergißt gern, daß sie nur in bescheidenem krautartigem Gewande erscheinen.

XVIII. Capitel.
Die Form der Lianen.

Eine andere Pflanzengruppe, an der wir nicht vorübergehen können, findet ihre Verwandtschaft nur in der gemeinsamen Weise, sich windend an andern Gewächsen zum Lichte empor zu heben. Wir wollen sie im Allgemeinen die Lianenform nennen, obschon dieselbe mehr von den Schlinggewächsen der heißeren Zone hergenommen ist. In der That würde diese Gruppe die bunteste sein, wenn man sie systematisch auseinanderlegen wollte. Es gibt eine Menge von Pflanzenfamilien, welche windende Glieder in sich bergen: Passionsblumen, Feigengewächse, Nesselgewächse (Hopfen), Vereinsblüthler (Mutisien), Convolvulaceen oder Windengewächse, Ampelideen (Weinrebe, wilder Wein, Cissus), Asclepiadeen (Hoya carnosa), Loasaceen, Hülsengewächse (Bohnen u. s. w.), Tropäolen oder spanische Kressen, Araliaceen (Epheu), Dioscoreen, selbst bambusartige Gräser, palmenartige Pandaneen (Freycinetia), Rotangpalmen, oft 5 — 500 Fuß lang, lilienartige Alströmerien, Pfefferpflanzen, Sapindeen (Urvillea), Kürbisgewächse oder Cucurbitaceen, Wolfsmilchgewächse oder Euphorbiaceen, Smilacineen, selbst Farren, und viele andere, vor allen aber die Bignoniaceen, die eigentlichen Lianen des tropischen Urwaldes. Darunter bringen die herrlichsten Blumen die Bignonien, Hülsengewächse, Rubiaceen, Asclepiadeen, Passionsblumen und Apocyneen. Sehr merkwürdig wird der Stamm vieler tropischer Lianen durch eine höchst auffallende Formbildung. Es ist überhaupt in der Tropenzone nicht selten, daß der Stamm eines Baumes nach allen Seiten in tafelartige Ansätze auswächst. „Oft schneidet man auf Java", erzählt uns Zollinger, „aus diesen tafelartigen Fortsätzen ganze Scheiben für die Wagenräder und ganze gewaltige Tischblätter heraus. Sie geben dem Stamm am Grunde einen ungeheuern Umfang, der freilich je zwischen zwei Fortsätzen tief einwärts gehende Lücken darbietet. Soll ein solcher Baum gefällt werden, so geschieht es gewöhnlich hoch über dem Grunde, da, wo die Fortsätze aufhören und der Stamm seine runde Gestalt erlangt. Derartige Stämme findet man häufig unter Feigen, Sterculiaceen, Büttneriaceen und vielen andern Familien." Einst maß derselbe den Umfang eines Pterocymbium und fand, daß er 65 franz. Fuß betrug. Auch die Wollbäume (Bombax) zeigen diese Erscheinung. Ueber ihrem

236   Achtzehntes Capitel.

Grunde senden sie oft eine Menge solcher Ansätze gleich mächtigen breiten Brettern herab und erlangen dadurch das Ansehen, als ob sie sich mit einer Menge von Strebpfeilern umgeben und gestützt hätten. Dadurch bilden sie zugleich auch eine Menge von Kammern, welche man natürliche Nischen des Baumes nennen kann. Sie sind nicht selten so bedeutend, daß sich ein ausgewachsener Mensch leicht in ihnen zu verbergen vermag. Auf Surinam erscheint den Negern diese Stammform so wunderbar, daß sie hier ihrer Göttin

Mosaikartige Figurenbildung im zusammengesetzten Stamme lianenartiger Sapindaceen von Trinidad.
Nach Crüger.

Grandmama (Großmutter) opfern. Aehnlich die Lianen, nur, da ihre Stämme meist tauartig, in weit schwächerer Weise. Dadurch erlangen sie eine vielseitige, meist vierseitige Form. Sie wird dadurch noch wunderbarer, daß sie auf den Querschnitten die sonderbarsten Furchen und Spalten zeigt und, da sich die Rinde oft in den verschiedensten Winkeln durch den Holzkörper zieht, eine mosaikartige Gestalt annimmt.

Natürlich üben solche Lianen einen ganz andern physiognomischen Einfluß, als stielrunde Schlinggewächse, und wir besitzen in unserer Zone nichts, was dieser Form an die Seite zu setzen wäre. Höchstens durchwächst bei dem aus Carolina eingeführten Calycanthus floridus unserer Anlagen die Rinde in schwacher Weise den runden Holzkörper. Auch die Art und Weise des Aufliegens muß verschieden wirken. Ein fest sich anklammernder Stamm, wie der des Epheu, gibt dem Stamme eine reliefartig verzierte Oberfläche, frei sich emporwindende Lianen machen auch einen freieren Eindruck, und unsere Dichter sind darum gerade nicht zu loben, daß sie vorzugsweise den festsitzenden Epheu als Sinnbild der Weiblichkeit hinstellten. Er kommt uns vor wie ein Verzweifelnder, der sich mit aller Leidenschaft festzuhalten sucht. Dagegen gewähren freiere Formen den weit weiblicheren Ausdruck ruhigen Sichanschmiegens, und der Hopfen oder noch edler die Rebe wäre ein weit würdigeres Bild für jenen weiblichen Ausdruck gewesen. Je freier sich eine Liane an ihrem Stamme emporwindet, um so freier muß auch dessen eigene Bewegung erscheinen, und umgekehrt; bei einer gleichsam in Fleisch und Blut wachsenden Form muß er uns mehr wie ein Dulder vorkommen. In der That haben wir schon einmal im Mörderschlinger oder dem Cipo matador Brasiliens (S. 45) gesehen, wohin eine solche durch Klammern festgekettete Freundschaft führt. Im gewöhnlichen Leben macht man keinen Unterschied zwischen rankenden und schlingenden Gewächsen; wissenschaftlich genommen, weichen beide Formen wesentlich von einander ab. Eine Schlingpflanze macht bei ihrem Aufsteigen eine doppelte Bewegung, eine Drehung um sich und eine Drehung um den Stamm. Die letztere geschieht bald rechts, bald links, mitunter auch, wie beim Bittersüß, nach beiden Richtungen bei verschiedenen Individuen; der ganze Stamm nimmt an dieser Bewegung Theil. Nicht so bei den rankenden Gewächsen. Hier kann die Ranke aus allen Theilen der Pflanze, einem Zweige, der Wurzel, einem Blatte oder einem Blüthenstiele entstehen. Sie macht nur eine Drehung um den Gegenstand, um den sie sich legt und windet sich unregelmäßig bald rechts, bald links. So z. B. die Zaunrebe. Eine dritte Klasse der aufsteigenden Gewächse sind die kletternden Pflanzen, solche, welche sich nicht mittelst einer freien Spiraldrehung an dem Mutterstamm emporwinden, sondern durch Kletterwurzeln allmälig in die Höhe steigen. Daher kann man z. B. beim Epheu nicht von einem Winden sprechen; er ist und bleibt ein kletterndes Wesen, das wie ein Tausendfuß mit seinen Wurzeln sich anklammert und emporsteigt. Zu diesen drei Klassen gehören alle jene Gewächse, die wir vorher im Allgemeinen als Lianen bezeichneten. Fassen wir den Begriff aber enger, so sind jedenfalls nur solche darunter zu verstehen, die sich mit ihrem ganzen Stamme spiralig emporwinden. Sie gehören zu den wesentlichsten Elementen des tropischen Urwaldes und werden in der gemäßigten Zone fast nur durch Hopfen und Winden vertreten.

Der Baobab von Senegambien.

XIX. Capitel.
Die Form des Riesigen.

Wollten wir alle Formen der Pflanzenwelt erschöpfen, so würde das auf unserem Wege, auf welchem wir noch so mancher Gestalt zu begegnen gedenken, ein zu weit ausgedehntes Verlangen sein. Wir begnügen uns mit den vorigen. Sie sind jedenfalls die wesentlichen und bereits derart ausgedehnt, daß sich noch manche Familie unter einzelne schon behandelte Formen unterbringen lassen würde. Nur auf ein Element müssen wir noch aufmerksam machen, auf das Alter der Gewächse. Es ist ebenso wie die Formen von Stamm, Verzweigung, Blatt, Blüthe und Frucht, wie Farbe und Wuchs, außerordentlich bedeutsam in der Physiognomie der Landschaft, und die Ehrfurcht der Völker hat diesem Elemente, das sich natürlich genau mit den höchsten Größenverhältnissen der Pflanze verbindet, bereits mehr als gut Rechnung getragen. Jedes der Kindheit, der Natur näher stehende Volk besitzt diesen Zug oder hat ihn besessen. Unwillkürlich überrechnet der Geist vor diesen Riesenbauten der Natur die Zeit, welche zur Hervorbringung solcher Größe und Masse erforderlich war; unwillkürlich vergleicht er sie mit seiner eigenen kurzen Lebensdauer und findet sich ihnen gegenüber so winzig. Ueberall erfüllen uns darum die lebenden Zeugen einer langen Geschichte mit Ehrfurcht, und bald ist ein Naturdienst ausgebildet, der, wie einst unter Indiern und Griechen, einen so erhabenen Ausdruck im Truidendienst celtischer Völter und unserer eigenen Vorfahren fand. Wie in einer späteren Zeit der Pinsel eines Ruysdael vor den ehrwürdigen Formen vielhundertjähriger Eichen mit so großer Liebe und ähnlichem Natursinne verweilte, so galt es im Druidendienste, angeregt durch die Form, der Geschichte, dem Geiste, der aus diesen Formen sprach.

Der Kastanienbaum von Neuve Celle am Genfer See.

Jedes Land hat seine vegetabilischen Denkmale aus den verschiedensten Pflanzengruppen. Deutschland hat seine Linde bei Neustadt am Kocher in Würtemberg. Sie ist gegenwärtig 660 Jahre alt, umschreibt mit ihrer Krone einen Umfang von 400 Fuß und wurde 1851 von 106 Säulen gestützt.

Frankreich zeigt bei Saintes im Departement de la Charente inférieure die größte Eiche Europas. Sie besitzt bei 60 Fuß Höhe nahe am Boden einen Durchmesser von 27 Fuß 8½ Zoll; in dem abgestorbenen Theile des Stammes ist ein Kämmerchen von 10—12 Fuß Weite und 9 Fuß Höhe vorgerichtet, in welchem eine Bank im Halbkreis aus dem frischen Holze ausgeschnitten ist und welches, während an seinen Wänden Flechten und Farrenkräuter wohnen, von einem Fenster erleuchtet wird. Man schätzt das Alter dieses Riesen auf 1800—2000 Jahre. Berühmt ist eine Kastanie des Aetna, deren Stamm gegen 180 Fuß im Umfange hält. Sie besteht eigentlich aus mehren Stämmen, welche an ihrem Grunde in einander gewachsen sind und ebenso ihre Kronen in einander verzweigen. Als vereinzelter Baumriese kommt ihm die mächtige Kastanie von Neuve Celle am Genfer See gleich. Auch Nußbäume erreichen eine außerordentliche Größe, besonders im Gebiete des Schwarzen und Mittelmeeres. Im Baidarthale bei Balaklawa in der Krim befindet sich ein Exemplar, dessen Alter man auf Jahrtausende schätzt und das man somit in eine Zeit zurückverlegt, wo griechische Colonisten mit seinen Nüssen Handel nach Rom trieben, wo Iphigeniens Tempel in Tauris stand. Er trägt jährlich zwischen 70—80,000, mitunter sogar 100,000 Nüsse und gehört fünf tatarischen Familien an, welche sich friedlich in seinen Ertrag theilen. Bei dem tatarischen Dorfe Parthenit gewährt ein einziger Baum, welcher in seinem Stamme 20 Fuß im Umfange hält, eine jährliche Rente von 150 Thalern. Im Gebiete des Mittelmeeres kennt man auch viele riesige Platanen. So bei Smyrna und im Thale von Bujukdereh in der Nähe von Constantinopel. Hier befindet sich ein hohler Baum von 90 Fuß Höhe und 150 Fuß im Umfange mit einer Höhlung, deren Weite 80 Fuß beträgt, und von seinem Umkreise, welcher einen Raum von 500 Quadratfuß einnimmt. Man hat sein Alter, vielleicht übertrieben, auf 4000 Jahre geschätzt. Ebenso erreichen Acacien, Buchen, Ahorne, Ulmen u. s. w. oft eine riesige Ausdehnung. Besonders aber zeichnen sich Nadelhölzer aus. So gibt es z. B. Eibenbäume in England, denen man ein Alter von 1220—2880 Jahren und einen Stammumfang von 15—58¾ Fuß beilegt; denn weiß man, wie viel Linien jährlich ein Stamm wächst, so kann man hiernach leicht annähernd sein Alter schätzen. Weniger riesig und alt findet man Lärchen und Cypressen. Die Cedern des Libanon galten im Alterthume als der schönste Ausdruck riesigen Wachsthums. Gegenwärtig sind kaum noch 8 Stück von einem Alter von 800 Jahren vorhanden. Im australischen Inselmeere und Südamerika sind es die Araucarien. Sie bringen oft, wie die brasilianische, Zapfen von der Form und Größe eines Kinderkopfes hervor. In der neuesten Zeit hat man in Californien riesige Bäume aus einer neuen Gattung, Wellingtonia, entdeckt. Unter dem Namen der Mammuthbäume hat man sie allgemeiner bekannt gemacht. Wir werden weiter unten ausführlicher auf sie zurückkommen, wollten sie aber hier ihren Verwandten zunächst anreihen. Sie sind in der That wachholder- oder

Die Form des Riesigen. 241

cypressenartige Formen, die sich bis zu einer Höhe des Invalidendomes (332′) oder des Pantheon (245′) in Paris erheben. Man könnte ein ganzes Buch mit Belegen so riesigen Wachsthums anfüllen; denn in den Tropenländern, wo ein heißes Klima und Feuchtigkeit den Pflanzenwuchs so sehr begünstigen,

Die Riesenplatane von Smyrna.

sind riesige Formen nichts Seltenes. Sie finden sich in vielen Familien vertreten; vor allen aber erreichen baumartige Malvengewächse eine riesige Größe. So die Wollbäume (Bombax). Man kann von ihnen sagen, daß die untersten Aeste ihrer in ungeheurer Höhe beginnenden Laubkrone einer mäßig großen

Das Buch der Pflanzenwelt. I. 16

Eiche gleichen, welche wagrecht an dem colossalen Stamme angesetzt sei. Eines der ehrwürdigsten Denkmale organischer Zeugungskraft in der Malvenfamilie ist der Affenbrodbaum (Adansonia digitata) oder der Baobab des Dersses Grand Galarques in Senegambien. Man schreibt ihm ein Alter von 5150—6000 Jahren zu und hält ihn darum für das älteste pflanzliche Denkmal der Erde. Ganz im Gegensatze zu den Wellbäumen ist sein Stamm niedrig, er besitzt eine Höhe von 10—12 Fuß, dagegen einen Durchmesser von 34 Fuß. Dieser colossale Umfang ist aber auch wesentlich nöthig; denn von jener Höhe ab entfaltet sich eine so riesige Laubkrone, daß sie nur von einer ebenso riesigen Unterlage getragen werden kann. Der Mittelast steigt bis zu einer Höhe von 60 Fuß senkrecht empor, die Seitenäste strecken sich bis zu einer Länge von 50—60 Fuß wagrecht nach allen Richtungen aus und bilden somit eine Krone, deren Durchmesser über 160 Fuß beträgt und eher einem ganzen Walde, als einem einzelnen Baume gleicht. Die Neger haben den durch sein hohes Alter ausgehöhlten Stamm an dem Eingange zu seiner Höhlung mit Schnitzereien versehen und halten im Inneren des Stammes, den sie zu ihrem Rathhause erhoben, ihre Gemeindeversammlungen ab. Dieses ganze Denkmal ist um so seltsamer, je seltsamer die Krone gebildet ist. Ihre Blätter erinnern an die Roßkastanie, sie sind handförmig bis zum Blattstiele getheilt. Die Blumen stehen ihnen nicht nach. Sie bedecken als große malvenartige Blüthen an hängenden Stielen mit fünf großen, kreisförmig zurückgeschlagenen Blumenblättern in zahlloser Menge die Krone. Aus ihrer Mitte erhebt sich ein dickes kurzes Säulchen, welches die häutige Grundlage von ungefähr 700 zu einem zurückgeschlagenen Schirmchen vereinten Staubgefäßen ist. Den Mittelpunkt bildet ein langer gewundener Griffel, der sich an der Spitze in 10—14 sternförmig gestellte kleine Narben theilt. Der Fruchtknoten entfaltet sich bis zur Größe eines kleinen Kürbis. Er besteht aus 14 Früchten, welche sich zu jener Form zusammendrängen, als ob man einen Kürbis in ebenso viele Theile der Länge nach zerlegt habe: jeder Theil enthält 150 Samen. So verbindet sich oft mit ungeheurem Wachsthume noch die überraschendste Formbildung aller Pflanzentheile, um vereint einen einigen, harmonischen Eindruck zu gewähren. Alle diese Riesenformen sind unmittelbare Ausbreitungen ihres Hauptstammes. Nicht minder colossale Formen werden, z. B. in der Feigenfamilie, auf andere Weise, durch Luftwurzeln erzeugt. In diesem Falle laufen von den wagrecht sich ausbreitenden Aesten der Laubkrone stammartig aussehende dünnere oder dickere Wurzeln bis zur Erde herab, um den sich verlängernden Ast zu stützen und zu ernähren. Es sind zwei Exemplare von Feigenbäumen bekannt, welche diese Erscheinung im höchsten Maßstabe zeigen. Der eine, Ficus benjamina, bildet auf der Insel Semao im indischen Archipel einen ganzen Wald durch einen einzigen Stamm. Am berühmtesten ist der Banyanen-Feigenbaum am Nerbuddah in Indien, den, wie die Sage lautet, bereits Alexander der Große auf seinen Heereszügen sah. Auf unserer Abbildung konnten wir nicht den ganzen Umfang des riesigen Baumes mit seinen 350 größeren und über 3000 kleineren Wurzeln wiedergeben, die wie Säulen von den Aesten herabsteigen und im vollen Sinne des Wortes einen Wald im Walde bilden könnten.

In der neuesten Zeit ist das Publicum vielfach von dem sogenannten Mammuthbaume unterhalten worden. Nach der „Gärtnerchronik" („Gardener's Chronicle") entdeckte ihn der englische Reisende und Pflanzenforscher Lobb in Californien auf der Sierra Nevada 5000 Fuß hoch an den Quellen der Flüsse Staniolaus und San

Der Banyanen-Feigenbaum (Ficus indica).

Antonio. Er gehört zu den Nadelhölzern und wird 250—320 Fuß hoch; neuere Berichte geben ihm gar die fabelhafte Höhe von 400 Fuß. Ihr entsprechend erreicht sein Durchmesser die beträchtliche Dicke von 10—20 Fuß, nach neueren Mittheilungen 12—31 Fuß. Die Rinde, deren Dicke sich auf 12—15, nach andern Lesarten auf 18 Zoll beläuft, besitzt eine Zimmetfarbe und innen ein faseriges Gewebe, der Stamm dagegen ein röthliches, aber weiches und leichtes Holz. Wir erinnern dabei, daß auch der Baobab kein hartes besitzt, und doch eines der ältesten Pflanzen-

16*

Denkmale der Erde ist. Den Jahresringen nach belief sich das Alter eines umgehauenen Baumes auf 3000 Jahre. Man hatte die Borke eines dieser Riesen 21 Fuß hoch von dem unteren Theile vandalisch genug abgelöst und in San Francisco ausgestellt. Sie bildete ein mit Teppichen belegtes Zimmer, von dessen Inhalt man eine Vorstellung gewinnt, wenn man hört, daß in selbigem ein Pianoforte nebst Sitzen für 40 Personen aufgestellt werden konnte und 140 Kinder einmal bequem Platz darin fanden. Dieser Vandalismus ist neuerdings von einem andern übertroffen worden, der einem zweiten Baume 50 Fuß Rinde kostete, welche 25 Fuß im Durchmesser hält und einem Thurme gleicht, der aus den rechteckig abgeschälten Stücken aufgebaut wurde. Die Zweige sind fast wagrecht, hängen etwas herab und ähneln mit ihren grasfarbigen Blättern der Cypresse. Im Widerstreit jedoch zu der ungeheuren Höhe des Baumes bringt derselbe nur $2\frac{1}{2}$ Zoll lange Zapfen hervor. Sie gleichen denen der Weymuthskiefer, ohne jedoch mit der Zapfenform eines bekannten Nadelholzes übereinzustimmen. Man hat ihn deshalb zu einer eigenen Gattung erhoben und Wellingtonia gigantea genannt, obschon neuerdings, wie es scheint, die amerikanische Eitelkeit daraus eine Washingtonia gemacht hat. Solcher Bäume finden sich im Umkreise einer Meile gegen 90. Sie stehen meist zu zweien oder dreien gruppirt auf einem fruchtbaren schwarzen, von einem Bache bewässerten Boden. Selbst die Goldgräber haben ihnen ihre Aufmerksamkeit geschenkt. Der eine heißt bei ihnen „Miner's Cabin" und soll bei 300 Fuß Höhe eine 17 Fuß breite Höhlung im Stamme besitzen. Die „drei Schwestern" sind aus Einer Wurzel entsprungen. Der „alte Junggeselle", von Stürmen zerzaust, führt ein einsames Leben. Die „Familie" besteht aus einem Elternpaar und 24 Kindern. Die „Reitschule" ist ein umgestürzter hohler Baum, in dessen Höhlung man 75 Fuß weit hineinreiten kann. Wunderbar, daß solche Pflanzendenkmale uns so lange verborgen bleiben konnten!

Wir sind übrigens mit dem Begriffe des Riesigen im Pflanzenreiche sehr verwöhnt. Gemeinhin finden wir es nur da, wo es alle Umgebung überragt. Man muß sich jedoch erinnern, daß jede Pflanze eine riesige Ausdehnung unter günstigen Verhältnissen annehmen könne und folglich derselben Berücksichtigung werth sei. Wer z. B. den Liguster nur in unsern Hecken kennen lernte, wird staunen, wenn er ihn in der Wildniß — wie ich ihn auf der Burg Liebenstein im Thüringer Walde fand — als einen stattlichen Baum von mindestens 12 Fuß Höhe sieht. Ebenso erreicht der wilde Schneeball (Viburnum Opulus) dieselbe Höhe und darüber. Das Pfaffenhütchen (Evonymus europaea), sonst nur als Strauch in unsern Zäunen und Gärten, findet sich als Baum bis zu 10 Fuß Höhe, der Faulbaum (Rhamnus Frangula) von 8 Fuß u. s. w. Wir müssen also zwischen speciell und allgemein Riesigem unterscheiden.

Von dem letzteren kann in der Physiognomik der Gewächse, im Landschaftsbilde allein die Rede sein. Wie weit aber auch immer das Riesige in der Pflanzenwelt reichen möge, es ist nie ein unbegrenztes, wie man es oft behauptet hat. Denn es ist, wie jeder Art eine gewisse Größe zugemessen ist, auch jedem Individuum ein bestimmtes Wachsthum nach seiner ersten Anlage und den Bedingungen seiner Umgebung zuertheilt. So weit ein Individuum von besonders günstigen Verhältnissen unterstützt wird, so lange kann es als eine glückliche Ausnahme seines Gleichen eine ungewöhnliche Ausdehnung erreichen. Sowie es aber an der Grenze seines artlichen und individuellen Wachsthums angelangt ist, beginnt ein Rückschritt. Derselbe ist noch keineswegs eingetreten, wenn der Stamm sich auszuhöhlen beginnt; denn wenn nur noch eine dichte Holzschicht übrig blieb, zwischen welcher und der Rinde der Saft in die Höhe zu steigen vermag, wächst der Baum immer fort, mindestens in die Länge. Ein wirkliches Absterben kann nur mit dem Aufhören des Wachsthums in der Krone eintreten, der Baum stirbt, wenn er an Altersschwäche endet, von oben nach unten, von innen nach außen, d. h. von der Krone zur Wurzel, vom Marke zur Rinde. Er hatte in seiner höchsten Entfaltung das Höchste der individuellen Entwickelung erreicht; nur in dieser Vollendung war er ein vollkommenes Individuum, zu dem alle jene Tausende und aber Tausende von Zweigindividuen gehören, die auch gesondert von ihm ihre Art fortzupflanzen vermögen. Diese höchste, vollkommenste individuelle Entwickelung ist es, welche

246 Die Form des Riesigen.

durch Alter und Form ebenso sinnlich wie geistig erhaben auf uns im Landschaftsbilde wirkt.

Doch wo sollten wir aufhören, wenn wir Alles, was sich auf die Pflanzenphysiognomik und ihr Wechselverhältniß zum Menschen bezieht, bewältigen wollten! Was wir gefunden, reicht aus, das Selbstdenken anzuregen, um mit geistigerem Sinn und ästhetischem Blicke die Natur anzuschauen und dadurch die reinsten Freuden zu genießen, deren die Natur eine unerschöpfliche Fülle in ihrem Schooße birgt. Zum Dichter gleichsam soll Jeder werden, der sich mit Hülfe seiner Einbildungskraft und dem reichen Materiale der Wissenschaft Welten vor die Seele zaubert, die sein Auge nie erblickte, der sich damit die Fluren seiner Heimat verschönt, sie in Verbindung mit jenen bringt und durch tiefere Vergleichung ihre eigene Schönheit erkennt, befriedigter, gefesselter dahin wandelt und die unruhig wogende See seines Inneren glättet, das ihn ewig hinaus in die Ferne zu treiben droht. War diese Aufgabe zu irgend einer Zeit an ihrer Stelle, so ist es in der gegenwärtigen, in welcher der Widerstreit jeder Menschenbrust durch den Widerstreit der Parteien in einer Weise erhöht und vermehrt ist, daß es ein Bedürfniß jeder für das Schöne, Wahre und Gute empfänglichen Seele wird, sich über das kleinliche Treiben des Tages zu erheben, sich an den Busen der Natur zu flüchten und mit dem Dichter zu denken:

> Auf den Bergen ist Freiheit! Der Hauch der Grüfte
> Steigt nicht hinauf in die reinen Lüfte;
> Die Welt ist vollkommen überall,
> Wo der Mensch nicht hinkommt mit seiner Qual.

Ein umgefallener Mammuthbaum.

Viertes Buch.
Die Pflanzenverbreitung.

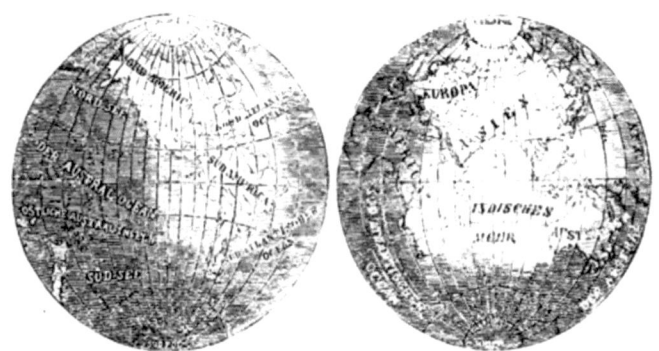

Oestliche und westliche Halbinsel der Erde.

I. Capitel.
Die Pflanzenregionen.

Ueberall, wo der Wanderer am Fuße der Gebirge aufwärts zu ihren Gipfeln steigt, bemerkt er eine ähnliche Veränderung des Landschaftsbildes, wie jener, welcher aus den heißen Zonen nach den Polen verdringt. Beide finden, daß die Wärme immer mehr abnimmt, daß sich das dampfförmige oder flüssige Wasser in ewiges Eis verwandelt und daß sich mit dieser Abnahme der Wärme auch das Gewächsreich vermindert und wesentlich verändert. Von diesem Standpunkte betrachtet, ist die Pflanzendecke der Erde ein lebendiges geographisches Thermometer. Pol und Aequator bilden darin die beiden schroffen Gegensätze der Erde. Am Aequator erhebt sich die Quecksilbersäule durch Ausdehnung am höchsten, am Pol sinkt sie durch Zusammenziehung am tiefsten. Ebenso das Gewächsreich. Am Aequator erreichen seine Typen den höchsten Grad der Ausdehnung; riesenhaft werden Stämme, Blätter und Blumen; blendender, glühender wird die Farbenpracht. Am Pol sinkt die Pflanze zum Zwergigen herab; ein Grün, düster wie die lange Nacht der Polarwelt, hat sich der Blätter bemächtigt, welche derber und lederartiger erscheinen. Nur hin und wieder leuchtet auch hier, gleichsam ein Abglanz der wunderbaren Mitternachtssonne und des Nordlichtes, eine unvermuthete Farbenpracht in manchen Pflanzen auf. In dem stetigen Lichte der am fernen

Horizonte wochenlang ununterbrochen treisenden Sonnenscheibe empfangen Gräser und andere Pflanzen ein saftigeres Grün. Reiner und höher werden die Farben der Blumen. Die Dreifaltigkeitsblume (Trientalis) und Anemonen, welche in der gemäßigten Zone weiße Blumen erzeugen, tauchen sie unter den Strahlen der Mitternachtssonne in das tiefste Roth.

Mehr aber als dieses drängt sich dem Wanderer ein bestimmter Wechsel der Pflanzentracht auf. Wie jedes Land seine eigenen Trachten in der Menschenwelt besitzt, ebenso in der Pflanzenwelt; hier ist er der Ausdruck der geringsten klimatischen Veränderung. Am leichtesten wird er erkannt, wenn man von der heißen Meereskebene bis zu den Gipfeln der Hochgebirge emporsteigt, wie es z. B. in auffallender Reinheit die tropischen Länder zulassen. Hier ist es, wo man in wenigen Stunden denselben Wechsel des Gewächsreichs wahrnimmt und bewundernd genießt, wie man ihn nur in Jahren auf einer Forscherreise über den Erdball durch die verschiedenen Zonen zu finden vermag. Terrassen- oder gürtelförmig umsäumen bei entsprechenden Temperaturen ganz bestimmte Gewächse die Gebirgskegel und Gebirgszüge, häufig so schroff, daß auf entsprechenden Höhen plötzlich eine Pflanzenform die andere ablöst und der Landschaft ihren Charakter verleiht. Man hat diese terrassenförmigen Pflanzengruppirungen die Pflanzenregionen genannt.

Verschieden ist der Eindruck, den diese Pflanzenterrassen auf den Wanderer in verschiedenen Erdtheilen und Zonen machen; aber dennoch herrscht auch hier bei aller Ungleichheit eine große Uebereinstimmung des Pflanzenwechsels. Macht man sich im Geiste eine Skala für die auf die Gebirge und für die in die Meerestiefe steigenden Pflanzenformen, auf welcher die ersteren nach dem leichtesten, die letzteren nach dem schwersten Luftdrucke sterben, so werden die beiden Endpunkte der Tiefe und Höhe von winzigen unscheinbaren Zellenpflanzen, dort von mikroskopischen Algen, hier zugleich auch von Flechten gebildet. Unter den Algen sind es in der größten Meerestiefe meist kieselschalige Urpflanzen oder Diatomeen, auf der größten Höhe auf ewigem Schnee das weichzellige Schneeblut (Protococcus nivalis), welches den Gletscher oft auf weite Strecken in purpurrother Färbung überzieht. Diese sind die letzten Bürger des Gewächsreichs auch an den horizontalen Polen der Erde. Zieht man sich auf jener Skala zwischen den beiden Endpunkten in Gedanken einen Gleichmesser, welcher genau die Mitte hält und das heiße Klima vertritt, so erscheinen hier ebenso charakteristisch und beständig, wie die Pflanzenformen der beiden senkrechten Pole, die Palmen, der schöne Ausdruck unvergänglichen Erdensommers. Zwischen diesen beiden Pflanzenpolen und dem Pflanzenäquator, also zwischen Urpflanzen und Palmen, liegen die Grenzen aller übrigen Gewächse. Will man, wie bei einer Thermometerskala, die aufsteigende Pflanzenlinie die positive ($+^0$), die zur Meerestiefe absteigende aber die negative ($-^0$) nennen, so verdienen beide diese Namen in der That. Die negative Pflanzenlinie hat bei aller ungeheuren Mannigfaltigkeit in sich selbst doch die größte Einförmigkeit. Außer sehr wenigen Blüthenpflanzen wird sie nur aus Urpflanzen

Die Pflanzenregionen.

(Protophyten) und Tangen (Algen) gebildet. Dagegen stellen sich in der positiven Pflanzenlinie diesen wenigen Pflanzenfamilien mehr als 200 andere entgegen.

Die gemäßigte Zone erlaubt uns nicht, eine Wanderung durch alle Klimate zu bewerkstelligen, da ihr die warme und heiße Zone fehlen. Allein schon Italien rückt uns diesem Ziele näher. Steigen wir z. B. mit Rütimeyer vom Golfe Neapels aus der Meeresebene, der klassischen Ebene von Herkulanum, Pompeji und Stabiä, auf den Monte St. Angelo bis zu einer Höhe von 4450 Fuß, so grüßt uns in der milden Region dieses Landes die edle Palmenform in der Dattelpalme, die hier freilich nur äußerst sparsam und angepflanzt ihr Federhaupt wiegt. Wo die dunkle Lava zu Tage tritt, kleiden dichtblättrige Fettpflanzen aus der Gattung Mesembryanthemum (Eiskraut), ihre Spalten aus und erinnern uns an die Cacteen der mejikanischen Gebirge ebenso, wie an die von denselben Pflanzen umgürteten Klippen Südafrikas. Wunderbar ist dieser Anblick; denn das Auge gewahrt hier einen dichten glänzendgrünen Rasen, welcher von dicht an einander gedrängten Stengeln mit fingerlangen, fingerförmig gestellten und gebogenen, saftigen, dreikantigen Blättern gebildet wird. Auch die Blumen verwischen die Cactusähnlichkeit nicht. Vom Mai bis Juli drängen sich auf diesem Rasen große scheibenförmige, prachtvoll purpurrothe Blumen dicht an einander, um zu dieser Zeit die vulkanische Landschaft wie mit einem Purpurmantel zu umsäumen. Um die Aehnlichkeit voll zu machen, fehlen selbst ächte Cacteen nicht. Es ist die eingeführte indische Feige (Cactus Opuntia). Bäume von 20—30 Fuß Höhe mit knorrigen gegliederten Stämmen, rissiger brauner Rinde und einer Menge von scheibenförmigen Aesten, die sich gleichfalls gliedförmig auf einander thürmen und ihre Oberfläche mit einem grauen Netze bedecken, bildet sie hier Hecken und Gesträuche, die weder Hand noch Fuß durchdringt. Ja, selbst Kanonenkugeln bleiben darin stecken und verlieren in diesem saftigen Fleische ihre furchtbare Kraft. Wenn dann aus der Fläche der Aeste gelbe Blumen und später reihenweis gestellte kirschenähnliche und eßbare Fruchtbeeren an diesem Gestrüpp erscheinen, so hat der Nordländer einen Eindruck empfangen, der ihn sofort nach den fernsten Gestaden der heißen Klimate versetzt. Auch Hecken der Aloë oder der amerikanischen Agave unterstützen diesen Eindruck. Anpflanzungen von Zuckerrohr, Reis und Baumwolle erhöhen ihn ebenfalls. Um jedoch die Aehnlichkeit mit Südafrika wiederherzustellen, erscheint hier und da über dieser Zone am Fuße der Wälder ein Gürtel von baumartigem Haidekraut (Erica arborea). Darüber hinaus liegt der Gürtel der immergrünen Gebüsche, so weit noch der milde Hauch des italienischen Klimas reicht. Lavendel, Rosmarin und Thymian bekleiden die sonnigen Abhänge. Lorbeer- und Erdbeerbaum, welche nebst Myrten, Oleander, Cistusrosen, Kerk- und Steineichen, Steinlinden, Laurustinus, Oelbaum, Orange, Mandelbaum u. s. w. am Adriatischen Meere die immergrüne Region bilden, umsäumen den höher gelegenen Waldgürtel, den meist die Cerreiche (Quercus Cerris) beginnt und die Mannaesche (Fraxinus Ornus), Kastanie und endlich die Buche fortsetzen. Aus den feierlichen Hallen, die diese dunkelgrünen, heiteren Laubgestalten bilden, tritt jetzt der Wanderer in die tiefernsten Wälder der Fichten. Aber auch sie werden bald von anderen Gestalten abgelöst. Ein breiter Gürtel von Haidekräutern, mit verkrüppelten Buchen und Kastanien, mit Seidelbastpflanzen (Daphne), Hülsengewächsen (Wicken, Klee, Erbsen) und andern vermischt, folgt ihnen, bis auch er wieder einer neuen Pflanzenwelt Platz macht. Wiesenkräuter sind es. Veilchen bilden im vulkanischen Geröll Gebüsche. Saubrod (Cyclamen) kriecht mit weißen Blumen auf dem Boden dahin. Bald bedecken Gräser und Riedgräser borstenartig die Gebirgskämme und verbergen oft prachtvolle Liliengewächse: Affodill, Meerzwiebel und Safran. Endlich erscheinen die eigentlichen Pflanzen der Alpen, mannigfache Steinbrecharten (Saxifraga) mit ihren hauslauchartigen Blattrosetten, wohlriechende Primeln, Enzianen. Unser Führer hat Recht: „In dieser Weise im südlichen Italien Bekannte aus den höchsten Alpen anzutreffen, in einem Marsche von drei Stunden die Pflanzenformen durchzugehen, die in wagrechter Richtung etwa den Raum von der Küste Nordafrikas — wir sagen sogar Südafrikas — bis an das Eismeer einnehmen, ist ein Genuß, der reichlich Mühe und Arbeit lohnt." Ich habe mit Absicht diese Bergregion gewählt, weil sie eine europäische ist und in nächster Nähe von uns versinnlicht, was wir oben sagten. Noch weit instructiver ist für die senkrechte Verbreitung der Gewächse die Insel Madeira. Zu unterst, sagt J. M. Ziegler, breitet sich der Weinbau aus, der am vortheilhaftesten in den wärmeren Eingängen der engen Thäler, besonders der Südseite, betrieben wird. Unter den über Schilfrohr gebogenen Reben sind die Beete aller übrigen Culturgewächse: Zuckerrohr, Kaffee und Gartengewächse. Nur der Wärme und Feuchtigkeit liebende Yams (Arum peregrinum), eine Aroidee, verlangt seine Stelle neben oder unmittelbar über dem Weine. Weizen und Roggen steigen im Süden über den Gürtel der Kastanienwälder bis zu den Gruppen von Föhren auf 2500—3000 Fuß an der Nordseite. Ueber die Rebe ziehen sich im Süden zwischen 1000 und 2000 Fuß Kastanienwälder hin, und nur ausnahmsweise gehen sie an gegen den Westwind geschützten Stellen höher. An der Nordseite begleitet die Kastanie die Rebe beständig, fürchtet hier aber den Wind, den sie an der Südseite in ihrer eigentlichen Region leicht erträgt. Dahingegen meiden die Lorbeerwälder (Laurus canariensis, Oreodaphne phoetens und Persea indica) starke Luftzüge. Diese liebt wieder die Föhre (Pinus pinaster), die sich nur an der Südseite einfindet, da Föhren überhaupt dürre und sandige Standorte lieben. Ueber dem Lorbeer breitet sich bis an die obersten Kämme die sogenannte Matoregion aus. Sie besteht aus baumartigen Haidekräutern (Erica arborea), Heidelbeersträuchern (Vaccinium maderense), Ginster (Genista) und Gaspeldornen (Ulex), welche unserer Hauhechel (Ononis) auffallend gleichen. Wo diese Sträucher vor Westwinden geschützt sind, gedeihen sie besonders üppig und dringen in höhere Regionen vor, sinken aber im umgekehrten Falle rasch auf zwergige Formen herab. J. M. Ziegler macht uns darauf aufmerksam, daß sich hier dieselben Verhältnisse wiederholen, die in unserer nördlicheren Heimat sich einstellen. Auch hier breiten sich ähnliche Gewächse je nach Höhe, Luftströmungen und Feuchtigkeitsverhältnissen über die Höhen bald üppiger, bald verkümmerter aus; die Heidelbeere sucht Schutz und Feuchtigkeit unter Weißtannen, die Haide erscheint unter lichten Föhrenbeständen, der Ginster (Genista tinctoria und pilosa) zieht den sonnigen Waldsaum vor. Ueber dieser Matorregion wächst auf der Südseite zwischen Gebüschen kümmerlich Gras. Es folgt hieraus einfach, daß die Regionen der Pflanzen um so höher gehen, je mehr dieselben durch den Standort begünstigt werden, daß man also, wie man längst weiß, bei der Pflanzenerhebung nicht allein die Höhe, sondern auch den Standort unter verschiedenen Himmelsgegenden oder die Exposition wesentlich berücksichtigen muß.

Indeß hat jedes Land bei allen Aehnlichkeiten, welche die Pflanzenerhebung nach der natürlichen Verwandtschaft der Gewächse zeigt, seine großen Eigenthümlichkeiten, die sich nach Klima, Lage des Landes und Lage der Gebirge richten. Mit Palmen beginnt überall die heiße Zone, mit Flechten endet die kalte, und je höher die Pflanzenwelt steigt, um so verkrüppelter werden ihre Typen. Doch gibt es auch hier Ausnahmen. So z. B. auf Java. Hier auch ist es, wo die einzelnen Pflanzenregionen so allmälig in einander übergehen, daß sich der Pflanzenwechsel, wie Blume, Reinwardt und Junghuhn berichten, der unmittelbaren Beobachtung des Wanderers völlig entzieht. Es folgt hieraus einfach, daß auf Java der Uebergang der klimatischen Regionen ebenso allmälig vor sich geht, da die Pflanzenwelt der treue Ausdruck einer mittleren Wärme ist. Von der Meeresebene, wo die Kokospalme das großartige Litorale des indischen Meeres bewohnt, bis zu einer Höhe von 2000 Fuß und unter einer mittleren Wärme von $22^\circ - 18^\circ{,}85$ R. reicht auf Java die heiße Region, die sich durch immergrüne Laubwälder, namentlich durch eine Menge von Feigenarten auszeichnet. Je höher aber die Feigenform steigt, um so kleiner werden ihre Arten. Hier auch hat die Reiscultur ihr Gebiet. Bis zu 4500 Fuß, unter einer mittleren Wärme von $18^\circ{,}85 - 15^\circ$ R., reicht die gemäßigte Region, das Gebiet der Kaffeecultur, durch Rassamalawälder (Liquidambar Altinjiana Bl.) charakterisirt. Prachtvoll ist der Bau der Rassa mala. Schnurgerade Säulen sendet sie wie gedrechselt zu ungeheurer Höhe empor und begrenzt sie durch eine dichte Krone hellen Laubes. Bis zu 7500 Fuß beginnt die kühle Region, das Gebiet der Eichen, Casuarinen und jener seltsamen Nadelhölzer, welche, wie die Podocarpen, ein breites, oft orangenartiges Laub tragen. Schnurgerade, wie die Rassamala, erhebt sich Podocarpus, einer der schönsten Bäume der südlichen Halbkugel, zu beträchtlicher Höhe, über alle Bäume jener Region hinausragend und von der Dammarfichte mit breitem Laube treu begleitet. Prachtvoll blühende Alpenrosen und herrliche Farren wohnen unter ihrem Schatten. Von den hohen Stämmen hängen die wunderbaren, wassererfüllten Becherblätter der Destillirpflanzen (Nepenthes) herab. Sie erinnern uns an die Blüthen des Pfeifenstrauchs (Aristolochia sipho) unserer Lauben. Endlich erscheint bis zu 10,000 Fuß Höhe die kalte Region mit einer mittleren Wärme von 10°,35 — 6°,45 R. Hier treten die Haidekräuter als die Vertreter der alpinen Gewächse hervor. Sie folgen dicht auf die Lorbeerwälder, welche sich bis zu diesen Höhen emporheben und verkrüppelnd mit langen Flechtenbärten behängen, wie es auch bei uns in der subalpinen Region, besonders in Nadelwaldungen, geschieht. Allein wir stoßen nicht sofort auf zwergige Haidekräuter. Prachtvoll, baumartig erheben sie sich, ächte Kinder eines kälteren Klimas, bis sie erst auf den höchsten Höhen von zwergigeren Arten vertreten werden. Hier ist die eigentliche Heimat der Alpenrosen oder der Rhododendra; hier prangen Heidelbeersträucher in neuen Formen; hier erinnert Alles an eine nordischere Heimat: niedliche Gentianen, Johanniskräuter, Jelängerjelieber (Lonicera) oder Geisblattarten, Ranunkeln oder Hahnenfußgewächse, Baldriane, Gänseblümchen (Bellis), Katzenpfötchen (Gnaphalium), Veilchen, Flieder, Doldenpflanzen, Ampfer, Tausendguldenkraut, Minzen (Mentha), Fünffingerkräuter oder Potentillen, Spierkräuter oder Spiräen, Riedgräser u. s. w. Die ganze Wanderung zeigt uns einen verwandten Pflanzenwechsel, wie wir ihn in Italien und auf Madeira fanden und überall finden, wohin wir uns auch auf der Erde wenden, nur von den jedesmaligen Eigenthümlichkeiten des Landes verändert.

Ueberall aber tritt uns auch die Bedeutung der Exposition entgegen. Nicht immer brauchen es dieselben Gewächse zu sein, welche sich rings um einen Bergkegel gruppiren, um je nach der Richtung der Windrose auf verschiedenen Stufen der Ausbildung zu verharren. Durchschnittlich bekleiden sich die nördlichen, südlichen, östlichen und westlichen Abhänge mit andern Pflanzenformen. Daher kommt es, daß durch hohe Gebirgsrücken die Floren der Erde ebenso schroff von einander geschieden werden, wie die Menschen. Der südliche Abfall der Alpen besitzt bei aller Verwandtschaft der Familien und Gattungen doch andere Arten als der nördliche. So tragen z. B. im Himalaya die nördlichen und südlichen Abhänge bei Rainy-Tal unter 79° 28′ L. und 39° 22′ Br. diesseits Nipal nach Hoffmeister zwar beide Nadelhölzer, allein während die nördlichen bis zu 8500 Fuß Höhe von der 40 Fuß hohen knorrigen Cypresse (Cypressus torulosa) bestanden sind, besitzen die südlichen Abhänge prachtvolle Bestände der 50—70 Fuß hohen langblättrigen Föhre (Pinus longifolia). Noch mehr. Man sollte meinen, daß da, wo die Gebirge ein Polarklima erreichen, auch die Pflanzen der Pole auftreten müßten. Das ist nicht der Fall. Obschon auch hier immerfort eine Verwandschaft mit der Pflanzenwelt der kalten Zone auftritt, so erscheinen doch stets, je nach dem Lande, andere Arten, häufig auch andere, oft verwandte Gattungen und Familien. Dies rührt daher, daß auf den höchsten Gebirgen die Pflanzenwelt unter einem weit geringeren Luftdrucke und unter einer verschiedenen Lichtbrechung erzeugt wurde und erhalten wird. Will man alle diese unendlichen Verschiedenheiten im Wechsel der Gewächse auf ein einfaches Gesetz zurückführen, so muß man geradezu sagen, daß kein Punkt der Erde dem andern

Die Pflanzenregionen.

völlig gleich ist, und daß hierin alle Verschiedenheit bei aller Verwandtschaft gesucht werden muß. Wie verschieden ist z. B. die Alpenhöhe der peruvianischen Puna von der unserer europäischen Alpen! Während hier nur unregelmäßige Schneestürme eintreten, erscheinen sie dort mit erstaunlicher Regelmäßigkeit täglich gegen 2 Uhr Nachmittags unter Donner und Blitz. Plötzlich ist alle Vegetation unter tiefem Schnee begraben und ein Polarklima hergestellt. Aber der nächste Morgen schon zeigt, daß wir uns unter dem Gleicher befinden. Um 10 Uhr beginnt die Sonne den Schnee zu schmelzen, die herrlichsten Alpenkräuter, prachtvolle Calceolarien entsteigen ihrem weißen Schneebette, und bis um 2 Uhr herrscht wieder die Sonne der Tropen mit alter Gluth und Herrlichkeit.

Man hat das in der That auch längst gefühlt und sich bemüht, durch Aufstellung bestimmter Pflanzenregionen für jedes Land die Gleichheit, Aehnlichkeit und Verschiedenheit derselben je nach dem bestimmten Gebiete hervor treten zu lassen. So haben z. B. Wahlenberg und Schouw für die nördliche Schweiz sechs Regionen aufgestellt: 1) die Ebene, 2) die Region des Wallnußbaumes, 3) die Region der Buche, 4) die Region der Nadelhölzer, 5) die Region der Alpenrosen, 6) die Region der Alpenkräuter. Die Ebene reicht bis zu 1000 Fuß Höhe und wird durch den Weinstock charakterisirt. Die zweite Region reicht bis zu 2500 Fuß und bildet zugleich die untere Bergregion. Die dritte geht bis 4000 Fuß und bildet zugleich die obere Bergregion, in welcher das Gebiet der Obstbäume endet. Zuerst verschwinden Aepfel und Birnen, dann folgen die Kirschen; mit ihnen enden Eichen, Ulmen, Linden, Haselnuß, endlich Buchen und mit diesen auch die menschlichen Winterwohnungen. Die vierte Region schiebt ihre Grenzen bis zu 6300 Fuß hinauf, wo die Arve oder Zirbelkiefer (Pinus Cembra) das Endglied ist. Die fünfte Region geht bis 7000 Fuß Höhe und macht sich durch ihre Alpenrosen oder Rhododendra, sowie durch würzige Alpenkräuter bemerklich. Die sechste Region bestimmt den Pol des organischen Lebens. Bis zu 8200 Fuß vordringend, besitzt sie nur Alpenkräuter von niederem Wuchs und herrlichen Blumen. In der südlichen Schweiz reichen diese Regionen natürlich etwas höher hinauf. Ganz anders in der warmen gemäßigten Zone. So z. B. auf Corsica, dem Mittelpunkte der Mittelmeerflora, die sich durch gewürzige Lippenblumen und graziöse Nelkengewächse auszeichnet. Diese merkwürdige Insel mit ihren schroffen Gebirgsbildungen, welche eine Höhe von 8250 Fuß erreichen, zeigen nach den Untersuchungen von Francesco Marmocchi nur drei scharf begrenzte Pflanzenregionen. Die erste geht von der Meeresebene bis zur Höhe von ungefähr 1750 Fuß, die zweite von da bis ungefähr zu 5725 Fuß Erhebung, die dritte reicht bis zum Gipfel der Gebirge. Die erste ist warm, wie das Klima des Mittelmeergebietes, und besitzt nur Frühling und Sommer. „Selten fällt das Thermometer 1—2 Grad unter Null und nur für wenige Stunden. Auf allen Küsten ist die Sonne selbst im Januar warm; dagegen sind die Nächte und der Schatten zu allen Jahreszeiten kühl. Der

Himmel bewölkt sich nur für Augenblicke; der einzige Wind von Südost, der schwere Sirocco, bringt anhaltende Nebeldünste, welche der heftige Südwest, der Libeccio, wieder vertreibt. Auf die gemäßigte Kälte des Januar folgt bald eine Hundstagshitze für acht Monate und die Temperatur steigt von 8 auf 18 Grade, selbst auf 26 im Schatten. Es ist ein Unglück für die Vegetation, wenn es dann nicht im März oder April regnet, und dieses Unglück ist häufig. Doch haben die Bäume Corsicas (wie die der ganzen Mittelmeerzone) allgemein harte und zähe Blätter, welche der Dürre widerstehen, wie Oleander, Myrte, Cistrosen, Lentiscus (Pistacia Lentiscus), Oelweide u. s. w. Die zweite Region kommt dem Klima von Frankreich, namentlich von Burgund, Morvan und der Bretagne gleich. Hier dauert der Schnee, der sich im November zeigt, bisweilen 20 Tage; aber er thut merkwürdiger Weise dem Oelbaume keinen Schaden bis zur Höhe von ungefähr 3400 Fuß, sondern macht ihn noch fruchtbarer. (Nebenbei bemerkt, erfriert der Oelbaum in der Provence bei einer Kälte von 5° R. und hält in der Krim bequem bei 12° Kälte aus; eine Erscheinung, die ebenso seltsam wie die vorige ist.) Die Kastanie scheint der eigentliche Baum dieser Region zu sein; denn sie endet in einer Höhe von ungefähr 6280 Fuß und weicht hier den grünen Eichen, Tannen, Buchen, Buxbäumen und Wachholdern. In diesem Klima wohnt auch der größere Theil der Corsen in zerstreuten Dörfern auf Berghängen und in Thälern, da das Klima der untersten Region fast pestanshauchend ist. Die dritte Region ist während acht Monaten stürmisch und kalt, wie das Klima Norwegens. Hierher flüchten sich nur noch einige Tannen, welche an grauen Felsen zu hängen scheinen. Hier auch ist das Gebiet des Geiers und des Wildschafes, sowie das Vorrathshaus und die Wiege der vielen Ströme, welche in das Land herniederrauschen." Hier sehen wir zugleich die Pflanzenwelt im innigsten Verein mit der Temperatur. In der glühenden Ebene fruchtbare Ländereien, Meerpinien, graziöse Lorbeerrosen, Tamarisken, Fächerpalmen (Chamaerops humilis), Dattelpalmen, indische Feigen (Cactus Opuntia), Agaven, Feigen, Granaten, Reben, Orangen, Mandeln, Johannisbrodbäume, Mispeln, Brustbeerbäume (Zizyphus vulgaris) u. s. w.; auf den mittleren Höhen Pflanzen, wie wir sie kaum noch in unsern Ebenen zu ziehen vermögen; und von den höheren Gebirgen Gewächse, welche mit unsern Waldregionen bis zu ungefähr 6500 Fuß hinauf übereinkommen oder ihnen ähnlich sind! So besitzt jedes Land seine eigenthümlichen Regionen, die, je weiter es nach dem Gleicher hin liegt, um so höher steigen. Die kalte Zone besitzt gewöhnlich nur eine Region, obschon selbst in den Ländern des Eismeeres die Pflanzen entschieden ausgesprochene Höhenverhältnisse zeigen. Die gemäßigte kann man in 4—6, die warme meist in 3—4, die heiße in 9, wie es Humboldt im tropischen Amerika that, theilen, je nachdem sich die Pflanzen in bestimmten Gürteln auf die Gebirge hinauf verbreiten. So lebt in der senkrechten Verbreitung der Gewächse ein Wechsel, eine Mannigfaltigkeit, die uns beim ersten Schauen zu verwirren drohen. Aber dennoch waltet ein harmonischer Geist darin.

Verwandt ist die Verbreitung der Gewächse in wagrechter und senkrechter Richtung. Hier erreicht sie nur den Pol früher wie dort. Daraus folgt, daß die beiden Erdhälften wie zwei Bergkegel betrachtet werden müssen, deren Fuß am Gleicher, deren Haupt am Pole ruht. Rings um diese zwei Berge sind die Pflanzen in verschiedenen Typen vertheilt; aber beide entsprechen sich gegenseitig durch ähnliche Gewächse, je nach Länge und Breite, nur verschieden durch Boden und Klima. Ebenso entsprechen diesen beiden Hauptbergen „die wirklichen Gebirgskegel mit ihren Gewächsen. Was dort Längsrichtung nach dem Pole hin, ist hier die Höhenrichtung; was dort Breitenrichtung, ist hier die Exposition.

Man hat die Pflanzenregionen zu gliedern versucht und gefunden, daß, wenn man vom Pol gegen den Gleicher vorrückt, die Schneegrenze um 1800 — 2000 Fuß höher steigt. Hierauf fußend, begründete Meyen für jede Erdhälfte acht Pflanzenregionen, deren mittlerer Durchschnitt eine Erhebung von 1900 Fuß beträgt und welche von ganz bestimmten Pflanzen aus gezeichnet werden. So gewann er 1) die Region der Palmen und Bananen bis zu 1900 Fuß, bei einer mittleren Wärme von $+ 30 - 27^0$ C., der Aequatorialzone entsprechend; 2) die Region der Baumfarren und Feigen bis 3800 Fuß, unter einer mittleren Wärme von $+ 25^1/_2^0$ C., der tropischen Zone entsprechend; 3) die Region der Myrten und Lorbeerpflanzen bis zu 5700 Fuß, bei einer mittleren Wärme von $+ 21 — 20^0$ C., der subtropischen Zone entsprechend; 4) die Region der immergrünen Laubhölzer, unter einer mittleren Wärme von $+ 17^0$ C. und einer Erhebung von 7600 Fuß, der wärmeren gemäßigten Zone entsprechend; 5) die Region der jährlich sich entlaubenden Laubhölzer bis zu 9500 Fuß, mit $+ 14^0$ C. mittlerer Wärme, der kälteren gemäßigten Zone entsprechend; 6) die Region der Nadelhölzer bis zu 11,400 Fuß, mit einer mittleren Wärme von $+ 11^0$ C., der subarktischen Zone entsprechend; 7) die Region der Alpensträucher bis zu 13,500 Fuß, der arktischen Zone entsprechend, unter $+ 7^0$ C. mittlerer Wärme; 8) die Region der Alpenkräuter, bis zu 15,200 Fuß, mit $+ 5 — 4^0$ C. mittlerer Wärme, der Polarzone entsprechend. Man sieht auf den ersten Blick, daß diese Anordnung nur eine ideale, mehr schematische ist. Sie hat aber den Vorzug größerer Deutlichkeit, wenn man sich die allmälige Abnahme der Pflanzendecke mit zunehmender Erhebung und ihr Wechselverhältniß zur Wärme zu versinnlichen unternimmt. Will man wahr sein, so muß man für jedes einzelne Land, für jede einzelne Zone ganz besondere Tabellen anfertigen, welche die örtlichen Abweichungen der Pflanzenregionen wiedergeben; eine Arbeit freilich, die erst nach Jahrhunderten gelöst sein wird. Wie verschieden dann eine solche Erhebung derselben Pflanzen ausfällt, können uns am besten die Culturpflanzen beweisen, obschon sie diese Höhen unter künstlichen Verhältnissen erreichen. So ist die mittlere Grenze der Wallnuß in den nördlichen Alpen nach Adolph Schlagintweit bei 2500 Fuß, in den Centralalpen bei 2700 Fuß, in den südlichen Alpen am Monte Rosa und Mont Blanc bei 3600 Fuß. Ihre mittlere Grenze erreicht die Buche am ersten Orte bei 4200 Fuß, am zweiten sinkt sie auf 5900 Fuß herab, am dritten steigt sie auf 4800 Fuß hinauf. Am auffallendsten jedoch bestätigen die Getreidearten den ausgesprochenen Satz. Ihre höchste Erhebung erreichen sie in den nördlichen Alpen bei 5700 Fuß, in den Centralalpen bei 5100 Fuß, in den südlichen Alpen bei 6000 Fuß. Nach Fr. von Tschudi gedeihen Kartoffeln in Glarus noch bis 4500 Fuß, in warmen Sommern bis 5100 Fuß. Gerste, Flachs, Hanf, Kohl, Feldbohnen, Rotherbsen, Lauch und Petersilie gehen bis 4500 Fuß. Einzelne Kirschbäume reifen ihre Früchte bei 4000 Fuß selten; ihre Region ist bei 5500 Fuß zu Ende. Im Jura ist in der ganzen unteren Alpenregion kein eigentlicher Anbau mehr; dagegen werden auf der Gemmi noch bei 6428 Fuß Erhebung Rüben, Spinat, Salat und Zwiebeln, wenn auch mit wechselndem Erfolge, gebaut. In Ländern aber, wo die bedeutende Bodenerhebung eine höhere Wärme der Alpenthäler hervorruft und die Lärche noch bis 7000 Fuß steigt, erhebt sich auch die Culturgrenze höher. So erreicht die Gerste, welche am wenigsten Wärme bedarf, eine Höhe von 6040 Fuß; der Hafer bleibt unter 5500 Fuß; Sommerroggen geht bei Zug und Selva bis 5000 Fuß, bei Fettan bis 5500 Fuß; die Kartoffel erreicht eine mittlere Höhe von 5400 Fuß. Im Oberengadin gingen Rüben sogar bis 6500 Fuß. Diese höchsten Culturgrenzen Europas bleiben jedoch weit unter denen Asiens und Amerikas. In der westlichen Sierraregion Perus reift Weizen noch bei 10,800 Fuß, die Kartoffel bei 11,000 Fuß; Pfirsichen und Mandeln gedeihen unter 12° s. Br. in engen geschützten Thälern noch bei 10,000 Fuß, während sie in den Alpen schon bei 2000 Fuß verkümmern. Im Himalaya sind die Verhältnisse der Cultur noch günstiger. In dem gepriesenen Thale von Kaschmir bilden Aepfel- und Birnbäume noch bei 5200 Fuß, auf einer Höhe, welche den Brocken fast noch ½ Mal übersteigt, Obsthaine und reichen bis 7500 Fuß hinauf. Ja, die Aprikose gedeiht sogar bei 10—12,000 Fuß überaus reichlich und herrlich. Bei Tschetkul im oberen Baspathale zwischen dem Bhaginathi und Sutledsch baut man auf einer Höhe von 10,495 engl. Fuß noch zwei Weizenarten, Buchweizen und Raps. Stellt man hierneben die Culturgrenzen unserer niederen Gebirge, so ist der Abstand noch gewaltiger, als in den Alpen. Im Harze erreicht schon bei 1800 Fuß Erhebung in der Hochebene von Klausthal der Ackerbau nebst Obstbäumen, Ahornen, Ulmen, Eichen und Linden seine Grenze, um von da an das Gebiet den Nadelhölzern bis zu 5000 Fuß zu überlassen, worauf bereits die subalpine Flor beginnt.

Diese große Verschiedenheit der Pflanzenerhebung ist ein Seitenstück zu der mannigfaltigen Erhebung der Schneegrenze, mit welcher die Grenze des Gewächsreichs zusammenfällt. So liegt z. B. die unterste Grenze des ewigen Schnees im nördlichen Himalaya nach Durocher bei 16,143 rh. Fuß Erhebung, im südlichen dagegen schon bei 12,840. In den Anden liegt die Schneegrenze unter 5° mittlerer Breite bei 15,248 Fuß, in den Hochgebirgen von Mexiko unter 20° n. Br. bei 14,564 Fuß, in den Apenninen bei 9228 Fuß, in den Alpen bei 8586 Fuß, in den Pyrenäen bei 8904 Fuß, in den

Die Pflanzenregionen. 257

Karpathen bei 9196 Fuß, am Sneehättan in Norwegen bei 5185 Fuß, auf Island bei 2990 Fuß, auf dem Sulitelma in Lappland bei 5717 Fuß, auf dem Beereneilande (ile cherry) bei 572 Fuß, an der Südwestküste von Spitzbergen sinkt sie bis zur Ebene herab. Alle diese Abweichungen richten sich nach der geographischen Länge und Breite oder nach der isolirten Lage einzelner Pics, oder je nachdem ein festländisches, d. h. ein kälteres, oder ein milderes Inselklima vorhanden ist. Im Himalaya wird durch die Strahlung der tibetischen Ebene, wie durch die Trockenheit und Helligkeit der Luft in Mittelasien die große Abweichung der Schneegrenze im nördlichen und südlichen Theile hervorgerufen.

Alle diese Verschiedenheiten deuten darauf hin, daß sie ihren Ursprung einer bestimmten mittleren Jahreswärme verdanken. Eine solche würde nicht vorhanden sein, wenn sich jene Schneegrenzen nicht im Allgemeinen gleich blieben. Dennoch übt auch die Temperatur der Jahreszeiten und Monate einen bedeutenden Einfluß; denn wenn sich in den Alpen die ganze Vegetationszeit nur auf ein Paar Monate ausdehnt, so müssen Keimen, Knospen, Blüthen und Fruchtreife natürlich von der Wärme dieser Jahreszeiten abhängen. Daher kann es kommen, daß man mitten auf einem Gletscher in der warmen Jahreszeit ebenso, wie in dem sommerheißen Thale, seinen Rock überflüssig findet und ihn auszieht. Jene Erscheinung wiederholt sich auch in der wagrechten Verbreitung der Klimate im Norden, wo binnen ein Paar Monaten gesäet und geerntet werden muß. So treibt z. B. in Torneå (Lappland) die Gerste schon in der fünften Woche Aehren und wird in der zehnten geerntet, wogegen sie bei uns 14 — 16 Wochen zur Reife bedarf. Freilich wird diese durch die langen Sommertage, wo die Sonne ununterbrochen am Horizonte kreist, wesentlich gefördert. Adolph Schlagintweit scheint mir für die Verschiedenheit der Pflanzenerhebung das einfachste Gesetz gefunden zu haben. Es lautet: Je größer die Sommerwärme bei gleicher mittlerer Jahrestemperatur ist, desto höher reichen die Pflanzen hinauf, und desto kälter sind die Jahresisothermen (Linien gleicher Jahreswärme) an der Pflanzengrenze. An den freien Erhebungen der Alpen, belehrt uns der Genannte weiter, ist das Klima, besonders an den höchsten Gipfeln, im Sommer ein gleichmäßiges, im Winter aber ein meist extremes, wodurch die ungünstigste Vertheilung der Wärme für die Pflanzen hervorgerufen wird. Umgekehrt aber nimmt die Sommerwärme zu, je massenhafter sich die Gebirge zusammen gruppiren und von der Kegelform entfernen. Die beiden letzten Sätze folgen sehr einfach aus der schon oben gemachten Erfahrung, daß sich in den niederen Gebirgen die Sommerwärme und mit ihr die Pflanzenwelt schon auf weit geringeren Erhebungen vermindert. Am auffallendsten ist hierin in Teutschland der Harz. Während z. B. in den Alpen gewisse Pflanzen erst auf sehr bedeutenden Höhen erscheinen, gehen sie an der Mündung des Bodethales fast bis zu dessen Sohle herab. So z. B. Moose (Timmia austriaca, Trichostomum glaucescens, Grimmia Hoffmanni, Orthotrichum urnigerum

u. a.), Farren (Woodsia ilvensis), die Alpenrose (Rosa alpina u. a.) Selbst der weit mildere Thüringer Wald wiederholt in seinen nach Norden geöffneten Thälern dieselbe Erscheinung. Das zweiblumige Veilchen (Viola biflora), sonst nur ein Bewohner höherer Gebirge und deren Ausläufer, gedeiht im Annathale bei Eisenach in derselben Ueppigkeit, wie in den Alpen; freilich in einer Atmosphäre, welche durch beständige Feuchtigkeit außerordentlich kühl erhalten wird. Weisia serrulata, ein unscheinbares, aber charakteristisches Laubmoos, bewohnt die schroffen Felswände der Landgrafenschlucht unweit des Annathales unter ähnlichen Verhältnissen, wie das genannte Veilchen, während es sonst nur auf den höchsten Alpen von Salzburg, Kärnthen und Tirol erscheint. Aehnliche Verhältnisse zeigen auch Schwarzwald, Fichtelgebirge, Erzgebirge, Riesengebirge u. s. w.

Der französische Naturforscher Boussingault war der Erste, welcher die Wechselwirkung zwischen Pflanzenwachsthum und Wärme für die Landwirthschaft praktisch machte. Er zählte die Wärmegrade, welche eine Pflanze bis zum Reifen ihrer Früchte empfangen muß, und wies somit nach, auf welche Grundsätze hin der Ackerbau die Cultur seiner Gewächse in den einzelnen Klimaten zu gründen hat. So verlangt z. B. für Freysing in Baiern nach Professor Meister Winterweizen 149 Tage bei 10,7° R., mithin 1595 Wärmegrade; Winterroggen erfordert 157 Tage bei 10,6° R., also 1452 Grade, Sommerweizen 120 Tage bei 15,1° R., demnach 1812 Grade, Sommerroggen 110 Tage bei 15,8° R., also 1797 Grade, Sommergerste 100 Tage bei 15,8° R., darum 1580 Grade, Hafer 110 Tage bei 15,7° R., folglich 1507 Wärmegrade. Erhalten die Pflanzen diese Wärmesummen nicht, dann findet keine Fruchtreife statt. Wir fanden schon oben, in wie viel kürzerer Zeit in Norden das Getreide reifen muß und daß die charakteristisch hellen und warmen Juninächte diese Reife beschleunigen. Trotzdem erfordert der Roggen noch eine künstliche Zeitigung. Sie wird in Rußland dadurch bewerkstelligt, daß man die Garben über künstliches Feuer stellt und so das Korn auf dem Halme nachreifen läßt, durch die Fähigkeit der Grasfrucht, selbst im unreifen Zustande keimfähig zu bleiben und noch später gewissermaßen nachzureifen, allerdings sehr begünstigt. Daher das gedörrte runzlige Aussehen des russischen Getreides, welches wir aus dem Norden beziehen. Mit der Erhebung der Pflanzen verringert sich die Dauer ihres Wachsthums ebenso, wie mit ihrer Annäherung zu den Polen. Nach A. Schlagintweit beträgt diese Dauer zwischen 7 — 8000 Fuß Höhe in den Alpen nur 95 Tage. An der äußersten Grenze der Blüthenpflanzen beschränkt sie sich bei 10,000 Fuß Höhe auf ungefähr einen Monat. Die Zeit, welche von der Saat bis zur Ernte des Wintergetreides verfließt, verlängert sich mit der Höhe und erreicht an der äußersten Getreidegrenze bei 5 — 5200 Fuß in den Alpen zuweilen ein volles Jahr. Ebenso verringert sich der Körnerertrag, die Güte der Frucht und das Verhältniß ihres Gewichtes zu dem des Strohes mit der Höhe.

Die Pflanzenregionen.

Wir dürfen jedoch nie vergessen, daß alle diese Angaben sich nur auf örtliche Ursachen beziehen, und müssen uns erinnern, daß selbst auf Höhen, auf welchen in der gemäßigten Zone alle Spur des Lebens verschwindet, unter günstigeren Verhältnissen noch ein reiches Leben herrschen kann, wie die Vergleichung der Himalayahöhen mit denen unserer niederen Gebirge schon beweist. Es folgt daraus eine ungemein ungleiche Vertheilung der Wärme über den Erdkreis; eine Vertheilung, welche die Ursache der großen Mannigfaltigkeit der Pflanzendecke in verschiedenen Ländern vorzugsweise ist. Wir wissen bereits, daß dies einestheils von der Erhebung der Erdoberfläche, dem Baue der Gebirge, ihrer Verbindung mit dem Meere, den physikalischen und chemischen Eigenschaften der Gesteine u. s. w. abhängt. Man kann sich das durch einige schroffe Beispiele nochmals ins Gedächtniß zurückrufen. Ein Gebirgsland, welches rings von sengenden Wüsten umgeben ist, wird dadurch zu einer Insel werden, die eine eigenthümliche Vegetation erzeugt und ihre Pflanzengrenzen höher hinauf rückt, als ein Alpenland, welches aus reich befeuchteten Thälern emporsteigt. Wir finden das theilweise im Himalaya vertreten. Ebenso wird sich ein anderes Land als Insel, als Oase abschließen, welches rings von hohen Gebirgsrücken, von Gletschern und ewigem Schnee umgeben wird. So z. B. der Kanton Wallis. Im dritten Falle kann eine Erderhebung rings vom Meere eingeschlossen sein und somit an einem milteren Klima Theil nehmen, wie England beweist, welches überdies durch das Vorbeiströmen des warmen Golfstromes eine mildere Temperatur erhält und dadurch Camelien, Lorbeer, Myrten u. s. w. im Freien gedeihen läßt und selbst im Winter noch üppige Wiesen der Viehzucht darbietet. Im vierten Falle können die Länder weite, hügelige Ebenen darstellen. Alle diese Verhältnisse, von denen Winde, Feuchtigkeit, Luftdruck u. s. w. wesentlich abhängen, tragen zu den großen Verschiedenheiten der Pflanzendecke bei. Es wird mithin kaum einen Punkt der Erde geben, wo die Verhältnisse des Klimas völlig dieselben wären. Allein nichtsdestoweniger kann eine mittlere Jahreswärme an verschiedenen Punkten der Erde dieselbe sein. Seit Humboldt hat man sich bestrebt, diese Punkte auf der Karte genauer zu verzeichnen und durch von dem Genannten als Isothermen (Linien gleicher mittlerer Jahreswärme) bezeichnete Linien mit einander zu verbinden. Natürlich kann es auch Orte geben, welche eine gleiche mittlere Winterwärme haben; die hierdurch hervorgebrachten Linien sind die Isochimenen. Der dritte Fall kann der sein, daß gewisse Orte eine gleiche mittlere Sommerwärme besitzen; sie werden durch die sogenannten Isotheren verbunden. Man geht hierbei von der Erfahrung aus, daß es nicht darauf ankomme, wie weit sich ein Ort von dem Gleicher, sondern von dem Meere entferne. Je näher diesem, um so gleichmäßiger, milder wird sein Klima sein; je entfernter von ihm, um so kälter wird sein Winter und um so heißer sein Sommer sein. Die Gründe sind schon früher (S. 69) von uns weitläufiger auseinander gesetzt worren. Diese Linien haben das praktisch Gute, daß man sofort aus ihnen ersieht, wie weit noch ein Ort culturfähig und bewohnbar ist. Weiß man z. B., unter welcher mittleren Sommer- und Winterwärme eine Pflanze im Freien gedeiht, so braucht man nur die Isothermen und Isochimenen nachzusehen. Es ist aber auch hier nicht zu vergessen, daß die Temperatur der Sommermonate wesentlich zu berücksichtigen ist. Die größte bisher beobachtete mittlere Jahreswärme beläuft sich zu Massona in Abyssinien auf $+ 24^{3}/_{4}°$ R.; die niedrigste Temperatur beträgt auf der Melville-Insel im südwestlichen Eismeere — $15°$ R. Inselklimate werden sich stets mehr für Viehzucht, Continentalklimate mehr für Ackerbau eignen. Dort werden wie in England die üppigsten Wiesen erzeugt; hier wird die Sommerwärme so bedeutend, daß z. B. nach Humboldt noch in Astrachan, wo das Thermometer im Winter bis auf — $25°$ und — $30°$ herabsinkt, nahe am Kaspischen Meere die herrlichsten Weintrauben gezeitigt werden können, obschon die Reben im Winter 6 Fuß unter die Erde gegraben werden müssen. Das kommt aber daher, daß es ein Continentalklima besitzt, dessen mittlere Sommerwärme auf $21°$, s wie bei Bordeaux steigt, obschon die mittlere Jahrestemperatur nur etwa $9°$ beträgt.

Die atmosphärische Wärme ist es jedoch nicht allein, welche einen so bedeutenden Einfluß auf das Pflanzenleben im Gebirge ausübt. Auch die Bodenwärme, welche ihren Ausdruck in der Wärme der Quellen findet, trägt wesentlich zu der großen Verschiedenheit in der senkrechten Vertheilung der Gewächse bei. Wie man demnach Isothermen aufzustellen im Stande war, ebenso hat man auch Isogeothermen (Linien gleicher Bodenwärme) aufgezeichnet, um die Gleichheit, Aehnlichkeit und Verschiedenheit der Gewächse auf Gebirgen zu erklären.

Es versteht sich von selbst, und wir haben schon mehrmals darauf hingedeutet, daß die feuchten Niederschläge des Luftmeeres in innigster Wechselwirkung zu Luft- und Bodenwärme stehen und daß sie auf verschiedenen Höhen eine sehr verschiedene Vegetation hervorrufen müssen, weil, wie die Erfahrung schon früh lehrte, auf bedeutenderen Höhen die Menge der feuchten Niederschläge aus der Atmosphäre in Gestalt von Thau und Regen größer ist, als in der Ebene. Aber auch hierin sind die Verhältnisse in den Alpen nicht gleich. So herrschen in den nördlichen und nordöstlichen Alpen die Sommerregen, in den südlichen und westlichen die Herbstregen vor, wodurch wiederum andere Bedingungen der Pflanzenwelt entgegentreten und eine Umgestaltung der Pflanzendecke hervorgerufen werden muß. Daß jedoch nicht immer bedeutende Höhen eine größere Menge von feuchten Niederschlägen bedingen, haben wir schon am westlichen Abhange der Cordilleras an der chilesischen Küste gesehen. Obschon an einem der bedeutendsten Meere, am stillen Oceane gelegen, befindet sich doch längs der Küste Chiles eine wasserlose Hochebene von 2 - 5000 Fuß Erhebung, einer Breite von 10 deutschen Meilen und einer Länge von drei Breitengraden. Bei Betija, ungefähr unter $24^{1}/_{2}°$ s. Br., findet sich noch eine

Die Pflanzenregionen.

reiche Küstenvegetation, oberhalb dieser Station nach Norden hin, also dem Gleicher zu, verschwindet alles vegetabilische Leben. Das ist die Wüste von Atacama nach den neuesten Forschungen unseres Landsmanns R. A. Philippi. Hier fällt fast nur ausnahmsweise Regen. Alle 20 — 30 Jahre, erzählt uns der Genannte, finden einmal wolkenbruchähnliche Regengüsse statt, alle Thäler füllen sich dann mit Wasser und wälzen bei ihrem starken Gefälle ungeheuere Schutt- und Schlammmassen herab. In dieser ganzen Wüste existirt kein Baum; nur kümmerliche Vereinsblüthler, Bocksdorne (Lycium), Verbenen, blattlose, casuarinenartige Ephedraarten u. s. w. überziehen hier und da den durstenden Boden. Gräser flüchten sich an das Wasser. Unterhalb aber dieser Wüstenhochebene, die sich wie eine steile Wand am Meere erhebt, gedeihen an den steilen Abhängen in der Ebene Cacteen. Je höher man steigt, um so reicher wird die Vegetation. Allmälig nimmt sie wieder ab und mit 1700 Par. Fuß Erhebung ist Alles todt. Die pflanzenreiche Zone findet sich also nur zwischen 750 und 1500 Fuß Erhebung. Sie ist, sagt der Reisende, genau dieselbe, wo den größten Theil des Jahres hindurch Wolken und Nebel schweben. Ihnen erlaubt das steile Gebirge nicht, weiter nach Osten über die Hochebene zu gehen. Warum, hat unser Reisender nicht angegeben. Wir werden unten wieder darauf zurückkommen. Wir brauchen je doch, um diese seltsame Erscheinung kennen zu lernen, noch nicht an die Küste Chiles zu wandern. Das Karstgebirge Illyriens erhebt sich als Felsenwüste ebenso grausig vom Fuße des Adriatischen Meeres. Aber hier weiß man, daß es die furchtbare Bora, ein Nordwind ist, der durch Trockenheit und Heftigkeit alles vegetabilische Leben tödtet und nur da gedeihen läßt, wo die Pflanzen sich in Erdsenkungen zu flüchten vermögen. Eine ähnliche Bewandtniß hat es mit den dürren und regenlosen Küsten Südamerikas am stillen Oceane. „Die Küste von Peru", sagt Maury, „liegt in der Region beständiger Südostpassate. Obgleich sich diese Gestade an dem Rande des großen Südseekessels befinden, so regnet es doch dort niemals. Der Grund ist ein leuchtend. Die Südostpassate im atlantischen Ocean bestreichen zuerst die Gewässer an der afrikanischen Küste. Nach Nordwesten ziehend, wehen sie quer über den Ocean, bis sie die brasilianische Küste erreichen. Unterdessen haben sie sich ganz mit Wasserdampf angefüllt, den sie quer über den Continent hinwegführen und auf ihrem Wege absetzen, sodaß davon die Quellen des Rio de la Plata und die südlichen Nebenflüsse des Amazonenstromes gefüllt werden. Endlich erreichen sie die schneebedeckten Gipfel der Anden, und der letzte Rest von Feuchtigkeit, den nur die dortige tiefe Temperatur ihnen auspressen kann, wird ihnen nun entzogen. Nachdem sie den Kamm jener Kette erreicht haben, wälzen sie sich nun als trockene kalte Winde an den dem stillen Ocean zuliegenden Bergabhängen hinunter. Da sie keine Dampf erzeugende Oberfläche und keine Temperatur vorfinden, welche diejenige an Kälte überträfe, der sie auf den Berggipfeln ausgesetzt waren, so erreichen sie den Ocean, ehe sie von Neuem mit Wasserdampf beladen sind und ehe also das Klima

Perus ihnen irgend welche Feuchtigkeit entziehen kann. So sehen wir die Andesgipfel zu einem Wasserbehälter werden, der die Flüsse Chiles und Perus füllt." Daher kommt es mithin, daß die Südseeküste Amerikas die vegetationsarme, die atlantische Seite hingegen die pflanzenreiche ist. Man kann hieraus auch erklären, warum an den steilen Abhängen der Wüstenhochebene von Atacama eine pflanzenreiche Region bis zu 1500 Fuß Erhebung sich vorfindet, während darüber hinaus Alles Wüste ist. Nach Maury müssen die feuchten Niederschläge sich an den Abhängen derjenigen Gebirge zeigen, wo die Passate nach einem Wege über eine weite Meeresstrecke zuerst anprallen; der Niederschlag wird um so größer sein, je steiler die Erhebung und je kürzer die Distanz zwischen Gebirgskamm und Ocean ist. Diese Verhältnisse kommen hier in der That vor. Ohnfehlbar erhalten die steilen Küsten unterhalb der Wüste von Atacama vom stillen Oceane eine mit Wasserdampf gesättigte Luftströmung. Wenn nun die trockenen und kalten Südostpassate sich von der atlantischen Seite her und von den Andesgipfeln herab wälzen, so werden sie jene wärmere Luftschicht der Südseeseite erkälten und ihre Feuchtigkeit verdichten. Diese muß als fortwährender Nebel niedergeschlagen werden. So ist es in der That. Wenn auch übertrieben, sagt man von Paposo, unter 25° s. Br., daß man hier in neun Monaten die Sonne nicht zu sehen bekomme. Wir sehen aus diesem Beispiele, wie der Bau der Gebirge und die dadurch regierten Luftströmungen den wesentlichsten Einfluß auf die feuchten Niederschläge der Länder ausüben und somit die Pflanzenwelt den verwickeltsten Einflüssen hingegeben ist.

Endlich übt der mit der Höhe abnehmende Luftdruck den größten Einfluß auf das Pflanzenleben. Wie sich aus chemisch-physikalischen Gründen leicht ableiten ließ, begünstigt der verminderte Luftdruck nach Adolph Schlagintweit vorzugsweise eine größere und raschere Verdunstung des Wassers aus den Pflanzentheilen und macht sie dadurch für Licht und Wärme in directer Besonnung empfänglicher. Hierdurch ist es den kleinen Alpenkräutern gegeben, ihre Entwickelung in einem so kurzen Sommer zu durchlaufen und eine ungeahnte Blumenpracht zu entfalten. In den Polarländern wird dasselbe durch die außerordentliche Trockenheit der Luft erreicht, und natürlich muß diese Trockenheit, welche wie in Sandwüsten den Durst des Wanderers bis aufs Höchste steigert, von der außerordentlich niedrigen Temperatur des Luftmeeres abhängen, welches alle Feuchtigkeit sofort niederschlägt.

Eine der eigenthümlichsten Erscheinungen im Leben der Alpengewächse, womit gewöhnlich auch eine mehrjährige Dauer zusammenhängt, ist ihr derber, gedrungener Bau. Auch dieser ist mit Bodenbeschaffenheit und den verschiedensten Ursachen der Höhenklimate aufs Innigste verflochten und spricht sich am klarsten in der Bildung der Jahresringe bei den Nadelhölzern aus. Dieselben nehmen mit der Höhe an Dicke ab, obschon diese Erscheinung von Lage und Boden bedeutend verändert wird. Dasselbe wiederholt sich, je weiter die Gewächse nach Norden vorschreiten. Wiederum ein Beweis, wie

Die Pflanzenregionen.

außerordentlich ähnlich die Bedingungen sind, welche in der senkrechten und wagrechten Pflanzenverbreitung zum Vorschein kommen. Der Mensch hat das sinnig benutzt und gerade von diesen Orten die Mastbäume seiner Schiffe geholt. Wenn auch die Jahresringe hier dünner, so sind sie doch um so kräftiger, da sie sich fester an einander lagern. Ein solches Holz widersteht länger als jedes andere, in gutem Boden und milderem Klima im vollen Sinne des Wortes verweichlichte, der Zeit und dem Wurme. Darum ist es auch klangreicher und wird vor jedem andern zur Verfertigung guter musikalischer Instrumente gesucht.

Man hat die verschiedene Erhebung der Pflanzen in bestimmte Gruppen getheilt: das Pflanzengebiet der Ebene, der montanen, subalpinen und alpinen Region. Im Allgemeinen bezeichnet das erste die Tiefländer, das zweite das niedere Gebirge, das dritte die Region bis zur Fichtengrenze, das vierte die Region der Alpenpflanzen. Eine nivale Region zieht sich in wenigen Flechten, Moosen und Schneeblut bis zu den Gletschern und auf sie hin. Je nach den Oertlichkeiten kann fast jede der vier ersten Regionen in eine untere und obere Abtheilung zerfallen. Dann muß man unterscheiden: die Ebene des Meeres und des Hügellandes, das Gebiet der Obstbäume und der Laubwälder, oder die untere und obere Bergregion, das Gebiet der Fichte oder die subalpine Region, endlich die untere alpine Region oder das Gebiet der Alpensträucher, und die obere alpine Region oder das Gebiet der Alpenkräuter. Von allen diesen Regionen rufen die Gebirgsgebiete die größte Abwechslung in ihrer Pflanzendecke hervor, weil sie die größte Abwechslung von Boden, Klima und Quellen besitzen. In der gemäßigten Zone ist das alpine Gebiet zugleich auch das duft= und farbenreichste. Ein tiefgrüner Rasenteppich wechselt mit dem belebenden Juzigeblau der Gentianen und dem brennenden Roth der Alpenrosen, in einer Pracht, welche in der entgegengesetzten Region eine Erinnerung an die Pracht und Mannigfaltigkeit der Tropenwelt ist. Tropenfloren und Alpenfloren besitzen den reinsten Charakter. Aber wie dort Alles freudiger zur Sonne empor in das Luftmeer wächst, so ziehen sich hier die Gewächse an der Grenze des organischen Lebens verkrüppelnd auf den Boden zurück, der in freier Besonnung eine höhere Temperatur als das Luftmeer bietet. Nirgends ist die Erde so sehr Mutter wie hier, wo sie fast ausschließlich Stoff und Wärme zum Gedeihen ihrer Pflanzenkinder abgibt. Aber auch nirgends wie hier finden wir so schön bestätigt, wie durch weise Benutzung des Kleinsten selbst bei beschränkteren Mitteln Hohes und Edles erreicht werden kann. So winzig auch die letzten Alpenkräuter sein mögen, so herrlich und groß werden doch ihre Blüthen. Sie gleichen dem Sohne des Gebirges, der bei aller äußeren Unscheinbarkeit nur zu häufig den in Uebersülle geborenen und gepflegten Sohn der Ebene durch seine Geistesblüthen, namentlich durch Charakter weit übertrifft.

Die chilesische Araucarie (Araucaria imbricata oder Colymbea quadrifaria).

II. Capitel.
Die Pflanzenzonen.

Wenn, wie wir früher sahen, die beiden Erdhälften wie zwei Berge betrachtet werden müssen, deren Fuß am Aequator und deren Haupt am Pol ruht, so werden die Pflanzen — und auch dies haben wir schon mehrfach berührt — in ihrer horizontalen Verbreitung ähnlichen Gesetzen folgen, wie in ihrer senkrechten. Eine stufenweise Abnahme der Gewächse vom Aequator bis zum Pole und eine stufenweise Veränderung der Pflanzenformen wird hier das Seitenstück zu den Pflanzenregionen sein müssen. Man hat diese verschiedenen Regionen der horizontalen Pflanzenverbreitung die Pflanzenzonen genannt.

Sie fallen natürlich mit den klimatischen Zonen, deren lebendiger Aus druck sie sind, völlig zusammen. Wie bei den Pflanzenregionen, unterschied Meyen auch hier 8 Gruppen: eine Aequatorialzone, 2 tropische Zonen, 2 subtropische, 2 wärmere gemäßigte, 2 kältere gemäßigte, 2 subarktische, 2 arktische und 2 Polarzonen. Diese Eintheilung hat den Vortheil, der stufenweisen Abnahme der Klimate und Pflanzen sich treuer anzuschließen. Wenn man dagegen sämmtliche Zonen in heiße (tropische), warme, gemäßigte und kalte gliedert, so hat man hiermit die Sache im Großen angeschaut. Im Allgemeinen müssen natürlich beide Eintheilungen, wie alle unsere Classificationen, hinter der Wahrheit zurückbleiben, da die Natur sich nicht ängstlich an ideale Linien bindet und ihre Uebergänge höchst allmälig vollzieht und in einander verschiebt. Es versteht sich übrigens von selbst, daß die pflanzenzeugenden und pflanzenerhaltenden Bedingungen in der horizontalen Verbreitung der Gewächse dieselben sein müssen, wie in der senkrechten: daß, je größer Wärme, Feuchtigkeit und Bodenverschiedenheit, um so größer der Pflanzenreichthum einer Zone sein muß.

Mit jener einfachen Eintheilung haben wir jedoch noch lange nicht die ungemeine Mannigfaltigkeit der Pflanzendecke in den beiden Erdhälften begriffen. Betrachten wir dieselbe nochmals als zwei colossale Vergkegel, so ist es klar, daß die einzelnen Zonen rings um beide Erdhälften dieselbe Verschiedenheit haben müssen, wie die senkrechten Gebirge. Neben den Breitenzonen werden mithin auch wesentlich die Längenzonen zu berücksichtigen sein, welche von beiden Seiten des Aequators nach den Polen hin rings um die Erde verlaufen. Daraus folgt, daß die einzelnen Zonen erstens einmal von beiden Erdhälften, zweitens von jeder Erdhälfte unter sich selbst, drittens mit den Pflanzenregionen oder den Höhengebieten der Gewächse verglichen werden können, um ihre Gleichheit, Aehnlichkeit und Verschiedenheit zu erkennen.

Den letzten Punkt anlangend, entspricht in der Meyen'schen Gliederung die Aequatorialzone der Region der Palmen und Bananen. Sie reicht von 0 — 15° der Breite und hat eine mittlere Wärme von + 26 — 28° C. Sie ist zugleich die reichste und mannigfaltigste in ihrer Pflanzendecke, welche sich durch riesige Waldbäume und Schlingsträucher auszeichnet. — Die beiden tropischen Zonen diesseits und jenseits des Aequators entsprechen der Region der Baumfarren und Feigen, einer Region, welche in der tropischen Zone die unterste Bergregion darstellt. Diese Zone besitzt eine mittlere Temperatur von + 25 — 26° C. und reicht von 15 — 25° nördlicher und südlicher Breite, folglich bis fast zu den Wendekreisen. Auch theilt sie mit der Aequatorialzone noch Palmen, Pisang, Gewürzlilien, Baumfarren und an den Küsten die Manglewaldungen (Rhizophora mangle) und Mangrovewälder (Avicennia tomentosa). — Die beiden subtropischen Zonen, zwischen 25 und 34° der Breite, entsprechen der Region der Myrten und Lorbeerwälder. Ihre mittlere Temperatur liegt zwischen + 17 und 21° C. Sie sind ein Mittelglied zwischen den vorigen und folgenden, mit jenen durch Palmen und Pisang, mit diesen durch immergrüne Bäume mit lederartigen Blättern verwandt. — Die beiden wärmeren gemäßigten Zonen, zu denen in Europa die Länder des Mittelmeeres gehören, und welche, zwischen 34 — 45° der Breite gelegen, eine mittlere Wärme von + 12 — 17° C. besitzen, auch der Region der immergrünen Laubhölzer entsprechen, zeichnen sich durch immergrüne Sträucher und Bäume mit lederartigem Laube, durch die große Menge wohlriechender Lippenblumen (Labiaten) und Nelken (Caryophylleen), endlich durch den Mangel eigentlicher Wiesen aus; eine Eigenschaft, die sie mit allen heißen Zonen theilen. — Dagegen charakterisiren sich die beiden kälteren gemäßigten Zonen gerade durch das Dasein prachtvoller Wiesen, zu denen herrliche Laubwälder mit abfallenden Blättern, meist immergrüne Nadelhölzer, oft freilich auch ausgedehnte Haiden den Gegensatz bilden, während sie sich selbst durch zahlreiche Doldenpflanzen, Kreuzblüthler (Cruciferen), Gräser, Riedgräser und Moose zusammensetzen. Ihr Gebiet umfaßt unter einer mittleren Wärme von + 6 — 12° C. die Länder zwischen 45 — 58° der Breite, in Europa den größten Theil Frankreichs, Großbritannien, die Niederlande, Deutschland, die Schweiz, die südliche Hälfte Rußlands, Dänemark und Südschweden. — Von 58 — 66° der Breite erstreckt sich das Gebiet der beiden subarktischen Zonen mit einer mittleren Wärme von + 4 — 6° C. und umfaßt auf der nördlichen Erdhälfte die Faröer, Island, Norwegen, den übrigen Theil von Schweden, Finnland und den größten Theil der nördlichen Hälfte von Rußland. Sie sind die Heimat der Nadelhölzer, Birken und Weiden, welche mit vortrefflichen Wiesen, aber auch mit Haiden abwechseln, während sich die Felsen mit reizenden Flechten und Moosen schmücken. Entsprechen die beiden vorigen Zonen der Region jährlich sich entblätternder Laubhölzer, so entsprechen diese der Region der Nadelhölzer, während die beiden arktischen Zonen, zwischen 66 — 72° und unter einer mittleren Wärme von + 2° C., die Region der Alpensträucher in der wagrechten Pflanzenverbreitung wiederholen. Das Gebiet der letzteren umfaßt in Europa nur Lappland und den höchsten Norden von Rußland. Hier ist die Grenze der Bäume und des Getreides; nur zwergige Sträucher und perennirende Gewächse verleihen nebst ungeheuren Strecken von Moosen und Renthierflechten der Erdoberfläche Leben. Noch ärmer sind die beiden Polarzonen zwischen 72 — 90° unter einer mittleren Temperatur von — 16° C. Hier, in dem Gebiete von Spitzbergen, Nowaja Semlja, dem höchsten Norden von Sibirien und Amerika, verschwinden auch die Sträucher. Nur Moose und Flechten sind neben wenigen andern Pflanzentypen von zwergiger Form, dicht zusammengedrängtem und kriechendem Wuchse die letzten Bürger des Gewächsreichs an diesem äußersten Pol des organischen Lebens und vertreten hier die oberste Region der Gebirgsflor, die Region der Alpenkräuter und die nivale Region mit Flechten und Moosen.

Vergleichen wir jetzt die einzelnen Zonen beider Erdhälften mit einander, so tritt uns hier ein ähnliches Verhältniß wie bei den Pflanzenregionen entgegen. Wie dort nicht jedes Land oder jeder Bergkegel sämmtliche Regionen besaß, so besitzt nicht jeder Erdtheil sämmtliche Zonen. In Europa finden sich nur die gemäßigt warme, die gemäßigte und kalte, in Afrika nur die erstere, die heiße und warme, in Asien zwar die kalte, gemäßigte, warme und heiße, allein nicht auf beiden Erdhälften; Australien besitzt sogar nur die heiße und warme. Dagegen ragt Amerika wie ein einziger großer Bergkegel nach beiden Polen bis zur kalten Zone hin. Darum besitzt dieser Erdtheil alle sich entsprechenden Zonen zur Vergleichung: eine arktische und antarktische, eine nordische und südliche gemäßigte, warme und heiße, endlich eine Aequatorialzone. Er eignet sich folglich am besten dazu, eine faßliche Vorstellung von der gegenseitigen Gleichheit, Aehnlichkeit und Verschiedenheit der sich entsprechenden Zonen auf den beiden Erdhälften zu geben. — Das Dreieinigkeitsland, die S. Orkneys- und Südshetlands-Inseln nebst den umliegenden Eilanden sind, wenn auch im Kleinen, der entsprechende Erdtheil zu den nordpolaren Ländern Amerikas. Im arktischen und antarktischen Gebiete sinkt die mittlere Temperatur des Jahres aus zwei entgegengesetzten Gründen unter den Gefrierpunkt herab. An dem nördlichen Polarkreise wird die Atmosphäre überaus kalt durch einen langen Winter in einem großen Continente, der sich mit Schnee bedeckt, wodurch die Luft weit mehr abgekühlt werden muß, als da, wo, wie am südlichen Pol, ungeheure, oft von erwärmenden Strömungen durchsetzte Wassermassen die Anhäufung von Schnee und Eis weit weniger begünstigen. Darum ist der Winter am Nordpol weit empfindlicher als am Südpol. Dagegen ist hier der Sommer weit kälter, als am Nordpol, weil die Oberfläche seiner Meere sich nicht so leicht erwärmt, wie die Oberfläche des nordpolaren Festlandes, und ein beständig bewölkter Himmel die Sonnenstrahlen noch mehr verhindert, die Luft zu erwärmen. Daher ist das Klima am Südpol weit gleichmäßiger, als das des Nordpols, wo der kurze Sommer heiß, der lange Winter eisig kalt wird. Wir haben hiermit wiederum den großen Gegensatz von Continental- und Inselklima. Selbstverständlich wird dann am Südpol die Pflanzenwelt sich weit mehr der Linie ewigen Frostes nähern können, als am Nordpol. Daher rührt es, daß die antarktische Flor viel mehr Anklänge an eine wärmere Zone in ihren Pflanzen besitzt, als die arktische, daß baumartige Farren und Palmen weit südlicher gehen. Dagegen übertrifft das arktische Gebiet an Reichthum von Pflanzen und Thieren das antarktische um ein Bedeutendes. Auf Süd-Shetland, zwischen 62 — 65° s. Br., fand Cap. Weddel nur vereinzelt ein kurzes Gras an Stellen, wo der Boden zu Tage trat. Eine der isländischen Flechte sehr verwandte Art gesellte sich ihm im Januar zu, wo diese Inseln theilweis schneefrei werden. Auf der dazu gehörigen Insel Deceprion beobachtete Kendall nur eine kleine Flechte; und doch liegen diese Inseln unter derselben Breite, wie die Faröer oder das südliche Norwegen. Auf Sandwichland fand Cook in der wärmsten Jahreszeit, am 1. Februar, nichts als Eisbarrikaden und auf zwei eisfreien Eilanden der Nachbarschaft nur einen grünen Rasen. Ebenso wuchsen in Georgien, zwischen 54 — 55° s. Br., in einer Länge, welche ungefähr dem südlichen Schweden entspricht, ein büschelförmiges Gras,

eine Pimpinellenart und ein Moos. Der Expedition des Erebus und Terror
begegnete schon in der Parallele von Esmerald-Island (57°) die letzte See-
alge, und je weiter sie nach dem Südpol vordrang, um so weniger sah sie
ein pflanzliches Product, ja nicht einmal den rothen Schnee der Nordpolar-
länder. Dagegen ändert sich die Scene schon am Kap Horn und Feuerland.
Prachtvolle Wälder, besonders von der birkenblättrigen Buche gebildet, jahr-
aus jahrein mit immergrünem Laube bedeckt, zieren die Landschaft, die sich in
ein so düsteres, schwermüthiges Colorit hüllt, als ob sie betraure, daß sie so
selten einen heiteren Sonnenstrahl empfange. Obschon im höchsten Grade un-
wirthlich, ist das Klima der einheimischen Pflanzenwelt doch überaus günstig, und
es ist vielleicht das größte Wunder des Feuerlandes, daß der eingeborene Mensch
nackt wie der Indianer der Aequatorialzone lebt. Zwei Drittel der Pflanzengattungen theilt das antarktische Gebiet mit Nordeuropa; einzelne Arten besitzt es sogar
gemeinschaftlich mit der arktischen und gemäßigten Zone der nördlichen Erdhälfte. Moose,
Flechten, Gräser, Riedgräser, Vereinsblüth

Form der Riedgräfer oder Seggen (Carices).

ler, Hahnenfußgewächse, Doldenpflanzen, Rosengewächse, Nelken und Kreuz-
blütler bestimmen die niedere Landschaft, welche sich meist mit Mooren bedeckt und ähnliche Sträucher wie die nordeuropäischen Moorländer hervorbringt, unter welche sich zwergige Erdbeerbäume (Arbutus) und Zwergmyrten
(Myrtus Nummularia), Typen einer wärmeren Zone, mischen. In der entsprechenden Zone der nördlichen Halbkugel dagegen herrschen Alpenkräuter und
Moose oder Nadelwaldungen vor, die in der südlichen Erdhälfte erst am 40sten
Breitengrade von den prachtvollen Araucarien Chiles (f. Abbild. S. 264) vertreten werden. Wir sehen hieraus, wie die entsprechenden Zonen beider Erdhälften

bald dieselben Familien und Gattungen, bald dieselben Arten mit einander theilen und dennoch immer ihre besonderen Eigenthümlichkeiten bewahren: die arktische durch rein nordische Gewächse und Alpenkräuter, die antarktische durch weit tropischere Formen. Diese drei Unterschiede treten bei Vergleichung aller entsprechenden Florengebiete hervor. Bald laufen ihre Typen parallel neben einander, d. h. von einem Typus besitzt die eine Flor diese, die andere jene Reihe; ich habe diese die Parallelfloren genannt. Bald besitzen beide sich gegenseitig entsprechenden Typen oder Arten; diese nannte ich die Correspondenzfloren. Bald endlich sind beiden Zonen dieselben Typen oder Arten gemeinsam; sie habe ich als Coincidenzfloren bezeichnet. — Dringen wir von den Polen immer weiter zum Aequator hin, so zeigt uns die gemäßigte Zone in den beiden Amerikas etwas Aehnliches. Auf der Südseite durchziehen holzartige Vereinblüthler, riesige Disteln und Gräser die Steppen (Pampas) der Laplatastaaten; europäische Typen gesellen sich ihnen zu: Hahnenfußgewächse, Nelken, Wegbreite, Erven, Riedgräser u. s. w. Die Pfirsiche herrscht fast waldartig. Auf der

Die Kohlpalme aus Georgien (Chamaerops palmetto).

Nordseite gesellen sich andere Vereinblüthler, Astern und Goldruthen, zu Nadelhölzern, Eichen, Stecheichen (Ilex), Ahornen, Linden, Tulpenbäumen, Sumachsträuchern (Rhus), Platanen, Ulmen, Herlitzen (Cornus), Brombeeren (Rubus) u. s. w. — In den wärmeren Zonen der Nordseite beginnen jetzt bereits Magnolien, Kohlpalmen (Chamaerops palmetto), Cacteen, Lorbeerarten, Bignonien, Passionsblumen (Passiflora) u. a. zu wechseln; auf der Südseite gründet die edle Form der Palmen neben Bananen ihr eigentlichstes Reich in Brasilien, vereint mit den durch ein prachtvolles Adernetz ihrer Blätter ausgezeichneten Melastomaceen. Nirgends wie hier, entfaltet sich ein solcher Reichthum an Gewächsen, und die meisten Handelsgewächse beider Indien haben hier ein zweites Vaterland gefunden. — Je weiter wir zur heißen Zone vordringen, entfaltet sich auf beiden Seiten das Reich der Cacteen, auf der nördlichen in Mexiko, auf der südlichen, vereint mit Pfeffergewächsen, in Guiana. Prachtvolle Ananaspflanzen und Passionsblumen, baumartige Farren, die schon in der vorigen Zone begannen, riesige Malvenbäume (Bombaceen), Rubiaceen, Hülsenbäume, Myrtenpflanzen, mannigfaltige Windengewächse, Terpentinpflanzen u. a. bilden die übrige Vegetation. Sie sind das Bindeglied beider Amerikas. — Beide jedoch, durchsetzt von riesigen Gebirgsketten, welche zum Gleicher aus ziemlich nördlichen und südlichen Breiten vordringen, besitzen auch eine Gebirgsflor. Auf der Südseite umsäumen prachtvolle Chinawälder die Abhänge der Anden und Cordilleren, während die Gebirgskämme von seltsamen Alpenpflanzen, Moosen, Flechten, Gräsern, Riedgräsern, Gentianen, Heidelbeergewächsen, Nelken, Vereinsblüthlern, charakteristisch aber von den nur hier lebenden, den haideartigen Gewächsen (Ericeen) verwandten Escallonien und von herrlichen Calceolarien geschmückt sind. Dagegen umsäumen prachtvolle Nadelwaldungen die Abhänge des mejikanischen Hochlandes auf der Nordseite und ihre Gebirgskämme bekleiden sich ebenso mit Typen europäischer Alpenpflanzen wie Anden und Cordilleren. Aber statt der Calceolarien und Escallonien werden die mejikanischen Hochgebirge von Jalappenpflanzen (Mirabilis), den eleganten Zinnien unserer Gärten, Maurandien u. s. w. charakterisirt. Auch das tropische (äquatoriale) Inselreich fehlt nicht. Es sind die westindischen Inseln. Sie besitzen die entsprechenden oder gleichen Typen des benachbarten Festlandes, aber mit einer größeren Menge von Farrenkräutern und Orchideen verbunden. Auf der Südseeseite wird dieses Inselreich von der merkwürdigen Gruppe der Galapagosinseln vertreten.

So haben wir auf unserm ganzen Wege der Zonenvergleichung beider Erdhälften das vorhin aufgestellte Gesetz bestätigt gefunden, daß jede entsprechende Zone bald dieselben, bald ähnliche, bald eigenthümliche Pflanzen hervorbrachte. Dieser dreifache Unterschied charakterisirt die Florengebiete der ganzen Erde, ist die Einheit ihrer Verwandtschaft und gibt uns die uns nur zu nöthige Ueberzeugung, daß nirgends in der Natur Willkür herrsche, daß bei aller ungeheuren Mannigfaltigkeit doch der Geist der Harmonie und Verwandtschaft lebt, der auch die Menschheit tausendfältig gliedert, ohne ihr die innere Verwandtschaft und Einheit zu rauben, während ihr selbst die Gestaltung ihrer geistigen Harmonie als sittliche Aufgabe überlassen blieb. Wir gehen jetzt zur Vergleichung der Zonen unter sich selbst über.

Wie sie in mehre Bezirke, Abtheilungen, Abstufungen, oder wie man sagen will, gegliedert werden mußten, ebenso theilen sich ihre Gewächse in bestimmte Florengebiete ab, die aber ebenso wenig schroff neben einander bestehen, so wenig die Klimate der Zonen sich schroff von einander sondern. Dies macht jede wissenschaftliche Gliederung dieser Florengebiete mehr oder minder künstlich. Sondert man nach Ländern, wie sie die Politik zusammenwürfelte oder auseinanderriß, oder wie die Völkerstämme ihre Grenzen selbst zogen, so sind diese Florengebiete entweder nur ein Stück eines natürlichen Pflanzenreichs oder sie gehen weit über dasselbe hinaus. Von diesem Standpunkt betrachtet, würde eine kaiserlich österreichische, eine königlich preußische, russische, brasilianische, eine fürstlich N.N.'sche Flor ein Unsinn sein. Wollte man nach Stromgebieten, Gebirgsketten und allen übrigen Gestaltungen der Erdoberfläche gliedern, so würden wir auch hier für die Floren keine festen Grenzen ziehen können. Sie würden ebenso in einander verlaufen, wie die Zonen. Wie wird man sich aus dieser Verlegenheit helfen?

Man hat sich seit Willdenow, G. R. Treviranus und dem älteren Decandolle an die Pflanzenwelt selbst gehalten und diese, unbekümmert um Völkerstämme und Ländergebiete, in eine Anzahl Pflanzenreiche ebenso gegliedert, wie man unter den Pflanzenregionen, eine des Weinstocks, der Buche, Nadelhölzer, des Haselstrauchs, der Birke, Palme u. s. w. unterschied. Der Däne Schouw (spr. Skau) zählte deren 25, die wir unten näher betrachten werden. Sie gründen sich auf das Vorherrschen gewisser Pflanzentypen innerhalb eines gewissen Ländergebietes, also auf die Physiognomik der Landschaft. Dadurch erhält diese Gliederung dieselbe Einseitigkeit, wie die Physiognomik der Gewächse, welche nur das Vortretende berücksichtigt. Sie hat aber dieselbe Berechtigung wie diese, indem sie in einer allgemeinen Pflanzengeographie der künstlerischen Anschauung der Völker entspricht, deren Blick immer mehr auf dem Vorwaltenden der Pflanzenwelt ruhen, durch dieses sein Leben bestimmen lassen wird. Hören wir über diese Gliederung unsern Altmeister der Pflanzengeographie, A. von Humboldt, sich aussprechen, wie es brieflich unterm 29. October 1849 vor uns liegt, so findet sie vor seinem wissenschaftlichen Auge keine Gnade. „Schouw's Pflanzenreiche", so schreibt er, „sind mir ein Gräuel. Es ist das Zusammenleben der organischen Gestalten, nicht ihr Vorherrschen und Sichausschließen, das eine Flor charakterisirt." Das ist ohne Zweifel vollkommen richtig; wenn er aber selbst der Begründer einer Pflanzenphysiognomik würde, so wird er auch diese physiognomischen Pflanzenreiche anerkennen müssen; um so mehr, als diese Gliederung die nebenwerthigen Pflanzentypen jedes Reiches in ihrer Berechtigung und Betrachtung nicht ausschließt und uns einen vortrefflichen Ueberblick über die Pflanzendecke der Erde liefert, in welchem jene vorherrschenden Typen gleichsam den Mittelpunkt bilden, um den sich die übrigen gruppiren. Ueberdieß wissen wir bereits nach Humboldt's eigenem und so treffendem Ausspruche, daß die Pflanzentypen in jeder Zone in ihrer gegenseitigen Verbindung wesentlich von einander abhängen, sich gegenseitig bestimmen und gestalten. Das spricht noch mehr für diese Art der Pflanzengliederung. Daß Schouw jedes seiner Pflanzenreiche, um dies im Voraus zu erklären, mit dem Namen eines Mannes schmückte, dessen Forschungen sich vorzugsweise innerhalb des nach ihm benannten Gebietes bewegten, ist nur dieselbe öffentliche Ordensverleihung in der

Republik der Geister, wie sie so häufig im Gebiete der beschreibenden Naturwissenschaften den Namen eines Mannes an ein Mineral, eine Pflanze oder ein Thier knüpft.

Europa besitzt nur drei Pflanzenreiche. So das Reich der Moose und Steinbrecharten oder das arktisch-alpine oder Wahlenberg's Reich. Es umfaßt die Polarländer von der Schneegrenze bis zur Baumgrenze und dieselbe Region in Nordasien und Nordamerika, also die Alpenregionen Europas, die Gebirgsscheide zwischen Norwegen und Schweden, Lappland, Norddrußland, Sibirien, Kamtschatka, Labrador, Grönland, die alpine Region des Himalaya und einige Punkte der höchsten afrikanischen, süd- und mittelamerikanischen Gebirge. Anemonen, Hahnenfußgewächse, Alpenrosen, Weiden, Moose, Flechten, Steinbrecharten, Gentianen u. a. Alpenkräuter charakterisiren dieses Gebiet. — Das Reich der Doldenpflanzen und Kreuzblüthler oder Linné's Reich erstreckt sich von der Südgrenze des vorigen Reichs in Europa bis zu den Pyrenäen, Alpen und dem Balkan, in Asien bis zum Kaukasus, Altai, Dahurien und den mittleren Regionen der südeuropäischen Gebirge. Wie sein Name besagt, zeichnet es sich durch den Reichthum seiner Doldenpflanzen und Kreuzblüthler aus. Herrliche Wiesen gesellen sich zu diesem Merkmale, und die Waldungen werden vorherrschend von nadel-

Form der Steinbrecharten oder Saxifragen.

blättrigen Zapfenbäumen, Birken, Eichen, Haselnüssen, Weiden, Ahornen, Linden, Ulmen u. s. w. gebildet. Daneben gedeihen fast sämmtliche Getreide- und Obstarten, welche Europa und Asien entstammen. — Weit duftiger und farbenreicher wird das Reich der Lippenblüthler und Nelkenpflanzen oder Decandolle's Reich, welches das ganze Gebiet des Mittelmeeres, von Portugal bis zu den Gestaden des Adriatischen Meeres, Griechenland und seine Inseln, Kleinasien, die Berberei bis zur Sahara und zum Atlas, endlich die canarischen Inseln und die Azoren umfaßt. Eine Menge duftiger Lippenblumen und graziöser Nelken, immergrüner Sträucher und Bäume, Liliengewächse, selbst zwei Palmen (Zwerg- und Dattelpalme), Terpentingewächse

Die Pflanzenzonen. 273

(Terpentin- und Mastixbaum), strauchartige Malven (Hibiscus), viele Wolfsmilchgewächse und strauchartige Haiden bilden hier die Hauptlandschaft, während Korkeichen, Steinlinden und besonders Kiefern den Waldbestand ausmachen, der nur von dürftigen Wiesen unterbrochen wird. Der Anbau von Reis, Feigen, Opuntien, Orangen, Mandeln, Baumwolle, Maulbeeren, Oelbäumen u. a. schließt dieses Reich bereits an weit heißere Zonen an.

Seinem größten Theile nach besitzt Asien, wie wir bereits sahen, alle drei Reiche. Nur in seinen tropischeren Ländern herrscht eine größere Mannigfaltigkeit eigenthümlicher Gewächstypen. Es erscheinen hier vier Reiche, welche dem indischen Asien allein eigenthümlich sind. So das Reich der Camelien und Celastergewächse oder Kämpfer's Reich. Seine Ausbreitung beschränkt sich auf Japan und den nördlichen Theil von China zwischen 30—40° n. Br. Hier ist das Urgebiet unserer Camelien, zu denen sich als nächster Verwandter und Landsmann der Theestrauch gesellt. Stecheichen, Magnolien, die japanische Cypresse, eigenthümliche Ahorne, Eichen, Wallnußbäume, zahlreiche Celastergewächse, zu denen in Europa die Pimpernuß (Staphylea pinnata) und das Pfaffenhütchen oder Rothkehlchenbrot (Evonymus) gehören, der Papiermaulbeerbaum (Broussonetia papyrifera), der seltsame Ginkgo (Salisburia adiantifolia), eigenthümliche Lorbeerarten, rohrartige Palmen (Rhapis flabelliformis) und andere beherrschen dieses Reich, welches zugleich alle Culturpflanzen enthält, welche in Linné's und Decandolle's Reiche erscheinen. — Unmittelbar an dieses Gebiet, die heiße Zone Asiens um-

Form der Kreuzblüthler Lunaria annua.

fassend, grenzt das Reich der Gewürzlilien (Scitamineen) oder Roxburgh's Reich. Es umfaßt bis zu einer Höhe von 5000 Fuß Vorder- und Hinterindien nebst Ceylon und verdient in mehr als einer Beziehung der Garten der Menschheit genannt zu werden. Hier ist die Urheimat jener wohlthätigen Gewächse, die, wie die Kokospalme, der Pisang, der Reis, der Brodfruchtbaum u. s. w., so segensreich in die Culturgeschichte der Völker eingriffen und im Bunde mit andern edlen, erhabenen und gestaltenreichen Pflanzentypen die Menschheit zuerst zu milderen Sitten führten, eine bis dahin noch nie gesehene großartige und tiefsinnige Weltanschauung hervorriefen und somit dieses Reich zu der geistigen Heimat des Menschengeschlechtes erhoben, von welcher aus später die übrigen Länder des Morgen- und Abendlandes ihre Cultur empfingen, sodaß noch heute die Ufer des Ganges und Indus in dem morgenrothen Lichte der frühesten Menschensagen zauberhaft erscheinen. Hier, unter dem wohlthätigen Schatten jener riesigen Feigenbäume, die wir bereits vom Nerbuddah her kennen, wandelte Brahma, der älteste Prophet der Alten Welt. Hier entwickelte sich jene stolze Sanskritsprache, die Urmutter aller indogermanischen Sprachen und somit unserer eigenen, reich wie die Pflanzendecke ihrer Heimat, beugsam wie Palmen und Lianen, erhaben wie die Riesenberge des Himalaya, der in wörtlicher Uebersetzung der Schneepalast heißt. Hier erlauschte von den majestätischen Bogenhallen der Zapfenpalmen der jugendliche Mensch die ersten Modelle zu seiner Tempelarchitektonik, und die Anmuth der strauchartigen Gewächse und Kräuter führte ihn zur tiefsinnigsten Poesie zu. In der That, dieses Reich ist das Land zugleich der Anmuth, Kraft und Fülle. Zahlreiche Palmen, Orangegewächse,

Form des Mesembryanthemum.

majestätische Hülsengewächse, wie die vielgerühmte Tamarinde, zahlreiche Gewürzlilien, riesige Bambuwälder, abwechselnd mit Bananen, geben diesem Gebiete seinen Charakter. — Ihm schließt sich das Emodische oder Wallich's Reich, eines der kleinsten Pflanzengebiete, an. Wie eine Vormauer des vorigen, durchzieht es als ein schmaler Gürtel an den südlichen Abhängen des Himalaya, der hier als centraler Gebirgsstock auch Emodi heißt, in einer Höhe von 4—10,000 Fuß die Gebiete von Sirmur, Gurhwal, Kumaon, Nipal und Bhotan und bildet somit das Mittelglied zwischen dem vorigen Reiche und dem alpinen Gebiete des Himalaya, welcher hier mit dem Reiche der Moose und Steinbrecharten seine Gipfel krönt. Vieles in diesem Gebiete erinnert an Europa: durch Laucharten, zahlreiche Ephenarten, Einbeere (Paris), Wegbreite (Plantago), Gentianen, Ehrenpreis (Veronica), Glockenblumen (Campanula), Herlitzen (Cornus), Fünffingerkräuter (Potentilla), Rosen, Brombeeren (Rubus), Nadelhölzer, Eichen, Birken, Weiden, Nesseln, Primeln, Winden, zahlreiche Lippenblumen u. s. w. Dagegen zeichnet es sich aus durch prachtvolle Lilien, Kaiserkronen (Fritillaria), Orchideen, Farrenkräuter, Lorbeerarten, Jasmine, zahlreiche Rubiaceen, Mistelgewächse (Loranthaceen) u. s. w. — Was dieses Gebiet im Himalaya, bildet das hochjavanische oder Blume's Reich auf den Sundainseln, ebenfalls über dem Reiche der Gewürzlilien von 5000 Fuß Höhe an liegend. — Vielleicht das beschränkteste von allen ist das Reich der Balsambäume oder Forskål's Reich im südwestlichen Arabien, besonders im Lande Jemen. Wie sein Name sagt, zeichnet es sich durch Balsambäume aus, zu denen sich aber viele indische Pflanzentypen gesellen, während sich selbst südafrikanische Formen, z. B. die fettstengligen Stapelien und Hämanthuslilien, bis hierher ziehen.

Ein Reich hat Asien in Arabien mit Ostafrika gemeinsam, das Wüstenreich oder Delile's Reich. Es erstreckt sich von dem größten Theile Arabiens quer durch Nordafrika und umfaßt das ganze Gebiet der Sahara. Das dürftigste von allen, bringt es nur die Dattelpalme und die Dumpalme (Cucifera thebaica), einige cactusähnliche Wolfsmilchgewächse und starre Gräser, dagegen aber hohe Acacien hervor, zu denen sich in den Oasen der Anbau von Durrha, Weizen und Gerste gesellt. — An dieses ungeheure Gebiet grenzt das afrikanische Tropenreich oder Adanson's Reich, dessen Ausdehnung bisher nur als Küstenstrich an der Ost- und Westseite Afrikas bekannt ist. Weder reich an Arten, noch an Typen, herrschen neben wenigen Palmen, Gewürzlilien, Pfefferarten, Passionsblumen und Farren nur Riedgräser, Rubiaceen und Hülsengewächse vor. — Dagegen ist das Reich der Stapelien und Eispflanzen (Mesembryanthemen) oder Thunberg's Reich an der außertropischen Südspitze Afrikas das formenreichste dieses ganzen Erdtheils. Saftpflanzen, Haidearten in mehren hundert Arten, starre Proteaceen und Schwertlilien (Irideen) charakterisiren vorzugsweise dieses Gebiet, von dem man am Kap sagt, daß es ein Land mit Blumen ohne Geruch, mit Vögeln ohne Gesang und mit Flüssen ohne Wasser sei. Nur wenige Urwälder verleihen seinen steppengleichen, aus dem rothen Karroogrunde gebildeten Ebenen Abwechslung. Aber eine erstaunlich üppige Thierwelt, Elephanten, Löwen, Giraffen, Zebras, Gnus, Strauße u. s. w., belebt das menschenleere Gebiet, dessen Charakter sich sofort in der niederen Stufe seiner eingeborenen

Die Dumpalme.

276 Die Pflanzenverbreitung.

Menschheit, in Kaffern und Hottentotten ausspricht. Nur der Anbau eingeführter Getreidearten, Obstarten, Küchengewächse, des vom Rhein entlehnten Weinstocks, der Bananen u. s. w. hat das Land dem Europäer bewohnbar gemacht.

In vielfacher Beziehung ähnelt ihm das außertropische Neuholland und Van Diemensland, wo das Reich der Eucalypten und Epacrideen oder **Robert Brown's Reich** seine Stätte hat. Vier Fünftel der Wälder bestehen aus den myrtenartigen Eucalypten; das Uebrige wird aus Proteaceen, Epacrideen, übelduftigen Diosmeen, Casuarinen, blattlosen, nur mit Phyllodien oder verbreiterten Blattstielen versehenen Acacien zusammengesetzt. Schattenlose Wälder, knorrige Stämme und starres Laub zeichnen dieses Gebiet nicht zu seinem Vortheil aus. Araucarien mit schuppenförmigen Nadeln und Podocarpen mit taxusartigem, lanzettlichem Laube vertreten hier die Form der Nadelhölzer. — Dahingegen erinnert der weit geringere tropische Theil Neuhollands mit dem zwischen ihm und Hinterindien gelegenen Inselmeere, das polynesische oder **Reinwardt's Reich**, an das indische Gebiet der Gewürzlilien, von dem es sich durch viele eigenthümliche Orchideen, Farren und Feigenarten, welche hier mit Lorbeerarten und Bignonien die Urwälder bilden, unterscheidet. Der Brodfruchtbaum, Manihot, Muskatnuß, Kampherbaum, Wollbäume, Reis u. s. w. gehören der Cultur an.

Die Form der Proteaceen und Epacrideen, rechts Isopogon anemonifolius, links Epacris grandiflora aus Neuholland.

Vereinzelt im großen Ocean, wie die Insel selbst, ruht das Pflanzenreich Neuseelands oder **Forster's Reich**, ein seltsames Gemisch von Typen Europas, Neuhollands, Südafrikas und des antarktischen Gebietes. Es zeichnet sich aus durch dichte Urwälder mit riesigen Bäumen, umfangreichen Farrenfluren, welche hier die Stelle der Wiesen vertreten, durch Fuchsien, den neu-

Die Pflanzenzonen. 277

seeländischen Flachs (Phormium tenax), eine ananasartige Pflanze torfiger Haiden, durch eigenthümliche palmenartige Drachenbäume (Dracaena) mit säbelartigem, in einen Schopf gestelltem Laube u. s. w. Neuerdings hat sich die Landwirthschaft durch den Anbau der meisten europäischen Culturgewächse bereichert.

Ebenso vereinzelt, aber an eigenthümlichen Gewächsen weit dürftiger, ist das oceanische oder Chamisso's Reich, welches sämmtliche kleinere Inseln der Südsee diesseits der asiatischen Seite, die eigentlichen Südseeinseln in sich begreift und bald asiatische, bald neuholländische Pflanzenformen beherbergt. Der Brodfruchtbaum mit geschlitztem Laube (Artocarpus incisa), der seltsame wohlriechende Pandang (Pandanus odoratissimus) mit sägeartigen, spiralig in einen Schopf gestellten Blättern, welche dem Stamme die Tracht eines chinesischen Schirmes verleihen, eigenthümliche Casuarinen, Bärlappe und Farren, welche fast ¼ der Pflanzenarten ausmachen, und andere Typen sind das Merkmal dieses dürftigen Reiches, dessen meiste Gewächse als eingewandert betrachtet werden müssen, das jedoch durch die prachtvolle

Die Form der Proteaceen und phyllodiumartigen Acacien; rechts Banksia ericaefolia, links die Acacienform aus Neuholland.

Smaragdfarbe seiner Pflanzendecke selbst bis zu den Gebirgen hinauf der Landschaft das fröhliche und heitere Ansehen üppiger Wiesen verleiht.

Wenden wir uns jetzt zu dem letzten Erdtheile, Amerika, so dürfen wir denselben mit Fug und Recht den Erdtheil der Mannigfaltigkeit, der Pflanzenfülle nennen. Keiner gleicht ihm hierin, obschon er von Afrika und Indien durch die majestätischen Typen der Thierwelt weit übertroffen wird; eine Eigenthümlichkeit, die ihren Grund darin hat, daß die riesigsten Säugethiere Amerikas bereits ausgestorben sind und somit diesen Erdtheil als einen sehr alten erscheinen lassen. Unter den elf Pflanzenreichen, die ihn charakterisiren,

sind ihm zehn allein eigenthümlich. Es sind das antarktische oder d'Urville's
Reich, von Patagonien bis zu dem südlichsten Inselmeere; das Reich der holzartigen Vereinsblüthler oder St. Hilaire's Reich in den Laplatastaaten; das
Reich der Palmen und Melastomaceen oder Martius' Reich in Brasilien;
das Reich der Cacteen und Pfefferpflanzen oder Jacquin's Reich, das sich
von Guyana durch Peru, Neugranada und Guatemala nach Mexiko hinzieht;
das Reich der Magnolien oder Pursh's Reich in den südlichen Staaten
Nordamerikas; das Reich der Astern und Goldruthen oder Michaux's Reich
in den nordwestlichen Vereinigten Staaten; das Reich des mexikanischen Hochlandes oder Bonpland's Reich;
das Reich der Chinabäume oder
Humboldt's Reich an den beiden Abhängen der Anden und Cordilleren; das Reich der Escallonien
und Calceolarien auf dem Sattel
dieser Gebirgszüge. Der äußerste
Norden wird, wie früher erwähnt,
von dem Reiche der Moose und
Steinbrecharten durchzogen. Wir
haben diese Gebiete bereits bei der
Vergleichung der Zonen beider Erdhälften abgehandelt.

Zweig der Escallonien (Escallonia rubra).

Blicken wir auf die durch-
laufenen Florengebiete zurück, so
hat sich uns auch hier wieder
eine dreifache Gliederung aufge-
drängt. Wir haben auch hier gefunden, daß die Florengebiete unter
dem Gesichtspunkte der Gleichheit,
Aehnlichkeit und Verschiedenheit oder
Eigenthümlichkeit betrachtet werden müssen. Das ist überall der
große Dreiklang in der Harmonie der Pflanzenverbreitung, so-
wohl in senkrechter wie in wagrechter Richtung. Nicht in chaotischem Wirr-
warr, nicht in lebentödtender Einförmigkeit, auch nicht in zersplitternder Vielheit hat die Natur die Pflanzendecke über die Erde gebreitet, und wir haben
alle Ursache, uns dessen zu freuen. Denn dieser Dreiklang ist die Grundlage
der Gleichheit, Aehnlichkeit und Eigenthümlichkeit auch der Völker geworden;
aus ihrem Leben spiegelt sich die Pflanzenwelt mehr wieder, als wir gemeinhin
ahnen. Unter einer andern Art der Pflanzenverbreitung, wenn sie überhaupt
möglich gewesen wäre, würde die Menschheit nicht die sein, die sie heute ist.
Das ist es, was uns die Pflanzengeographie auch so menschlich macht. Sie

kennen und auf uns zurückbeziehen, heißt auch den Menschen begreifen, wie ihn die Naturverhältnisse gestalteten, heißt auch die Thierwelt begreifen, deren Leben ebenso innig an die Pflanzenwelt geknüpft, heißt auch die Erde und den Kosmos begreifen, deren Lebensthätigkeiten in der großen Summe der Pflanzenformen und ihrer Verbreitung ihren Ausdruck finden.

III. Capitel.
Die Vegetationslinien.

Man hat, um die Curven und überhaupt die Verbreitungspunkte der Wärme u. s. w. genauer zu übersehen, Isothermen, Isochimenen, Isotheren, Isogeothermen u. s. w. gezogen. Man kann ebenso ähnliche Linien ziehen, um die verschiedenen Heimatspunkte, die nördlichen, südlichen, östlichen und westlichen Grenzen der Pflanzenarten, Gattungen und Familien kennen zu lernen. Fallen diese, belehrt uns Grisebach sehr richtig, mit Wärmelinien zusammen, so wird die Begrenzung dieser Pflanzen in klimatischen Einflüssen zu suchen sein. Derselbe hat diesen Zusammenhang an 1500 Geschlechtspflanzen des nordwestlichen Deutschland untersucht und gefunden, daß über 250 südlichere Arten hier ihre nördlichste Grenze der Verbreitung finden und dieselben folglich recht wohl das Fundament für die angegebene Untersuchung bilden können. Aus ihr ging, wie man erwarten konnte, als ziemlich wahrscheinlich hervor, daß die Ursache der Begrenzung südlicher Pflanzen in dem allmäligen Verschwinden derjenigen Summe von Sonnenwärme zu suchen sei, welche nöthig ist, um eine bestimmte Pflanzenart zu erhalten. Dagegen könne man sich die Beschränkung einzelner nordischer Pflanzen auf bestimmte Breiten von der Verlängerung der Tage abhängig denken. „Die westlichen und östlichen Vegetationslinien", belehrt uns der Genannte weiter, „richten sich nicht nach den Meridianen (Mittagskreisen), sondern schneiden sie unter einem solchen Winkel, daß sie der deutschen Nordseeküste mehr oder minder parallel verlaufen. Die östlichen Pflanzen verschwinden an einer Nordwestgrenze, die westlichen an einer Südostgrenze. Südöstliche, östliche und nordöstliche Vegetationslinien sind die Wirkungen zunehmender Winterkälte. Die verschiedene Lage der Linien hängt mit der unregelmäßigen Vertheilung dieses klimatischen Werthes zusammen und man kann sie danach eintheilen in südöstliche Vegetationslinien mit südlicher Curve und in nordöstliche Vegetationslinien. Die südwestlichen Grenzen sind seltener und hängen von der Verlängerung der Vegetationszeit ab; die Nordwestgrenzen sind allgemeiner und werden durch die Abnahme der Sommerwärme bedingt."

Das sind im Allgemeinen die Gesetze, von denen die Begrenzung südlicher Pflanzenarten im nordwestlichen Deutschland abhängt. Die Ursachen ändern jedoch wesentlich in den verschiedenen Ländern. Im nordwestlichen Deutschland, welches fast durchaus als Ebene oder als Hügelland auftritt, herrschen klimatische Ursachen vor; in Ländern mit bedeutender Bodenerhebung werden natürlich andere auftreten, welche von den Einflüssen dieser Erhebung abhängig sind. Nach Sendtner's Untersuchungen des südlichen Baiern werden die Grenzen der Gewächse vorzugsweise mehr durch Flüsse als durch die Wasserscheiden der Höhen bezeichnet. So z. B. finden drei Pflanzen (Thesium montanum, Pedicularis Jacquinii und Aconitum variegatum) am Rhein ihre äußerste Westgrenze; am Lech erreichen sogar sieben Arten ihre West- und sieben Arten ihre Ostgrenze; an der Isar liegt die Westgrenze für fünf Arten, ihre Ostgrenze findet hier eine Art; unter 562 Pflanzengrenzen werden in diesem Theile Baierns 60 durch Flüsse, keine einzige durch eine Gebirgswasserscheide bezeichnet. Ohne diese Erklärung würde man überhaupt nicht verstehen, warum in Südbaiern die Nordgrenzen der Pflanzenwelt so überwiegen. Unter 1654 Gefäßpflanzen besitzen in diesem Lande 562 Arten eine bestimmte Vegetationslinie, und zwar so, daß von 1246 Dikotylen 291, von 365 Monokotylen 68 und von 43 Gefäßkryptogamen vier Arten dazu gehören. Als merkwürdig hebt der Beobachter die große Unregelmäßigkeit dieser Vegetationslinien hervor. Bald biegen sie sich auffallend zurück, bald schieben sie sich ebenso sehr vor, bald bilden sie im Hochlande eine halbmondförmige Ausbuchtung gegen Süden und erscheinen nur bei großer Gleichheit und Regelmäßigkeit der natürlichen Verhältnisse in der Gestalt von kreisförmigen Linien.

Außer diesen beiden Beobachtern hat bisher kein anderer das Gebiet der Vegetationslinien durchforscht. Wir stehen mithin erst am Anfange einer eigenen Art geographischer Pflanzenanschauung. Weit mehr hat man sich dagegen bisher mit den Linien der Culturgewächse beschäftigt, und noch jeder Atlas sucht dieselben gegenwärtig zu vervollständigen. Doch kann aus diesen Linien nichts als der große Schluß hervorgehen, daß die betreffenden Pflanzen sich noch unter einer Wärme befinden, die ihrem Gedeihen mehr oder weniger genügt.

Es liegt aber auf der Hand, daß diese Art der Untersuchung innig Hand in Hand mit der speciellsten Kenntniß der einzelnen Standörter der Pflanzenarten gehen muß. Bevor nicht ein Land in allen seinen Theilen auf das Gründlichste erforscht ist, kann an einen sicheren Ausbau der Vegetationslinien nicht gedacht werden. Tausende von Augen gehören zu dieser Arbeit, und selbst die Arbeiten dieser Tausende werden erst dann von Nutzen sein, wenn sie an ein Centralbureau für solche Untersuchungen gelangen, um nicht der Vergessenheit und Zerstreuung anheimzufallen.

Lüneburger Haide.

IV. Capitel.

Pflanzen- und Thierwelt.

Mit der Verbreitung der Gewächse hängt die der animalischen Geschöpfe innig und nothwendig zusammen. Die Pflanze ist die Mittlerin zwischen dem Reiche des Starren und dem Reiche des willkürlich Beweglichen. Auf ihrem Dasein beruht das Dasein und die Erhaltung der Thierwelt. Mithin ist diese durchaus auf das Pflanzenreich angewiesen; denn das Leben der Fleischfresser folgt erst den Pflanzenfressern. Es liegt also auf der Hand, daß auch in der Schöpfung der Thierwelt eine allmälige Entwickelungsreihe ähnlich stattfand, wie wir sie bereits ausführlich in der Geschichte der Pflanzenwelt und der Colonisation der Erde durch die Pflanzen kennen lernten. Erst nachdem Pflanzen geschaffen waren, konnten Thiere erscheinen; erst nachdem gewisse Pflanzen erzeugt wurden, durften gewisse Thiere auftreten. In der That ist das Thierreich eng auch auf die Pflanzentypen angewiesen, und dieser Punkt ist so interessant, daß wir ihn als einen kosmischen mindestens berühren müssen.

Wie die Pflanzen ihre Grenzen durch die Vermittelung der Thiere erweitern, ebenso dehnen umgekehrt die Thiere ihre Grenzen nach den Pflanzen aus, an die sie geknüpft sind. Man kennt viele sehr merkwürdige Beispiele dieser Art. Wo sich ein Sumpf bildet, stellt sich bald auch der Kiebitz ein und andere folgen andern Verhältnissen. Der Kreuzschnabel war früher England fremd; jetzt ist er den dorthin verpflanzten Fichten nachgefolgt. Seitdem man in den schottischen Hochlanden zu Glencoe den Kornbau einführte, haben sich auch die früher dort unbekannten Rebhühner eingestellt. Durch den Anbau der Kartoffel ist der ehemals höchst seltene Todtenkopf, unser größter und merkwürdigster Nachtfalter, ungleich häufiger geworden. Der Schwalbenschwanz ist der Einführung des Fenchels gefolgt und erregte zuerst nach den Mittheilungen von K. W. Bolz ein so allgemeines Erstaunen, daß man ihn als ein dämonisches, Unheil verkündendes Thier in Holzschnitt abbildete. Nach demselben sagt eine Chronik von Nördlingen: „Im Jahre 1625 war ein heißer Sommer, da hielten sich Würmer in der Gegend von Nördlingen auf, die einen Glanz hatten; sie hingen sich an Pflanzen, bewegten den Leib und hatten eine Nase und ein Gesicht wie die Windelkinder, wofür uns Gott ferner behüten soll." Nach demselben ist auch der Oleanderschwärmer aus seinem europäischen Süden dem Oleander nach Teutschland gefolgt. Ebenso verhält es sich mit dem Apollo. Diesen findet man im südlicheren Teutschland, z. B. im fränkischen Jura, nicht selten an einer Distelart, Cirsium eriophorum, schwärmen. Unter denselben Bedingungen hat er seine Grenze bis zum Kyffhäuser, wo diese Distelart wieder erscheint, erweitert. Auf ähnliche Weise hat selbst unser Sperling sein Reich bis nach Sibirien ausgedehnt, seitdem man daselbst die ungeheuren Wüsten dem Ackerbau zuführte. Schon aus diesen wenigen Beispielen geht hervor, wie innig die Thierwelt an das Pflanzenleben geknüpft ist, und wenn der Mensch mit regerem Sinn und größerer Empfänglichkeit für Naturgenuß diese Wechselbeziehung ausbeuten wird, dann haben wir Hoffnung, auch unsere jetzt so öden, wenn oft auch überaus herrlichen Gewächshäuser durch diejenigen unschädlichen Thierformen belebt zu sehen, welche den gepflegten Gewächsen in ihrer ursprünglichen Heimat entsprechen. Wie es z. B. zu Nutz und Frommen eines wichtigen Industriezweiges mit der Anzucht des Seidenschmetterlings gelang, ebenso sah eine sinnige Frau, Mrs. Blackwood, nach vielen Hindernissen ihre Anstrengungen belohnt, ein anderes Insekt in die englischen Gewächshäuser einzuführen. Es ist das sogenannte wandelnde Blatt (Phyllium Scythe). Sie führte es mittelst Eiern aus Indien in Edinburgh ein. In der That kann man nicht genug darauf hinweisen, unsern Treibhäusern durch diese lebendige kleine Welt der Insekten, die freilich keine schädlich wirkende sein darf, den rechten natürlichen Ausdruck zu geben, der ihnen bisher so sehr fehlt. Gehören doch auch diese Geschöpfe dazu, um, wie ein sinniger Naturfreund sagt, Naturkenntniß und Naturanschauung möglichst zu verbreiten!

Schutz und Nahrung sind die beiden Zwecke, welche die Thiere an die

Pflanzenwelt knüpfen. Die Insekten mögen hierin vielleicht die beständigsten Begleiter ganz bestimmter Gewächse sein; aber auch selbst höhere Thiere finden wir diesem Gesetze unterthan. Meist hat jeder Vogel eine bestimmte Pflanzenart, die er zu seinem Standquartier wählt, und selbst Säugethiere, wie Eichhörnchen, Affen, Faulthiere u. s. w., gehören dazu, wenn ihnen die Pflanze außer dem Schutze zugleich auch Nahrung reicht. Dies bestätigen unter den Vögeln z. B. Baumläufer und Spechte. Sie, welche als fleischfressende Vögel auf Insekten angewiesen sind, finden dieselben an ganz bestimmte Pflanzen gebunden, und unvermerkt sind auch sie wieder denselben Gewächsen verbündet. So zieht Eins das Andere in der Natur überall nach. Von den unscheinbarsten mikroskopischen Aufgußthierchen an bis herauf zur Säugethierwelt herrscht der innigste Zusammenhang zwischen Thier= und Pflanzenreich. Im Meere sind die Tangfluren der Tummelplatz unzähliger Thierfermen; die kleinen wachsen für die größeren, bis die Herren des Meeres, Delphine, Haie und Walfische, den Ocean beleben. Im süßen Wasser sind winzige Polypen, Aufgußthierchen, Weichthiere, krebsartige Thiere, Fische u. s. w. nicht minder fest an Wasserpflanzen gebunden, bis Raubfische, Wasservögel und andere Typen eine Heimat erhalten, die sie alle ernährt. Am innigsten hängen die Insekten mit der Pflanzenwelt zusammen, und Jeder weiß, daß fast jede Pflanze ihren eigenen Käfer, ihren eigenen Schmetterling u. s. w. ernährt. Dieser Zusammenhang geht so weit, daß die Insekten in ihren Verwandlungen genau der Pflanzenentwickelung folgen. Wie vom Frühlinge an bis zum Herbste hin andere Pflanzen erscheinen, ebenso auch andere Insekten. Es läßt sich erwarten, daß auch sie von derselben Ursache, welche die Pflanzen nach einander aus der Erde hervorsprießen läßt, von der Sonne geweckt wurden. Dadurch verliert sofort dieses ganze Wechselverhältniß alles Räthselhafte, das es dem Unkundigen gegenüber nur zu leicht annimmt. Wenn z. B. der Maikäfer, wie schon sein Name besagt, bereits im Mai erscheint, so ist hieran die Sonne schuld, welche die Larven (Engerlinge) ebenso durch eine ganz bestimmte Wärmesumme, wie das Hühnchen aus dem Ei, ausbrütet, und das zum besten Gedeihen dieses Käfers. Denn zu dieser Zeit findet er in den Knospen und jungen Blättern mehr als in den älteren denjenigen Stickstoff angehäuft, dessen er zu seinem Bestehen so bedürftig ist, wie der große Stickstoffgehalt seines Körpers bezeugt. Schmetterlinge schmiegen sich zuerst als Raupen gewissen Pflanzen und als ausgebildete Falter gewissen Blumen an und folgen somit der Metamorphose des Pflanzenreichs. Genau so Fliegen, Blattwespen u. s. w. Letztere insbesondere zeigen einen entschiedenen Zusammenhang mit den Pflanzen. Das bezeugen uns jene sogenannten Gallen, welche wir so häufig und stets in so bestimmten Formen auf vielen Pflanzen finden, z. B. auf den Blättern der Eiche, Pappel, Rüster, Buche, Hainbuche, der Rose (Schlafröschen) u. s. w. In diese Pflanzentheile legen die betreffenden Insekten ihre Eier und überlassen es der Natur, durch die Verwundung des Blattes der nachkommenden Brut ein Wohnhaus aus dem wuchernden Zellgewebe zu bauen. Es ist in der That wunderlich genug. Jede Galle zeigt uns unter dem Mikroskope einen bestimmten Zellenbau, welcher mit derselben Form der Galle immer wiederkehrt und meist völlig von dem Zellenbaue des Blattes abweicht. Wie durch dieses Wechselverhältniß einigen Pflanzen ihr Befruchtungsgeschäft durch die von Blume zu Blume schwebenden, den befruchtenden Blüthenstaub verschleppenden Insekten wesentlich erleichtert und vermittelt wird, ist eine alte Erfahrung. Einen höchst interessanten Zusammenhang der Insekten mit den Pflanzen gewährt uns die bekannte Feigenfliege. Durch ihren Stich werden die Feigen ebenso gezeitigt, wie die Früchte unserer Obstbäume durch den Stich der Bienen und Wespen. Wunderbar genug, hat der Mensch bisher diese seltsame Erscheinung noch nicht verwerthet, um süßeres Obst zu erzielen. Wir sind fest davon überzeugt, daß es nur eines Stiches bedarf, um das Innere der Früchte mehr mit der Luft in Berührung zu bringen, den Stoffaustausch zwischen Luft und Frucht mehr zu vermitteln, mit Einem Worte, dieser mehr Sauerstoff zuzuführen und so die Früchte zu zeitigen. Ein anderes Insekt sticht die Halme des Hain-Rispengrases (Poa nemoralis) an. Dadurch beginnt eine Verdickung der verwundeten Stelle und bald darauf die Bildung eines zarten Wurzelfilzes. An geeigneten Orten wird das Gras hiermit geschickt, sich mittelst dieser Wurzeln in dem Boden festzusetzen und neue Halme an diesen Stellen zu treiben. In der That ein seltsamer Lohn für die gewährte Gastfreundschaft! Doch ist er nicht überall ein so günstiger für das Leben der Pflanze. Sattsam bekannt ist die Schädlichkeit einer Unmasse von Insekten, welche oft, wie der berüchtigte Borkenkäfer, ganze Wälder zerstören, oder, wie die geflügelten Ameisen der Tropenländer, ihre Nester bis zu 25 Fuß Tiefe in die Erde hinab so fest bauen, daß sie nur durch Pulver gesprengt werden können und als Steine den Boden bedecken. In Brasilien sind auf diese Weise ganze Provinzen, z. B. die halbe Provinz S. Paulo am Parana, und Minas in eine Art von Wüste verwandelt worden. Lieblicher dagegen ist, was wir über den Zusammenhang der Vögel und Pflanzen wissen. Schon der Nestbau ruft uns eine idyllische Natur ins Gedächtniß. Auch er bindet sich meist an bestimmte Pflanzen oder dehnt sich doch nur auf einige auserwählte aus. Sowie jedoch die Pflanze die Ernährerin der Vögelwelt wird, trifft auch hier wieder ein, was wir eben bei den Insekten sahen. Meist hat dann jeder Baum, jede krautartige Pflanze mit eßbaren Früchten ihre eigenen Vögel, und wie die Insekten in ihrer Verwandlung der der Pflanzen folgten, so auch die Vögel. Während unsere übrigen Bäume im Sommer und Herbst ihre Früchte reifen und zu dieser Zeit die Vögel brüten, reift die Tanne im Gebirge im Winter ihre Samen und der Kreuzschnabel hält um Weihnacht herum sein Wochenbett. Auch in Neuholland fand der verschollene Reisende Leichardt auf seiner großen Entdeckungsreise, daß mit denselben Pflanzen auch immer dieselben Vögel wiederkehrten, obschon er dieselben häufig weit hinter sich gelassen hatte. Am lieblichsten ist die Erscheinung der Kolibris. Sie sind gewissermaßen die Schmetterlinge unter den Vögeln, und einige sind ebenso wie die Falter auf

Scene aus dem südamerikanischen Urwalt.

ganz bestimmte Blumen, deren Nektar sie lieben, angewiesen. So hängt z. B Oreotrochilus Pichinchae in Quito von einem Mitgliede der Vereinsblüthler, von Joannea insignis ab. Diese hat einen schuppenartig beblätterten Stengel und einen an die Weberfarbe erinnernden sitzenden Blüthenkopf, der dem niedlichen Vögelchen seine Nahrung reicht. Der Trochilus Stanleyi lebt auf Sida pichinchensis, einer Malvenpflanze, und erscheint auf den hohen Anden nur zu der Zeit ihrer glänzenden Blüthe. Ueberhaupt sammeln sich die Kolibris in der Blüthenzeit gewisser Pflanzen schaarenweise auf denselben und verschwinden wieder mit ihr. Dieses seltsame Zusammenleben, welches durch einen ebenso seltsamen Instinct vermittelt wird, ist nicht wunderbarer, als das Ziehen der Vögel, dessen Hauptursache in der Nahrung beruht und ein neues großartiges Wechselverhältniß zwischen Pflanzenreich und Thierwelt bezeichnet.

Die Kolibris sind ein vortreffliches Beispiel, wie innig sich zugleich der Zusammenhang zwischen Pflanzen- und Thierleben sofort auch auf den Bau des thierischen Leibes ausdehnt, wie das allerdings nothwendig bedingt ist. Wie die Schmetterlinge eine sogenannte Rollzunge besitzen, mit welcher sie den Nektar der Blumen aus der Tiefe derselben heraussaugen, ebenso sind die Kolibris mit einer langen hohlen Zunge versehen, welche demselben Zwecke dient. Ein anderes frappantes Beispiel liefern die Pfefferfresser. Gleich dem Pelekan, der mit einem hängenden Kehlsacke zur Aufnahme der erbeuteten Fische begabt ist, haben jene einen unförmlich großen, hohlen (oft prachtvoll gefärbten) Schnabel zur Aufnahme der Fruchtbeeren erhalten. Körnerfressende Vögel, wie Tauben u. s. w., besitzen einen Kropf, welcher als Vorrathskammer der Körner bestimmt ist und bei großen Wanderungen allerdings diese Bestimmung in noch bedeutenderer Weise üben mag. Solche, welche harte Früchte, z. B. Eicheln, aufzuhacken haben, sind mit einem spitzen, derben, keilförmigen Schnabel versehen, dem ein ebenso harter Schädel, ein nicht minder kräftiges, muskulöses Genick entspricht und in Südamerika einem dieser Bauart sehr bezeichnend den Namen des Zimmermanns erwarb. So die Heherarten. Andere, welche Gras fressen, nähern sich in ihrem Baue dem der grasfressenden Säugethiere, der Wiederkäuer. Denn wenn diese Mahlzähne zum Zermalmen des Grases und lange Därme zum Verdauen der großen Masse von Nahrung haben, deren sie bedürfen, so besitzen z. B. die Plattenschnäbler (Lamellirostri) unter den Vögeln, so die Gänse, einen Schnabel, der inwendig mit hornigen Platten (Lamellen) zum Zermalmen des Grases eingerichtet ist; ebenso stehen die langen Blinddärme und der dicke, kräftige Magen im genauen Zusammenhange mit dieser Nahrung. Ich habe eben schon an die Wiederkäuer und ihren merkwürdigen Bau erinnert. Ohne einen solchen würde z. B. das Kameel ein völlig unbrauchbares Thier des Wüstenbewohners sein, wenn es dann überhaupt ein Wüstenthier würde sein können. Jetzt aber machen es seine schwielige Zunge, seine Mahlzähne und sein wiederkäuender Apparat geschickt, auch die dürrsten Wüstenkräuter zu verzehren und, im Bunde mit großer Genügsamkeit und Ausdauer, die größte Wohlthat der Wüsten Afrikas und Asiens zu sein. Diese wenigen Beispiele genügen, um uns den innigen Zusammenhang zwischen Pflanzen= und Thierwelt noch genauer zu vergegenwärtigen und zu erkennen, warum die Thierwelt bestimmten Pflanzen, für die ein jeder Pflanzenfresser geschaffen ist, folgen muß und warum mithin die geographische Verbreitung der Pflanzen die der pflanzenfressenden Thiere, endlich diese die fleischfressenden nach sich ziehen müssen.

Es macht sich hier noch ein anderer kosmischer Gesichtspunkt geltend, nämlich die häufig so große Aehnlichkeit der Thiere mit ihren Nährpflanzen. Einen merkwürdigen Beleg gibt uns das schon oben erwähnte Insektenblatt (Phyllium). Nach englischen Beobachtungen gleicht es in Farbe und Zeichnung den Nährblättern so genau, daß man es nur schwierig von ihnen unterscheidet. Es würde uns völlig unbegreiflich scheinen, wenn wir nicht Aehnliches an unsern inländischen Insekten beobachten könnten. Hören wir darüber einen sinnigen Beobachter, Ludwig Glaser. Ofen und Ochsenheimer, sagt er, bezeichneten unwillkürlich Spannraupen mit den Benennungen der von ihnen bewohnten oder täuschend nachgeahmten Theile als „Stockraupen", „Sprossenraupen", „Rindenraupen". Wer z. B. die Raupe des Zitterpappelspinners (Bombyx Notodonta Dictaea) an Ort und Stelle sieht, kann die völlige täuschende Uebereinstimmung dieser grünen oder graubraunen Raupe mit den glänzenden Zweigen oder Trieben der Espe und Pappel unmöglich übersehen. Auch auf den Flügeln des Falters findet sich überraschend das Ansehen des Pappelholzes wieder abgedrückt. Andere ausschließliche Weidenbewohner zeigen als Raupen eine Aehnlichkeit mit den Zweigen und Blättern; selbst als Schmetterlinge besitzen sie das Glatte der Weidenruthen. So z. B. die Sturmhaube oder der Räscher (Noctua Calpe libatix), die Eule (Noctua Cymatophora retusa), die Spinner (Bombyx Pygaera curtula, anachoreta) u. s. w. Andere ausschließliche Eichenbewohner erinnern als Raupen an deren Laub und Sprossen, als Schmetterlinge an sonstige Eichenproducte, durch Gemeinsamkeit von Farbenfrische überhaupt an den gemeinsamen Ursprung von der charakteristischen gerbstoffreichen Eiche. Eine Menge Raupen sind eigentliche Rindenraupen, die nicht nur den ganzen Tag, mit Ausnahme ihrer Freßzeit, an der Rinde ausgestreckt ruhen, sondern auch derselben vollkommen ähneln. So die Raupe der Eule Noctua Miselia oxyacanthae, namentlich aber die Raupen der Ordensbänder (Noctua Catocala), die Fransenraupen, bei denen sich die Rindennatur sogar noch auf den Vorderflügeln der Schmetterlinge täuschend wiederfindet. Endlich gibt es noch Flechtenraupen, welche den von ihnen bewohnten Flechten auf das Täuschendste ähneln. So z. B. aus der Gattung Boarmia. Eine ganze Reihe von Eulen sind Holzeulen (Noctua Xylina) und erinnern täuschend an faules Holz, Stengel u. dgl.; Rohr= oder Schilfeulen (namentlich aus den Gattungen Leucania und Nonagria) gleichen vollständig dürrem Schilf. So Noctua Leucania phragmitidis, Noctua Nonagria ulvae, cannae u. s. w.

Endlich deuten viele Wanzen, Blattkäfer, Blattwespen, Blattläuse, Schild=
läuse u. s. w. in ihrem Aeußeren die Pflanzentheile an, die sie bewohnen.
So z. B. die Blattläuse am Hollunder, an Rosen und am Rübsamen, die
Schildläuse der Rebe, Pfirsiche u. s. w. — Es geht aus dem Ganzen hervor,
daß hier eine innige Beziehung zwischen Form und Nahrung stattfinden muß,
und wenn wir hiermit vergleichen, was wir bereits (S. 56 u. f.) über Stoff und
Form beibrachten, so kann uns das nicht mehr überraschen, wir müssen diese
Aehnlichkeiten ganz natürlich finden und sagen, daß Gleiches Gleiches oder
Aehnliches Aehnliches schafft.

Diese Aeußerlichkeiten bahnen uns aber zugleich auch einen Weg zu höheren
Beziehungen. Sie leiten uns darauf hin, daran zu denken, daß vielleicht auch
ein inniger Zusammenhang zwischen Pflanzenwelt und Menschheit vorhanden
sein könne. In der That haben wir schon vielfach gesehen, wie die Natur
mit allen ihren Erscheinungen sich in dem Charakter der Völker treu und
rein wieder abspiegelt (s. Periode der Jetztwelt auf S. 158) und wie das
geschieht. Wir können hier hinzusetzen, daß auch die Nahrung einen ähnlichen
Einfluß auf die Umgestaltung des Charakters ausübe, wie ihn die äußere
Umgebung des Menschen unbezweifelt besitzt. Das zeigt sich am deutlichsten
bei denjenigen Völkern, welche Fleisch verabschenen und nur von Pflanzenkost
leben. Hindus z. B. und Südseeinsulaner, welche mehr vom Pflanzenreiche
als vom Thierreiche beziehen, sind ein sanftmüthiges, geduldiges, aber auch
zartes Geschlecht. Die ersteren besonders, welche noch reinere Pflanzenmenschen
(Vegetarier) als die Südseeinsulaner sind, zeigen sich dadurch geschickt, die müh=
samsten Weberarbeiten, z. B. indische Shwals, in jahrelangen Zeiträumen
auszuführen, wozu ihnen die zarten Hände wesentlich zu Hilfe kommen. Da=
gegen hat sich aber auch bei denjenigen Irländern und Schlesiern, welche fast
nur auf die Kartoffel angewiesen sind, gezeigt, daß überwiegende Pflanzenkost
diejenige Kraft des Körpers und diejenige Energie des Geistes, welche zu
kühneren Geistesthaten führen, nicht erzeugt. Aber auch dieser Gesichtspunkt
soll uns nicht der Endgedanke unserer Betrachtung sein; vielmehr kehren wir
durch ihn auch hier zu dem Zusammenhange zwischen der Verbreitung der
Pflanzen, Thiere und Menschen zurück. Jetzt endlich kann es uns nicht mehr
überraschen, den Satz auszusprechen, daß sich die Völker ebenso geographisch
gliedern, wie sich die Florengebiete über die Erde vertheilten. Der Mensch
ist und bleibt uns unverständlich, wenn wir ihn losgelöst von der Natur
betrachten und begreifen wollen; im gegenseitigen Zusammenhange mit dem
Kosmos aufgefaßt, wird auch er uns ein Naturproduct, dessen Leben tausend=
fach im Leben der Natur wurzelt. Das erniedrigt den Menschen nicht.
Immer bleibt er doch das hohe Wesen, dessen höchste Genüsse alle der übrigen
Wesen übertreffen; ein Wesen, das die Nothwendigkeit im Dasein zu erkennen
vermag, das die ganze Welt als ein einiges Vernunftreich begreift, sich dieser
Nothwendigkeit und Vernunft unterordnet, um mit Bewußtsein wahrhaft frei
zu sein und endlich in seinen durch die Mittel der Natur gezeugten und ge=

A SCENE ON THE UPPER... (N. E. Matthes.)

förderten geistigen Schöpfungen ein zweites Weltenreich im Universum zu gründen, das um so reiner und erhabener ist, je reiner und freier sich die ewigen Gesetze des Alls, die Gesetze des Wahren, Schönen und Guten darin abspiegeln. So erhebt sich der Mensch zugleich, indem er die Natur zu sich emporzieht.

Dann wird ihm die Erde mit ihren Gebirgen die große Bühne, auf welcher sich das große Drama des Lebens in täglich erneuter und ewig wechselvoller Stimmung abwickelt. Dann werden ihm die Pflanzen auf dieser großen Bühne die lebendigen Coulissen, hinter und zwischen denen das ewige Spiel des thierischen Lebens sich wiederholt. Wenn man auch den Vergleich, wie man könnte, weiterführte und die tausendfältigen animalischen Typen die unbewußten oder bewußten Acteure dieser großen Bühne nennte, das Gleichniß würde in jeder Weise zutreffen. Vom summenden Reigen der Insekten, von ihren geheimnißvollen Spielen in den Palästen der Blumen, wie sie nur Mährchen erträumten, von Liebe, Haß und Mord in niederer und höherer Thierwelt bis herauf zu den neckischen Spielen des Affen zieht sich in unerschöpflicher Weise das große Lebensdrama. In den gemäßigten Zonen ist es die bunte Welt der Vögel, die unsern Sinn bewegt und uns die vornehmste Gesellschaft der Natur bietet, so weit ihr milder, harmloser Charakter, ihre liebliche Formenwelt und ihre hundert Stimmen es erlauben. In den heißeren Zonen ergötzt den Menschen das neckische Spiel der Affen, seiner nächsten Verwandten. Sie, die geborenen Komiker der Naturbühne, sie vor allen sind es, welche unter den höchsten rein animalischen Typen ein Waldleben führen, wie es der Mensch nur auf der tintlichsten Stufe seines Daseins liebt, ein Leben aber, das, so vegetabilisch es auch immer sein mag, dennoch etwas Rührendes und tief Bewegendes in seinem Inneren birgt. Wo das Wort nicht mehr ausreicht, ergänzt das Bild (S. 285). Wenn wir uns lebhaft in die Fülle des südamerikanischen Urwaldes versetzen, wie ihn uns ein neuerer Reisender vorführt: wenn wir uns versenken in die überraschenden Pflanzentypen, die uns hier bald als schaufelblättrige Bananen, bald als gefiederte Palmen, bald als riesige Schilfgräser, bald als jene seltsamen Rhizophoren oder Manglebäume entgegentreten, welche ihre Stämme auf einem säulenartigen Wurzelgerüste hoch über den Sumpf heben; wenn wir uns lebhaft in die lebendige Brücke denken, welche der Künstler uns hier in dem gymnastischen Spiele einer großen Affenfamilie vielleicht etwas zu abenteuerlich vorstellt; wenn wir die zarte Eltern- und Kindesliebe betrachten, die uns, so wohlbekannt, auch aus diesem Bilde wieder so lebhaft entgegenleuchtet: so müssen wir gestehen, daß auch unterhalb der Grenzen der Menschheit ein Reich der Liebe, der Heiterkeit, des denkenden Empfindens lebt, wie es auch uns beseelt, freilich ein Reich des Genusses, das nur den Selbstzweck kennt. Nur jenseits der Wälder, wo neben ihnen die heiteren Wogen weiter Halmenmeere emportauchen, liegt, wenn auch nicht das Reich des Friedens, doch das Reich eines Strebens, das sich weit über die flüchtige Minute erhebt und ihr vorauseilend für die Zukunft denkt und schafft.

Das ist das Reich, das sich die Natur eroberte und durch Forschung das Wechselverhältniß selbst feststellte, wie es zwischen ihm und dem Reiche der Gewächse allein bestehen soll und darf. Während der Mensch, so weit er nicht denkendes Wesen, Naturproduct völlig wie jedes andere ist, wird er hier zum Herrscher, der die Natur durch die Natur bezwingt und, über ihr stehend, d. h. von ihrer Masse nicht mehr erdrückt, in ihr Genüsse feiert, die ewig und unentreißbar zu seinen schönsten zählen. Immer sehnt er sich zu der Heimat zurück, die einst seine Ahnen verlassen, zu dem großen Garten der Menschheit, und flüstert mit dem Dichter:

> O glaube, wenn dir's unter Menschen graute,
> Im stillen Walde sind nur Friedenslaute!

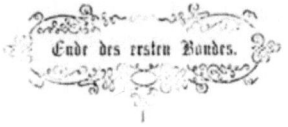

Ende des ersten Bandes.